WINES OF BORDEAUX

ハヤカワ・ワインブック

ボルドー・ワイン
第2版

デイヴィッド・ペッパーコーン

山本 博
監訳

山本やよい
大野尚江
藤沢邦子
波多野正人
訳

早川書房

日本語版翻訳権独占
早川書房

© 2006 Hayakawa Publishing, Inc.

WINES OF BORDEAUX
by David Peppercorn

First published in Great Britain in 1986 as
DAVID PEPPERCORN'S POCKET GUIDE TO THE WINES OF BORDEAUX
This edition, revised, updated and expanded, published in 2004
by Mitchell Beazley an imprint of Octopus Publishing Group Ltd.
2-4 Heron Quays, Docklands, London E 14 4 JB

Copyright © Octopus Publishing Group Ltd. 1986, 1992, 1998, 2000, 2002, 2004
Text copyright © David Peppercorn 1986, 1992, 1998, 2000, 2002, 2004
Maps copyright © Octopus Publishing Group Ltd. 1986, 1992, 1998, 2000, 2002, 2004
All rights reserved.

Japanese translation rights arranged with
Octopus Publishing Group Ltd., London
through Motovun Co. Ltd., Tokyo.

推薦の言葉

当世きっての専門家が自分用につくった手控えがあると聞いたら、ワインを学ぼうとする者なら誰しもちょっとのぞかせてもらいたいと思うだろう。デイヴィッド・ペッパーコーンの『ボルドー・ワイン』と、その姉妹書であるセレナ・サトクリフの『ブルゴーニュ・ワイン』に代表される新しい時代のワイン・ブックこそ、読者にそうした特権を与えてくれる本である。

ワインを買い込むときの判断材料にされる近況報告とか批判的な見解は、通常はあまり人に知らせない情報である。しかし、ワインに関する本は、概説書が熱心に読まれた段階から、あっという間に、個別的ワインについての的確な解説が要求される時代に入ってきた。この2冊の本は、謎のヴェールをぬいだとまではいえなくても、それに近いところまでいっている。今やわれわれは、高度の経験をつんだ専門家に負けないくらいの知識を持つことが許されるようになったのだ。

デイヴィッド・ペッパーコーンはボルドー・ワインを専門とするアングロサクソン系の古い家柄の酒商のなかでも、もっとも鋭い眼識を備え、尊敬を集めている一人である。その才能と情熱はいずれも、前の世代の偉大なる"クラレット・マン"の一人だった父君から直接受け継いだものである。間接的には、1800年も前の、古代ローマ人の町ブルディガラ（現在のボルドー）の河畔で活躍した negotiator brittanicus（英国人の酒商）にまでさかのぼる長い由緒ある血筋から受け継いだものともいえよう。

経験の積み重ねは、熱心なワイン商が商売をしていく上での大事な財産だ。それがあれば、長い経験からつちかわれた目で、絶えず移り変わる流れを見守ることができるし、それと同時に、流れの方向も読むことができる。しかし、ボルドーのように複雑な産地を知りつくすためには、何よりもまず、テイスティングを忘らず、毎日のように市場と接触を保つことが必要である。何千ものシャトーから生まれるワインはヴィンテージごとに変るし、比較的成功した年もあれば、失敗作の年もある。その一方で、古いワインは熟成を続けていく——必ずしも予測できるとは限らない方向へ。

ワイン商と書き手を兼ねるデイヴィッド・ペッパーコーンは、2つの本質的な要素をうまく合わせもっている——経験という背景と、時代の先端を切って蓄積しつづけてきた知識とを。——ワイン商から文筆家に転じた人々の例と同様に。ボルドーの壮麗なるページェントを彼の肩越しにでも眺めることができるとしたら、これぞまさしく望外の喜びというべきであろう。

ヒュー・ジョンソン

本書の使い方

この本は3つの主要な部分から成り立つ。第1章は序説で、ワイン産地としてのボルドーについて知っておくべき一般的な説明をおこなった。第2章はアペラシオンごとに各シャトーを紹介し、各アペラシオンについても簡単な説明もそえた。最後に第2章で紹介しきれなかった生産者をアルファベット順に追加して「シャトー名追録」とした。本書では、ボルドーの約4000のシャトーから慎重に、約1000の生産者を選びだした。最高の格付けシャトー、有名ではないが目をつける価値のあるところ、ドメーヌや協同組合も含めた。

ワイン名を調べるには、末尾の索引を見れば、どこに書いてあるかわかる。シャトー名追録で紹介する生産者については、アペラシオン、所有者名、畑面積、生産量などの実用的データを簡単にそえた。名前の後に＊印がついているのは、第2章で紹介出来なかったが、そのワインそのクラスのなかでは標準以上のものだという印である。

コメントつきで紹介する必要があるシャトーは、本書の主体になる第2章で、アペラシオン毎におさめてある。

頁数を節約するために、略称を使用した。
畑面積は、ha（ヘクタール＝10000平方メートル）
生産量は、hl（ヘクトリットル＝100リットル）
ヘクタールあたりの生産量は、hl/haという形で表記した。
〔年間生産量の1ケースは750ミリリットル瓶12本〕。
シャトーの所有者が企業である場合は、その名前の前に略語をつけた。略語は次のような企業のタイプを示している。

Éts	Établissement	～社、～商会
GAEC	Groupement Agricole d'Exploitation en Commun	農業協同経営団体
GFA	Groupement Foncier Agricole	農業不動産団体
SA	Société Anonyme	株式会社
SARL	Société à Responsiblité Limité	有限会社
SC	Société Civile	協会
SCA	Société Civile Agricole	農業会社
SCEA	Société Civile d'Exploitation Agricole	農業開発促進営利社団
SCI	Société Civile Immobilière	不動産社

シャトー名の後に付し下記の印は、私の評価基準。
★　　（AC基準で）very good 優秀
★★　　excellent 秀逸
★★★　　outstanding 傑出
(☆　白ワイン)
→　　向上中
v　　お買得品

目 次

推薦の言葉　ヒュー・ジョンソン　3
本書の使い方　4
ボルドー・ワイン入門　山本博　6

第1章　地域とワイン ───────────────── 11
地勢　12
小史　12
1945年以降のボルドー　17
技術の発達と革新　17
アペラシオン　18
葡萄品種　23
シャトー　25
協同組合　26
ネゴシアン　26
ボルドーのラベルの読み方　31
格付け　32
葡萄栽培　44
ワイン造り　46
ヴィンテージ──収穫年情報　52
偉大なボルドーを造る要素　67

第2章　シャトー紹介　＝アペラシオン別＝ ───────── 69
メドック　70
グラーヴ　179
ソーテルヌとバルサック　212
サン゠テミリオン　231
サン゠テミリオン衛星地区　277
ポムロール　286
ラランド・ド・ポムロール　303
フロンサック　308
カノン゠フロンサック　311
小さなアペラシオン　318

シャトー名追録　＝アルファベット順＝ ──────────── 339

シャトー索引 ─────────────────────── 347

ボルドー・ワイン入門

=序にかえて=　山本　博

世界におけるワインの王国，フランスを代表するワインといえば，やはりボルドーになる。それだけでなく，ボルドー・ワインは，いわゆる古典的（クラシック）ワインとして，ワインのあるべき姿のひとつの典型とされている。そのため，世界のワイン新生国は，ボルドー・ワインをねらって，これに近づき追越すことに鎬をけずっている。そうした意味で，ボルドー・ワインを知ることは，ワインを知る上で欠かせないひとつの道だし，ワインを究めるためにはどうしてもボルドー・ワインを究めなければならないのである。

ボルドーの赤ワインは「クラレット」の愛称で世界中に知られているし，「グラーヴ」や「ソーテルヌ」（米語発音はソーターン）はそれぞれ辛口白ワインと甘口白ワインの代名詞になっているくらいである。国際社会の祝宴や交際の場に，ボルドー・ワインはつきものであり，ボルドー・ワインについての知識は国際人になるためのひとつの不可欠な教養である。コンパクトで利用しやすい本書は，ある時ある席で出たボルドー・ワインについて明確な知識を与えてくれるだろう。思いがけない面目をほどこしてくれることもあるだろうし，あるいはある宴席を実りの多いものにしてくれるだろう。いずれにしても，ワインを楽しむ歓びをいっそう深めてくれるにちがいない。

ボルドーの概要

ひとくちにボルドー・ワインといっても，その態様と内容は千差万別であり，知るといっても手強い相手である。本書は日常的な利用の便宜上，シャトー名単位に構成されているから，ボルドー・ワイン全体を概括的に把えるのにむいていない。そのため，前提的知識になるボルドー・ワインの概要を列記しておく。

1. 位置：フランスの西南部。地図で見れば左下，ジロンド河の切れ込みが入っているところ。大西洋に面していることと，比較的南部という意味からフランスでも気候は温暖の地である。
2. 地勢：スペイン国境ぞいから流れてくるガロンヌ河と，フランス中央山岳地帯に源流をもつドルドーニュ河が合流して，ジロンド河を形成するが，この3つの河の流域になる。したがって全体的に見て平野で，砂・粘土・砂利まじりの沖積地域にあたり，丘陵地帯になるのはドルドーニュ河の右岸サン=テミリオン，ポムロール，ジロンド河右岸のブールとブライである。つまりドルドーニュ河右岸をのぞくと一般的に平野畑で，ブルゴーニュ・ワイン生産地のように斜面畑がない。畑の優劣をきめる上で，累積した砂利の量が（排水との関係もあり）決定的な要素になることが多い。
3. 地域：大別すれば重要なのは次の5地域が中心になる。
   I. メドックとオー=メドック（ジロンド河左岸）

    II. グラーヴ（ガロンヌ河左岸）
    III. ソーテルヌとバルサック（ガロンヌ河左岸）
    IV. サン゠テミリオンとポムロール（ドルドーニュ河右岸）
    V. アントル゠ドゥ゠メール（2つの河の間）
    この他，ブールとブライ，プルミエール・コート・ド・ボルドー，セロン，コート・ド・カスティヨンなどの小（マイナー）区があるが，詳細は 14～15 頁の地図参照。
    このうち，グラーヴとアントル゠ドゥ゠メール地区が辛口の白を出し（赤・ロゼもある），ソーテルヌ゠バルサック地区は甘口の白のみを出す。それ以外は，ほとんどが赤ワインと考えてよい（若干の例外はある）。
4. 葡萄品種：ボルドー・ワインの特色は，複数の葡萄を混ぜて仕込む点にある。（ブルゴーニュは，赤はピノ，白はシャルドネというように単品種仕込み）。主要品種は，赤はカベルネ・ソーヴィニヨンとメルロ，白はソーヴィニヨン・ブランとセミヨン。
    この他，赤のマルベックやプティ・ヴェルド，白のミュスカデルなどの補充種があるが，優位中心になるのは，それぞれ上記の2種である。この組合わせが，出来上がったワインの味わいに大きな影響を及ぼすため，各シャトーについて葡萄混合比率が常に問題になる。
5. ワインの性格：ボルドーの赤ワインは，同じフランスの代表的ワインであるブルゴーニュに比べると，次のような特徴がある（白は比較しにくい）。
    色調；濃厚で，深いルビー色。（ブルゴーニュは，色が薄く鮮紅色）。
    香り；温厚で，優雅，時には華麗で，深みがある。（ブルゴーニュは，ボルドーの内向型に比べると発散型で強烈）。
    味覚；豊潤かつ精妙。いわゆる酒躯（ボディ）が豊かで，こってりしていて，味わいは複雑，口当たりは滑らか。一般にタンニンが多く渋味が強い。（ブルゴーニュはさらりとしたタイプで，渋味が弱く，酸味が強い）。
    熟成；ボルドー・ワインは一定期間熟成させることによって，渋味もやわらぎ，まろやかさも出て，その良さが引立つ。そのため飲み頃が常に問題になる。一般に長命で，上物は 7～8 年から 20 年くらい寝かさないとその絶妙さが味わえない。また熟成に際して澱（おり）が出るので，上級の年代物は飲む際にデカンターを必要とする。
6. 地域と等級：フランス各地と同じように AC 制度（アペラシオン・コントローレ：原産地管理呼称）上の地区別があるが，その規制は広地域・準広地域しか意味を持たない。それにかわって存在するのがシャトー制度である。これについては後述。
7. 流通制度：ボルドーではネゴシアンの力が大であった。またフリー・マーケット・システムを取っている。
    「広地域」と「シャトー」，「ネゴシアン」と「フリー・マー

ケット」との組合わせがボルドー市場を特色づけているし，ボルドーを複雑にしている。この点がボルドー・ワインを初心者に理解しにくくしている。

ボルドーのシャトー制度

ワインは他の酒類とちがって，生果である葡萄を原料とするから，葡萄の採れた土地がワインの品質や性格に決定的な影響を及ぼす。そのため AC 制度が生まれ，ワインの品質維持とその等級区別に役に立っている。指定された地域で，一定の条件を守ったワインだけが，その出生地の名を名乗れる制度である。この制度の特色は，その指定地域・地区が狭くなるほど条件が厳しくなる仕組みを取っている点である。

ボルドーでいえば，「ボルドー」の名を名乗るワインは——もちろん，その指定地域内でなければならないが——，その指定地域内でありさえすれば，そしてその指定条件を守ったものでありさえすれば，その地域内のどこのワインを使ってもいいし，それらを混ぜ合わせてもよい。「ボルドー・ワイン」の名称を名乗れるワインの生産指定地域はかなり広汎である（14〜15頁の地図の……線及び----線で囲んだ部分の全部）。この種のワインを「広地域ワイン」（ジェネリック・ワイン）と呼ぶ。次にこれよりやや狭い地区，メドックやサン＝テミリオン地区があり，これは「準広地域ワイン」（セミ・ジェネリック・ワイン）になる。その次に「村名ワイン」（ヴィラージュ・ワイン）が来る。ボルドーにおいて，AC の規制はヴィラジュまでである（ブルゴーニュでは，さらに村の中の小区画畑まで）。しかもこのヴィラージュが重視されるのは，オー＝メドックのサン＝テステーフ，ポイヤック，サン＝ジュリアン，マルゴーくらいである。つまり，ボルドーではラベルに村名だけが表示されて市場に出廻るワインは，ふつうこの4つの村のものくらいである。地域名だけが表示されるワインは，ほとんどが「ボルドー」という広地域と「メドック」「サン＝テミリオン」のように準広地域ワインになる。

これがブルゴーニュになると，数多くの村名ワインがあり，しかも村名ワインはかなりの品質のものになる。その上，この村の中の畑がさらに細分化され，この細分化された畑の区画にそれぞれ AC 上保護された名前がついている。しかも，それがまた格付けの対象にもなっている。ボルドーついては，そのような畑の細分化＝名称化はない。その代わりになるのが，「シャトー制度」である。

ボルドーの「シャトー」は，ロワール河流域にみられるような華麗な城館を意味するものでなく，それはひとつの制度なのである。つまり，ある葡萄園の持ち主が，その畑の中またはその付近にある自分の建物の中に醸造所を持ち，自分の畑でとれた葡萄を使って自らワインを醸造し，自ら瓶詰までしたワインにかぎって「シャトー名」を表示できる。他のワイン生産地区でも，シャトーの名前を表示するものがあるが，それはボルドーのような意味を持たず，単なる営業上の装飾文句にすぎない。（ブルゴーニュにおいて，ボルドーのシャトーに対応する概念は「ドメーヌ」になる）。

ボルドーにおいて、葡萄を栽培する農家は無数にあるが、その多くは自分の栽培した葡萄を生果のまま、またはワインを造っても樽詰のままネゴシアン、または協同組合に売り渡してしまう。シャトー名を名乗れる栽培家の数は限られている。とはいっても、前記の条件（自己畑・自己栽培・自己醸造・自己瓶詰）を守りさえすれば、シャトー名をつけて市場に出せるわけである。だから広大なシャトーから中小零細までシャトー数は優に1,000を越す。また、当然のことながら、その品質もピンからキリまである。シャトー・ワインの品質は、その立地条件と、造り手の良心と名誉にかかっているのである。そのため、このシャトーに格付け制度が出来ている。

このように、ボルドー・ワインは、一口にいうと、個別シャトーのオーナーが造る「シャトー・ワイン」と、ネゴシアンの混合によって造られる「ジェネリック・ワイン」とに二分される。どのような名前であろうと、シャトー名がつくものは、一応の品質を持っている。（零細業者がシャトー・ワイン造りに挑戦しても、著名度がないからよほど品質が優れていないと売れないので、結局は樽売りをせざるを得ない）。また、それぞれが、いわゆる手造りワインとしての個性を持っている。これに対し、ネゴシアンのジェネリック・ワインは、広地域から、多量のワインを樽で買い占め、混合（ブレンド）して造り上げる。当然のことながら、コストは安くなるし、安定しバラつきのない品質のものを継続的かつ大量に市場に供給することが出来る。優れたシャトーもののような個性こそ持たないが、良心的なネゴシアンのつくるセミ・ジェネリック・ワインになると下手なシャトーものより優れたものになる。日常飲むワインとしては決して馬鹿にしたものではない。なにしろボルドーなのだ。

ボルドーのフリーマーケット・システム

ボルドーのネゴシアンの本領場は、広地域ワインを集めブレンドして市場に送り出す点にある。（さらにボルドー以外の各地のワインも集め、地域名もつけず、自社商標名で多量の日常消費ワインを出している）。

ところが、それだけでなく、多くのネゴシアンはシャトー・ワインも扱っている。ネゴシアンの中には、シャトー・ワインはサイド・ビジネス的にしか扱わないところもあるし、逆にシャトーものの取引を中心にしてブレンドものはほとんど扱わないところもある。というのも、シャトーものの取引は、かなりのビジネスになっているからである。（昔は、多くのシャトーが自分のところのワインの一部をネゴシアンに樽売りしたが、今ではその量が減少しつつある。ということは、シャトー・ワイン全体の量が市場でかなりの比重を占めつつある）。また、シャトーものの取引は、うまみのある投資でもあるからである。

いろいろな事情から、ボルドーのシャトー・ワインの取引には2つの慣行が成立している。ひとつは、各シャトーは、原則として、どのネゴシアンにもそのワインを売る。特定の業者だけを通して売る独占販売制度は存在しない（例外はある）。ネゴシアン側からいえば、どこのシャトー・ワインも扱えるわけで、値段の

交渉次第である。もうひとつは，ボルドーのシャトー・ワインは（一部の例外を除いて）どこかのネゴシアンの手を通して海外に出す慣行になっている。（だから，サントリー社がシャトー・ラグランジュを所有していても，そのワインを全部，直接日本に持ってくるわけには行かない。必ずいったんどこかのネゴシアンを通して，その一部を日本に持って来て売る。日本のどこかの輸入業者がシャトー・ラグランジュをボルドーのどこかのネゴシアンから買って来て，サントリー社より安い値で日本市場に出すということがあり得る。ブルゴーニュ・ワインの場合は，日本では従来独占輸入販売システムがほぼ確立していた。しかし残念ながら最近この良き慣行がくずれつつある）。

シャトーのワインは，樽熟成が始まった時から売りに出す。これを「プリムール」とよんでいる。（現実の引き渡しは瓶詰後）。シャトーとネゴシアンを結びつけるのは仲買人（クールティエ）である。樽の買付けから出荷するまでの間，少なくとも1, 2年はワインはシャトーで寝ることになる。また，値上がりを待って樽ワインを買付けた業者がシャトーものを貯蔵しておくこともある。そのためボルドー全体でかなりの量のシャトー・ワインがストックされていることになる。このワインの流通にも仲買人が活動する。

こうした現象は，何を意味するかといえば，同一のシャトーのワインがいろいろの業者の手を経由して日本の市場に入ってくるということであり，その結果，同一シャトー・ワインでありながら違った値で小売店の店頭やレストランに納入されるということなのである。

第1章

地域とワイン

 ボルドーは世界のワイン産地のなかでも傑出した地位を占めている。その特殊な地理的環境のおかげで、フランスのどの地域よりも、いや、世界中のどの地域よりも上質のワインを、安定して生産することができる。

 最高級のワインが、これほど大量に生産されるところは、ほかにはない（生産量が少ないのは、オーゾンヌとかペトリュスなど）。また、世界的な名声のために一流銘柄ワインが我々の手の届かない値段になってしまっているが、手ごろな値段で買えるすぐれたワインが他にいくらでもあって、その中には一流銘柄ワインに負けないだけの品質のものもけっこう見受けられる。ことに若い時期のものがそうである。世界でも至上の第一級品を9つ（赤8つと白1つ）も造り出せるボルドーなのだから、特筆すべき非凡なワインが他にたくさん造られていても不思議ではない。メドックの格付けワインの最高品と（格付けされていないものも一部含む）、グラーヴとサン＝テミリオンの格付けワインの最高品と、いうまでもないがポムロールの最高品とを合計すると、偉大なワインを造り出しているか、造り出せるところが、およそ100ぐらいはあるという答が出される。その名前を列挙するだけで壮観である。しかもこれは赤ワインだけの話である。甘口の白や辛口の白にも、すぐれたものはたくさんある。

 もちろん、この少数のエリートは氷山の一角にすぎない。ボルドーのバイブルといわれるコック＆フェレ著『Bordeaux et ses vins』の1995年版には4,800あまりのシャトー名が出ているが、ワイン造りに従事する生産者の数は、1995年にはジロンド県だけでも13,500を越しているし（ヴァン・ド・ターブルを含む）、統制呼称を認められた葡萄畑の面積は、112,000ヘクタール以上にのぼっている。今日のボルドー・ワインは誰でも手の届くところにあるし、たいしたことのないワインでさえ、今日ほど出来のよい時代はなかったといえよう。

地　勢

地理的に見ると、ボルドーはフランスの南西、北緯45度に位置している。わずか数マイル西のビスケー湾に大西洋の波が打ち寄せ、ジロンド河と、それに合流するガロンヌ河、ドルドーニュ河の流域で、葡萄畑が広がる地域である。メキシコ湾流という暖流がこの地方に与える影響はきわめて大きい——大西洋の反対側に行けば、同じ緯度上にカナダのノヴァ・スコシア岬やアメリカのメイン州があることを忘れないで頂きたい。メキシコ湾流と大西洋の影響で、ボルドーの夏は暑く、長く穏やかな秋が10月末まで続くこともしばしばあり、冬は比較的しのぎやすいが雨が多く、春はうららかな日が続く。ふだんの気候が一定しているだけに、寒波に見舞われた年 (1709, 1740, 1820, 1956, 1985) や、雨のひどかった年 (1930〜32, 1965, 1968, 1992) は著しい印象を残している。

畑の土質も、重要な要素である。最近の説によると、土壌が何を含んでいるかというより、水はけのほうが重要だといわれている。ジロンド河とガロンヌ河の流域地帯でも、その河べりの地帯は基本的に砂利が多く、内陸部へ向かうと砂、石灰岩、粘土が主体だが、この組合せのパターンや比率はどこも少しずつ変わっている。もっとも例外もあって、ポムロールの一部や、それに隣接するサン＝テミリオンの一部には、砂利が露出している。また、ソーテルヌでは、砂利の下が石灰岩と粘土の層になっていて、それがワインに独特の性格を与えている。

なだらかに続くメドックとグラーヴの砂利質の畑は、海岸線に沿って内陸側にひろがる松林によって大西洋の強風から守られているが、それが降雨量の減少にもなっている。二つの大河にはさまれたアントル＝ドゥ＝メールの丘陵地帯は、ジロンド河およびガロンヌ河の西側の畑 (メドック、グラーヴ) や、ドルドーニュ河の東側の畑 (リブールヌ地域) の微気候に重要な違いを与えている。それからもうひとつ、距離という要素があることも忘れてはならない。北端のグラーヴ岬から南のランゴンまでは148キロ、ボルドー市から東のサント＝フォワ＝ラ＝グランドの町までは70キロもあるのだから、気候に重大な変化があるとしても驚くにはあたらない。

小　史

ボルドーはイギリス国王に3世紀にわたって忠誠を誓ってきた歴史がある (1152〜1453年)。そのためフランスでも他のところとは別の、ひとつの地域としてのまとまりを見せている。そして大西洋が与えてくれる海上貿易ルートに強い関心を持つようになった。

この3世紀のあいだに、ボルドーとイギリスの結びつきの強さには何度か変遷があった。長い目で見れば、海上貿易というのは、取引範囲を広げようとする意欲によって発達していくものだ。ボルドー市が商業の中心地として、また、主要港として発展をとげ

たのは、その位置から見ればごく当り前のことだった。それに反して、リブールュ市がドルドーニュ河側の主要港として発展したのは、イギリスの貿易促進政策として、1270年にまったく新しい港を作ったのが原因となっている。

ボルドーとイギリスの政治上の絆が切れてからは、貿易のほうも必然的に衰退した。ボルドーがふたたび繁栄をとりもどすまでにはしばらくかかった。やがて繁栄がよみがえるにつれて、海上ルートや、そのルートを使って築かれた貿易の価値がはっきり認識されるようになった。イギリスとの、そしてほどなくスコットランドやアイルランドとの貿易が細々ながら回復しただけでなく、オランダやハンザ同盟の諸港など、他の海運国との貿易も始まった。ブルターニュ、ノルマンディー、ダンケルクとの貿易を進めるにあたっても、海上ルートは重要だった。莫大な利潤を生む西インド諸島との貿易が始まると、ボルドーの港を通じて取引されたのも、地理上からみても当然だった。この貿易によって、18世紀のボルドー市に莫大な富がもたらされた。

18世紀は、また土地の所有形態に重大な変化が生じた時代でもあった。メドックに重要な領地を持とうという動きはすでに17世紀から始まっていたが、この時期になって本格的になった。いわゆる法服貴族（ボルドーの法律・政治の実権を握る貴族階級）の手に土地の所有権が集中した。それが、ボルドーの葡萄畑に独特の性格を与える「シャトー」というシステムを生みだした。同時にまた、裕福な商人階級が新たに台頭してきて、最初は仲買人やネゴシアンとして、のちにはシャトーの所有者として地位を築いていった。

こうしたことが背景となって、ボルドーはしたたかな耐久力と復元力をそなえたひとつの地域となった。そのおかげで、フランス革命時代（1789〜96）の社会的・政治的な大変動にも充分に耐え抜くことができたのだ。もちろん、所有権には重大な変化が数多く見られた。ナポレオンが最後の戦いに敗れたあと（1815）、イギリスのある将軍がシャトーを手に入れ、彼の名前にちなんでパルメと名づけた例さえある。しかし、多くのシャトーでは、所有者の変更は形式的なものにとどまった。貴族が海外へ亡命するとき、不在地主の土地として没収されるのを恐れて、縁続きの者に土地を買いとってもらったのだ。亡命貴族たちが無事帰国した暁には、もとの状態に復帰するケースが多かった。

ナポレオン失脚後、新しい商人階級（西インド諸島との貿易で富を築いた者が多かった）の重要性がきわめて大きくなった。バルトン、ゲスティエ、ジョンストンといった一族が、ネゴシアンであると同時にシャトーの所有者にもなった。高まる一方のメドックの名声を頂点にまで導いたのは、1855年のパリ万国博覧会のために、メドックの赤ワイン（唯一の例外はオー＝ブリオン）と、ソーテルヌ・バルサックの偉大なる甘口ワインを対象として、かの有名な格付けがされたことだった。

1853年にパリ・ボルドー間の鉄道が開通し、これが大きな原動力となって、フランスの市場がボルドー・ワインに広く門戸をひらき、ボルドーにさらなる繁栄をもたらす結果となった。このころまでメドックに遅れをとっていたサン＝テミリオンなどは、

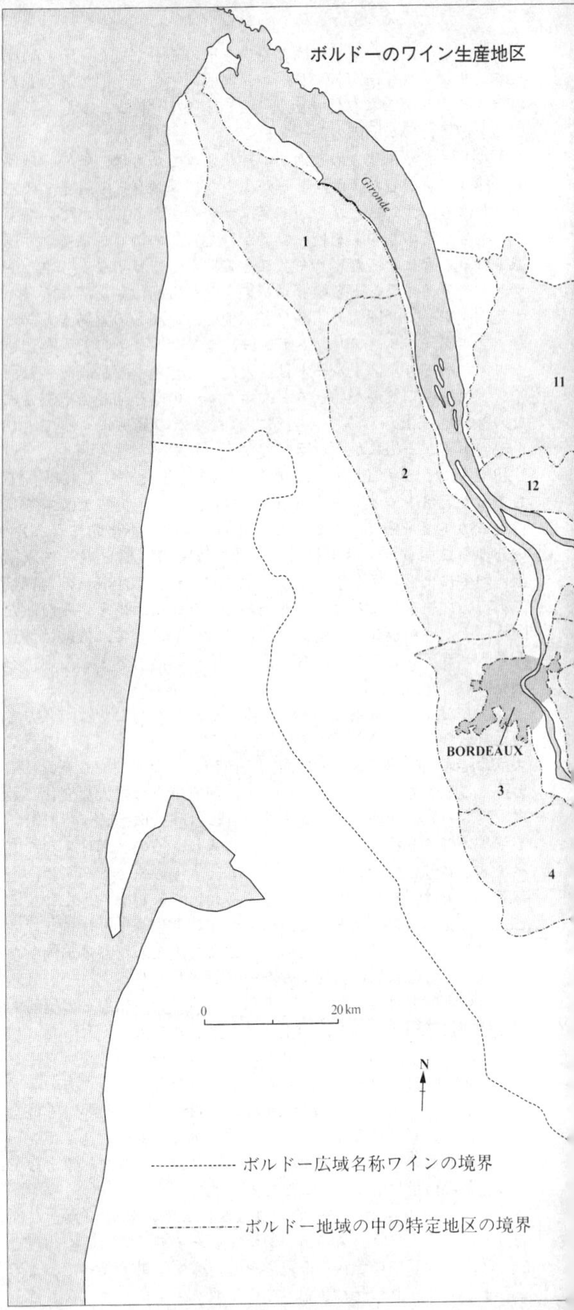

ボルドーのワイン生産地区

Gironde

1

2

11

12

BORDEAUX

3

4

0   20 km

N

·············· ボルドー広域名称ワインの境界

- - - - - - - - ボルドー地域の中の特定地区の境界

14

1 Médoc メドック
2 Haut-Médoc オー゠メドック
3 Pessac-Léognan ペサック゠レオニヤン
4 Graves グラーヴ
5 Cérons セロン
6 Sauternes and Barsac ソーテルヌ，バルサック
7 Premières Côtes de Bordeaux プルミエール・コート・ド・ボルドー
8 Loupiac ルーピアック
9 Ste-Croix-du-Mont サント゠クロワ゠デュ゠モン
10 Côtes de Bordeaux St-Macaire コート・ド・ボルドー・サン゠マケール
11 Blaye ブライ
12 Bourg ブール
13 Vayres ヴェイル
14 Entre-deux-Mers アントル゠ドゥ゠メール
15 Fronsac and Canon-Fronsac フロンサック，カノン゠フロンサック
16 Pomerol ポムロール
17 Lalande de Pomerol and Néac ラランド・ド・ポムロール，ネアック
18 St-Émilion サン゠テミリオン
19 Montagne-, Lussac-, Puisseguin- and St-Georges-St-Émilion モンターニュ゠，リューサック゠，ピュイスガン゠，サン゠ジョルジュ゠サン゠テミリオン
20 Côtes de Castillon コート・ド・カスティヨン
21 Côtes de Francs コート゠ド゠フラン
22 Ste-Foy-Bordeaux サント゠フォワ゠ボルドー

BORDEAUX
ボルドー（市）
Gironde ジロンド河
Dordogne ドルドーニュ河
Garonne ガロンヌ河

地域とワイン

とくに大きな恩恵をこうむることができた。1851年にはナポレオン3世による第二帝政が始まり、新たな高揚感に包まれた時代に、フランスはイギリスで始まった産業革命の成果を次から次へと取り入れるようになった。

ロートシルト家（ラフィットとムートン）やペレール家（パルメ）といったパリの銀行家たちが、メドックの葡萄畑に投資をおこなった。さらに重要なことは、長いあいだ無名の存在だったリブールス地域のワイン（サン＝テミリオン、ポムロール、フロンサック）が徐々に頭角をあらわして、その名を知られるようになった。ところが、ボルドー全域に史上空前の発展と繁栄の時代が訪れると思われた矢先に、悲劇が襲いかかった。グランド・ベル・エポックと呼ばれたこの時代は、1878年にフィロキセラ（葡萄根あぶら虫）という害虫の被害によって完全に幕を閉じた。それから1893年まで、質の高いワインが大量に造られることはなかった。

ボルドーが回復をなしとげるにあたって、害虫との戦いを率先して進めた大地主たちのエネルギーと決断力が大きくものをいった。それに加えて、これまでの何十年かにわたって蓄積されてきた富も大きな原動力となった。フィロキセラに免疫性をもつアメリカの台木にフランス産の葡萄の枝を接ぎ木するのが、唯一の確実な治療策だとわかってから、畑の再建が始まった。しかし、ボルドーの広大な畑にアメリカの台木を植えるとなると、一朝一夕でできるわけがないし、莫大な費用と数多くの実験が不可欠だった。

この時代に実際に起きたことをまとめると、複雑な絵柄ができあがる。なんとか飲めるワインを早急に量産する必要に迫られたため、これまで葡萄を栽培したことのなかった周辺地帯や、洪水や砂質の土壌のおかげでフィロキセラの蔓延が食い止められていたパリュス（川べりの沖積地帯）に葡萄を植え、急いでその必要を満たすようになった。その一方、由緒ある葡萄畑の所有者たちは、優れたワインを造るには年をとった葡萄の木が必要であることを認識し、接ぎ木しない木を残す努力をして、かなりの成功を収めることができた。こうした苦労があったからこそ、メドックの偉大な畑も、そしてサン＝テミリオンとポムロールの一部（シュヴァル＝ブラン、フィジャック、ラ・コンセイヤント）も、この変遷の時代に偉大なワインを造りつづけることができたのだ。

しかし、新しきベル・エポックは、まだはるか先のことだった。1899年、1900年と、大豊作の年が2度あったが、そののち1920年まで傑出したワインは出ていない。経済面を見ても、第一次世界大戦（1914〜18）に至るまでの何年間か、ヨーロッパ全土が不景気に苦しんでいたため、ボルドーのワイン取引も1850年代、60年代、70年代に享受した繁栄を取り戻すことはできなかった。1920年代には素晴らしい年が何度かあったが、経済状態は悪化の一途をたどるばかりだった。1926年にはワインの価格が暴落し、そのすぐ後に世界的な大恐慌が始まった。葡萄の不作と経済不況のため、1930年代に入って多数の栽培者や商人が破産の憂きめを見ることとなった。

1945年以降のボルドー

こうした背景に反発するかのように、ボルドーは1945年、一連の素晴らしいヴィンテージで平和の訪れを祝福した。しかしワイン造りをおろそかにしてきた歳月を埋め合せ、往時の繁栄を呼びもどすには、もう少し時間が必要だった。新しい時代の夜明けがきたと自信をもっていえるようになり、価格も上がり、それに伴って畑や建物への投資もふえはじめたのは、1950年代の終りになってからだった。1960年代の揺るぎなき繁栄は、1971年から73年にかけての投機と価格急騰によって頂点に達した。しかし、1974年の石油危機がもたらした悲劇で終りを迎え、加えてボルドー市場自体がきわめて不健全な状況だったために、さらに悪化してしまった。だが、混乱が続いたのはわずか2年で、そののちボルドーの市場は平静をとりもどした。それ以降、前進と繁栄が続き、出来栄えの良い年が続いたことが、この地方のワインに折り紙をつけることになった。ただ、世界的な景気の後退に加えて、1980年代の例外的豊作続きによるストックの増加と、91年、92年が難かしい作柄だったことが重なって価格の急落を招いた。80年代では88年が最高価がついたものの、全体的に低迷し96年になるまで、もとの値段に戻らなかった。95年、96年、97年に筆頭的なシャトーが行った初売出し価格についての宣伝活動が功を奏して、かつて70年と71年に見られたような価格の急上昇が生じ、このグループのものは新しいレベルの値段に落ち着くようになった。もっとも1997年の価格は、その品質から見て不当という印象を与え、業者からも消費者からもおおむね拒否された。2002年までにはそうした花形ワインの多くが30％～50％という大幅な値引きで購入できた。しかし、そのうち価格は落ち着いてきたが、鳴り物入りの2000年は新たなレベルに達した。しかし2001年と特に2002年の価格で再び落着きを取り戻した。

繁栄の復活、とりわけメドックにおける再興は、重要な新入りグループの進取の精神と努力に負うところが少なくなかった。この人達は、ピエ・ノワール（黒い足）と俗称されていたアルジェリア帰りのフランス人で、1960年の独立以前にアルジェリアで、葡萄園を持っていた人達である。この人達の多くが、祖国で葡萄畑を買うことになったのだが、ことに休閑地が多く、値段も安かったメドックの北部に目をつけたわけである。

技術の発達と革新

1960年代、70年代は技術面で飛躍的な進歩をとげた時代だった。畑では腐敗病を防ぐ噴霧剤が効果をあげ、おかげで1968年以降、ボルドーの葡萄が不健康な状態で収穫されることはなくなった。こうした健康な葡萄の醸造についても素晴らしい進歩がもたらされた。ワインの発酵温度は、昔よりはるかに注意深く制御されるようになっている。そのおかげで、1982年、1983年、1985年、1989年、1990年のように猛暑に見舞われた年でさえ、ワインが酸化することはほとんどなくなった（1947年には、こうした惨

事は当り前のことだった)。辛口白ワインの品質も,発酵が温度調整のきくステンレス・タンクによって18℃前後でおこなわれ,熟成にも樫樽よりステンレス・タンクを使うようになってきたので,昔とは比べものにならないほど向上している。ただ,最近は上級物については,樽発酵に戻る傾向が広まっている。

トップクラスのワインは,いずれも大幅に質を向上させている。シャトーの規模が大きなメドックではとくにそれが顕著で,グラン・ヴァンの場合は最後のアッサンブラージュをおこなう前に,以前よりはるかに入念な選別がされるようになった。これこそ,ワインの品質向上に打ちこんできたエミール・ペイノー教授の数多くの功績のひとつで,過去30年以上もかけて広く普及してきたものである。

現代化という路線に対して,ボルドーは二者択一をきめかねてとまどっている。ことに収穫機の導入になると誰もがこれを改良と見なして歓迎しているわけでない。収穫機がこれほどスピーディに普及したところはフランスのどこにもないし,現在,ジロンド県で使われている機械の台数は,フランスのいかなるワイン産地をも上回っていて,1983年までの普及数は1,050台に,1986年には1,500台にのぼり,各所の畑の半分以上で使われるようになった。今では3分の2近くになっている。メドックとアントル゠ドゥ゠メールの大葡萄畑はとくにこの機械の使用に適している。土地がわりに平坦で,ワイン造りをおこなう醸造所がたいてい畑に隣接しているからである。機械による収穫の最大の利点はスピードにあり,おかげで,収穫開始時期の決定について以前よりははるかに的確な判断を下せるようになった。葡萄が完熟したところを見計らって収穫できるから,摘みとった葡萄の一部が熟しすぎるとか,収穫の途中で天候の崩れに見舞われるといった危険にあう心配もなくなった。

格付け銘柄シャトーの多くは,今でも,品質に好ましくない影響を与えるという理由で機械化に反対している。高価で高品質のワインだと,機械化ということがあまりよいイメージを与えないので心配なのかもしれない。現在の評価を云わせてもらえば,こうした機械化の導入のために,フランスのワイン造りは進歩したし,素晴らしい結果がもたらされている。白ワインの場合は,近年,円筒形圧搾機(水平スクリュー式,および近年は特に空気圧式)が使われるようになって,白葡萄の圧搾に威力を発揮している。機械による収穫は熟していない葡萄を摘み残すので,いいかげんな摘み方をする多くの摘採作業者より良い結果を生んでいる。最近の収穫法について云えば,7月に過剰な果房を厳しく摘み取ってしまう「緑果摘除」が最上級の畑で広く普及しつつあり,それがワインの品質向上に役立っている。

アペラシオン

アペラシオンという概念は,第一次大戦直後のフランスで発達して,1935年に法制化され,今日われわれが知っているような制度になった。その結果,地元でしか知られていないマイナーなワインを除いて,ほとんどのワインが原産地統制呼称 Appellation d'Origine Contrôlée (AOC)，略して Appellation Contrôlée (AC) にもとづく呼称をもつようになっている。そもそもの目的は，過剰生産と低価格の時代に，フランスの有名ワインの名前を安いイミテーションから保護することにあった。この法律はまた，アペラシオン指定を受けたフランスの葡萄畑から交配種の葡萄を追放するという大切な運動の先頭に立つものでもあった。この交配種というのは，ヨーロッパ葡萄と，フィロキセラに対して免疫があるアメリカ葡萄とを交配させて生みだしたものである。アメリカの台木にフランス種の枝を接ぎ木したものや，ヨーロッパ産の葡萄同士を交配させたもの（たとえばミュラー＝トゥルガウなど）のことではない。追放しようとした交配種はアメリカ葡萄に見られる不快な"キツネ臭"を含んでいることが多く，フィロキセラ病禍がおさまったあと，接ぎ木に変わる方法として，数多くの畑に植えられたものだった。

AC 法が規制している主な事項を以下に記しておく。

1. ある地名を表示できる地域の限定（例：メドック）。
2. 栽培可能な葡萄品種の列挙。
3. 1ヘクタールあたりの葡萄の栽培密度，及び剪定方法の明確・特定化。
4. 1ヘクタールあたりの最大収穫量。
5. 最低アルコール度数（白ワインの場合は，最大度数まで規定することもある），シャプタリザシオン（葡萄の熟し方が足りない年に，アルコール度を高めるため，発酵中の果汁に糖分を添加すること）の規制。
6. 1974年以降は，アペラシオンの認定書を与える前に，新酒の分析とテイスティングの義務づけ。
7. 栽培者に対する，収穫後の収穫量の申告，及び毎年8月31日の時点での在庫量の申告の義務づけ。

この制度全体を監督し，各アペラシオンの生産者がつくっている組合と連絡を保つため，全国原産地呼称機構 Institut National des Appellations d'Origine (INAO) が設立され，今日でも，ここが中心機関となって制度の監督や改革にあたっている。

独自のアペラシオンを名乗る資格をもつ特定地域を定めるのにあたって，ボルドーでは，フランスのほかの地方ほどのゴタゴタは生じなかった。それでも，リブールヌ地域では，サン＝テミリオンという名前の使用をめぐって地元で激しい論争が起きた。コック＆フェレ著『Bordeaux et ses vins』の古い版を見ればわかるように，19世紀には，この名前は非常に広い地域で使われていた。ポムロールとその北にある村はもちろんのこと，サン＝テミリオンの東の，現在コート・ド・カスティヨンとして知られる地区までがサン＝テミリオンに含まれていた。1921年，リブールヌの地方裁判所で，「ジュラード・ド・サン＝テミリオンという古くからある同業団体がもっていた管轄区のみにサン＝テミリオンの名前が適用される」という判断が下されて，ようやくこの問題にケリがついた。しかし 1936 年に，それまでサン＝テミリオンとして売る権利を剝奪されていた村にも，その名前の前にサ

ン゠テミリオンをハイフンでつけることが許されるようになった。これがモンターニュ゠サン゠テミリオンなどで，現在「準サンテミリオン地区」として知られている。

メドックでは，サン゠テステーフ以北で，昔は「バー゠メドック」と呼ばれていた地域は，現在はAC上は単に「メドック」と名乗るようになった。しかし，南部の良い方の地域は，「オー゠メドック」を名乗ることになった。ところが，オー゠メドックのなかでも，有名な村々の栽培者たちは独自の村名アペラシオンを要求して，ついにはそれを手に入れた。グラーヴでも最近，同じような事態が起きている。グラーヴ北部の最上の地域の生産者たちが，「グラーヴ」のかわりに，「ペサック」や「レオニヤン」という村名を使いたいと要求したのだ。1984年に妥協が成立し，各シャトーは上記の2つの村名のうち，ひとつをグラーヴにハイフンでつなぐやり方を取ろうとした。しかし，長い宣伝合戦の末，結局，1987年よりペサック゠レオニヤンの新しいAC名が法令で認められるようになった。ソーテルヌではおかしな例外がひとつある。バルサック村は，ソーテルヌ地区にある5つの村のひとつだが，AC上ソーテルヌだけでなく，バルサックを名乗る資格ももつことになった。そのため，この村の生産者たちは自分のワインにバルサック，ソーテルヌどちらの名前をつけることもできる。

栽培可能な葡萄品種を限定すれば，各ワインの伝統的な特徴を守っていくことができるし，質は劣るが収穫量が高い品種の使用を防ぐこともできる。しかし，当然のことながら，実験栽培をおこなうのには支障になる。もっとも，ボルドーでは実験栽培が盛んなわけではないが。

葡萄の植え付け密度が重要だといわれても，ちょっとピンとこないかもしれない。しかし，ボルドーの伝統的な方法より広い間隔で葡萄を植えると，収穫量はふえるし，ワインの性格と質に変化が生じることが証明されている。1974年の法令では，ACボルドーについては，葡萄の木は，1ヘクタールあたり2,000本でよいと決められている。しかしACメドックになるためには，これが5,000本から10,000本と変わる。昔からメドックでは，AC法とはかかわりなく，8,000本から9,000本の葡萄を植えている。この数字はサン゠テミリオンついてAC上定められている1ヘクタールあたり6,000本の方に近い。

量と質の関係は，はるか昔からさかんに論じられてきたことだ。収穫量が多くなれば，ふつうは質の低下につながるのが明らかだが，どの段階でそれが起きるかを判断するのはなかなか難しい。いくつかの観点から見る必要がある。昔より病虫害を効果的に防げるようになり，化学肥料を大量に使うようになり，成功の見込みが高い分枝種を選んで植えるようになってから，収穫量は増えてきている。1ヘクタールあたりの平均収穫量は，平均作だった1953年で40.8ヘクトリットル，1955年で41.1ヘクトリットルだったが，1949年にはその半分の24ヘクトリットル，1961年も25.7ヘクトリットルだった。ところが，1970年にはこれが52.6ヘクトリットル，1973年には55.3ヘクトリットルと増えている。歴史的な水準から見れば驚異に値する数字だ。それどころではな

い，1979年には62.9ヘクトリットルという数字を記録しているし，偉大なワインが誕生した1982年でさえ60ヘクトリットルとなっている。そして89年もそうした量になっている。1984年はメルロの開花がうまく行かなくて，わずか36.9ヘクトリットルにとどまったが，これもかの有名な霜害に見舞われた1956年の17ヘクトリットルという数字と比較すべきものであろう。もっとも，1991年の春の晩霜は，この年の生産量を24ヘクトリットルにまで落とした。

ボルドーで栽培されている赤ワイン用の品種は，収穫量が比較的多くても，すぐれたワインを生みだす能力のあることは明らかである。しかも，その収穫量たるや，数年前には考えられなかったほど多くなっている。ブルゴーニュの場合は大違いで，丘の斜面に栽培されるピノ・ノワールは収穫量が，1ヘクタールあたり50ヘクトリットルを越えるとてきめんに質が落ちる。1982年にこうした例がいくつも見られた。ところが同じ年のボルドーでは，メルロとカベルネ・ソーヴィニョンがそれと同じぐらい，いやもっと大量の収穫を上げながら，じつに濃密な素晴らしいワインを生みだしている。白ワインの場合は，収穫量が増大しても赤ほど敏感に質の低下を招くことがないため，ボルドーでは辛口ワインの最上品に収穫量の安定したセミヨンと不安定なソーヴィニョンをあわせて使う傾向がある。

ワインの最低アルコール度数は，品質の保証にもなる。そういう観点から，収穫時の葡萄の糖度がアルコールに換算して法定の最低度数に達しないかぎりシャプタリザシオン（糖分添加）は違法となる。しかし，ここでひとつ興味ある事実をあげておくと，過去の偉大なるクラレットはアルコール度がとても低くて，9度から10度ということもしばしばなのに，その多くはおそろしく長命である。時代が下って1940年代に入ってからでさえ，偉大なワインの中にもかろうじて11度に達したものがあった。もちろん，糖分添加をしなくてはならないような場合は，メドックでは12度以上，サン＝テミリオンなら12.5度以上にならなくてもよい。むろん，素晴らしい豊作の年には，サン＝テミリオンなら13度を越すワインをごく自然に造ることができる。

フランスの主なワイン産地のなかで，ボルドーは各年ごとのワインに所定のアペラシオンを認めるにあたって，テイスティングをおこなう制度をとりいれた初めての地域である。サン＝テミリオンでは，この手続きを新しい格付け制度に導入し，1955年に，AC法運用上初めての，テイスティングを制度化した新格付けを設定した。メドックでも，テイスティングを導入したが義務的ではなかった。1974年にAC制度全体の大幅な見直しがされてからは，アペラシオン指定にさいしてのテイスティングがフランス全土で義務づけられるようになった。テイスティングについては皮肉な見方をする者もいる。はねられるワインが，めったにないといわれているからだ。審査にあたるのは，生産者，クールティエ（仲買人），ネゴシアンである。樫樽もしくは発酵槽から採取するサンプルは，アペラシオン指定を求めるシャトーで造られたワインのすべてを代表するものでなくてはならない（ヴァン・ド・プレス——最初にとれる上質のフリーラン・ワインだけでな

く，圧搾でとれたワイン——と，セカンド・ラベルのワインも含む）。そのためサンプルの質は，シャトーのラベルをつけて市場に送りだされるワインに比べて劣っているのが普通で，とくに，大きなシャトーでこの傾向が強い。醸造家に対して，サンプルの再提出が求められることがしばしばある。テイスティングしたワインが若い場合，小さな欠点が認められても，少したつと消えていくことが多いからだ。私もこうしたテイスティングに何度か参加したが，いずれも真剣なものであった。

在庫の申告も AC 制度の条項に入っているが，これについてはあまり説明の必要はないだろう。ただこの制度があるから，監督機関や業界は，昨年の売り上げがどうだったか，これから売れるワインがどの位あるかということを適確につかむことができる。8 月 31 日の時点での在庫量と，今年の申告収穫量を合算すれば，翌年に売りに出せるワインの量がわかる。年ごとの在庫量を比較すれば，市場の健康度をはかる貴重なバロメーターになるし，価格水準にも影響を与える。

1974 年におこなわれた AC 制度の大幅な見直しは，広範囲にわたるもので，古い制度の融通がきかなくなった部分や，年ごとの収穫量の変動に対応できなかった点を改める上で，おおいに効果があった。新しい制度の核をなすものは，次の 3 つの新しい概念を中心に作られている。

1. 基本許容収穫量 Rendement de Base

   これは昔でいえば，"最大収穫量" にあたるもので，1935 年に定められて以降僅かしか変えられなかった。しかし，ボルドーでは，これが 1984 年に改正されて（1983 年の収穫量から適用），ほとんどのアペラシオンで従来より高い数字が認められるようになり，ときには 1 ヘクタールあたり 5 ヘクトリットルも多くなるケースさえ出てきた。後述の 2 制度が新設された関係で，現在はこの基本許容収穫量は単にひとつのめやすにすぎなくなり昔ほど重要な意味をもたなくなっている。

2. 年度収穫量 Rendement Annuel

   現在，各アペラシオンの生産者は，毎年その年の実態を考慮に入れた上で，順調に行けばどれぐらいの収穫が望めるかを，地区の生産者組合を通じて INAO に申告することになっている。これは基本収穫量を上回ってもかまわないし，下回ってもかまわない。

3. 等級上限申告制 Plafond Limité de Classement（PLC）

   これは法令によって各アペラシオンごとに一定のパーセンテージで（通常は 20％），定められていて，年度収穫量にこれをあてはめると，その年ごとに許容される最大収穫量がはじきだされるシステムである。年度収穫量がその年の状況に応じて数字に柔軟性をもたせるものだとすれば，PLC は葡萄畑や生産者の違いを考慮する柔軟性を与えたものといえよう。もっとも，この特別枠を手に入れるには，シャトーのワインすべてをテイスティングに出さなくてはならない。また，この枠を越える分はすべて蒸留酒にまわさなければならない。

葡萄品種

今日,ボルドーでは,5種類の葡萄(赤ワイン用が3種と白ワイン用が2種)が支配的だが,昔からそうだったわけではない。18世紀末には,メドックで9種類の赤と4種類の白が使われていた。だがこれも,リブールス地域に記録されている34種類の赤と29種類の白に比べればすごく少ない種類である。19世紀に入って淘汰作用が猛烈なスピードですすみ,最後にフィロキセラ対策のため何年かかけてすべての畑の木が植え替えられたところで,この淘汰は完了した。現在,もっとも重要な品種は次のとおりである。

赤ワイン用品種

カベルネ・ソーヴィニヨン Cabernet Sauvignon

メドックとグラーヴにとって,とりわけグラン・クリュにとって,もっとも重要な品種。この葡萄から生まれるワインは深くあでやかな色と,ときにカシスを思わせるかぐわしいブーケと,若いうちはタンニンが強烈だが熟成するにつれて偉大なフィネスと複雑さを増す風味を特徴としている。とても丈夫な品種で,開花期の不結実や,収穫前の灰腐病に対して抵抗力をそなえている。果皮が厚く,熟すのが遅い。砂利質の土壌がもっとも適していて,収穫量は比較的少ない。

カベルネ・フラン Cabernet Franc

サン=テミリオン,メドックの両方で重要な第2品種。サン=テミリオンでは,一般にブーシェ Bouchet で通っている。カベルネ・ソーヴィニヨンに比べると,色が薄くてタンニンが少ないが,それ以外の点ではとてもよく似た,とくに香りの高いワインができあがる。

メルロ Merlot

サン=テミリオンとポムロールでもっとも重要な品種で,カベルネ・ソーヴィニヨンと素晴らしい調和を見せるため,メドックやグラーヴでも重視されている。メルロから生まれるワインは色が深く,カベルネ・ソーヴィニヨンよりタンニンが少なくてアルコール度が高く,しなやかで,風味豊かである。カベルネ・ソーヴィニヨンだと育ちにくいような粘土質の場所でもよく育つ。熟すのが早く,収穫量が多いが,開花期に不結実を生じやすく,多湿時には腐りやすい。しかしながら,新たな噴霧剤の開発により,この最後の欠点は克服できるようになった。完熟したら,メルロは迅速に摘果しなければならない。そうしないとアルコール度が高まり,平板なできあがりになる。

マルベック Malbec

リブールス地域ではプレサック Pressac,カオールではコット Côt の名でも知られている。昔はフロンサック,ポムロール,コート・ド・ブールでとりわけ大切にされ,同時にメドックのほとんどの畑で補助的な品種の代表格とされていた。最近では,開花に問題があるため評価が大幅に落ちて,これを大事な品種として扱っているのはブールとブライだけになってしま

った。ただし、メドック、サン＝テミリオン、ポムロールの多くのシャトーに、今も古いマルベックの木が少しずつ残っている。収穫量が多く、熟すのが早い品種で、色のきれいな、柔らかで繊細なワインを造りだす。

プティ・ヴェルド Petit Verdot

メドックで少量使われていて、とくにマルゴーの軽い土壌でよく育つが、栽培量は減る一方である。熟すのが遅く、色づきの良いワインを造りだす。アルコール度が高く、タンニンが強くて、長い時間をかけて熟成するワインに複雑さを与える。

白ワイン用品種

セミヨン Sémillon

白ワイン用の品種のなかでもボルドーの特徴をもっともよく出せる葡萄。ソーヴィニヨンの人気が高まったために、いったんは衰退したが、最近、ふたたび人気を盛りかえしている。すべての偉大な甘口ワインにとってもっとも重要な成分であり、辛口グラーヴに複雑さと長期の熟成に耐える能力を与える。この葡萄を使った辛口ワインが、その特徴ある複雑なブーケを生みだすには、瓶詰後の熟成が必要で、歳月を重ねるにつれて、リッチで蜜のような甘味を帯びていく。ワインは若いうちは緊張して固くなっているが、熟成するにつれて、風味にあふれ、複雑さを見せるようになる。ソーヴィニヨンとブレンドさせると非常に具合がいい。この葡萄は貴腐を生じやすいため、偉大なデザート・ワイン造りの成功におおいに貢献している。

ソーヴィニヨン・ブラン Sauvignon Blanc

昔から、甘口ワインの産地ではセミヨンの補助的品種として、また、辛口ワインの産地ではセミヨンと対等の品種として栽培されてきた。最近では単独で用いられることが多く、とくにアントル＝ドゥ＝メールでこの傾向が強く、できたワインは「ボルドー・ブラン・ソーヴィニヨン」として売られている。この品種は、フランスの他の地域でも広く栽培されているが、ブレンドされない場合には、強烈な個性を発揮して地域的な特徴を消してしまうきらいがある。ことに葡萄の実が完全に熟していない場合、その傾向が著しい。しかしながら、ボルドーでは天然の糖度が高く、したがってアルコール度も高くて、フィネスと良いスタイルをそなえたワインを造ることができる。とくに樫樽で寝かせた場合がそうである。シャトー・マルゴーのパヴィヨン・ブランはその傑出した例。ソーヴィニヨンはセミヨンに比べると収穫量が低く、年によってばらつく傾向がある。そのためセミヨンと半々ずつ栽培されている畑でも、最終的なブレンドの割合を見ると、いつもセミヨンのほうの比率が高くなっている。最近では、発酵中に果皮からその独特の香りを抽出することが、この品種特性を得るための本質的要素であることが明らかになっている。

ミュスカデル Muscadelle

少量を用いると効果的な、きわめて香り高い、アロマの豊かな品種。とくにプルミエール・コートで早めに飲める甘口ワインを造るのに好まれていて、セミヨンとソーヴィニヨンの補助と

して使われている。

ボルドーのワイン造りの真髄は、それぞれの畑の土壌や、造りだそうとするワインのスタイルなどを考慮に入れて、いくつかの品種を一番良いと思う比率でミックスすることにある。そこからシャトーごとに、小さいながらも重要な変化を生じさせ、土壌や微気候の違いとあいまって、ボルドー・ワインに目をみはるような多様性と個性をもたらす。たとえばカベルネ・ソーヴィニヨンが主体のメドックでは、メルロを第2品種として使い、そこへカベルネ・フランをほんの少し加えるところがいくつかある。逆にメルロの量を減らして、カベルネ・フランを増やすところもある。サン＝テミリオンとポムロールではメルロが主体だが、80％をメルロにするところもあれば、メルロとカベルネ・フランを半々ずつ植えるところもあるし、メルロ、カベルネ・フラン、カベルネ・ソーヴィニョンを組み合わせて植える所もある。要するに比率に関しては、考えられるかぎりの組合せ数が生じうることになる。

シャトー

シャトー制度は、偉大なボルドー・ワインの名声を築きあげ維持するにあたって、きわめて重要な役割をはたしてきた。メドックでは、18世紀にたくさんの小農場が統合されて、大きなシャトーがいくつも誕生し、多くの市場で幅広い名声を獲得するに充分の量のワインを生産できるようになった。18世紀の初めに、格付けのトップを飾るワインがまずイギリスで販路を開いた。他のワインも後に続いて、ボルドーといえば優れたワインという、独特のイメージを作りあげたのである。

メドックにおいて、シャトーの名前は事実上は商標と同じような威力をもっていて、所有者は自分が所属するアペラシオンからはみださないかぎり、好きなだけ畑を広げることができる。シャトーの畑の大きさを規制する力は今のところ何もない。ただ、ワインの評判と、品質の一貫性だけがその抑制力になっている。しかしサン＝テミリオンでは、1954年の格付け制度自体がINAOの監督下にあるため、格付けワインの畑を好きなように広げることが禁じられている。そのためプルミエ・グラン・クリュ・クラッセのボー＝セジュール＝ベコが、よその2つのシャトーを買いとって、自己のところに組み入れたため、1985年の新しい格付けでその地位を失ってしまった。しかし、ここもその後旧状に戻し、1995年の改正時にもとの地位を取り戻した。

しかしながら、シャトー制度は華々しい成功の陰に難問をかかえこんでいる。消費者にしてみれば、片手の指で数えられる以上のシャトー名を記憶することさえ厄介なのだから、ボルドー全域に存在する何千ものシャトーなど覚えろといっても無理な話だ。消費者は良いボルドー・ワインといえばシャトーものだと思いこんでいるから、シャトー名を名乗る資格を持たないワイン・メーカーが商標で売りこむのは非常に難しくなっている。今迄でもっとも成功をおさめたクラレットの商標ものといえばムートン＝

カデになるが、その原因はひとえに、大部分の人がこれを有名なムートン=ロートシルトに直接関係があると誤って思いこんだ点にある。この例などはなかなか示唆的である。現在では、協同組合でさえ、自分たちのワインにシャトーの名前をつけて販売している。

協同組合

ボルドーでの協同組合の重要性は高くなる一方で、その役割も変わりつつある。現在、76の協同組合が、ACワインの生産量のほぼ4分の1を生産している。もともと、協同組合が売るワインの多くはネゴシアンの手に渡ってブレンドされ、ジェネリック・ワインや商標ワインにされてきた。ところが近頃では、組合のなかでも最上のものは別に仕込んで、独自のシャトー・ラベルで売りだすようになっている。こうしたものは、ラベルに "mis à la propriété"（生産者元詰）と表記する権利をもっている。それに加えて、組合独自の商標名も考案するようになった。そうしたもや、組合に加盟しているシャトーのワインを、ボルドーの伝統的な流通ルートを通らずに、フランス国内の問屋や外国市場の輸入業者などへ直接販売するようになってきている。とはいっても、組合の取引のなかでは、伝統的なルートがまだまだ大きな割合を占めている。メドックで一番重要な協同組合はペガダンにあって、メンバー数は170、メドックACワイン 25,000ヘクトリットルを生産している。サン=テミリオンでは、"Union de Producteurs" という名前の協同組合が360のメンバーを擁していて、およそ 45,000ヘクトリットルのワインを生産している。その中には 16,000ヘクトリットルを越すサン=テミリオン・グラン・クリュが含まれていて、その最上のものは樫樽で熟成させている。

ネゴシアン

伝統的に、ボルドーのワイン取引はネゴシアンによっておこなわれてきた。ボルドーでは、昔から船を着けるのに便利だったシャルトロン河岸が取引の中心になっていたが、今でもここにネゴシアンがかたまっている。ネゴシアンはボルドー・ワインをフランス国内や輸出市場に売りさばくだけでなく、シャトー所有者のために銀行家としての役割もはたしてきた。ワインができて2～3カ月たつと、その新酒を買いとり、自分のところのセラーに運んで、瓶詰の時期がくるまで大切に寝かせておくか、シャトーにそのまま残して、シャトーで瓶詰してもらうかする。彼らはまた、瓶詰ワインをたっぷりストックしていて、飲みごろになったワインや、特別な機会のための古いヴィンテージ・ワインを求められれば、いつでも応じることができた。

しかしながら、インフレと高い利息は、ネゴシアンにとって頭痛の種になっている。しかし、どのネゴシアンも伝統的な役割にしがみついていて（それも必然的に狭まっているのだが）、この難問を解決する力量や資力をもっている者はいない。シャトーで

瓶詰されるワインの量が増えるにつれて、シャトーでの在庫は増えているし、シャトーでの財政問題も増えている。現在、ネゴシアンの多くは、最小限の在庫で商売をするか、仲買人の役割に甘んじ在庫を売りきるまでは次のワインを買わないため、不安定で有名なボルドー市場に翻弄されるばかりである。本来の仲買人であるクールティエは、現在でも、生産者とネゴシアンをつなぐ絆として重要な役割を果たしている。その主な理由は、生産者の数がきわめて多い関係で、ネゴシアンが（それも大手のところはとくに）自分の必要とするだけのワインを自分で探して買い集めるのは無理だからである。

現在の業界をリードしているネゴシアンを次にあげておこう。

ジャン＝バプティスト・オーディ Jean-Baptiste Audy

1990年代に復活したリブールヌの伝統的な家族企業。クロ・デュ・クロシェ（ポムロール）など多数のシャトーを経営し、主としてリブールヌ、ブール、ブライで数多くの独占販売権をもつグループ。

ジェ・ア・エム・オーディ GAM Audy

シャトー・ジョンケールを拠点とし、ジャン＝ミシェル・アルコートを2001年のその悲劇的な死まで技術顧問として抱えていた。同社はシャトー・サンソネ、ボー・ソレイユ（ポムロール）、ラ・クロワ＝デュ＝カーズ、ジョンケールを販売し、極東で大きな活動をしている。トカイのシャトー・パジョスだけでなく、南アフリカやアルゼンチンではワイン醸造所にも関与している。

バロン・フィリップ・ド・ロートシルト
Baron Philippe de Rothschild

(当初はラ・ベルジュリィ La Bergerie で、その後ラ・バロニー La Baronnie)。あまりにも有名だったバロン（男爵）が1987年に死亡した後、彼の商業的部門ともいえるこの会社にその名を残して永続させることにした。会社の所有するダルマイヤック、クレール＝ミロンの販売を別にすれば、ムートン＝カデとその関連商標ワインの販売が主事業である。（ムートン＝ロートシルトはボルドー市場を通して売りさばかれ、この会社の独占販売でない）。その80%が輸出むけである。

バリエール・フレール Barrière Frères

1988年以来このネゴシアンは、GMF（公務員年金ファンド）および日本企業サントリーが共同保有するグループ・グラン・ミレジム・ド・フランス Group Grands Millésimes de France の一翼として仲買活動に従事している。同グループはシャトー・ベイシュヴェルおよびシャトー・ボーモンをも所有する。会社はリュドン＝メドックに、500万本を収蔵できるきわめて近代的な倉庫をもつ。

バルトン・エ・ゲスティエ Barton & Guestier

この古い有名なネゴシアンはディアジオ社に吸収されてしまって、今はかつての栄光をわずかにとどめているにすぎない。アメリカ市場できばかれる商標ものが中心。1995年に、事業のうちの瓶詰および倉庫部分の設備をコルディエ社に売り渡し、

地域とワイン

発注に応じて瓶詰作業を行えるよう同社と提携関係に入った。しかし、同社のワインは従来と変らず良質だが、今やボルドーワインはこの会社の事業の半分にすぎない。

ボリー＝マヌー Borie-Manoux

活気あふれる同族企業で、良質ワインを販売する基盤として重要なシャトーをいくつか所有している（シャトー・バタイエ、トロットヴィエイユ、ボー＝シットなど）。ここで扱うワインはフランス国内はもとより、輸出市場でもよく売れている。

カルヴェ Calvet

かつてはボルドーの名門ネゴシアンのひとつだったが、1997年から高級ブランド・ワイン商としてダイナミックに活躍するジャック・ドローノーにより再生されている。カルヴェ・レゼルヴ（赤と白）が事業のかなめで、日本では大きな存在。

シュヴァル・カンカール Cheval Quancard

過去25年の間に、着実に業績を伸ばしている家族企業。シャトー・テルフォール Château Terrefort を始めとしていくつかのシャトーを持っているほか、いわゆるプティ・シャトーものや商標ものを数多く扱っている。

コンパニー・メドケーヌ・デ・グラン・クリュ Compagnie Medocaine des Grands Crus (CMGC)

2001年以来、AXA ミレジームのシャトー＆アソシエ社の全面的子会社で、ブランクフォールを拠点とする。AXA が所有するシャトー（ピション＝ロングヴィル・バロン、カントナック＝ブラウン、ピブラン、ステュイローおよびプティ＝ヴィラージュ）製品の非独占的販売に加えて、会社は輸出に重点をおいた高級ワインを専門にしている。

コルディエ Cordier

ボルドーのトップクラスに数えられるネゴシアンで、メイネイ、ラフォリー＝ペラゲイ、クロ・デ・ジャコバンなど500ヘクタールの葡萄畑を所有する。コルディエ家は1984年に自社の経営権を売り渡してしまった。1997年にはヴァル・ドルビュー・グループの傘下に入り、コルディエ社所有シャトーのワインはこのグループだけを通して販売され、ボルドー市場を通さない。その関係もあって、ここで扱うのは、自社所有の限られた専売ワインと商標ものだけである。65％が輸出向け。

クリューズ・エ・ドメーヌ Crus & Domaines

ペルノー＝リカルドの小会社。クリューズおよびアレクシス・リシーヌ社を所有する。〔訳注：クリューズ社はかつてはボルドーでも有力なネゴシアンだった〕

セ・ヴェ・ベ・ジェ（CVBG）・エ・ドート・クレスマン

コンパニー・デ・ヴァン・ド・ボルドー・エ・ド・ラ・ジロンド Conpagnie Des Vins de Bordeaux et de la Gironde

このグループのワインは、昔からの社名ドート・クレスマンを使って市場に出ている。1983年にオランダの会社に売却されたが、1998年以来、現経営者の所有となっている。グループに属する古い会社の評判は高く、扱うワインはシャトー・ル・ボスク、シャトー・ラ・ガルド、シャトー・トロンクワ＝ラランド等々と幅広い。その多くを独占的に売りさばいている。

デュロン・フレール・エ・フィス Dulong Frères & Fils

ボルドー市から橋を渡った対岸にある街，フロワラックにある同族企業。イギリス，アメリカ向けのプティ・シャトーやクリュ・ブルジョワものに定評がある。50% が輸出向け。

ジネステ Ginestet

現在は，ベルナール・タイヤン・グループの一部。有力なボルドー商社のひとつ。管理された独占的シャトーの多種の品揃えだけでなく，成長株の銘柄を有する。生産量の 40% 以上が輸出品。〔訳注：かつては，ボルドー筆頭のネコシアンだった〕

ジェ・ヴェ・ジェ (GVG)

(グラン・ヴァン・ド・ジロンド Grannds Vins de Gironde) 元はレミー＝コアントローに所有されていたが，1999 年にマネジメント・バイアウトが行なわれた。現在ではド・リュズ de Luze，ド・リヴォワール・エ・ディプロヴァン De Rivoyer & Diprovin，エス・デー・ヴェー・エフ SDVF，シャントカイユ Chantecaille を傘下に入れている。これらを総合するとボルドー地域の最大グループであり，この地域の生産量の 10% 近くを販売している。

ジョアンヌ Joanne

カステジャ家一族により経営され，今なお伝統的なネゴシアンのひとつである。グラン・クリュ専門業者としての地位を維持しつつ強固にしてきた。ドウジー＝ヴェドリースも所有する。事業の 75% は輸出。

ナタニエル・ジョンストン Nathaniel Johnston

1734 年に設立され，今も同じ一族によって経営されている。デュクリュ＝ボーカイユのような偉大なシャトーは手放してしまったが，今なお，ボルドーの一流格付けワインの多くを専門に売りさばく。50% が輸出。

メーラー＝ベッス Mähler-Besse

オランダの出身であることを今も大切にしている同族企業。シャトー・パルメの共有者であるとともに，メドックやサン＝テミリオンに畑をもつ。グランクリュの広範なストックを保有。

イヴォン・モー・エ・フィス Yvon Mau & Fils

中間的価格帯のワインを専門とするネゴシアンで，アントル＝ドゥ＝メールのラ・レオルの近くにある。現在，主要輸出業者のひとつ。

メストレザ・エ・ドメーヌ Mestrezat & Domaines

幅広いワインを(主にシャトー元詰)専門に扱うネゴシアン。グラン＝ピュイ＝デュカッス，レイス＝ヴィニョーおよびもうすこし格の低いクリュをいくつか所有している。2000 年から，ヴァル・ドルビュー・グループの所有となった。前頁のコルディエ参照。

ジ・ペ・ムエックス J. P. Moueix

ジャン＝ピエール・ムエックスが 1937 年に設立。ジャン＝ピエールは，生きているうちから伝説化されていた。リブールヌ地域のワインの名声を世界的に高めた。彼は 2003 年に 90 歳で亡くなった。現在，彼の息子のクリスチャンが伝統を受け継いでいる。加えて別の息子のジャン・フランソワがデュクロとい

地域とワイン

う古いボルドーの商社を買いとってムエックスのワインの輸出会社とし、サン゠テミリオンとポムロールに加えて、メドック、グラーヴ、ソーテルヌの古典的ワインの販売にあたっている。ペトリュス、トロタノワ、ラ・フルール゠ペトリュス、オザンナ、マグドレーヌなどに代表される多くのシャトーの所有権、もしくは専売権をもっている。

アンドレ・カンカール・アンドレ André Quancard Andoré

現在はこの会社とシュヴァル・カンカールとの間になんの関係もない。会社は多様なプティ・シャトーを所有し、十大ネゴシアンの中に位置する。21% は輸出。

シュレーデル・エ・シュレール Schröder & Schÿler

1739年創業の古い有名なネゴシアンで、今もシュレール家が経営にたずさわっている。主な市場は今も昔と同じで、スカンディナヴィアやオランダとなっている。シャトー・キルワンの所有者でもある。

メゾン・シシェル Maison Sichel

1998年のペーター・シシェルの死後、息子のアランが新社長兼事務となり、その3人の兄弟が輸出を担当している。アランの息子のベンジャミンが一族のシャトーであるダングリュデを経営している。ペーター・A・シシェルは1992年にランゴンのエドモン・コストの事業を買収した。フランスでは、コストのワインは引き続きランゴンにある営業所から売られているが、コストの精選品の輸出に関しては全てピーター・A・シシェル社が扱っている。事業の79% は輸出。

ヴァンテックス Vintex

1982年に、デロー社の元取締役により設立され、ビル・ブラッチとその同僚は、ダイナミックかつ重点的なビジネスを展開している。選り抜きのプティ・シャトーやクリュ・ブルジョワに注意深い目を向け、またソーテルヌ上級品に重点を置く。販売の99% は輸出向け。

ボルドー・ワインのラベルの読み方

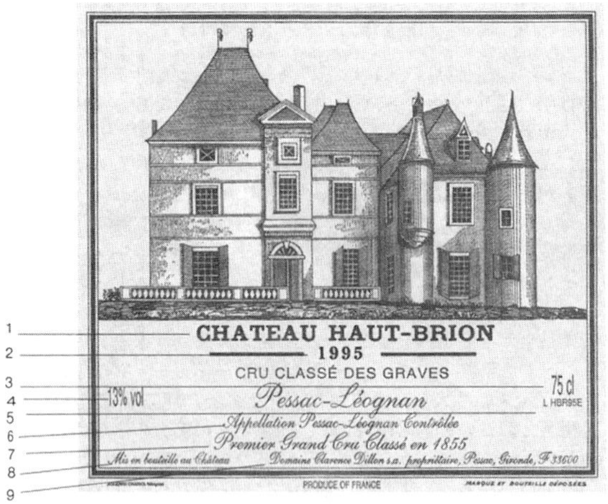

```
1 ─── CHATEAU HAUT-BRION
2 ───      1995
       CRU CLASSÉ DES GRAVES
3 ─── 13% vol    Pessac-Léognan    75 cl
4 ───
5 ───       Appellation Pessac-Léognan Contrôlée
6 ───       Premier Grand Cru Classé en 1855
7 ───   Mis en bouteille au Château
8 ───        Domaine Clarence Dillon s.a. propriétaire, Pessac, Gironde, F 33600
9 ───
              PRODUCE OF FRANCE
```

1. ボルドー・ワインの大多数はシャトー名をつけて売られる。協同組合で醸造してもらう場合、他のものと混ぜないで、生産者毎に仕込まれるワインも多い。この手のものは畑の所有者名をラベルに表示することが許される。
2. 収穫年。
3. この容量は EU の標準サイズ瓶。
4. アルコール容量（度数）。
5. シャトー・オー＝ブリオンの瓶詰工程に伴うロット番号。
6. アペラシオン表示は法で定められ、アペラシオン地区名は「アペラシオン」と「コントローレ」の間に置く。
7. 格付け。1855 年にメドックと、ソーテルヌとバルサックのシャトーが格付けされた。サン＝テミリオンとグラーヴはもっと近年になって格付けされた。
8. "シャトー元詰"という意味。1970 年代までは、ボルドー・ワインでも、ボルドー市内のネゴシアンのセラーや、ロンドン、ブリュッセルのような外国で瓶詰されるものが多かった。1970 年代のはじめに、クリュ・クラッセ（格付銘柄）ものは、すべてシャトー元詰が義務づけられるようになった。ラベルに"mis en bouteille a la proprite"とあれば、ワインを造った共同組合で瓶詰されたという意味である。
9. 生産者の名前と住所

地域とワイン

格付け

1855年のメドックの格付け

メドックの格付け第1級のシャトー・ワインが頭角を現しだしたのは18世紀のことだったが、19世紀の初めになると、メドックの大多数とグラーヴのシャトーの一部に格付けがおこなわれるようになった。その基準となったのは市場価格で、仲買人やネゴシアンが消費者のための手引として作ったものだった。

巣立ちしたばかりのフランス第二帝政が、1851年のロンドン大博覧会に展示する品を考えた結果、一連のボルドー・ワインを出そうということになったが、どのシャトーをボルドーの代表にしたらよいかという問題がもちあがった。仲買人をメンバーとする委員会がその選択をまかされた。その結果、メドックの赤ワイン(唯一の例外としてグラーヴのシャトー・オー゠ブリオン)と、ソーテルヌの偉大なる甘口白ワインを含む、1855年の格付けが誕生した。このときの格付けが、永遠不変の実力の序列の如く崇めたてまつられるようになってしまったのは、歴史のいたずらといっていいだろう。委員会の面々には、そんなつもりは露ほどもなかったのだから。その後、1867年にパリで開かれた博覧会では、サン゠テミリオンのグループが展示されたが、そのときのリストは1855年の格付けのような永遠の価値は与えられていない。

1855年の格付けを今日的なものに改めようという試みが何回もされてきたが、変えたがる連中よりも、これに反対する受益階層のほうがどうやら強そうだ。第2章のシャトー紹介の項で、現在の評価が格付けを上回ったり、下回ったりしているシャトーについて、私なりの意見を述べることにした。唯一の公式の変更は、ムートン゠ロートシルトが1973年に第1級に格上げされたのが最初で最後、これはムートンが長いあいだ現実に占めてきた地位を認めての変更であった。この格付けについて知っておかなければならない重要な点は、このリストに入っているシャトーについて、畑に関する規制はいっさいないことである。1855年以来、所有畑がほとんど変わっていないシャトーもあれば、畑を広げたり減らしたりしたシャトーもある。

次にあげるリストは、1855年のオリジナルをほぼそのまま使っている。ムートン゠ロートシルトが1973年に第1級に格上げされたのを除けば、基本的な変更はない。姿を消した銘柄や、分割された銘柄、名前を変更した銘柄はある。このリストには、メドックの偉大な赤ワインが含まれているが、唯一の例外としてグラーヴのオー゠ブリオンが入っている。

1855年のメドックの格付け(シャトー名の後に村名を付記する)
第1級 Premiers Crus
ラフィット゠ロートシルト Lafite-Rothschild:ポイヤック
マルゴー Margaux:マルゴー
ラトゥール Latour:ポイヤック
オー゠ブリオン Haut-Brion:ペサック(グラーヴ)
ムートン゠ロートシルト Mouton-Rothschild:ポイヤック

格付け

第2級 Deuxièmes Crus
ローザン゠セグラ Rauzan-Ségla：マルゴー
ローザン゠ガッシー Rauzan-Gassies：マルゴー
〔最近 Rausan の s が z に〕
レオヴィル゠ラス゠カーズ Léoville-Las-Cases：サン゠ジュリアン
レオヴィル゠ポワフェレ Léoville-Poyferré：サン゠ジュリアン
レオヴィル゠バルトン Léoville-Barton：サン゠ジュリアン
デュルフォール゠ヴィヴァン Durfort-Vivens：マルゴー
グリュオー゠ラローズ Gruaud-Larose：サン゠ジュリアン
ラスコンブ Lascombes：マルゴー
ブラーヌ゠カントナック Brane-Cantenac：カントナック
ピション゠ロングヴィル・バロン Pichon-Longueville Baron：ポイヤック
ピション゠ロングヴィル・コンテス Pichon-Longueville Comtesse：ポイヤック
デュクリュ゠ボーカイユ Ducru-Beaucaillou：サン゠ジュリアン
コス゠デストゥルネル Cos-d'Estournel：サン゠テステーフ
モンローズ Montrose：サン゠テステーフ

第3級 Troisièmes Crus
キルワン Kirwan：カントナック
ディッサン d'Issan：カントナック
ラグランジュ Lagrange：サン゠ジュリアン
ランゴア゠バルトン Langoa-Barton：サン゠ジュリアン
ジスクール Giscours：ラバルド
マレスコ゠サン゠テクジュペリ Malescot-St-Exupéry：マルゴー
ボイド゠カントナック Boyd-Cantenac：カントナック
カントナック゠ブラウン Cantenac-Brown：カントナック
パルメ Palmer：カントナック
ラ・ラギューヌ La Lagune：リュドン
デミライユ Desmirail：マルゴー
カロン゠セギュール Calon-Ségur：サン゠テステーフ
フェリエール Ferrière：マルゴー
マルキ゠ダルム゠ベッカー Marquis-d'Alesme-Becker：マルゴー

第4級 Quatrièmes Crus
サン゠ピエール St-Pierre：サン゠ジュリアン
タルボ Talbot：サン゠ジュリアン
ブラネール゠デュクリュ Branaire-Ducru：サン゠ジュリアン
デュアール゠ミロン Duhart-Milon：ポイヤック
プジェ Pouget：カントナック
ラ・トゥール゠カルネ La Tour-Carnet：サン゠ローラン
ラフォン゠ロシェ Lafon-Rochet：サン゠テステーフ
ベイシュヴェル Beychevelle：サン゠ジュリアン
プリュレ゠リシーヌ Prieuré-Lichine：カントナック
マルキ゠ド゠テルム Marquis-de-Terme：マルゴー

第5級 Cinquièmes Crus
ポンテ゠カネ Pontet-Canet：ポイヤック

地域とワイン

バタイエ Batailley：ポイヤック
オー＝バタイエ Haut-Batailley：ポイヤック
グラン＝ピュイ＝ラコスト Grand-Puy-Lacoste：ポイヤック
グラン＝ピュイ＝デュカッス Grand-Puy-Ducasse：ポイヤック
ランシュ＝バージュ Lynch-Bages：ポイヤック
ランシュ＝ムーサ Lynch-Moussas：ポイヤック
ドーザック Dauzac：ラバルド
ダルマイヤック d'Armailhac：ポイヤック
デュ・テルトル du Tertre：アルサック
オー＝バージュ＝リベラル Haut-Bages-Libéral：ポイヤック
ペデスクロー Pédesclaux：ポイヤック
ベルグラーヴ Belgrave：サン＝ローラン
ド・カマンサック de Camensac：サン＝ローラン
コス＝ラボリー Cos-Labory：サン＝テステーフ
クレール＝ミロン Clerc-Milon：ポイヤック
クロワゼ＝バージュ Croizet-Bages：ポイヤック
カントメルル Cantemerle：マコー

1855年のソーテルヌの格付け

分割されたり，名前を変えたものもあるが，これもオリジナル・リストをあげておこう。(シャトー名の後に村名を付記)

プルミエ・グラン・クリュ Prumier Grand Cru
ディケム d'Yquem：ソーテルヌ

第1級 Premiers Crus
ラ・トゥール＝ブランシュ La Tour-Blanche：ボム
ラフォーリー＝ペラゲ Lafaurie-Peyraguey：ボム
クロ・オー＝ペラゲ Clos Haut-Peyraguey：ボム
レイヌ＝ヴィニョー Rayne-Vigneau：ボム
スデュイロー Suduiraut：プレニャック
クーテ Coutet：バルサック
クリマン Climens：バルサック
ギロー Guiraud：ソーテルヌ
リューセック Rieussec：ファルグ
ラボー＝プロミ Rabaud-Promis：ボム
シガラ＝ラボー Sigalas-Rabaud：ボム

第2級 Deuxièmes Crus
ド・ミラ de Myrat：バルサック
ドワジー＝デーヌ Doisy-Daëne：バルサック
ドワジー＝デュブロカ Doisy-Dubroca：バルサック
ドワジー＝ヴェドリーヌ Doisy-Védrines：バルサック
ダルシュ d'Arche：ソーテルヌ
フィロー Filhot：ソーテルヌ
ブルーステ Broustet：バルサック
ネラック Nairac：バルサック
カイユー Caillou：バルサック
スュオー Suau：バルサック
ド・マル de Malle：プレニャック
ロメール＝デュ＝アイヨ Romer-du-Hayot：ファルグ

ラモット Lamothe：ソーテルヌ
ラモット゠ギニャール Lamothe-Guignard：ソーテルヌ

グラーヴの格付け

第二次大戦ののち、格付けにたいする関心がよみがえり、グラーヴとサン゠テミリオンがINAOと話し合って、格付け作業にとりかかった。グラーヴの場合、意見のまとまるのがとても早くて、1953年に赤ワインだけを対象とした1回目の格付けが発表され、これが1959年に改訂されて、白ワインも含まれるようになった。2003年になって、この格付けの改訂が求められ、そのための委員会が設けられた。実際に格付けしなければならないシャトー・ワインの数が非常に少なかったので、当然といえば当然だが、それだけでなく格付けのなかで「等級」を決めようしなかったためでもある。その結果、同じ格付けにまとめられていても、メドックでプルミエ・クリュの地位をもっているオー゠ブリオンから、メドックなら第5級程度の値段か、クリュ・ブルジョワの最上物くらいの値段で売られるワインまで、品質にはかなりの差がある。やはり、各ワインについて、シャトー紹介の部で評価したいと思う。

赤ワイン

ブスコー Bouscaut：カドージャック
オー゠バイイ Haut-Bailly：レオニヤン
カルボニュー Carbonnieux：レオニヤン
ドメーヌ・ド・シュヴァリエ Domaine de Chevalier：レオニヤン
フューザル Fieuzal：レオニヤン
オリヴィエ Olivier：レオニヤン
マラルティック゠ラグラヴィエール Malartic-Lagravière：レオニヤン
ラ・トゥール゠マルティヤック La Tour-Martillac：マルティヤック
スミス゠オー゠ラフィット Smith-Haut-Lafitte：マルティヤック
オー゠ブリオン Haut-Brion：ペサック
ラ・ミッション゠オー゠ブリオン La Mission-Haut-Brion：タランス
パープ゠クレマン Pape-Clément：ペサック
ラ・トゥール゠オー゠ブリオン La Tour-Haut-Brion：タランス

白ワイン

ブスコー Bouscaut：カドージャック
カルボニュー Carbonnieux：レオニヤン
ドメーヌ・ド・シュヴァリエ Domaine de Chevalier：レオニヤン
オリヴィエ Olivier：レオニヤン
マラルティック゠ラグラヴィエール Malartic-Lagravière：レオニヤン
ラ・トゥール゠マルティヤック La Tour-Martillac：マルティヤック
ラヴィル゠オー゠ブリオン Laville-Haut-Brion：タランス

クーアン Couhins：ヴィルナーヴ・ドルノン

サン゠テミリオンの格付け

サン゠テミリオンは昔からややこしい地区で，消費者にとっては頭痛のタネだった。多数の生産者がグラン・クリュを名乗っていた。葡萄園はほとんどが小規模で，似たような名前が多い。おまけに，よそよりも頻繁に名前を変える傾向がある。サン゠テミリオンのアペラシオン地区で葡萄を栽培している畑は，現在，5,000ヘクタールを越えるというのに，25ヘクタール以上を所有する自家栽培の酒造家はわずか14軒，また15ヘクタールから25ヘクタールまでのところはたったの34軒で，この合計がなんと僅か589ヘクタールである。格付け制度が出来て，サン゠テミリオン地区の格付けシャトーは2つのグループに分けられた——プルミエ・グラン・クリュ・クラッセと，グラン・クリュ・クラッセである。その上で，プルミエ・グラン・クリュについては，オーゾンスとシュヴァル゠ブランだけがAグループ，残りがBグループというランクづけを受けた。〔訳注：格付けシャトーは「クラッセ」がつくが，サン゠テミリオンではこのクラッセがつかない単なる「グラン・クリュ」だけを名乗るシャトーが無数にある〕

最初の格付け（クラッセ）リストが発表されたのは1955年で，それには12のプルミエ・グラン・クリュと，63のグラン・クリュが含まれていた。1969年の最初の改訂ではグラン・クリュが71にふえた。1985年の2回目の改訂では，プルミエ・グラン・クリュが11に，グラン・クリュが62に減っている。第3回目の改訂（1996年）では，プルミエ・クリュが13に増え，グラン・クリュが今迄の最少数である55に減った。1985年に降格された3つの銘柄がもとに戻った。ラロック Laroque は初めて格付けに入った。

1996年のサン゠テミリオンの格付け
プルミエ・グラン・クリュ・クラッセ
Premier Grand Crus Classés
A.　オーゾンヌ Ausone
　　シュヴァル゠ブラン Cheval-Blanc
B.　ランジェリュス L'Angélus（現在は Angélus）
　　ボーセジュール（デュフォー゠ラガロス）Beauséjour (Duffau-Lagarosse)
　　ボー゠セジュール゠ベコ Beau-Séjour-Bécot
　　ベレール Belair
　　カノン Canon
　　クロ・フールテ Clos Fourtet
　　フィジャック Figeac
　　ラ・ガフリエール La Gaffelière
　　マグドレーヌ Magdelaine
　　パヴィ Pavi
　　トロットヴィエイユ Trottevieille

グラン・クリュ・クラッセ Grand Crus Classés
ラロゼー L'Arrosée

バレスタール=ラ=トネル Balestard-la-Tonnelle
ベルヴュー Bellevue
ベルガ Bergat
ベルリケ Berliquet
カデ=ボン Cadet-Bon
カデ=ピオラ Cadet-Piola
カノン=ラ=ガフリール Canon-La-Gaffelière
カプ=ド=ムールラン Cap-de-Mourlin
ショーヴァン Chauvin
クロ・デ・ジャコバン Clos des Jacobins
クロ・ド・ロラトワール Clos de l'Oratoire
クロ・サン=マルタン Clos St-Martin
ラ・クロット La Clotte
ラ・クルジエール La Clusière
コルバン Corbin
コルバン=ミショット Corbin-Michotte
ラ・クスポード La Couspaude
クーヴァン・デ・ジャコバン Couvent des Jacobins
キュレ=ボン Curé-Bon
ダソール Dassault
ラ・ドミニク La Dominique
フォリー=ド=スシャール Faurie-de-Souchard
フォンプレガード Fonplégade
フォンロック Fonroque
フラン=メーヌ Franc-Mayne
グラン=メーヌ Grand-Mayne
グラン=ポンテ Grand-Pontet
グワデ=サン=ジュリアン Guadet-St-Julien
グランド・ミュライユ Grandes Murailles
オー=コルバン Haut-Corbin
オー=サルプ Haut-Sarpe
ラマルゼル Lamarzelle
ラニオット Laniote
ラルシ=デュカッス Larcis-Ducasse
ラルマンド Larmande
ラロック Laroque
ラローズ Laroze
マトラ Matras
ムーラン・デュ・カデ Moulin du Cadet
パヴィ=デュセス Pavie-Decesse
パヴィ=マカン Pavie-Macquin
プティ=フォリー=ド=スータール
 Petit-Faurie-de-Soutard
ル・プリューレ Le Prieuré
リポー Ripeau
サン=ジョルジュ=コート=パヴィ
 Saint-Georges-Côte-Pavi
ラ・セール La Serre

スータール Soutard
テルトル = ドゲ Tertre-Daugay
ラ・トゥール = デュ = パン = フィジャック（ジロー = ベリヴィエ）　La Tour-du-Pin-Figeac　(Giraud-Belivier)
ラ・トゥール = デュ = パン = フィジャック（ムエックス）
　La Tour-du-Pin-Figeac　(Moueix)
ラ・トゥール = フィジャック La Tour-Figeac
トロロン = モンド Troplong-Mondot
ヴィルモリヌ Villemaurine
ヨン = フィジャック Yon-Figeac

メドックにおけるクリュ・ブルジョワの格付け

古来からのブルジョワという呼称に対して，初の公的な認知がなされたのは 1932 年だった。この時の正式リストでは，444 の格付けされた自家畑所有酒造家が名を連ねていた。1962 年，クリュ・ブルジョワ連盟 (Federation for the Crus Bourgeois) が創設された。だが連盟による 1978 年の新しい格付けは，1979 年の欧州ラベル法によって法的裏付けを失った。その後 2000 年に新法ができて，このカテゴリに属する 419 の酒造家に対し，新たな公的格付けへの道が開かれた。このグループは約 7,500 ヘクタールの葡萄畑を擁し，年間 55,000,000 瓶余りを生産するが，これはメドック生産量の 50% に相当する。

この新たな格付けの最終的な発表は，2003 年 6 月のワイン・エクスポに向けたものであった。それは予想より厳しい選定であることが判明した。資格も声望も申し分ない専門家委員会の真剣な作業の結果であったが，その従来からの地位に重みを増すだけに止まっている。格付けを申請した 490 クリュのうち，認められたのはわずか 247 であった。内訳は，クリュ・ブルジョワ・エクセプショネルが 9，クリュ・ブルジョワ・シュペリウールが 87，クリュ・ブルジョワが 151 である。現在，クリュ・クラッセの一部を上回り，まだどのクリュ・ブルジョワより遙かに上回る価格で（初売りと市場の両方で）売られているシャトー・ソシアンド = マレは格付けされていない（申請しなかった）。新しいルールの下では，この新格付けに含まれていない全てのクリュは，これからもクリュ・ブルジョワと称することはできない。これらの格付けは 2003 年のラベルで最初にお目見えした。格付けは 12 年毎に改訂される。

2003 年のクリュ・ブルジョワの格付け

クリュ・ブルジョワ・エクゼプショネル
Crus Bourgeois Exceptionnel

シャス = スプレーン Chasse-Spleen：ムーリス
フェラン = セギュール Phélan-Ségur：サン = テステーフ
オー = マルビュゼ Haut-Marbuzet：サン = テステーフ
ポタンサック Potensac：メドック
ラベゴルス・ゼデ Labégorce Zédé：マルゴー
プジョー Poujeaux：ムーリス
レ = ゾルム = ド = ペズ Les-Ormes-de-Pez：サン = テステーフ

シラン Siran：マルゴー
ド・ペズ de Pez：サン＝テステーフ

クリュ・ブルジョワ・シュペリュール
Crus Bourageois Supérieurs
ダガサック d'Agassac：オー＝メドック
ダングルデ d'Angludet：マルゴー
アントニック Anthonic：ムーリス
ダルシェ d'Arche：オー＝メドック
アルノール Arnauld：オー＝メドック
ダルサック d'Arsac：マルゴー
ボーモン Beaumont：オー＝メドック
ボー＝シット Beau-Site：サン＝テステーフ
ビストン・ブリエット Biston-Brillette：ムーリス
ル・ボスク Le Boscq：サン＝テステーフ
ブールナック Bournac：メドック
ブリエット Brillette：ムーリス
カンボン＝ラ＝ペロース Cambon-La-Pelouse：オー＝メドック
カプ・レオン・ヴェイラン Cap Léon Veyrin：リストラック
ラ・カルドンヌ La Cardonne：メドック
カロンヌ＝サント＝ジェーム Caronne-Ste-Gemme：オー＝メドック
カステラ Castéra：メドック
シャンベール＝マルビュゼ Chambert-Marbuzet：サン＝テステーフ
シャルマイユ Charmeil：オー＝メドック
シサック Cissac：オー＝メドック
シトラン Citran：オー＝メドック
クラルク Clarke：リストラック
クラーゼ Clauzet：サン＝テステーフ
クレマン＝ピション Clément-Pichon：オー＝メドック
コロンビエ＝モンプルー Colombier-Monpelou：ポイヤック
クーフラン Coufran：オー＝メドック
ル・クロック Le Crock：サン＝テステーフ
デュトルシェ＝グラン＝プジョー Dutruch-Grand-Poujeaux：ムーリス
デスキュラック d'Escurac：メドック
フォンバデ Fonbadet：ポーイヤック
フォンレオー Fonréaud：リストラック
フルカ＝デュプレ Fourcas-Dupré：リストラック
フルカ＝オスタン Fourcas-Hosten：リストラック
フルカ＝ローバネイ Fourcas-Loubaney：リストラック
デュ・グラナ du Glana：サン＝ジュリアン
レ・グラン・シェーヌ Les Grand Chênes：メドック
グレシェ＝グラン＝プジョー Gressier-Grand-Poujeaux：ムーリス
グレイサック Greysac：メドック
ラ・グュルグ La Gurgue：マルゴー

地域とワイン

アンテイヤン Hanteillan：オー＝メドック
オー＝バージュ・モンプルー Haut-Bages Monpelou：ポイヤック
ラ・エ La Hays：サン＝テステーフ
ラベゴルス Labégorce：マルゴー
ラシェナイ Lachesnaye：オー＝メドック
ド・ラマルク de Lamarque：オー＝メドック
ラモット＝ベルジュロン Lamothe-Bergeron：オー＝メドック
ラネッサン Lanessan：オー＝メドック
ラローズ＝トラントードン Larose-Trintaudon：オー＝メドック
レスタージュ Lestage：リストラック
レスタージュ・シモン Lestage Simon：メドック
リリアン・ラドゥイ Lillian Ladouys：サン＝テステーフ
リヴェルサン Liversan：オー＝メドック
ルーデンヌ Loudenne：メドック
マレスカス Malescasse：オー＝メドック
ド・マルレ de Malleret：オー＝メドック
モーカイユ Maucaillou：ムーリス
モーカンプ Maucamps：オー＝メドック
メイヌ＝ラランド Mayne-Lalande：リストラック
メイネイ Meyney：サン＝テステーフ
モンブリゾン Monbrison：マルゴー
ムーラン・ナ・ヴァン Moulin à Vent：ムーリス
ムーラン・ド・ラ・ローズ Moulin de La Rose：サン＝ジュリアン
レ・ゾルム・ソルベ Les Ormes Sorbet：メドック
パロウメイ Paloumey：オー＝メドック
パタシュ・ドー Patache d'Aux：メドック
パヴェイエ＝ド・リュズ Paveil-de-Luze：マルゴー
プティ・ボック Petit Bocq：サン＝テステーフ
ピブラン Pibran：ポイヤック
ラマージュ＝ラ＝バティス Ramage-la-Batisse：オー＝メドック
レイソン Reysson：オー＝メドック
ロラン・ド・ビ Rollan de By：メドック
サランソ＝デュプレ Saransot-Dupré：リストラック
セギュール Séqur：オー＝メドック
セネジャック Sénéjac：オー＝メドック
スーダル Soudars：メドック
デュ・タイヤン du Taillan：オー＝メドック
テリー＝グロ＝カイユー Terrey-Gros-Cailloux：サン＝ジュリアン
ラ・トゥール・ド・ビ La Tour de By：メドック
トゥール・ド・マルビュゼ Tour de Marbuzet：サン＝テステーフ
ラ・トゥール＝ド＝モン La Tour-de-Mons：マルゴー
トゥール・ド・ペズ Tour de Pez：サン＝テステーフ

格付け

トゥール・デュ・オー・ムーラン Tour de Haut Moulin：オー＝メドック
トゥール＝オー＝コーサン Tour-Haut-Caussan：メドック
トロンクワ＝ラランド Tronquoy-Lalande：サン＝テステーフ
ヴェルディニャン Verudignan：オー＝メドック
ヴィユー・ロバン Vieux Robin：メドック
ヴィルジョルジュ Villegeorge：オー＝メドック

クリュ・ブルジョワ Crus Bourgeois
アンドロン＝ブランケ Andron-Blanquet：サン＝テステーフ
アネ Aney：オー＝メドック
ダルサン d'Arcins：オー＝メドック
ラルジェントレ L'Argenteyre：メドック
ドーリラック d'Aurilhac：オー＝メドック
バラック Balac：オー＝メドック
バラトゥ Barateau：オー＝メドック
バルディ Bardis：オー＝メドック
バレイレ Barreyres：オー＝メドック
ボーダン Baudan：リストラック
ボー＝シット＝オート＝ヴィニョーブル Beau-Site-Haute-Vignoble：サン＝テステーフ
ベガダン Bégadanet：メドック
ベ・レール Bel Air：サン＝テステーフ
ベ・レール Bel Air：オー＝メドック
ベ＝ロルム＝トロンクワ＝ド＝ラランド Bel-Orm-Tronquoy-de-Laland：オー＝メドック
ベ＝レール＝ラグラーヴ Bel-Air-Lagrave：ムーリス
デ・ベル・グレーヴ des Belles Grave：メドック
ベサン・セギュール Bessan Ségur：メドック
ビビアン Bibian：リストラック
ブレニヤン Blaignan：ブレニヤン
ル・ボスク Le Boscq：メドック
ル・ブルデュー Le Bourdieu：メドック
ル・ブルデュー・ヴェルティユ：Le Bourdieu Vertheuil：オー＝メドック
ド・ブラード de Braude：オー＝メドック
デュ・ブルイユ du Breuil：オー＝メドック
ラ・ブリダーヌ La Bridane：サン＝ジュリアン
デ・ブルーストラ des Brousteras：メドック
デ・カバン des Cabans：メドック
カプ・ド・オー Cap de Haut：オー＝メドック
カプベルン＝ガスクトン Capbern-Gasqueton：サン＝テステーフ
シャンテリー Chantelys：メドック
ラ・クラール La Clare：メドック
ラ・コマンドリー La Commanderie：サン＝テステーフ
ル・コトー Le Coteau：マルゴー
クートラン＝メルヴィル Coutelin-Merville：サン＝テステーフ

地域とワイン

ド・ラ・クロワ de la Croix: メドック
ダスヴァン=ベ=レール Dasvin-Bel-Air: オー=メドック
ダヴィッド David: メドック
ダヴィス・ダルディレイ Davis d'Ardilley: オー=メドック
デイレム・ヴァランタン Deyrem-Valentin: マルゴー
ディロン Dillon: オー=メドック
ドメイヌ Domeyne: サン=テステフ
ドニッサン Donissan: リストラック
デュクルゾー Ducluzeau: リストラック
デュプレシス Duplessis: ムーリス
デュプレシス=ファブル Duplessis-Fabre: ムーリス
デュティル Duthil: オー=メドック
レルミタージュ L'Ermitage: リストラック
デスコ d'Escot: メドック
ラ・フルール・ミロン La Fleur Milon: ポイヤック
ラ・フルール・ペイラボン La Fleur Peyrabon: ポイヤック
ラ・フォン・デュ・ベルジェル La Fon du Berger: オー=メドック
フォンテストー Fontesteau: オー=メドック
フォンティス Fontis: メドック
ラ・ガリアン La Galiane: マルゴー
ド・ジロンヴィル de Gironville: オー=メドック
ラ・ゴルス La Gorce: メドック
ラ・ゴルー La Gorre: メドック
グラン・クラポー・オリヴィエ Grand Clapeau Olivier: オー=メドック
グランディ Grandis: オー=メドック
グラニス=グラン・プジョー Granis-Grand Poujeaux: ムーリス
グリヴィエール Grivière: メドック
オー=ボーセジュール Haut-Beauséjour: サン=テステフ
オー=ベルヴュー Haut-Bellevue: オー=メドック
オー・ブレトン・ラリゴーディエール Haut Breton Larigaudière: マルゴー
オー=カントループ Haut-Canteloup: メドック
オー=マドラック Haut-Madrac: オー=メドック
オー=モーラック Haut-Maurac: メドック
ウイサン Houissant: サン=テステフ
オールバノン Hourbanon: メドック
オルタン=デュカッス Hourtin-Ducasse: オー=メドック
ラバディ Labadie: メドック
ラドゥイ Ladouys: サン=テステフ
ラフィット=カルカッセ Loffitte-Carcasset: サン=テステフ
ラフィット・ロージャック Laffitte Laujac: メドック
ラフォン Lafon: メドック
ラランド Lalande: リストラック
ラランド Lalande: サン=ジュリアン
ラモット=シザック Lamothe-Cissac: オー=メドック

- ラローズ・ペルガンソン Larose Perganson：オー＝メドック
- ラリィヴォー Larrivaux：オー＝メドック
- ラルゴー Larruau：マルゴー
- ロージャック Laujac：メドック
- ラ・ローゼット＝デクレルク La Lauzette-Declercq：リストラック
- レイサック Leyssac：サン＝テステーフ
- リュージャン Lieujean：オー＝メドック
- リューネル Liouner：リストラック
- ルーストーヌフ Lousteauneuf：メドック
- マニョル Magnol：オー＝メドック
- ド・マルビュゼ de Marbuzet：サン＝テステーフ
- マルサック＝セギノー Marsac-Séguineau：マルゴー
- マルティナン Martinens：マルゴー
- モーラック Maurac：オー＝メドック
- マザイユ Mazails：メドック
- ル・メイニュー Le Meynieu：オー＝メドック
- メイレ Meyre：オー＝メドック
- レ・モワーヌ Les Moines：メドック
- モングラヴェイ Mongravey：マルゴー
- ル・モンティユ・ダルサック La Monteil d'Arsac：オー＝メドック
- モラン Morin：サン＝テステーフ
- デュ・ムーラン・ルージュ du Moulin Rouge：オー＝メドック
- ラ・ムーラン La Mouline：ムーリス
- ミュレ Muret：オー＝メドック
- ノワイヤック Noaillac：メドック
- デュ・ペリエール du Perier：メドック
- ル・ペイ Le Pey：メドック
- ペイラボン Peyrabon：オー＝メドック
- ペイルドン・ラグラヴェット Peyredon Lagravette：リストラック
- ペイレ＝ルバド Peyre-Lebade：オー＝メドック
- ピカール Picard：サン＝テステーフ
- プランテ Plantey：ポイヤック
- ポワトヴァン Poitevin：メドック
- ポミィ Pomys：サン＝テステーフ
- ポンタック＝ランシュ Pontac-Lynch：マルゴー
- ポンテイ Pontey：メドック
- ポントワーズ＝カバリュス Pontoise-Cabarrus：オー＝メドック
- ピュイ・カステラ Puy Castéra：オー＝メドック
- ラマフォール Ramafort：メドック
- デュ・ロー du Raux：オー＝メドック
- ラ・ラズ・ボーヴァレ La Raze Beauvallet：オー＝メドック
- デュ・ルトー du Retout：オー＝メドック
- ルヴェルディ Reverdi：リストラック
- ロックグラーヴ Roquegrave：メドック
- サン・タオン Saint Ahon：オー＝メドック

サン・トーバン Saint Aubin：メドック
サン・クリストフ Saint-Chiristophe：メドック
サン・テステーフ St-Estèphe：サン゠テステーフ
サン・イレール Saint-Hilaire：メドック
サン゠ポール St-Paul：オー゠メドック
セギュ・ロンギュ Segue Longue：メドック
セギール・ド・カバナック Ségur de Cabanac：サン゠テステーフ
セメイラン・マズー Séméillan Mazeau：リストラック
セニラック Senilhac：オー゠メドック
シピイアン Sipian：メドック
タヤック Tayac：マルゴー
ル・テンプル Le Temple：メドック
ティナック Teynac：サン゠ジュリアン
ラ・トネル La Tonnelle：オー゠メドック
トゥール・ブランシュ Tour Blanche：メドック
ラ・トゥール゠ド゠ベッサン La Tour-de-Bessan：マルゴー
トゥール゠デ゠テルム Tour-des-Termes：サン゠テステーフ
トゥール゠デュ゠ロック Tour-du-Roc：オー゠メドック
トゥール・プリニャック Tour Prignac：メドック
ラ・トゥール゠サン゠ボネ La Tour-St-Bonnet：メドック
トゥール゠サン゠フォール Tour-Saint-Fort：サン゠テステーフ
ラ・トゥール゠サン゠ジョゼフ La Tour-St-Joseph：オー゠メドック
トロワ・ムーラン Trois Moulins：オー゠メドック
レ・テュイレリー Les Tuileries：メドック
ヴェルノウス Vernous：メドック
ヴィユー・シャトー・ランドン Vieux Château Landon：メドック
ド・ヴィラムビス de Villambis：オー゠メドック

葡萄栽培

良質のワインは良質の葡萄から造られ，良質の葡萄は良質の栽培技術と天候から生みだされる。ある人から聞いた話だが，醸造技術のほうはこの30年に著しい発展をとげたため，この分野でなすべきことはもうあまり残っていないが，葡萄栽培に関してはまだまだ改良の余地があるそうだ。

新しい葡萄の木を育てる場合，まず決めなくてはならないのは，台木にアメリカ産のどんな種のものを使うか，接ぎ木にヨーロッパ産のどんな分枝種（クローン）を選ぶかということである。土壌の質が変われば，それに合う葡萄の種類も変わってくる。たとえば，この何年か，石灰岩の土壌に伴いがちな萎黄病に免疫をもつ台木を見つけようと，フランス南西部葡萄栽培研究所でさかんに研究がおこなわれている。また，水はけのよい乾燥した土壌に向くものもあれば，逆に，水はけの悪い湿気の多い土壌のほうがよく育つ品種もいくつかある。ボルドーにおける葡萄の分枝種を造る研究は，ドイツはいうに及ばず，ブルゴーニュにさえ後れを

葡萄栽培

とっている。多くの葡萄の過剰生産に対する対策として、多くのシャトーで自家畑の中から適当なクローンを選別して育てるマサル・セレクションという古い方法に戻っている。最近では赤蜘蛛のような害虫を退治するのでも、薬剤散布を少なくして天然の天敵を探すなど自然農法の導入に賛同する人達が着実に増えつつある。

葡萄栽培の年間の仕事をまとめると、次のとおりである。

- 1月 12月に始まった剪定作業 taille が続く。新しい杭を立てて固定し、剪定が済んだ主枝は、葡萄の木につけたまま残しておく。
- 2月 1月にひきつづいて剪定をおこない、それと同時に、畑の掃除、束ねた茎の回収などを始める。ツル割病（木に被害を与える病菌）、エスカ病（これも病菌で、黒痘病とも呼ばれる）、赤蜘蛛、黄蜘蛛（後に若い葉に被害を与える）を防ぐために、葡萄に最初の薬剤散布がおこなわれる。
- 3月 最初のつぼみが出るのが、だいたい3月下旬、20日から30日のあいだである。一回目の鋤入れをして、葡萄の根もとにある土を崩し、冬のあとの土壌の通気をよくしてやる。
- 4月 いよいよ本格的な春の訪れ。この時期になると、枯れた葡萄があれば取り除き、畑を鋤きおこす作業も始まる。うどん粉病（オイディウム）を予防するために硫黄剤が、ベト病（ミルデュー）を予防するために硫酸銅の溶液（ボルドー液）が散布されることもある。
- 5月 病害を防ぐための薬剤散布など、前の月に始まった作業を天候の具合に応じて続ける。若枝を刈りこむ最初の剪定作業が始まるのは、この時点からである。これは葡萄の枝の成長を一定のところで止めるためと、良い実をつけさせるためである。また、葡萄の根もとから伸びた余分な枝も刈りこまれる。
- 6月 この月は昔から開花期と決まっている。典型的な場合だと6月2日から10日のあいだに開花する。収穫は、開花後だいたい100日から110日頃と決まっているので、秋のいつごろ収穫できるか、この時点でおおよその見当がつけられる。畑を耕す作業が続く。新しく伸びた芽を杭と杭との間に張った針金に縛りつける。新しく伸びた縦枝は、針金の2番目と3番目の列の間に整えるが、結びつけない。
- 7月 葡萄の根もとの土をふたたび鋤で起こしてやる。そのため、葡萄の列のあいだに盛り上がった土が畝のように続く。雑草は掘り起こして退治する。葡萄の状態に応じて薬剤散布を続ける。vérasion（葡萄が色づきはじめること。開花と収穫のあいだの、実の熟し具合を示すもっとも大切な目印である）は7月下旬に始まることもある。実のつけ具合からみて、予想される収穫が多そうだったら過剰な房を刈り取る（緑果摘除 Vendage Vert）のは、この時期である。
- 8月 暇な時期で、栽培者の多くはヴァカンスに出かける。た

だし、雨が多くて湿気の高い年は、葡萄の病害対策を立てるのに重要な時期となる。熟す前の実につく灰腐病の発生にはとくに気をつける必要がある。葡萄の色づきが7月に始まらなかった場合は、たいてい、8月の第1週に目につくようになる。この時期の過剰な葉の苅り込みは葡萄が熟するのを助ける。

9月 収穫を始めるのに最適の月。1985年から96年の間では、どの年も収穫がこの月に行われている。収穫に先だっての何週間か、最後の病害対策がおこなわれるが、栽培者は醸造所で仕込みの準備をすることに専念したがる。

10月 収穫（vintageまたはrécolte）の月であり、それゆえ葡萄栽培のカレンダーの中心になる月といえる。9月に収穫が始まったとしても、多くは10月まで続いて終了する。ソーテルヌでは収穫はこの月の末まで（時には翌月の初めまで）続くこともある。

11月 収穫が終わったところで、冬にそなえて葡萄の根もとに土を集めるために、畑に再び鋤入が行われ、施肥も始まる。

12月 剪定が始まる。まず、剪定作業をやりやすくするために葉を除去する。刈りこんだ枝はひとまとめにして燃やす。その年の間に傷んだり枯れたりした葡萄は、翌年植えかえるために目印をつけておく。こうして作業は続いていく。

ワイン造り

赤ワイン

40年ほど前まで、ボルドーの偉大なる赤ワインは、ほとんどの年に、だいたい自力で生まれるものだという考えがほぼ真実だった。今でも赤ワイン造りはそう複雑な仕事ではないが、少なくとも大部分のシャトーでの醸造技術は精妙なものになっている。

ワイン造りのプロセスは次のとおりである。

1. 葡萄がプレスハウス（圧搾室）に到着すると、選果台またはコンベアベルトの上で検査され、葉や、傷んだり熟していない実が以前よりよく除去されるようになった。次いで除梗され軽く破砕される。"破砕"という言葉は果粒を発酵槽にポンプで送り込む前の作業の表現としては、今日の穏やかな工程としては強すぎるかもしれない。機械で収穫された葡萄は、すでに除梗されている。それでもなお仕分け台の作業は重要である。

2. ボルドーの伝統的な発酵槽は上部に蓋のない開放型の木桶で、上からのぞきこめるように木製の回廊がついているものが多い。こうした古い発酵槽の多くは今も使用されているが、ステンレス・タンクや、金属に琺瑯びきしたタンクや、コンクリートに琺瑯びきしたタンクが徐々にその地位を奪いはじめている。新しい発酵タンクの長所をあげておこう。(a)掃除がしやすい、(b)発酵温度の調整がしやすい、(c)小型サイズのものが多いので、温度調整も選酒もやり易い。もっとも、最近の研究では、ステンレス発酵だけが良いわけでなく、木製の発酵槽も良い結果をもたらすということが示唆されている。

発酵はふつう，5日から10日かけておこなわれ，昔のように発酵温度が34℃ぐらいまで上がってしまうことがなく，28～30℃あたりで止められるようになっている。

3. 発酵が始まって数時間たつと，固形物（果皮がほとんど）が発酵槽の表面に浮いてきて，いわゆる「果帽」が形成される。この果帽が乾かないようにし，発酵温度も抑え，色づきを良くするために，一定時間ごとに果帽の下の発酵果汁をポンプを使って汲みあげ，果帽の上からかけてやらなくてはならない。この昔ながらのやり方の変形として，果帽を発酵果汁のなかに沈める方法もある。発酵桶の中ほどに網か格子板を張って，果帽が表面に浮いてくるのを防ぐという方法である。

4. ボルドーでは，だいたい天然の酵母菌だけに頼って発酵をおこなっている。正常な条件下なら，酵母菌の量は充分で，たいてい満足すべき結果が出ている。葡萄が不健康な場合は（例：灰腐病にかかった場合など）天然酵母だけだと問題が生じるが，それも最近ではまれである。

5. 温度調整は数々の方法でおこなう。ボルドーでもっとも伝統的な方法は，ミルク冷却機に似た，ちょっと変わった装置である。発酵果汁を，コイル状の冷却管に通し，それに外から冷水をかけるのだ。ステンレス・タンクの場合は，外側に冷却水を流すか，ほかのタイプの発酵槽と同じように，内部に冷却用コイルを入れて，これを使うかが。1961年以前は，まだ多くのセラーで発酵槽に氷の塊を投げこむ方法がとられていたが，それに比べれば，いずれも格段の進歩である。最新の発酵設備の多くは，コンピューターによる温度の制御装置が備っている。

6. 糖分添加（シャプタリザシオン：アルコール度を高めるために発酵果汁に糖分を加える）は，1962年以前はほとんど知られていなかったし，違法でもあったが，現在のボルドーではじつに頻繁におこなわれている。現在，アルコール度がメドックの大部分では12%に，サン＝テミリオンとポムロールでは12.5%になるように糖分を添加している。ただし，当然のことだが，葡萄の出来が最上で，自然の糖分だけで充分な年にはその必要はない。糖分を添加するのは，ふつう発酵が始まるときで，発酵果汁の成分を注意深くチェックした上でおこなわれている。

生産の制限および完熟度を上げることによって品質を向上させるため，葡萄園では近年次のような措置がとられている。
・過剰生産しない品種を探す：分枝種（クローン）よりもマサル・セレクション。
・花が咲く前に蕾を除去する。
・verasion（葡萄が色づき始めること）の前の7月に，房を摘んで減らす。
・7,8月に葉をすく。房がよりよく日光に曝され，成熟を助ける。
・葡萄畑の水はけを改良する。

7. 発酵が進むにつれて果汁の比重と温度が下がってくる。ふつうは，各発酵槽についてのグラフにそれを記録し，2〜3時間おきにチェックをくりかえす。発酵を起させる糖分の量がゼロになったところで，ワインを（今ようやくワインが誕生したのだ）発酵槽から抜きとるか，または何日間か果皮と接触させ続けるために発酵槽に残すか，どちらかの方法を選ぶ。過去においては，ワインを果汁に浸す期間が数週間に及ぶこともしばしばだった。しかし，発酵期間中の果汁が高温となったとき色素の抽出がほとんど終わってしまっているからその後は色がごく僅かしかつかないし，タンニンの流出が続くから長期浸漬がワインにとって好ましいとは限らない，というのが今日の大方の見解のようだ。その上，バクテリアに汚染される心配もあるので，これを避けるために現在ワイン造りをしている人たちの多くは，発酵が済みしだいワインを抜きとる方を好んでいる。

8. できたてのワインを抜きとったあと〔訳注：このワインを「フリーラン・ワイン」とよぶ〕，残った固形物（ほとんどが果帽の成分）を発酵槽からとりだして圧搾器にかける。この時，取れるのがいわゆる「ヴァン・ド・プレス」である。最初にしぼったものは，通常は質が良いので，あとでアッサンブラージュあるいはブレンドのときに，できあがったワインに加える。2番目にしぼった分は品質が落ちるから通常は使わない。これら2種のヴァン・ド・プレスを合わせると，ワイン生産量の15％にあたる。ヴァン・ド・プレスは若いうちに飲む並のワインには，あまり望ましい成分ではない。しかし，フリーラン・ワインに比べ，アルコール以外のいろいろな要素に富んでいるため，歳月をかけて熟成させる長命の上質ワインに加えれば，大切な成分となる。

9. 次の過程は"マロラクティック発酵"という名で知られている。理想をいえば，アルコール発酵のすぐあとに続けて発生してくれないとよくない。この段階で，収斂性をもつリンゴ酸がまろやかな乳酸に変化するし，ワイン全体の酸味も減っていく。このマロラクティック発酵を発酵槽ですませてしまうのを好むシャトーもあれば，ただちに樽に移して，樽のなかでおこなわせるシャトーもある。このいわば2次的な発酵は，20〜25℃のあいだがいちばん進みやすいので，何はともあれ，寒い季節に入る前に済ませてしまわなくてはならない。ブルゴーニュの小さなセラーに比べて，ボルドーの大きな醸造所は暖房するのが大変だからである。発酵槽に内部冷却装置がついている場合は，ここに温水を通してマロラクティック発酵を助けることもできる。これが完了するまでは，ワインは本当に安定したとはいえず，また，バクテリア類に汚染されればひとたまりもない。過去においては，春になって葡萄の木の最初の芽吹きが始まるころに，ワインが「活動を再開する」例がしばしば見られた。じつをいうと，これはマロラクティック発酵が始まって炭酸ガスが放出された現象である。暖かくなった気候の下で，バクテリアの活動がもう一度始まったのだ。不安定な状態のままワインを冬越しさ

ワイン造り

せるよりは，秋に発酵を終えてしまう方が望ましい。
10. 全部とまではいかないが，ほとんどのシャトーでは，最終的な選酒，つまり「アッサンブラージュ」をおこなうまで，新酒を発酵槽に入れたままにしておく。ふつう，アッサンブラージュは1月におこなうが，年によってはもっと遅くなることもある。すべての発酵槽のワインをテストして，どれをグラン・ヴァン（シャトーのラベルを使う）にするかを決める。いいかえれば，シャトーの質と評判を守るために，どれを振い落とすかを決める。最近はセカンド・ラベルで売りに出すのが増えているが（シャトー・マルゴーのパヴィヨン・ルージュ，ピション＝ラランドのレゼルヴ・ド・ラ・コンテス，レオヴィル＝ラス＝カーズのクロ・デュ・マルキなど），振い落とされたワインのほとんどは，単なるジェネリック・ワインのラベルで売りだされるのがふつうである。セカンド・ラベルを使えるようなシャトーは大きなところだけだから，ほとんどがメドックに集中している。

　この時期におこなわれる，一般にはあまり知られていないが，重要な決定のひとつがヴァン・ド・プレスを混ぜるかどうかということである。これを混ぜれば，タンニンとエキス分がたっぷり加わり，ゆっくり熟成させることを狙って造る高級ワインに貴重な成分を与えることになる。

11. ボルドーの一流シャトーは，どこも225リットル入りの樫樽でワインを熟成させているし，最高級のシャトーは，毎年全部新樽を使っている。しかし，新樽で立派に育てあげるためには，ワイン自体が力としっかりした骨格をもっていなければならない。第一級のところは別にして，格付銘柄シャトーのほとんどは，毎年新樽の比率を約3分の1にしている。木の樽はワインに複雑さと「後味・余韻」を与える大切な要素なのだから，つねに良い状態を保たねばならないし，どんな場合でも，5年以上使用するのは禁物である。過去において，年ごとに新樽を購入するゆとりのない二流シャトーの多くで，古い樽にワインを詰めてダメにしてしまった例がよく見られた。こうした樽に詰められると，ワインは汚染されてしまって，かび香がついたり，すっきりしたものでなくなったりする。こんなことをするぐらいなら，発酵槽で寝かせておくほうがまだましだから，今日ではこの方法をとる二流シャトーが多くなり，ワインのために望ましい結果となっている。瓶詰の時期は，ワインのスタイルと質によって変わってくる。古い制度下では，格付け第一級シャトーは，樫樽に詰めて3回冬を越さないと，つまり，3年目の春にならないと瓶詰できないことになっていた。現在では，ワインのほとんどは2年目の収穫がすんだあとか（一番遅い例），さらに数ヵ月早く，2年目の春の終わりか夏に（もっとも一般的な例）瓶詰されるようになっている。

辛口白ワイン

この数年のあいだに，ボルドーにおけるワインの醸造技術は，赤より辛口白ワインのほうが急激な変化をとげた。ステンレス・タ

49

ンク,水平式圧搾器,低温発酵などがとりいれられた結果,辛口ワインのスタイルと質に革命的な変化が起きたのだ。これまでのボルドーでは,辛口白ワインといえば,グラーヴに優れたものが少しあるだけだった。硫黄の臭いが強すぎたし,重くて冴えないものがほとんどだった。現在造られているワインは,フルーティで,香りが高くて,新鮮で,すっきりしている。

最近の技術革新

樽 (barrel) でのマロラクティック発酵

より多くの新樽を使用する傾向につれ,発酵槽から樽にワインを暖かいまま移し,そのあとマロラクティック発酵を促すことで,樫材とワインがよりよく調和することが分かってきた。100% 新樽を使用するシャトーは,益々この方法をとるようになっている。初売りテイスティングのときに,そのワインが従来のものより口当たりがよいからである。効果が永続的かどうかは,まだ議論の余地がある。

濾過(澱引き)代わりに,樽中のワインに酸素を通す方法。これをすればワインが澱と接触し続けることになる。この方法を実践する人々は,瓶詰の直前まで,ワインを清澄させない。目的は果実味をできるだけ保全することにある。最近,いくつかの非常に良い結果が出ているものの,証明は熟成に見ることになるだろう。

基本的な製法は次のとおり。

1. 畑から運んできた葡萄を,果梗をつけたままそっくり水平式または空気圧式圧搾器に入れる。圧搾はそっとやさしく進めなくてはならない。回転をつづける圧搾器の働きで葡萄が果汁を搾りとられるかたわら,マール(固形状のもの,すなわち,圧搾後に残る果皮やその他の固形物)は水平式圧搾器の回転につれ内側にあるチェーンによって絶えずほぐされる。
2. 果汁が圧搾器から流れ出て,ステンレス・タンクの発酵槽に集められる。今日では,果汁の残留固形物を底に沈めるために,12時間から24時間のあいだは冷却したままでおいておくことが多い。この過程はデブルバージュ débourbage(清澄)と呼ばれている。最近では,グラーヴ地区及びアントル=ドゥ=メール地区の一部のワイン造り家の中では,ステンレスタンクでなく,昔ながらの樽での発酵に戻る傾向が増えている。その場合,樽はエアコンの完備した醸造・貯蔵庫で寝かせる場合が多い。なお,この際発酵果汁には酸化を防ぐために亜硫酸をすこし入れる。
3. 清澄をやって圧搾果汁から固形物をとりのぞいたあと,別の発酵槽か樽に移し,それから発酵が始まる。今日の発酵はふつう,15〜20℃ の範囲に制御されている。
4. ボルドーでは,赤ワインと同じく,白ワインも通常マロラクティック発酵をおこなわせる。
5. 第2次発酵が終ったら,ただちに濾過をおこなう。望ましくない匂いがつくのを避けるためである。これにはふつう濾過器が使われるが,大きなセラーでは遠心分離器を使う場合も

ある。ワインの芳香性を増すために、近年一部の生産者はブルゴーニュと同じように樽で発酵させ沈んだ澱と一定期間接触を続けさせたり、時にはこの澱を攪拌するということまでやっている。
6. 今日では酸化を防ぐことを重視しているので、瓶詰前の熟成期間は以前に比べるとはるかに短くなっている。樫樽で2～3ヵ月以上寝かせるのは、グラーヴの特上物ぐらいである。ほとんどのワインは、新鮮さと果実味を保つために発酵槽で寝かせ、収穫から半年位後の春に瓶詰する。

甘口白ワイン

甘口ワイン用の葡萄を収穫、醸造するにあたっては、葡萄にプリテュール・ノーブル（貴腐菌、学名で呼ぶならボトリチス・シネレア）がついているため、他のワインとは違う難問が生じてくる。摘み取りは、辛口ワインと同じようにはできない。葡萄が完熟すると貴腐菌がつきはじめるのだが、この現象は同じ葡萄畑でも、いや、同じ房のなかでさえも、足並みをそろえてくれるわけではない。このことは、労働者たちが畑を何度も見まわって、摘み取りに最も適した葡萄の房を選ばなくてはならないことを意味するし（最上のシャトーでは4回から6回）、その作業にはかなりの熟練を要する。機械で収穫するのは、論外ということになる。

貴腐菌というのはカビの一種で、完熟した葡萄に付いて水分を奪い、葡萄の糖度を高める働きをする。この菌が盛んに繁殖するためには、ボルドーの秋に典型的に見られるような、おだやかな湿気のある気候が必要とされる。カラッとした天気が続きすぎると、完熟した葡萄にさえ菌はつかなくなる。1978年にこの現象が起きている。逆に、悪い時期に雨がふると、葡萄は全滅するか、助かったとしてもほんの一部しか使いものにならなくなる。こうした理由から、ソーテルヌの優れたヴィンテージものは、隣のグラーヴに比べてはるかに数が少ない。

ワイン造りのプロセスは次のとおりである。
1. 葡萄の状態が状態なので、破砕作業は省略して、すぐに圧搾器にかける。圧搾はゆっくり進められるが、葡萄の糖度が非常に高く（ボーメ度で20～25、つまり果汁1リットルあたりの糖分が360～450グラム）、しかも果汁の粘度が高いためかなり難しい作業となる。ソーテルヌではふつう、圧搾を3度くりかえす。
2. 清澄は通常おこなわない。初期の段階で二酸化硫黄（亜硫酸ガス）を入れると酵母の細胞を束縛し、その活動を抑制する恐れがある。糖度が非常に高いのでこの段階ではバクテリアが酸化に影響され易いからである。一番いいのは、発酵を始める前の果汁を遠心分離器にかけて、それから冷やす方法である。発酵は樽でおこなっている所もまだあるが、現在は発酵槽を使うところが多くなったし、この方が安全度も高い。
3. 発酵はゆっくりと進み、何週間もかかることもしばしばある。バランスのとれたワインを造るために、細心の注意を払って発酵の進み具合をチェックしなくてはならない。たとえば、アルコール度が12.5％になるふつうのワインを造る場合は、

圧搾果汁の中の糖分がリットル当り30から35グラムのときはバランスのとれたものになるが、これが50グラムになるとバランスが崩れてしまう。こうした結果はプルミエール・コートで造られたワインに顕著に出ている。しかし、アルコールを14%も含むワインをつくる場合は、バランスがとれたものにするためには、果汁の中の糖分が60から70グラムぐらい必要になる。アルコール度が14%あたりまで上がると、酵母菌はくたびれてきて"活動ができなくなる"(つまり、果汁中の糖分のアルコール化が休止して、それ以上の糖分が残糖として残り、甘口ワインに仕上がる)。しかし、ワインはまだまだ安定した状態になっていないから、どうしてもこの時点で亜硫酸を添加して安定させなければならない。濾過も冷却もこの安定化の手助けをしてくれる場合が多い。いかなる場合でも果汁中の糖分が少ない時は、ワインのバランスをとるために、こうした方法で発酵を途中で停止させてやらなければならない。

4. そのあとのエルヴァージュ élevage (文字通り解釈すれば、ワインを育てること。子供や家畜を育てる場合もこの言葉が使われる)は、辛口白ワインとほとんど同じ方法で進められる。違っているのは、最上級の甘口ワインは樫樽に寝かせたほうがうまく熟成する点と、樽熟期間が辛口に比べて長く瓶詰までに2年から2年半かかる場合が多い点である。本当に素晴らしいソーテルヌや、ルーピアック、サント゠クロワ゠デュ゠モンを造ろうと思ったら、複数の発酵槽または多くの熟成樽の中から良いものを選ぶことも重要になる。

ヴィンテージ──収穫年情報

温和な気候の年でも、年毎による収穫の良し悪しは常に重要である。ボルドーでは昔に比べて不作の年が減ってきたが、それでも、年ごとの収穫状況がどのように違うかを知っておくのは大切なことだ。少なくとも、どのワインが寝かせる必要があり、どのワインが早く飲めるかということを、ごく大ざっぱではあるが教えてくれるからだ。また、どの年にもそれぞれ独自の個性があるのは確かだ。はっきりいって、気候に恵まれれば恵まれるほど、ワインはその年の個性をよく現わすものだし、各クリュはそれぞれにきわだった特徴を示す。

2002年
気候と一般的評価:まず記すべき重大事は、10月1日から3月31日にかけての冬の乾燥である。雨量は88年と89年以来の最小値で、この半年間にわずか311ミリ。前年の冬は1004ミリを記録したのに対し、それ以前の20年間の平均は556ミリである。二番目の重大事は、寒く湿った天候のため開花が貧弱だったことだ。その結果、深刻な不結実や結実不良がおこり、特にメルロに、しかもメルロだけに限らず、悪影響を及ぼした。最悪の被害は、右岸のメルロの老木の間で発生した。広範とはいえ被害がそれほどでもなかった結実不良は、主としてカベル

ネ・フランとカペルネ・ソーヴィニヨンに生じた。その後の夏は、例年より乾燥していたが涼しかった。9月始めは危険なまでに暖かく多雨で、今度は腐敗が真の脅威になった。変化がやってきたのは9月9日で、とつぜん高気圧が到来し居座った。9月20日に一度だけ起きた嵐といくらかの雹はなんら問題ではなかった。こうした結果として、ワインは質に非常なばらつきがあり、左岸のカペルネ・ソーヴィニヨンは最高の出来であった。秋の天候は少量であった収穫物をよく成熟させ、また風・日光・土壌の乾燥があいまって、特にメドック北部では、葡萄の濃縮度をひときわ高めた。すでに多くの被害を受け、おまけに成熟の時間が不十分だった早生のメルロは、よい質のものを生産できなかった。右岸ではプティ・ヴェルドとカペルネ・フランが良好な結果を得ている。辛口白ワインはこの年も快い刺激があり、新鮮な果実味もたっぷり。ソーテルスにとって、2001年には及ばずとも、秀逸な年であった。

メドックとグラーヴ：他の地区と違って、第一線の村はすべてで良好であった。記録的なタンニン度を持つとびきりのワインが、サン＝ジュリアン、ポイヤック、そしてサン＝テステーフで生産された。マルゴーは、そう驚くほどではないが、ペサック＝レオニヤンにおいてと同じように一貫して優れている。しかし、西寄りの村やメドック北部の村では、ばらつきがある。この年は「最上級生産地」のための年と言える。

サン＝テミリオンとポムロール：若干のいいワインが生産され、カペルネ・フランを多く含むものが最良であったが、これは望ましくない状況の中で健闘した一例といえよう。総じて、2, 3の非常にいいワインと、多くの並みのワインがある。

辛口白ワイン：ペサック＝レオニヤンでは、一貫して、よい香りと果実味のあるワイン。酸度はどちらかというと2001年より優れる。

ソーテルス：またも非常に成功した年。2001年の傑出度には及ばないが、99年または96年とは肩を並べる。最高クリュの間において、品質レベルは一貫して高い。

2001年

気候と一般的評価：平均の倍という異例の冬の多雨の（通常の年間雨量よりも多かった）あと、5月と6月の暖かさがボルドー全体に、急速かつ均一な開花をもたらした。7月は下旬を除いて雨が多く、8月も同様だった。7月前半は涼しいめで乾きがちで、続く10月は最も暖かいものになった。カペルネの酸度はいつもより目立って高かった。2000年と比較すると、ボルドー全体の品質は著しく不均一であった。しかし、最も成功したワインは99年よりも充実感と濃密さがあり、2000年より力強さの点では劣るものの、優雅さとスタイルで優れている。タンニン度が高いので、発酵中は十分な注意が必要だった。搾りすぎたワインは失望もの。ソーテルスは、異例の作柄で失望させた2000年の埋め合わせをした。

メドックとグラーヴ：最良のワインは、本物の魅力とアロマティックでフルーティな性格をもつ。メドックとグラーヴの全域で非常にいいワインが生れているが、一部にがっかりするものも

ある。ワインは樽での熟成がうまく行った。それが瓶でどう落ち着くかを見極めなければならない。

サン゠テミリオンとポムロール：最良のポムロールはリッチで興趣に富み，肌理細やかでアロマティックな果実味がある。ほとんどのサン゠テミリオンはこのレベルには程遠いが，いくつか美味なものがある。

辛口白ワイン：愛すべき新鮮さと香ばしい果実味があり，安定した高品質。

ソーテルヌ：偉大な作柄で，1990年以来最高の年。ワインはバランスはもちろん，偉大なリッチさと濃密さをもつ。

2000年

気候と一般的評価：暖かく湿った春が葡萄畑に大問題を起したが，ひとえに迅速な対応と一時の日照り，そして6月の温暖さのおかげで事なきを得た。幸運にも開花は5月末と6月始めに順調に終わり，作柄は99年より少し遅いことを示唆した。この年の品質はもっぱら7月29日から10月10日にかけての稀にみる好天のおかげである。気温は平均を上まわり，雨はほとんど降らなかった。メルロは果皮がとても厚く，アルコール度が高かった。カベルネ・フランはサン゠テミリオンとポムロールでひときわ優れた結果を出した。10月はじめに最適な完熟状態で収穫されたカベルネ・ソーヴィニヨンは最高の品質。96年ものの持続力と純度という要素と，86年ものの重量感とスパイシーなタンニンとを兼ねそなえる。

一般に，全てのレベルと全ての地方で，並外れたワインが出た。最良のワインは驚くほどの個性，独自性，強いフルーツ風味，きわだつ芳香，豊富なグリセリン，甘い果実味をもち，これら全てがどっしりしたタンニンの骨格にバランスよくまとまり，美しくリッチな肌理を生んでいる。瓶詰ワインの最初のテイスティングで，この年の群をぬく品質と安定性が確認された。辛口白ワインは優れているが，極上の甘口ワインは10月の多雨のため少量しか得られなかった。

メドックとグラーヴ：明らかにこの地域における1990年以来の最良収穫年であるが，より古典的で濃密。強いタンニンという点で86年ものの要素があるものの，遥かにしなやかでフルーティな甘味感がある。メドックの全アペラシオンが健闘した。第一級銘柄はすべてが傑出していて偉大な地域とそれ以下の生産地との差が例年よりはっきりと出た。ペサック゠レオニヤンには，目立つものはあまりないようである。

サン゠テミリオンとポムロール：カベルネ・フランを主力とするところは特に恵まれ，きわめて複雑なワインになる傾向があった。しかし，メルロもまた最高品質の，豊かでアロマティックなワインを生んだ。

辛口白ワイン：非常に新鮮で，アロマティックで，フルーティなワイン。

ソーテルヌ：非常にリッチで濃密なワイン。しかし収穫量は通常の3分の1からごくわずかなものまで，ばらつきがある。

1999年

気候と一般的評価：4月以降に突発の大雨が何回かあり，そして

ヴィンテージ——収穫年情報

平均気温は過去30年で最高という異例の気候パターン。これは葡萄の早い成熟と高糖度という結果を生んだ。サン゠テミリオンでは9月5日に雹を伴う嵐が襲い、アペラシオンの1割に影響を与えた。しかも、メルロが熟し、まさに収穫というときに、雨が戻ってきた。メドックでのカベルネ摘果は、乾燥していた時期にほとんど終わっていた。全体として、赤ワインとACワインの両方にとって記録的な収穫量をあげた年で、これは、よく熟した健全な葡萄を収穫しようとした各生産者の生育シーズンを通じての注意深い管理に負うところ大であった。品質の範囲は広いが、最良のワインは魅力とスタイルを具えており、甘美な98年ものよりは軽いが、頃よい瓶熟時に飲むと素敵なワインになるだろう。また、この年は4年続きの、偉大なソーテルヌ収穫年であった。

- メドックとグラーヴ：多くの生産者が99年ものは98年より良いと主張している。確かに、フルーティで早く飲み頃になるが、前年の骨格には欠ける。この主張は、98年のメドックを過小評価した性急なマスコミに対する反発という面がないわけでない。ペサック゠レオニヤンの質はいろいろだが、メドックでは、マルゴー、サン゠ジュリアン、ポイヤックでは、他のどこよりも良いワインが多く生れた。魅力的な果実味のワインがある一方で、薄いものや、成分を引き出しすぎたものもある。
- サン゠テミリオンとポムロール：ここではカベルネ・フランは総じて98年より出来が悪く、従って一部のワインは98年の深みと複雑さはない。とはいうものの、サン゠テミリオンとポムロールでの成功率は高いから、深みのある98年ものより早く飲めるしなやかでリッチなワインが数多く存在する。
- 辛口白ワイン：下級レベルでは、多くのワインが薄くて水っぽい。ペサック゠レオニヤンでは、収穫期が暑かったのでアルコール度は高いが、ソーヴィニヨンのアロマティックな性格と酸度が失われた。しかし、セミヨンがいくばくかこれを補った。
- ソーテルヌ：ワインは上質で濃密な貴腐スタイルとほどよい酸味とリッチさを持つ。スタイルの点では、すばらしい98年ものと96年ものに近いように思われる。

1998年

気候と一般的評価：このヴィンテージの特別な性格は、順調な開花、6月、7月の涼しい天候につづく、8月の異例な暑さによる。これは、9月の収穫直前に（そしてより深刻には9月末に）雨が降ったが、その悪影響が予想よりはるかに少なかったことを意味する。偉大な収穫年になるチャンスは取り逃がしたかもしれないが、間違いなくいくらかの偉大なワインが造られた。それは比類ない色と力強く豊かなタンニンを具えていた。当初はメルロの年と先触れされていたので、カベルネの評価は多くのテイスターを驚かせた。辛口白ワインと甘口ワインは秀逸。

- メドックとグラーヴ：出色のメルロとならんで、カベルネの好ましい変身は、最初は悲観的だった多くの人々を驚かせた。有力地域では偉大なワインが造られた。ペサック゠レオニヤンは大成功、サン゠テステーフはおそらく南部の村々よりは良くなか

った。クリュ・ブルジョワの良いものは、少なくともあと1, 2年寝かせる必要があるだろう。

サン゠テミリオンとポムロール：疑いもなく、ポムロールにとって偉大な年だが、サン゠テミリオンはもう少し複雑だ。濃密で口当たりのいい豪華なワインがあるが、一部のサン゠テミリオンは過剰抽出に思われる。現在ベストのものは95年を越えるようである。

辛口白ワイン：96年ものを偲ばせる、強いフルーツ味の素晴らしいワインがあるが、酸度は少ない。

ソーテルヌ・非常にリッチで濃密なワイン。96年ものに似るようだが、97年の優雅さは少ない。

1997年

気候と一般的評価：非常に異例の天候パターンを記録した年。暖かい春が5月早々に開花をもたらしたが、天候が変わって冷たくなったため開花は5月いっぱい続いた。その結果、葡萄の成熟にむらが生じ、それは収穫まで尾を引いた。7月25日から8月28日までの4週間の蒸し暑い天気のあと、1週間の嵐が続いて9月となり、その2日から10月5日まで降雨ゼロ。収穫は非常に間延びして困難なものになった。最上のものは、優雅さと魅力をもつが、95年や96年のような濃密さは乏しい。

メドックとグラーヴ：全地域で、一般より注意深かった生産者はおいしい、早く飲めるワインを造った。しかし行き過ぎたプレミア価格のため、世間の評価は冷たかった。ワインは気品とスタイルを持つ。

サン゠テミリオンとポムロール：多くのワインは、最初に予想されたより遥かに良好なものになった。ものによっては、いささかむらのある96年と良い勝負である。

辛口白ワイン：収穫期の諸問題のため、生産量は少ないが、トップクラスの酒造家は喜ばしいワインを造った。

ソーテルヌ：この年、驚くべき優雅さとスタイルをもつ明白に偉大なワインを造った地域のひとつ。ただしワインは96年、あるいは98年と99年よりリッチさで劣る。

1996年

気候と一般的評価：気象状況が型やぶりだったので、ワインの方も個性的なものになった。6月と7月はしばしば平均気温を越したが、8月に入ると通常以上の多雨で平均気温を下まわった。それから3週間日照りで乾燥した日が続いたが、9月の初めに予想したほどには気温が昇らなかった。このことが葡萄の含有糖分を驚くほど上げたが、夜が寒かった関係で酸分も多くなった。その結果、カベルネ・ソーヴィニヨンとしては例外的に含有糖分の多い年になり、82年や89年より多かった。メルロの糖分は85年より高く、89年より低かった。辛口白ワインと甘口ワインも例をみない出来栄え。

メドックとグラーヴ：最上のワインはサン゠ジュリアンとそれより北部のメドックで生まれた。それらは並はずれた持続力と風味の深さ、非常に育ちの良さと洗練さをそなえている。マルゴーとそれより南のメドックとグラーヴの方は降雨が多く、ワインは85年に似て優美。

サン゠テミリオンとポムロール：品質は 95 年のように揃って上質ではなかったし，一部のものは明らかに軽質だった。ただ，それでも最上物は今でもリッチで洗練されている。

辛口白ワイン：89 年と 90 年と同じようにリッチだが，酸のバランスの良さがきわだっている。ワインの出来栄えは極めて良く，ペサック゠レオニャン地区の上物は，めったに到達することのない最上の域のもの。

ソーテルヌ：間違いなく偉大な年。ワインは 89 年もののようにリッチなだけでなく，酸分の多さが 88 年ものの優美さも備えさせている。

1995 年

気候と一般的評価：失望の年だった 93 年と 94 年の後に，やっと期待に応えてくれるような作柄が来た。葡萄の生育期間は暑く乾燥していて，葡萄は 93 年と 94 年と同じように順調に育った。お定まりの 9 月の雨は，それほど深刻な影響を与えなかった。9 月の 20 日から 10 月に入っての収穫期間の気候は摘果に完璧なもので，94 年のような心配もなしに熟した果実が収穫できた。あらゆるレベルのワインの品質がきちんとしたものになったことが，この年の特徴。

メドックとグラーヴ：これらの力強い構成を持ちワインは期待されたほどは長く成長しなかった。どちらかというと，ずんぐりしていて優美さに欠け 96 年よりゆっくり成長している。例外はペサック゠レオニアンで，ここのワインは素性もよく出て熟成の仕方もいい。

サン゠テミリオンとポムロール：とび切りの当たり年。ワインはリッチで風味が見事。偉大なワインがいくつか生まれた。

辛口白ワイン：優美で，果実味があり，バランスのよくとれたワイン。

ソーテルヌ：90 年以降で最上の年。果実味があり，貴腐菌による濃縮がうまく行った，香りの高いワイン。偉大とはいえなくとも秀逸なワイン。しかし 96〜99 はさらに良く，もっと首尾一貫性がある。

1994 年

気候と一般的評価：前年に続き，またもや偉大な作柄が最後の一瞬で奪いとられた。早い開花，そして，素晴らしいその後の生成ぶりと葡萄が熟成するコンディションによって，9 月の第 1 週目には 82 年と 90 年と同じような成功が見込まれた。しかし 9 月の 14 日から 17 日にかけて豪雨に見舞われ，その後，時には豪雨を含む継続的な降雨が 9 月末まで続いた。そのためこの年の品質が著しく損われた。しかし葡萄の果実自体は既に熟していたし，非常に良い状態だったので 93 年よりははるかによいワインが造られた。トップ・クラスのシャトーはスタイルとリッチさも備え，しっかりとして非常に良いワインを造りあげた。多くの畑で，生産量は 93 年の 2 割減だった。ただ，その成長ぶりは失望もの。

メドックとグラーヴ：最上のワインはカベルネ・ソーヴィニョンが早く熟す畑からのもので，その品質は非常に良かった。AC メドックとオー・メドックで河から遠くに離れたものは，やや

出来が良くなかった。ペサックとレオニヤンは一律に良かった。サン=ジュリアンは全面的に高水準だった。どれもが非常にゆっくりと成長している。

サン=テミリオンとポムロール：全体的に品質の水準は高く、良い構成を持ち、たっぷりとした果実味を見せるよく熟したみずみずしいワイン。これもまた期待されたより成長が遅い。

辛口白ワイン：多くのところが雨の前に収穫した。果実味もあり、バランスが良く、スタイリッシュなワインになった。

ソーテルヌ：傷あとが残った年のひとつ。天候は10月の初めに回復したがあまり救いにならなかった。見苦しくないようなワインがごく少量、しかも一握りばかりのシャトーからどうやら造られた。イケムはこの年も例外であることを示した。

1993年

気候と一般的評価：ほとんど92年の繰返しのような状態だったので、生産者達はいらいらしたが、前年よりは、葡萄の生育と果実の熟成の季節の天候は悪くなかった。収穫量は前年ほどでなかったが、それでもかなり高かった。9月の雨は断続的だったが、それにしても多湿だった。ただ、最上級のシャトーものは92年よりはるかに良いものを造るのに成功している。

メドックとグラーヴ：冴えない作柄だったがほとんどのワインは今、おいしく飲める。ペサック=レオニヤン、サン=ジュリアン、ポイヤック、サン=テステーフが結果的に最上で、僅かなシャトーが本当に魅力的な良いワインを造った。

サン=テミリオンとポムロール：メルロは92年よりずっと良かったが、カベルネ・フランには問題があった。ワインはそれほど水っぽくなく、楽しめるものが沢山ある。

辛口白ワイン：葡萄の多くは雨にやられる前に摘まれたので、この年はグラーヴとアントル=ドゥ=メールにとって良い年で、果実味があり、スタイルの良いものになった。

ソーテルヌ：92年より僅かばかりひどくなかった程度で、どうにか飲めるものが僅かばかり造られた。

1992年

気候と一般的評価：生産者にとって、1974年以降で一番難しかった気候の年だったろう。葡萄の木の生育時期は例外的多雨で、8月の降雨量は平均水準の3倍だった。気温の方は暖かったり（5, 7, 8月）寒かったり（6月と9月の初めの3週間）変動した。こうした難天候に輪をかけたように、収穫期は雨続きだった。量だけの点でみればACワインの記録上最大の収穫をあげた年。酒造りの上手なところでは、選果を厳しくやって、快適で早飲み出来る商業用ワインを造りあげることが出来た。白の方は一般的に成功した。

メドックとグラーヴ：どちらかというとカベルネは水っぽくなり、品質には大きな差が出た。選果が決定的だった。最上のものは、今飲めば軽いが果実味もあり魅力的。

サン=テミリオンとポムロール：多くのシャトーで、メルロはうまく行ったがカベルネ・フランの方は難しかった。最上のものは、しなやかな果実味で魅力を出した。もう飲んでしまうこと！

辛口白ワイン：グラーヴでは素晴らしいワインを造りあげたところが若干あり，アントル＝ドゥ＝メールは魅力的なワインを数多く出した。しかし質の点では各所各所で大きな開きがあった。

ソーテルヌ：忘れるべき年。

1991年

気候と一般的評価：4月20日と21日の夜の晩霜が，1945年以降で最も深刻な被害をボルドーに与えた。冷たい気候が2度目に出てくる芽の発育を妨げた。その結果，収穫時の葡萄の熟成に大きな差が出た。9月の天候もみじめで，収穫期の雨がまともな質のワインを造りあげようとする希望を流し去ってしまった。ごく一部の例外的地区がワインを造れたが（主としてメドック），それも最初の世代の葡萄（しかもそこの持ち畑の中で最初の世代の葡萄）からだけだった。この手の葡萄だけがまともな品質のワインを生んだ。

メドックとグラーヴ：ジロンド河に近いごく僅かな畑だけがひどい霜の被害を免れた。ラ・トゥール・ド・ベイ，ソシアンド＝マレ，モンローズ，コス＝デストゥルネル，ラトゥール，レオヴィル＝ラス＝カーズなどのシャトーが，きちんと充実していて，驚くほどの魅力をもつ，しなやかなワインを造りあげた。しかし，総体的に見て，ワインは小ぎれいであっても上質ワインとしての実質を欠くものだった。

サン＝テミリオンとポムロール：ここの状態も暗いものだった。パヴィの丘の一部の畑だけが霜による全滅を免れた。しかし，それに続くみじめな気候は，残っていた第2世代のメルロも無事にしてはくれなかった。

辛口白ワイン：ボルドーで，記録に残るかぎり最低の収穫。ペサック＝レオニヤンで，ヘクタール当たり12.9ヘクトリットルだけという収穫量だった。しかし，ワインは果実味もあって魅力的なものが造れた。

ソーテルヌ：ヘクタール当たり10〜11ヘクトリットルという悲惨な収穫量だったが，良い選果をした1，2のシャトーがごく僅かだが92年と93年よりリッチで洗練されたワインを造った。

1990年

気候と一般的評価：非常に稀な作柄だった1989年のパターンにかなり似たものになった。開花は5月からだった。7月の暑さと乾燥が葡萄の急成長を止めてくれたが，収穫は1989年より早くなることが見込まれた。実際に摘果は，メルロは9月の10日頃から始まったが，メドック地区のカベルネ・ソーヴィニヨンは，10月の始めまで待つ必要があった。この年のワインは骨核がしっかりしていて果実味がきわだっていた。構成が良い点で1982年や1989年に似たタイプ。収穫出来た葡萄の量は89年より僅かばかり多かったが，ワインの生産量はちょっと下まわった。

メドックとグラーヴ：土質の重いメドックの北部は，とりわけ出来が良かった。ブルジョワ級は傑出したものが多かった。サン＝テステーフ，ポイヤック，サン＝ジュリアンでは例外的といえる出来栄えのものが多かった。しかし，マルゴーはばらつきがあった。グラーヴは，量の点でも恵まれたところが多く，

地域とワイン

優美さと非常に個性が良く出たものになった。

サン=テミリオンとポムロール：この年のサン=テミリオンは，リッチで豊潤な果実味と構成の良さとが，うまく組合わさった点が特徴になっている。これに反してポムロールの方はワインの密度の濃さの点できわだっている。現在は89年ものに比べると，一貫して印象が強い。

辛口白ワイン：アロマティックな果実味がきわだっていた。1989年ものより良いバランスと酸味をもったものをつくりあげた醸造元が多かった。

ソーテルヌ：ソーテルヌにとっては驚異的出来栄えの年。1929年以降で最もリッチなものになり，素晴らしい出来栄えだった1989年をしのぐだろう。目を見はるようなエキゾティックな性格になったワインもある。

1989年

気候と一般的評価：過去30年間において，平均的にみて最もおだやかな暑さと日照に恵まれ，乾燥した夏だった。開花は5月20日。摘果は8月28日から始まったが，これは1893年以来最も早い収穫である。ワインはアルコールが高いが，甘美な果実味をそなえ，タンニンは1982年を連想させる柔らかく角のとれたものだった。AC級の赤ワインの生産量は35万ヘクトリットルを超え，1986年をしのぐ新記録。

メドックとグラーヴ：サン=ジュリアンが驚くほどの素晴らしさをみせたグループだが，他の主要な各村もじつに優美なワインを出した。収穫量が多かった関係で，各シャトーは収穫した葡萄の中の良いものだけを使うことになった結果として，一流シャトーのワインがどうしても二流シャトーのワインよりも優れたものになった。総体的に見て90年より密度と力強さがあり，熟成は遅めである。中には豊潤で果実味に富んだじつに壮麗なワインもいくつか生まれている。グラーヴの方はメドックに比べて，やや軽く，その構成がエレガントなものになった。

サン=テミリオンとポムロール：驚かされるほどの密度の濃い肌目を持ち，力強いワイン。メルロの大当たり年だったので，例を見ないほどしっかりした構成に甘美さが伴うものになった。ただ，多くのものが90年のような風味をそなえていない。

辛口白ワイン：肉付きがよく果実味のある非常に大物のワインになった。しかし，多くのものが酸の不足に悩まされた。その対策として早摘みをしたところもある。今が飲みごろ。

ソーテルヌ：この年も例外的出来栄えとなり，大当たり年だった1947年と肩を並べられるが，あらゆる面でむしろ上まわっている。1989年と1990年は，良い作柄が続いた10年間のあとをしめくくる秀逸な2つの年の組合わせとして1928年と1929年のものより優れたものになるにちがいない。

1988年

気候と一般的評価：多湿の冬と春の後に，平均的な年より乾燥ぎみの夏が続き，非常に暖かい10月で終わった。葡萄の品種によって熟成度に顕著な違いがあり，畑の位置によっても大きな違いが出た。そのため，品質の点でも，はっきりとした違いが出た。スタイルで言えば，初めは1986年に見られたような恐

ろしくタンニンの多いワインだったが、次第に優雅で洗練された古典的ワインに育ちつつある。

メドックとグラーヴ：古典的構成をそなえていて、1986年よりも洗練されているが、力の点で欠けている。長く生きのびて、素性の良さと素晴らしい凝縮度をそなえた、調和のとれたワインになるはずである。今、飲んでも悪くない。

サン＝テミリオンとポムロール：サン＝テミリオンは、とりわけリッチで、密度が高かった。一般に1986年ものより優れている。一方、ポムロールは非常に風味に深みがあり、実に豪華なワインになった。

辛口白ワイン：果実味がきわだっていて、グラーヴの最上のものは、それに複雑さと優美さがそなわっている。

ソーテルヌ：1983年と1986年を別格にすれば、今世紀における古典的貴腐ワインのひとつ。ワインは個性と素性の良さを出した。バランスが良く、極上物は実に首尾一貫した安定性をもっている。

1987年

気候と一般的評価：平均的気温を越す7、8、9月が続いたが、収穫期に豪雨に見舞われた。一般的にワインは柔らかく果実味があり、若いうちが飲みよい。

メドックとグラーヴ：カベルネ系の葡萄は雨にやられたため、この年は例年よりもメルロが重要になった。ワインはボディが軽く、どちらかというと短命である点を別にすれば、果実味に富んで魅力的。いわば楽しめる早飲みワイン。今のうちに飲み終えてしまうべき年。

サン＝テミリオンとポムロール：この地区はメルロの栽培比率が高い関係で、メドックやグラーヴよりもうまく行った。ワインはしなやかで果実味をそなえ、とても早く熟成する。これも今が飲み時。

辛口白ワイン：バランスが良く、快適な果実味をもつ性格。

ソーテルヌ：厳密な選果を行ったところでは、良いワインがつくられた。

1986年

気候と一般的評価：上出来の開花期と恵まれた夏だったが、9月の末に豪雨があり、とくにボルドー市周辺がひどかった。しかし、幸い収穫時には例外的ともいえる乾燥した条件だった。赤ワインの生産量は前年樹立された記録を破った。最上級ワインの品質は秀逸で、長い熟成にたえる古典的なワインとなっている。1975年以来、最もタンニンが多い年、1985年ものと完全に対照をなす年。

メドックとグラーヴ：カベルネの大豊作の年。そのため仕込まれたメルロが使われないまま残ってしまったところが多かった。ワインは力強く、深みがあり、有望だが、しばらくの我慢が必要だろう。

サン＝テミリオンとポムロール：ここでは雨が少なく、メルロがとても良かった。ポムロールは力強くてタンニンも多い。サン＝テミリオンは魅力的だが、一般に力強さが不足している。

辛口白ワイン：たいへん香りが高く魅力がある。1985年ものよ

地域とワイン

りバランスの良いものもある。

ソーテルヌ:ソーテルヌの偉大な年。ボトリティス菌は1985年より広汎にしかも早くついた。1983年より一貫した品質。

1985年

気候と一般的評価:開花期間中雨が降ったにも拘わらず、果実の付き具合はとても良かった。ヴィンテージの性格は、夏の暑さに続いて記録的な乾燥度になった9月と、暖かくて乾燥した10月につくられた。ACの赤は最大の生産量を記録した。全体にわたって、葡萄の品質は非常に高く、ワインは、素性の良さが出て、53年のような古典的なスタイルを備え、全面的に傑出したものになった。成熟したワインの中では安価がついている年。

メドックとグラーヴ:マルゴーとグラーヴは傑出したが、ポイヤック、サン゠ジュリアンとメドックでは、厳密な選別が必要になった。産出高は非常に高かった。カベルネの摘果を10月第2週まで遅らせたシャトーが、いちばん良かった。ワインは果実味とタンニンに富み、たいへん調和がとれている。今飲むとおいしい。

サン゠テミリオンとポムロール:メルロの糖度は1982年より高くなり、筆頭的シャトーの一般水準は、いつもより均質化していた。1982年より産出高は低かった。

辛口白ワイン:非常に香りが高いフルーティなワインだが、酸度が低い。

ソーテルヌ:摘果を延ばしたいくつかのシャトーは、たいへんエレガントな素晴らしいワインをつくりあげた。たとえ、1983年ものほど甘美でないとしても。

1984年

気候と一般的評価:寒くて雨の多かった5月が災いしたのだろうが、メルロ種の不結実は人々の記憶のなかで最悪となった。9月末に豪雨が続いたが、10月に入ると収穫に完璧な気候になった。成功した所も少しはあるが、大抵はどちらかというと見劣りのするワイン。

メドックとグラーヴ:収穫量は平均的。ワインは最初の頃の期待ほど、その後良くなっていないようだ。嬉しい驚きを与えてくれるものはごく僅か。

サン゠テミリオンとポムロール:まずまず平均的なワインがほんの少々できただけ。それも、個性を欠き、見すぼらしいものになったりする。

辛口白ワイン:優れた品質、例年どおりの収穫量。ワインは、1983年より繊細で軽いが、個性がきわだっていて瓶熟するととても良くなる。

ソーテルヌ:若干の素晴らしいワインが誕生している。

1983年

気候と一般的評価:春は雨続きだったが、6月の開花期の気候は良かった。9月上旬は雨が多すぎたが、収穫期の気候は申し分のないものとなった。素晴らしい年で、古典的なワインを生みだしている。ほとんどが、今のところスタイルと個性を出して最上。

ヴィンテージ——収穫年情報

メドックとグラーヴ：ここも豊作で，品質は 1982 年ほど均一ではないが，格付け銘柄シャトーのワインは，出生地のスタイルをそれなりに備え，水準は非常に高い。多くのワインは今が飲み頃。

サン＝テミリオンとポムロール：豊作で，傑出したワインがいくつか生まれているが，1982 年に比べると出来栄えはさまざま。ほとんどのものは，今が飲み頃。

辛口白ワイン：1982 年ものより酸度が強く，スタイルもはっきりしている。とてもいい。

ソーテルヌ：偉大な年。たぶん 1976 年以来最高の出来だろう。じつに甘美なワインで，バランスがとれているし，長命。

1982 年

気候と一般的評価：クラシック・ワインにむいた暑い年で，量の点でも大豊作だった。葡萄の実は完璧に熟した。間違いなく，1961 年以降で傑出した年。ワインはこの秀作年に特有の個性をそなえている。

メドックとグラーヴ：並はずれて濃度が高くて，力強く，タンニン度が高いにもかかわらず，これを覆い隠してしまうような豊かな果実味をもつワインが生まれた。中には，今になって選果の不手際をさらけ出したワインもある。非凡な年，1961 年以来もっとも個性の強い年である。

サン＝テミリオンとポムロール：並外れて芳醇で力のある，1947 年を思わせるワインが誕生した。1947 年ものと同じく，最高のワインのいくつかは早めに飲んで出色の出来栄えだった。しかし，今が最上。

辛口白ワイン：魅力はあるが酸味が足りない。ほとんどが飲み終えているべきワイン。

ソーテルヌ：雨が少なく暑さが続いたため，貴腐菌がつくのが遅れ，しかも 10 月に入って降りだした雨が早すぎたものだから，ほどほどの重さのものになったが，早いうちに飲んでしまった方がよいワインだった。イケムは例外。

1981 年

気候と一般的評価：葡萄の成長期には上天気が続いたが，収穫期に入って若干雨に見舞われた。ワインは 1979 年のものに比べて素性の良さが出ているが，ボディが足りない。

ソーテルヌ：最上のものは甘美で，1982 年より上だ。今なお魅力的。

1980 年

気候と一般的評価：6 月の気温が 1946 年以来の低さだったため，開花が長びいて，どこも不結実に泣かされた。冷夏で収穫期がかなり遅れた。スタイリッシュに飲んでしまうべきワイン。

メドックとグラーヴ：魅力的なワインだが，そろそろ老化を見せだしたものもある。

サン＝テミリオンとポムロール：メドックに比べると品質にムラがあるが，メルロの熟し具合がカベルネ・ソーヴィニヨンより良かったため，しなやかでフルーティなワインが数多くできあがった。飲んでしまうほうがいい。

辛口白ワイン：感じのよい軽いワイン，もう飲み終っていなけれ

ばならない。

ソーテルヌ：どちらかといえば軽いが、最上のものは心地よい果実味と魅力を備えている。ただし、真に甘美な味わいはない。

1979年

気候と一般的評価：遅めの開花だったが、果実のつき具合は素晴らしかった。8月に入って多湿の寒い日が続いたが、9月には天候も回復して、大量の葡萄を収穫することができた。ワインは素晴らしく深い果実味、活力、魅力に満ちているが、バックボーンと素性の良さに欠けるきらいがある。

メドックとグラーヴ：ワインには、この年の葡萄の個性が顕著に出ていて、リッチで、きめが細かい。ゆっくりと熟成を続けている。1978年に比べて洗練さが不足している。今、飲むべき。

サン=テミリオンとポムロール：メルロの熟しぐあいが並はずれて見事だったため、1978年よりはるかに甘美で、密度の濃い、芳醇なワインができあがった。この地区としては最高のワインが誕生した年である。

辛口白ワイン：果実味と素性のよさをそなえた、とてもスタイリッシュなワイン。

ソーテルヌ：1976年から1983年までの間で最高の当たり年として、1981年とトップの座を争っている。甘美でフルーティなワイン。

1978年

気候と一般的評価：3月は1870年以来といわれる雨の多さだったが、そのあと、7月から8月、9月にかけて例年になく乾燥した日が続いた。収穫の開始は遅かったが（収穫量は平均的)、理想的な状態で摘みとることができた。その結果、この年のワインは古典的なタイプで、絶妙のバランスを保っている。予期したより早く熟成して、いま飲むのが理想的。

メドックとグラーヴ：偉大な個性とフィネスをそなえたワイン。タンニンがかなり強いが、果実味やリッチさとうまく溶けあっていて、長い時間をかけて熟成する能力をもっている。多くのものは今が最上の飲み頃。

サン=テミリオンとポムロール：この年のワインは熟成するにつれて、とても魅力的なものに変身した。肉付きの悪いのもあるが、大部分はサン=テミリオンのスタイルがはっきり出た。1979年ほど、この地区の典型的なワインとはいいがたいが。

辛口白ワイン：すぐれた年で、飲む価値はあるが、もう飲んでしまうこと。

ソーテルヌ：気まぐれな年で、葡萄の熟し具合は完璧だったのに、ほとんどのものは貴腐菌がつかなかったため、ワインは古典的な性格に欠けている。

1977年

収穫が少なく非常に軽いワイン。飲んでしまうほうがいい。

1976年

気候と一般的評価：4月から8月末までとても乾燥した暑い日が続いた。収穫は9月13日に始まったが、途中で雨が降ったため、発酵果汁が水っぽくなってしまって、品質にかなりばらつきのあるワインが生まれる結果となった。一部には深い色合い

ヴィンテージ——収穫年情報

とリッチな果実味をそなえたワインもあるが、タンニンと果実味が分離してしまったようなワインもある。ワインの熟成ぐあいにも影響が出ていて、わりと早めに熟成している。

メドックとグラーヴ：最高のワインは、しなやかで、力強くて、魅力的だが、がっかりさせられるものもかなりある。熟成はうまく進み、ほとんどが今迄に最上の時期を迎えている。保存するより飲んでしまうこと。

サン＝テミリオンとポムロール：葡萄の熟しすぎと、色の薄いのがこの年の特徴。多くのワインが酸度の低さに悩まされたし、熟成は急速に進んだ。一部に骨格がしっかりしたワインがあり、これは今でもおいしい。

辛口白ワイン：酸度が低いので早く飲む必要があった。グラーヴの最高品のいくつかは、リッチで素晴らしい。

ソーテルヌ：偉大な当たり年。1975年より優雅でスタイリッシュな、甘美なワイン。

1975年

気候と一般的評価：見事な開花のあとに、とても乾燥した暑い夏が続いた。9月に少し降った雨はうってつけの量だった。ほどよい収穫量と、充分なアルコール度と、分厚い果皮からタンニンの強い晩熟型のワインができあがった。一部の楽天家たちは初期の段階でこの年のワインが1961年に似るだろうと信じていたが、実際には、それほどのバランスと魅力はない。

メドックとグラーヴ：いくつかのシャトーでは、70年代の中でこの年が最高のヴィンテージの様相を見せてきている。タンニンがなれてくるにつれて、力強さと果実味を合わせもち、リッチで濃密な古典的ワインの姿を見せて来た。そういう具合に行かなかったところではタンニンが辛すぎるようだ。

サン＝テミリオンとポムロール：タンニンの多い年にしばしば起きる現象だが、最高のワインはメドックよりバランスがとれているように思われる。この地区では完熟と豊潤さが目立った。成功したワインがたくさんある。

辛口白ワイン：グラーヴの上物は濃度が高くて力強いが、1976年もののもつ優雅さには欠けている。

ソーテルヌ：貴腐菌がつきすぎたし、アルコール度も高くなりすぎた。ワインは、タール臭を帯び、早く年をとった（イケム、クリマン、クーテ、ドワジー・デースは著名な例外）。

1974年

気候と一般的評価：順調な開花のおかげで豊作は確実だった。夏の素晴らしい気候が高い品質を約束したが、雨の多い9月がすべてをご破算にしてしまった。酸味や苦味が強く、魅力のないワインが大部分で、アペラシオンやクリュにふさわしい個性が不足している。

1973年

気候と一般的評価：開花時の気象条件がよかったので豊作は確実と思われたが、夏に入ると、暑い日照りと、雨が交互にやってきた。10月に入って、好条件のもとで収穫ができた。ほとんどのワインが今ではそのピークを越している。

メドックとグラーヴ：とても魅力的で熟成の早いワイン。大多数

地域とワイン

は今までに飲まれていなければならないが、驚くほどよくもっているものもいくつかある。

サン゠テミリオンとポムロール：偉大な魅力をもちながらも、短命で、今はやや盛りを過ぎたワインになっている。ただ、わずかだが例外はある。

辛口白ワイン：一部のスタイリッシュなグラーヴはまだ長持ちしているが、大部分はもう少し前に飲んでしまうべきだった。

ソーテルヌ：心地よいが、中庸のワインで軽め。

1972年

気候と一般的評価：寒い春、それに続いたみじめな夏。8月に異常なほど雨が多かったので、収穫が遅れ、葡萄の熟し方も足りなかった。貧弱かつ退屈なワインに、馬鹿値がついた年。忘れるべき年。

1971年

気候と一般的評価：寒くて雨の多い春が災いして、貧弱な開花となり、従って収穫量も少なかった。夏に入って気温が上昇し、日照りもよく、降雨量のほうも適量だった。ワインは、前年度のワインと全く対照的だった。

メドックとグラーヴ：見栄えが良く、魅力的なワインだったが、熟成が早くて、1970年代後半に頂点に達した。酸度が低いから、今残っているものは飲んでしまったほうがいい。もう衰えだしたものが多い。

サン゠テミリオンとポムロール：ここでは、リッチで甘美なものになった素晴らしい成功例がいくつかある。ただ、もう盛りを過ぎた。2, 3のポムロールを除いては、すべて飲んでしまったほうがいい。

辛口白ワイン：トップクラスのグラーヴは香りが高く、優雅で、長持ちしている。

ソーテルヌ：偉大なる古典的なソーテルヌの年で、コクと優雅さが溶けあい、全般に1970年より優れたものとなった。

1970年

気候と一般的評価：生育条件が理想的だったので、完璧に熟した葡萄が大量に収穫され、質量ともに成功するという稀な年となった。1960年代に植えられた葡萄の木から、良質ワインがとれるようになった年だった。1970年はまた、白ワインから赤ワインへの大幅な切り替えが始まった年で、70年代、80年代を通じて収穫量が大幅にふえることを予告する年でもあった。質の高さという点では1934年以来最高である。すぐれたヴィンテージ。ワインは晩熟型で、一般にまだ待つ価値はある。

メドックとグラーヴ：これらのワインは、熟成に予想外の時間がかかっている。当時、一人前になっていない畑が一部にあったせいだろう。とはいうものの、これらは長距離ランナータイプの古典的なワインで、骨格がしっかりしていて、素性の良さと果実味が、タンニンとうまくマッチしている。現在、楽しめるワインになり始めている。とくに、マルゴー、サン゠ジュリアン、グラーヴが素晴らしいが、なかには失望するものもある。

サン゠テミリオンとポムロール：ここもやはり晩熟型だが、メドックの多くのものよりもこちらのほうが魅力的で、ほとんどが

よい飲みごろになっている。力強さと骨格をそなえたワインなので、長命が期待できそうだ。

辛口白ワイン：グラーヴの最上品はリッチで、がっしりしていて、良い状態を保っている。

ソーテルヌ：甘美で大物のワインだが、1971年ものに比べると、スタイルに欠けるものがほとんどだ。長持ちするワイン。

今もおいしく飲めるヴィンテージ

1966年
1961年以後の10年間で最高といえる古風で濃密なワインができた古典的な収穫年。

1964年
ポムロールとサン＝テミリオンは今なお素晴らしい。多くのケースが60年代で最高。メドックのものは質が落ち始めている。

1962年
66年の濃密さはないものの、優美に熟成している良好な古典的ワインがある。

1961年
この卓越したワインは喜びと驚きを与え続けてくれる。今でも、82年ものまでは、敵うものがない。

1959年
燻香を帯びる風味をもっている。1961年にヒケをとらないのがいくつかあるが、大部分は調和の点でやや劣っている。

1955年
一部のワインは今も驚くほど新鮮で、堅固で、2～3年前の状態よりさらに興味深いものになっている。

偉大なボルドーを造る要素

赤ワイン

葡萄畑
水はけのよい比較的痩せた土壌。成分の中に次のものが主位を占めること。砂利（メドックとグラーヴ）、石灰岩片（サン＝テミリオンのコート地区）、砂利と砂と粘土（サン＝テミリオンとグラーヴの地区）、砂利と粘土（ポムロール）。

葡萄品種
カベルネ・ソーヴィニョン、カベルネ・フラン、メルロ。

よく熟した健康な葡萄
糖度と酸度のバランスがほどよくとれていること。腐敗菌に侵されていないこと。

注意深い醸造
果梗から酸類を引き出してはならない。発酵温度は28～30℃。

注意深い選酒
標準以下のキュヴェ（仕込桶単位のワイン）は、すべて取り除く（樹齢の若い葡萄、畑の劣る部分からとれた葡萄、雨や腐敗菌に侵されたキュヴェ）。

ヴァン・ド・プレスの添加（48頁参照）

これによって、色とエキス分を加え、熟成を助ける補助的な要素を与える。

新樽の使用
新樽の比率は、ワインの重厚さに応じた適切なものでなくてはならない。30%から100%までさまざまである。

瓶詰のタイミング
18ヵ月から24ヵ月後まで、ワインのタンニンと力に応じて決める。

甘口白ワイン

葡萄畑
水はけのよい痩せた土壌。砂利と石灰岩に粘土が混じっている点が特徴。

葡萄品種
セミヨンとソーヴィニヨン。

貴腐菌のついた完熟葡萄
どの葡萄を摘むかを慎重に配慮しなくてはならない。貴腐菌のつき方が足りないと、ワインは個性のないものになってしまう。多すぎると、不細工なワインになる。

葡萄畑での選択
葡萄を摘む人たちは畑を3回から6回見まわって、貴腐菌がついた過熟した葡萄を選ばなくてはならない。

樽を使った長期間の発酵
理想的な温度はふつう20℃くらい。この温度と、濃縮された糖分のために、発酵にはふつう2週間から5週間かかる。

樽での熟成
一流のクリュでは今も、樽で2年から3年ほどワインを寝かせる。樽の一部は新しいものを使う。

瓶詰のさいの選酒
何番搾りのものを混ぜるか、どの樽のものを混ぜるかを選択する。

第 2 章

シャトー紹介

＝アペラシオン別＝

この章には，特別な考慮を払うのに値するシャトーを集めてある。いわゆる偉大なシャトーだけでなく，知名度は低いかもしれないが注目すべきワインを造っている生産者を，数多く含めてある。構成はアペラシオン別にしてあって，各アペラシオンの最初に，その全体的な特徴を概説した。メドックの場合は，重要なアペラシオンが数多く含まれているので，地区全体の紹介もつけておく。

それぞれの項では，まずシャトーの名前を示し，つぎに正確なデータが入手できたものについては，それら詳細なデータを添えてある。格付け，所有者，管理者，耕作中の畑のヘクタール (ha) 数，年間に生産されるケース数，葡萄品種と現在の栽培比率，セカンド・ラベルと別のラベルなどである。省略用語については4頁参照。

シャトー紹介　メドック

メドックのアペラシオン
The Médoc Appelations

メドックは，ボルドーの赤ワインを世界中に広めた偉大なる大使だ。18世紀初頭に，味がわかる英国人が良いワインを手に入れるために割り高の代金を払うようになりだしたときから，21世紀はじめにいたるまで，ボルドーの名声を支えてきたのはメドックから生みだされる宝のようなワインであった。

ジロンド河流域の政治・経済の中心地になっているボルドー市に近かったおかげで，メドックがボルドーの他の地域に先がけて充分な発展をとげたのは，当然でもあった。17世紀から18世紀にかけて，偉大なワインを生むシャトーは自分の畑を整理統合して，今日われわれが知っているのとほぼ同じような形になっていった。メドック地区は砂利が多く痩せた土壌だったから，それ以前は自給農業でいろいろな作物を手がけていたのが，あっというまに葡萄栽培一筋に変わってしまった。右頁の地図を見るとわかるように，メドックは東西の幅がとても狭く，南北に長く伸びている。ボルドー市北部の近代的郊外地区をはずれたところにあるブランクフォールや，ル・タイヤンから，北端のサン＝ヴィヴィアンまで，北へ向かってジロンド河の河口沿いに70キロにわたって続いている。畑が河から内陸に向かって10キロ以上の幅をもつところはめったにない。畑のほとんどは，ボルドーからレスパールを通ってスーラックへいたる幹線道路（国道215号線）の東側にある。この部分は砂利層が深くて他の混じり物が少ないからだ。北へ行くに従い，土壌が重くなって，砂利に粘土や砂が混じるようになるし，一方，西のほうは土地が砂質に変わっていって，ランド地方から続く松林になりはじめる。

ワインの質の面から見れば，メドックは2つの地域にはっきり

HAUT-MÉDOC オー＝メドック
MÉDOC メドックに含まれる地区または村

Listrac リストラック
Margaux マルゴー
Moulis ムーリス
Pauillac ポイヤック
St-Estèphe サン＝テステーフ
St-Julien サン＝ジュリアン

Arsac アルサック
Avensan アヴァンサン
Bégadan ベガダン
Blaignan ブレニャン
Blanquefort ブランクフォール
Cantenac カントナック
Cissac シサック
Couquèques クーケクー
Cussac キューサック
Labarde ラバルド
Lamarque ラマルク
Le Pian-Médoc ル・ピアン＝メドック
Lesparre レスパール
Ludon リュドン
Potensac ポタンサック
Prignac プリニャック
Queyrac ケイラック
Soussans スーサン
St-Christoly サン＝クリストリー
St-Germain-d'Esteuil サン＝ジェルマン＝デストゥイユ
St-Laurent サン＝ローラン
St-Sauveur サン＝ソーヴール
St-Seurin-de-Cadourne サン＝スーラン＝ド＝カドゥルヌ
St-Yzans サン＝ティザン
Valeyrac ヴァレラック
Vertheuil ヴェルテイユ

メドックのアペラシオン

メドックのアペラシオン

Gironde

MÉDOC

Valeyrac
Queyrac
Bégadan
Couquèques
St-Christoly
Prignac
Lesparre Blaignan St-Yzans
Potensac
St-Germain- St-Seurin-
d'Esteuil de-Cadourne
St-Estèphe
Vertheuil
Cissac
St-Sauveur
Pauillac
St-Julien
St-Laurent
HAUT-MÉDOC
Cussac
Listrac
Lamarque
Moulis
Soussans
Avensan **Margaux**
Cantenac
Labarde
Arsac
Ludon
Le Pian-Médoc
Blanquefort

N

0 10 km

シャトー紹介　メドック

分けられる。南のオー＝メドック（71頁の地図参照）と，北のバー＝メドック（バー＝メドックがアペラシオンを名乗る場合は，単なるメドックになる）である。オー＝メドックの中には，固有のアペラシオンを名乗れる地区〔訳注：旧版では村と訳したが複数の村を含み，そのうちの代表的な村名を地区名として名乗っている，そのため新版では地区と訳す〕が６つある。それに加えて，オー＝メドックという名前そのものが７つめのアペラシオンになっているから，６つの地区名アペラシオンを名乗れないワインでもオー＝メドックを名乗ることができる。６つの地区はいずれも，最高の葡萄畑の大部分が広がる地帯に位置している。７つのうちの５つのアペラシオンについて，クリュ・クラッセ（格付銘柄）の資格を与えられている畑の比率を見れば，そのことがあざやかに浮かび上がるだろう（残る２つのアペラシオンにはクリュ・クラッセがない）。オー＝メドック5.5％，マルゴー68％，サン＝ジュリアン75％，ポイヤック72.5％，サン＝テステーフ19.5％である。

クリュ・ブルジョワのシャトーでは，自家製ワインの少なくとも一部を自分のところで瓶詰する例がどんどん多くなっている。

それに対して，小規模な農家の多くでは，自分のところの醸造所を最新のものにするための膨大な経費にあえぐよりも，最新式の醸造設備がそろった協同組合に加盟したほうが経済的だと考えはじめている。協同組合のメンバーが各アペラシオンの葡萄栽培面積に占める比率を述べておこう。メドック42.5％，オー＝メドック17.5％，ポイヤック18％，サン＝テステーフ26％，リストラック24％，ムーリス6.5％である。協同組合の水準はここ２，３年で驚くほど高くなっていて，現在，ワインの質に好ましい影響が出ているのは，疑いようのない事実である。

メドックの畑はどこも，カベルネ・ソーヴィニヨンを中心に栽培しているため，どのワインも親戚同志のように似ている。香りを嗅いだときや，口に含んだときに鋭い切れがあり，瓶詰後１年ほどはタンニンがかなり強く感じられる。豊かなブーケが生まれ，繊細で個性をもつ風味が加わるのは，瓶のなかで熟成が進んでからである。メドックのワインにはこの熟成が必要で，そうたいしたことがないクリュでさえ長持ちするし，熟成によって見事に変身する。

マルゴー Margaux

固有のアペラシオンを名乗っている６つの地区のうち，ここだけは，マルゴーというアペラシオンをマルゴー村で独り占めにしていない。カントナック，ラバルド，スーサンの各村の全部と，アルサック村の大部分が，このマルゴーのアペラシオンを名乗れる。葡萄栽培面積は，1990年から2000年のあいだに10％増加している。

このアペラシオンのきわだった特徴は，フィネスと素性の良さで，これは，砂利の層が地中深くまで累積している土壌と，カベルネ・ソーヴィニヨンの栽培比率の高さから生まれるものである。しかし，それぞれの村はかなりヴァラエティに富んだ個性をもつ

ている。ラバルドのワインは他よりボディがあってリッチだし，カントナックは優雅でどちらかというと軽いのが多い。アルサックの唯一の格付銘柄であるデュ・テルトルにも同じ傾向が見られる。マルゴーのワインの多くは，他よりタンニンが強くて，ゆっくりと熟成する。

Château d'Angludet シャトー・ダングリュデ　★ V →

格付け：クリュ・ブルジョワ・シュペリュール．
所有者：Sichel family.
作付面積：32ha．年間生産量：14,000 ケース．
葡萄品種：カベルネ・ソーヴィニョン 55％，メルロ 35％，
　　　　　プティ・ヴェルド 7％，カベルネ・フラン 3％．
セカンド・ラベル：La Ferme d'Angludet.

アングリュデは不運にも，1855 年の格付けには洩れてしまった。18 世紀には最高級のワインとしての定評があったのだが，当時シャトーは分割され，その後も衰退の一途をたどっていた。しかし，ペーター・シシェル，次いでその息子ベンジャミンの骨身を惜しまぬ努力によって畑が一人前になるにつれて，ワインの質も着実に向上している。現在はベンジャミンがワイン造りへの責任を負っている。

カントナックの丘にあるこの素晴らしい畑からは，香りの高い，偉大なフィネスと優雅さと活力をあわせもったワインが生まれている。優秀年だった 1978 年以来，たえず印象に残るワインが造られてきた。そのなかでも，82 年，85 年，86 年，89 年，90 年，94 年，95 年，96 年，98 年，99 年そして 2000 年は，優れたヴィンテージの良い例だろう。

Château d'Arsac シャトー・ダルサック　→

格付け：クリュ・ブルジョワ・シュペリュール．
所有者：Philippe Raoux.
作付面積：112 ha．年間生産量：65,000 ケース．
葡萄品種：カベルネ・ソーヴィニョン 60％，メルロ 40％．
別ラベル：Château Le Monteil d'Arsac AC Hant-Médoc.
セカンド・ラベル：Ribon Bleu de Château d'Arsac.

1995 年から，このシャトーの畑の 42 ヘクタールがマルゴー AC を名乗れるようになったが，残りはオー゠メドック AC の Le Monteil d'Arsac で出されている。ここは以前から興味深いクリュだった。なにしろ，最近までアルサックの村でマルゴー AC を名乗れる恩恵にあずかっていなかったのはここだけだった。その理由は，AC 制度がとりいれられたとき，このシャトーには葡萄畑がなかったし，その後も所有者が面倒がって申請しようとしなかったのだ。1959 年に所有者が代わって畑の再建がスタートしたが，本当に変わったのは 1986 年に現在のダイナミックな所有者が来たときからである。その時から，壮大な貯蔵庫は修復され，醸造所は現代化され，そして葡萄畑は，ほんの 11.5 ヘクタールから，現在の 112 ヘクタールまで広がった。新しい醸造能力がフルに発揮されたのは，1988 年のヴィンテージからである。樫樽での熟成量は増えつづけ，そして今や新しい樫樽も 25％ 使

シャトー紹介 メドック

われてきている。

Château Bel-Air-Marquis-d'Aligre
シャトー・ベ゠レール゠マルキ゠ダリグル

所有者：Pierre Boyer.
作付面積：17 ha. 年間生産量：4,500ケース.
葡萄品種：メルロ35%, カベルネ・ソーヴィニヨン30%,
　　　　　カルベネ・フラン20%, プティ・ヴェルド15%.
セカンド・ラベル：Ch. Bel-Air-Marquis-de-Pomereu.

ややこしいことに、マルゴーにはマルキ（伯爵）を名乗るシャトーが3つあり、ここはそのひとつで、しかも格付けされていないのはここだけである。マルゴー村の裏手（西北端）にあり、畑の一部は隣接するスーサン村に入っている。

ピエール・ボワイエは完全主義者で、ワイン造りに細心の注意を払い、葡萄の収穫量も抑えている。畑には有機肥料しか使わない。ワインは真のフィネスをもち、繊細で新鮮な上に、油のようななめらかさも備えている。

Château Boyd-Cantenac シャトー・ボイド゠カントナック

格付け：第3級.
所有者：Pierre Guillemet.
作付面積：18 ha. 年間生産量：7,500ケース.
葡萄品種：カベルネ・ソーヴィニヨン67%, メルロ20%,
　　　　　カベルネ・フラン7%, プティ・ヴェルド6%.

波乱に富んだ歴史をもつシャトーである。1860年に畑の多くをカントナック゠ブラウンに奪われ、45年ものあいだ名前が消えていた。やがて、1920年にふたたびこの名前を名乗れるようになったが、その後、建物をシャトー・マルゴーに取られてしまうことになる。1982年まで、ワインはピエール・ギュメの所有するもうひとつのシャトー・プジェで造られていたが、現在は自分のところで仕込むようになった。

ここのワインは、90年代にいろいろ改良されたにも拘らず、むしろ第一線から下りてしまった気がする。クリュ・クラッセに期待されるスタイルとフィネスに欠けるのだ.

Château Brane-Cantenac ★★→
シャトー・ブラーヌ゠カントナック

格付け：第2級.
所有者：Henri Lurton.
作付面積：90 ha. 年間生産量：36,500ケース.
葡萄品種：カベルネ・ソーヴィニヨン70%, メルロ20%,
　　　　　カベルネ・フラン10%.
セカンド・ラベル：Le Baron de Brane.

ブラーヌ゠カントナックの名前と1855年にかちとった名声は、醸造家として名高い上に今日のムートン゠ロートシルトの前身であるブラーヌの葡萄園を興すのに功があったブラーヌ男爵に負っている。現在、所有者は醸造家の一族リュルトン家である。1992年、リュシアン・リュルトンは、特定の畑を自分の子供たちに伝

える家族の方針の一環として、このシャトーを息子のアンリに譲った。彼は木の発酵槽を再導入するという重要な決定をした。

カントナックの丘で最高の場所に畑をもつこのシャトーからは、マルゴーの真髄といわれる繊細さ、フィネス、育ちの良さで評判のワインが生まれる。カベルネ・ソーヴィニヨンの比率が高いにもかかわらずこうした結果が出ているのが、土壌が葡萄品種に与える影響を示す何よりの証拠といえよう。マルゴー・ワインの多くの例にもれず、若いうちから楽しく飲めるが、1966年の素晴らしいワインを見ればわかるように、たいへんに長持ちする。最近のヴィンテージのなかでは、78年、79年、81年にも見事なワインが造られていて、とくに82年が傑出している。85年はその年の特徴をそなえ、86年は他のものよりタンニンが弱く、88年、89年、90年は素晴らしいフィネスがある。そして、94年と95年、96年、98年、99年そして2000年は、このアペラシオンの中でも成功例。これからますます良くなっていくワイン。

Château Cantenac-Brown
シャトー・カントナック゠ブラウン　★→

格付け：第3級.
所有者：AXA Millésimes.
管理者：Christian Seely.
作付け面積：32 ha. 年間生産量：12,500 ケース.
葡萄品種：カベルネ・ソーヴィニヨン65%、メルロ25%、
　　　　　カベルネ・フラン10%.
セカンド・ラベル：Châteaux Canuet (Margaux) and
　　　　　　　　　Lamartine (Bordeaux Supérieur).

ブラウンという英国風の名前は、英国系のボルドーの酒商で、動物の絵で有名な画家でもあったジョン・ルイス・ブラウンに由来するもの。"ルネサンス・アングレーズ"様式と称される独特のシャトーを築いたのも彼であった。現在では、AXAミレジーム社が所有している。この会社は現在ピション゠バロンも所有している。

現在のカントナック゠ブラウンには、かつての名声はなく、価格も落ちてしまった。カントナックでできる最上ものに比べるとタンニンが多く、フィネスが不足しているし、肌理の粗さがいささか気になる。新オーナーの改良のための努力が、95年にはかなりの成功を見せ始めた。

Château Dauzac　シャトー・ドーザック　V→

格付け：第5級.
所有者：Société Fermière d'Exploitation.
作付け面積：40 ha. 年間生産量：29,000 ケース.
葡萄品種：カベルネ・ソーヴィニヨン58%、メルロ37%、
　　　　　カベルネ・フラン5%.
セカンド・ラベル：Châteaux Labarde and La Bastide.

ラバルドにあるこのシャトーは最近まで、誰にも顧みられず世に埋もれ、長い不遇の時代を過ごしてきた。1993年にシャトーの経営再編成が行われて、協同組合として生まれ変わり、実質的な保

シャトー紹介　メドック

有株は SCEA Les Vignobles André Lurton に託されて，ここがシャトーの将来の経営に対する責任を負うことになった。

　リュルトンのチームは，現在，畑に関心を向けているところで(ここの葡萄の多くが不適切な台木を使って接ぎ木されていた)，これがすめば，このクリュを復興させるための長いプロセスも完了する。1996年の作柄はフィネスと素性の点で大きな進歩を見せた。改良はずっと維持されている。

Château Desmirail シャトー・デミライユ

格付け：第3級．
所有者：Denis Lurton.
作付面積：28 ha．年間生産量：5,000 ケース．
葡萄品種：カベルネ・ソーヴィニヨン 70％，メルロ 25％，
　　　　　カベルネ・フラン 5％．
セカンド・ラベル：Château Fontarney.

この有名な古いシャトーは，マルゴーの畑の所有者の中でもとりわけ有名なリュシアン・リュルトン（⇒ 74頁 Brane-Cantenac, 76頁 Durfort-Vivens などの項）が復活させた。1992年に，リュシアンはここを息子のドニに譲っている。

　カベルネ・ソーヴィニヨンの比率が高いにもかかわらず，ワインは香り高く，柔らかく，優雅である。83年以降傑出したワインが造られている。名声を上げつつあるシャトー。

Château Deyrem-Valentin
シャトー・デイルム゠ヴァランタン

格付け：クリュ・ブルジョワ．
所有者：Jean Sorge.
作付面積：13 ha．年間生産量：7,000 ケース．
葡萄品種：カベルネ・ソーヴィニヨン 51％，メルロ 45％，
　　　　　プティ・ヴェルド 2％，マルベック 2％．

この小さなシャトーはスーサンの最高の場所にあって，近くには，ラスコンブ，マレスコ，2つのラベゴルスなどがある。現在の一家の手に渡ったのは1928年で，現所有者のジャン・ソルジュは，このシャトーに住んでワイン造りに精出している。

　96年はとても良く出来ていて，果実味が出た芳香をもちリッチで堅固だが，いささか粗っぽい。

Château Durfort-Vivens
シャトー・デュルフォール゠ヴィヴァン　★Ⅴ→

格付け：第2級．
所有者：Gonzague Lurton.
作付面積：30 ha．年間生産量：5,000 ケース．
葡萄品種：カベルネ・ソーヴィニヨン 70％，
　　　　　カベルネ・フラン 15％，メルロ 15％．
セカンド・ラベル：Second de Durfort.

この名前は，15世紀から革命時の1789年までシャトーを所有していたデュルフォール・ド・デュラス伯爵に由来するもので，1824年にヴィヴァンがつけくわえられた。もっともヴィヴァン

マルゴー

はデュルフォール家の親戚代表のような人だったが。1937年から1961年までは，シャトー・マルゴーの所有者の手にあったが，61年に現在の所有者に売却された。

デュルフォールとブラーヌ＝カントナックはいつ比べてみても興味深い。腰が強くてタンニンが多いのは，つねにデュルフォールのほうだが，フィネスと魅力の点で劣っている。しかしながら，最近のヴィンテージでは，豊潤さや果実味が豊かになって，タンニンと調和を見せるようになっている。ゴンザグが1992年父親からこのシャトーを引き継いでいる。ワインは今80年代のものより優雅でフィネスがある。94年，95年，96年，97年，98年，99年，2000年はすべて優れたヴィンテージの好例である。

Château Ferrière シャトー・フェリエール ★V→

格付け：第3級．
所有者：Claire Villars．
作付面積：8 ha．年間生産量：4,000ケース．
葡萄品種：カベルネ・ソーヴィニヨン75％，メルロ20％，
　　　　　プティ・ヴェルド5％．
セカンド・ラベル：Les Remparts de Ferrière

この小さな格付けシャトーの畑は，1960年以降シャトー・ラスコンブが管理を行なっていた。1992年にヴィラール家（⇒90頁 Chasse-Spleen, 116頁 Haut-Bages-Libéral, 78頁 La Gurgue の項）が畑を買いとったが，今ではもはやその豊富な経験が実を結び出している。ヴィラール家の最初のヴィンテージである1992年ものを見れば，明らかなようにシャトーの名声にふさわしいワインがここから再び誕生することが期待できる。

Château Giscours シャトー・ジスクール ★→

格付け：第3級．
所有者：GFA du Château Giscours．
管理者：Eric Albada-Jelgersma．
作付面積：80 ha．年間生産量：Grand Vin 20,000ケース．
葡萄品種：カベルネ・ソーヴィニヨン53％，メルロ42％，
　　　　　カベルネ・フランとプティ・ヴェルド5％．
セカンド・ラベル：La Sirène de Giscours．

1952年にタリ家がこのシャトーを購入して以来，昔の栄光をとりもどすために，莫大な時間と資金がつぎこまれてきた。現在ここはACマルゴーの中で，一番大きく重要なシャトーのひとつになっている。1995年にタリ家内でいろいろと問題が起き，その結果，経営権は新しいオランダ人オーナーの手に移ることになった。

ジスクールのワインは，色に深みがあり，ブーケもその豊潤さや果実味とうまく溶けあった際立ったもので，味わいもフルーティで，活力があり，フルボディである。カントナックやマルゴーのワインほどマルゴーのタイプがよく出てはいないが，素性の良さがはっきりしている。1980年代には，過去にもっていたフィネスより，いささか肌理の粗い力強さが目立った。しかし1996年以降，新所有者がめざましい改良をし，2000年のすぐれもの

シャトー紹介 メドック

で最高潮に達した。

Château La Gurgue シャトー・ラ・ギュルグ V

格付け：クリュ・ブルジョワ・シュペリュール．
所有者：SC du Château La Gurgue.
管理者：Claire Villars.
作付面積：10 ha．年間生産量：5,000 ケース．
葡萄品種：カベルネ・ソーヴィニヨン70％，メルロ30％．

とてもいい場所に畑をもっている。デミライユとともに，シャトー・マルゴーに一番近い場所にあって，シャトー・マルゴーの畑の西側と地続きになっている。1978年に所有者が変わった。新しい投資と，ベルナデット・ヴィラール（⇒ 90頁 Chasse-Spleen, 116頁 Haut-Bages-Libéralの項）の天賦の才能があいまって，ワインに顕著な改良がみられるようになった。80年代は大成功をおさめた。母親の悲劇的な死ののち，クレール・ヴィラールは母親に劣らぬ才能の持ち主であることを，みずから示している。

ここのワインは繊細で，香り高いタイプのマルゴーで，スタイルと，素性のよさと，すてきな果実味をそなえている。ボディが不足気味だが，風味と優美さの点は申し分ない。今後注目していきたいワイン。

Château d'Issan シャトー・ディッサン ★→

格付け：第3級．
所有者：Mme Emmanuel Cruse.
作付面積：30 ha．年間生産量：12,500 ケース．
葡萄品種：カベルネ・ソーヴィニヨン70％，メルロ30％．
セカンド・ラベル：Blason d'Issan.

「王の食卓と神の祭壇のために」Regum mensis arisque deorum——ディッサンの門の上にはこのような碑文が掲げられている。ここはメドック中でもっとも古いシャトーのひとつ，そして，もっとも華麗な城館のひとつである。17世紀初頭に建てられた城館が，中世の祖先の築いた濠の内側にその美しい姿を見せている。

長い歳月にわたっておなざりにされてきたディッサンだったが，1945年にクリューズ家に買いとられ，それ以来，忍耐強い努力によって，シャトーも畑も昔の栄光をとりもどしつつある。以前はネゴシアンであるクリューズ家が独占販売していたが，現在は市場に出まわるようになっていて，最近のワインは品質に着実な向上が見られる。カントナックには珍しい力とリッチさが，素性の秀逸さや愛すべき芳香と調和した，あでやかな個性をもつワインである。80年代のものには，いくらかバラつきがあるが，1994年にオーナーの孫のエマニュエル・クリューズが引き継いでから，めざましい向上がみてとれる。

Château Kirwan シャトー・キルワン ★→

格付け：第3級．
所有者：Family Schÿler.
管理者：Jean-Henri Schÿler.

作付面積：35 ha．年間生産量：17,800 ケース．
葡萄品種：カベルネ・ソーヴィニヨン 40%，メルロ 30%，
　　　　　カベルネ・フラン 20%，プティ・ヴェルド 10%．
セカンド・ラベル：Les Charmes de Kirwan.
シャトー・キルワンの名前は，フランス革命でギロチンにかけられたゴルウェイ出身のアイルランド人に由来している。現在は，ボルドーのシュレーデル・エ・シュレール社が所有していて，1966 年まではボルドー市内の同社のセラーで瓶詰をおこなっていた。1967 年はシャトーで元詰した初めてのヴィンテージ。

キルワンの質を改良するために，膨大な手間と資本が投下されてきた。1978 年から，熟成の重要性を考慮して新樽を使うようになった。最近のワインは色が深くて，力強く，密度が高いため，ふたたび好意的な評価を受けはじめている。89 年と 90 年は果実味と潤いが増して，はっきりと品質の向上を示している。ワインの質の向上をねらった新しいコンサルタント，ミシェル・ロランの計画の一部として，セカンド・ラベルが初めて誕生したのは，93 年のことだった。95 年以降，タンニンの質がおどろくほど良くなり，さらに優れたワインが造られている。

Château Labégorce シャトー・ラベゴルス　★→

格付け：クリュ・ブルジョワ・シュペリュール．
所有者：Hubert Perrodo.
作付面積：34 ha．年間生産量：17,000 ケース．
葡萄品種：カベルネ・ソーヴィニヨン 60%，メルロ 34%，
　　　　　カベルネ・フラン 5%，プティ・ヴェルド 1%．
ここはすぐ隣のラベゴルス・ゼデとともに，格付けされていないマルゴー・ワインのうちで最上といって間違いない。畑はマルゴーとスーサンの恵まれた場所にあり，シャトーの建物はブルジョワらしからぬ立派なもの。ワインにはいかにもマルゴーらしいフィネスと豊かな味わいがある。1989 年にワイン好きの石油王に売却された。新しい所有者もすでに注目に値する改良を加えている。

Château Labégorce Zédé シャトー・ラベゴルス・ゼデ　★

格付け：クリュ・ブルジョワ・エクセプショネル．
所有者：Luc Thienpont．管理者：Luc Thienpont.
作付面積：27 ha．年間生産量：17,000 ケース．
葡萄品種：カベルネ・ソーヴィニヨン 50%，メルロ 35%，
　　　　　カベルネ・フラン 10%，プティ・ヴェルド 5%．
セカンド・ラベル：Château de l'Amiral.
過去何年間か，ラベゴルス・ゼデのワインは隣のラベゴルスに比べて一段劣ると見られてきた。1979 年にリュック・ティアンポンがここを買いとって以来，シャトーの水準はぐんぐん上がり，現在，素晴らしいワインが造られている。このシャトーが重点を置いているのは，フィネスと素性のよさ，それに飛び切りかぐわしいブーケである。しかし，このワインは最初きわめてタンニンが強いことがある。このアペラシオンのなかで，格付けされていないワインとしては最上のもののひとつ。

シャトー紹介　メドック

Château Lascombes　シャトー・ラスコンブ　★

格付け：第2級.
所有者：Colony.　管理者：Dominique Befve.
作付面積：83 ha.　年間生産量：41,500 ケース.
葡萄品種：カベルネ・ソーヴィニヨン 55%，メルロ 40%，
　　　　　プティ・ヴェルド 5%.
セカンド・ラベル：Château Segonnes.
セカンド・ワイン：Chevalier de Lascombes.

歴史的に見ればラスコンブはもともと小さなシャトーだったが，1951年にアレクシス・リシーヌとアメリカのシンジケートがここを買いとり，その後1971年に，イギリスの大手ビール会社バス・チャリントンに売却された。1951年以来，畑の面積とワイン生産量はぐんと増加した。2001年3月，米国の年金ファンド・グループのコロニーに買収され，アラン・レノー博士とミシェル・ロランがコンサルタントをしている。

ラスコンブの根本的な問題は，質の良否というものをほとんど考慮せずに畑の面積を広げてきたことにあった。ルネ・ヴァンヌテルの管理のもとに，現在，この事実が認識されつつある。ここの畑のうち，クリュ・クラッセにふさわしいワインを生みだせるのは50 haだけ。現在では残りの畑は，スゴンヌのラベルとロゼ用にむけられている。その結果，1980年代後半に入ってワインの質が大幅に向上した。1997年からグラン・ヴァン用の選酒を向上させるため，セカンド・ワインが導入された。2002年，新チームはさらに質も向上させている。

Château Malescot-St-Exupéry　★V→
シャトー・マレスコ = サン = テグジュペリ

格付け：第3級.
所有者：Roger Zuger.　管理者：Jean-Luc Zuger.
作付面積：23.5 ha.　年間生産量：14,000 ケース.
葡萄品種：カベルネ・ソーヴィニヨン 50%，メルロ 35%，
　　　　　カベルネ・フラン 10%，プティ・ヴェルド 5%.
セカンド・ラベル：Château Loyac, La Dame de Malescot.

1955年にジュジェール家が英国のW・H・チャプリン社からシャトーを買いとった。以来，同家は，生産量も地位もみじめなまでに落ちこんでいたこのクリュを復活させるために，必死の努力を重ねてきた。修復がすんでふたたび人が住めるようになった魅惑的なシャトーは，マルゴー村の中心に位置している。畑のほうはマルゴー村（シャトー・マルゴーの畑の隣）とスーサン村に分かれている。

洗練されたブーケにもかかわらず，私はこれまでここのワインを，粗いところがあって，ちょっとぎすぎすした感じだと思っていた。しかし，1980年代に入って（とくに83年以降）ワインの質が大幅に向上している。86年，88年，89年，90年，95年，96年，97年，98年，99年，2000年には，フィネスがかなり出ているし，以前は欠けていた密度がそこに加わるようになった。ジャン・リュックが1990年代に父親のあとを継いで以来，多くの刷新や改良が行われた。98年以降，ワインは澱（おり）引き

を 2 度するだけで、澱を残したまま寝かされるようになった。これまでの結果にはめざましいものがある。

Château Margaux シャトー・マルゴー　★★★V

格付け：第 1 級.
所有者：SC du Château Margaux (Corinne Mentzelopoulos).
管理者：Paul Pontallier.
作付面積：93 ha.
年間生産量と葡萄品種：
　赤：81 ha 33,000 ケース.
　　　カベルネ・ソーヴィニヨン 75%, メルロ 20%,
　　　プティ・ヴェルドとカベルネ・フラン 5%.
　白：12 ha 3,300 ケース.
　　　ソーヴィニヨン・ブラン 100%.
セカンド・ラベル：Pavillon Rouge du Château Margaux.

この偉大なるシャトーには何度も浮き沈みがあったが、1977 年にメンツェロプーロス家の手に渡って以来、あらためて品質の高さと安定性を誇るようになってきた。地下にセラーが新しく造られ、シャトーと庭園は昔の輝きをとりもどし、畑の改良のためにおおいなる努力がなされている。

　最良の年にマルゴーは、メドックのなかでもっとも贅沢な、そしてもっとも官能的なワインである。周辺の仲間たちと同じく、すぐれたマルゴーのみがもつ香気とフィネスをすべてそなえているが、それに加えて、豊かなボディ、息を呑むほど素晴らしい性格、個性に恵まれている。45 年、47 年、49 年、50 年、53 年と、偉大なヴィンテージ・ワインを世に送りだしたあと、群を抜いた素晴らしさと安定性が影をひそめた時代がしばらく続いた。ただし、この不遇の時代に、66 年ものだけが光彩を放っている。現在は、78 年から 90 年まで毎年のように、それぞれの年のなかで抜きんでて輝くワインを造りだしている。93 年と 94 年は難しい年だったにも拘らず出来上ったワインは洗練されたものになっているし、95 年、96 年、98 年、99 年、2000 年には傑出したワインが生まれている。97 年はこの難かしかった年の中心で素晴らしかった見本。

　セカンド・ラベルのパヴィヨン・ルージュ・デュ・シャトー・マルゴーは、現在、このシャトーがおこなうきびしい選別の結果として生まれるものである。最初のヴィンテージは 1979 年。マルゴーの名で出される特級ものに比べると軽いが、それでも素性のよさと魅力はそなえているし、はるかに早く飲める。

　スーザン村の畑の生産量を抑えたソーヴィニヨンを使った素晴らしい白ワイン、パヴィヨン・ブラン・デュ・シャトー・マルゴーは、まさしく本物の高貴なワインだ。ブーケと育ちのよさには、ただもう溜息をつくばかりだが、不幸なことに、値段を見ても溜息が出る！

Château Marquis-d'Alesme-Becker
シャトー・マルキ＝ダレーム＝ベッカー

格付け：第 3 級.　所有者：Jean-Claude Zuger.

シャトー紹介 メドック

作付面積：15.5 ha． 年間生産量：9,600 ケース．
葡萄品種：メルロ 45％，カベルネ・ソーヴィニヨン 30％，
　　　　　カベルネ・フラン 15％，プティ・ヴェルド 10％．
セカンド・ラベル：Marquise d'Alesme．
小さくて殆ど知られていないこのクリュ・クラッセは，かつては英国の W・H・チャプリン社が所有していて，経営にはマレスコも加わっていた。現在の所有者は，マレスコのロジャー・ジュジェールの弟で，シャトーの建物は往時のシャトー・デミライユのものだったものを使っている。畑はスーサンとマルゴーにある。

　生産量が少なく，長いあいだ忘れられていたシャトーなので，残念ながら，今でもこのワインを手に入れるのは難しい。だが私が飲んでみた印象では，優雅でスタイリッシュな果実味があり，しっかりしたバックボーンをそなえている。成熟には時間がかかる。

Château Marquis-de-Terme シャトー・マルキ゠ド゠テルム　★→
格付け：第 4 級． 所有者：Sénéclauze family．
作付面積：38 ha． 年間生産量：16,000 ケース．
葡萄品種：カベルネ・ソーヴィニヨン 55％，メルロ 35％，
　　　　　プティ・ヴェルド 7％，カベルネ・フラン 3％．
セカンド・ラベル：Terme des Goudats．
このワインの大部分はフランス市場で直接売られてしまうため，生産量のわりには，輸出市場で名前を知られていない。貯蔵庫の欠点を改良するためにかなりの努力が払われ，おかげで今では最新の素晴らしい設備がそろっている。畑は隅々まで手入れが行き届いている。しかしながら，収穫量は高い。

　わたしはこのワインに出会うと，いつもフィネスや独自の個性に欠けるためにマルゴーのトップクラスには入れられないが，魅力があって，どこか親しみやすい魅力をもつワインだという印象を受ける。80 年代から，品質向上の兆しがはっきりと現れている。

Château Marsac-Séguineau シャトー・マルサック゠セギノー
格付け：クリュ・ブルジョワ．
所有者：SC du Château Marsac-Séguineau．
管理者：Jean-Pierre Angliviel de la Beaudelle．
作付面積：10 ha． 年間生産量：4,000 ケース．
葡萄品種：メルロ 60％，カベルネ・ソーヴィニヨン 28％，
　　　　　カベルネ・フラン 12％．
セカンド・ラベル：Château Gravières-de-Marsac．
風味豊かでしなやかなワインだが，それにも拘らずとても持ちがいい。畑はスーサンにある。ワインはネゴシアンのメストレザが独占販売している。というのも，メストレザ社が実質上の所有者でもあり，畑の改造にかなりの労力をつぎこんでいるからだ。1992 年に手摘みにもどった。

Château Martinens シャトー・マルティナン
格付け：クリュ・ブルジョワ．

所有者：Simone Dulos and Jean-Pierre Seynat-Dulos.
作付面積：30 ha. 年間生産量：11,700 ケース．
葡萄品種：メルロ 40％，カベルネ・ソーヴィニョン 30％，
　　　　　カベルネ・フラン 20％，プティ・ヴェルド 10％．
セカンド・ラベル：Château Guiney, Château Bois du Monteil,
　　　　　　　　 Le Cadet de Martinens.

マルティナンにあるこの感じのいいシャトーは，カントナック・ブラウンの西隣り。ロンドンからきた3人姉妹，アン，ジェーン，メアリ・ホワイトによって1767年に建てられた。しかし，わずか9年で姉妹はシャトーを売り払った。現在の所有者は1945年からシャトーの経営にあたっている。畑はカントナックにあり，スタイリッシュな魅力あるワインで高い評価を得ている。

Château Monbrison シャトー・モンブリゾン　★V

格付け：クリュ・ブルジョワ・シュペリュール．
所有者：Van Der Heyden family.
作付面積：20.6 ha. 年間生産量：11,000 ケース．
葡萄品種：カベルネ・ソーヴィニョン 50％，メルロ 30％，
　　　　　カベルネ・フラン 15％，プティ・ヴェルド 5％．
セカンド・ラベル：Château Cordat.

このシャトーは1921年に，ロバート・ミーチャム＝デイヴィスという，赤十字の理事をやっていたアメリカ人が買いとり，現在は彼の孫が所有者になっている。ジャン＝リュック・ファン・デル・ハイデンの努力によって，1980年代にはもっとも需要の多いクリュ・ブルジョワのひとつとなり，とくに85年以降，その価格と品質はマルゴーの格付銘柄の下位のものと肩をならべるまでになっている。悲劇的なことに，ジャン＝リュックは1992年に死亡し，現在は弟のローランが自分に託された遺産を守っていこうと決心している。

　わたしの印象では，ここのワインはとても魅力があり，豊かな果実味とバランスのとれたタンニンをもっていて，骨格がしっかりしている。

Château Palmer シャトー・パルメ　★★

格付け：第3級．
所有者：SC du Château Palmer. 管理者：B. Bouteiller.
作付面積：52 ha. 年間生産量：12,000 ケース．
葡萄品種：カベルネ・ソーヴィニョン 47％，メルロ 47％，
　　　　　プティ・ヴェルド 6％．
セカンド・ラベル：Alto Ego.

パルメはウェリントンのもとで戦ったイギリスの将軍にちなんで名づけられたシャトーで，現在はフランス人とオランダ人とイギリス人の共同所有となっている（ブティイエとメーラー・ベッセとシシェル家）。シャトーはイッサンの村にあり，畑の大部分はかつてシャトー・ディッサンの一部であった。4つの塔を持つ優美なシャトーは，ここをペレール家が所有していた時代の，1857年から60年あたりに建てられたものである。

　パルメの評判はここ40年間，高まる一方だ。"スーパー・セカ

ンド"の呼び名を与えられた最初のワインのひとつで、この評価のもととなったのは最高と称えられる61年ものである。シャルドン家は3代にわたりパルメでワインを造り、このシャトーの顔的な存在だったが、1990年代半ばにフィリップ・ドルフォンが管理者としての地位を引き継いだ。ワインは豊潤かつリッチな点が特徴で、最高の年になるとまるでブルゴーニュのように香りが高いが、パルメはそれに加えて本物のフィネスと育ちの良さをもっている。またその安定性でも名高い。82年ものは、当時は不評であったが、今では一面的な83年ものよりずっとスタイリッシュに思われる。1995年から木製の発酵槽をやめてステンレス・タンクを使うようになった。新しいセカンド・ワイン Alto Ego およびより厳格な選酒を導入した98年は重要な展開の年だった。それまでは、しばしば生産量の90%がグラン・ヴァン用であり、古いセカンド・ワイン Reserve de General は断続的に造られていた。現在 Alto Ego は生産量の約35%を占める。

Château Paveil-de-Luze
シャトー・パヴィーユ゠ド゠リューズ　V

格付け：クリュ・ブルジョワ・シュペリュール.
所有者：GFA du Château Paveil.
管理者：Baron Geoffroy de Luze.
作付面積：32 ha.　年間生産量：17,000 ケース.
葡萄品種：カベルネ・ソーヴィニヨン65%、メルロ30%、
　　　　　カベルネ・フラン5%.
セカンド・ラベル：Château de-la-Coste,
　　　　　　　　　Enclos du Banneret.

スーサン村の中の砂利層が深くて水はけのよい素晴らしい畑のところに、シャルトリューズ僧院風の魅力的なシャトーをもっている。このパヴィーユがド゠リューズ家の手にわたってから、すでに1世紀以上になる。現在、ド゠リューズ家では同家の名前をつけた会社と袂を分かち、ワインをシャトーで元詰し、質を向上させているようだ。最高の年のものは一応のスタイルと個性をもっていて、ボディよりも豊かな魅力と育ちのよさを特徴としている。

Château Pontac-Lynch シャトー・ポンタック゠ランシュ

格付け：クリュ・ブルジョワ.
所有者：GFA du Château Pontac-Lynch.
管理者：Marie-Christine Bondon.
作付面積：10ha.　年間生産量：6,000 ケース.
葡萄品種：メルロ45%、カベルネ・ソーヴィニヨン30%、
　　　　　カベルネ・フラン20%、プティ・ヴェルド5%.
セカンド・ラベル：Château Pontac-Phenix.

ポンタック゠ランシュは有名な2つの名前をつなげてもっていながら、今はあまり知られていないシャトーになっている。18世紀半ばには、近隣の有名シャトーより高い値段でワインを売っていたらしい。ここのワインは最近たてつづけにメダルをとっているので、注目する価値がありそうだ。

マルゴー

Château Pouget シャトー・プジェ

格付け：第4級．
所有者：GFA des Châteaux Boyd-Cantenac et Pouget.
管理者：Pierre Guillemet.
作付面積：10 ha. 年間生産量：4,400 ケース．
葡萄品種：カベルネ・ソーヴィニヨン66％，メルロ30％，
　　　　　カベルネ・フラン4％．

シャトー・プジェはシャトー・ボイド＝カントナックと所有者が同じで，1982年までは，どちらのワインもこのシャトーで造られ，プジェはボイド＝カントナックのセカンド・ワインとして扱われていた。1983年以来，両者とも別の醸造所でつくられている。1980年代には，タンニンが強くなったが粗さも目立った。1990年代にアペラシオン全体で広範な改良がされた中で，このワインはどちらかと言えば落ち目になったようである。

Château Prieuré-Lichine
シャトー・プリュレ＝リシーヌ　★Ⅴ→

格付け：第4級．
所有者：Ballande family.　管理者：Patrick Bongard.
作付面積：70 ha. 年間生産量：38,000 ケース．
葡萄品種：カベルネ・ソーヴィニヨン56％，メルロ34％，
　　　　　プティ・ヴェルド10％．
セカンド・ラベル：Le Cloître du Château Prieuré-Lichine.

アレクシス・リシーヌが1952年にここを買いとって以来，シャトーの修復と，畑の拡大・改良が続いてきた。カントナックにあるこの魅力的なシャトーは，(かつては小さな修道院だった)，1989年にアレクシス・リシーヌが死ぬまで，彼のヨーロッパにおける大切な住まいとなっていた。あとを継いでいた息子のサーシャは，1999年にここを売却した。新しい所有者のバランド家はミシェル・ロランとステファン・デュルノンクールを傭い畑と醸造の改良を任せた。

　こうした努力が実ったか，このクリュの質と評判は最近とても良くなっている。ワインはフル・ボディで，リッチで，とても安定した水準を維持している。さらに向上しそうだ。

Château Rauzan-Ségla シャトー・ローザン＝セグラ　★★→

格付け：第2級．
所有者：Chanel Inc.　管理者：John Kolasa.
作付面積：51 ha. 年間生産量：23,000 ケース．
葡萄品種：カベルネ・ソーヴィニヨン61％，メルロ35％，
　　　　　カベルネ・フラン2％，プティ・ヴェルド2％．
セカンド・ラベル：Ségla.

マルゴーでもっとも古い有名なクリュのひとつだが，不幸なことに，何年ものあいだ，ここで生まれるワインはその高い格付けにそぐわぬものだった。数世代にわたってクリューズ家の持ち物だったが，1960年に英国リヴァプールのジョン・ホルト社（現在はロンローの一部）に買いとられ，それ以来，ネゴシアンのルイ・エシュナエル社が経営にあたっていた。1989年にエシュナ

シャトー紹介 メドック

エル社とそのシャトーはブレント・ウォーカー社に売却され、同社がそれを1994年にシャネルに転売した。最近までシャトー・ラトゥールの取締役だったデヴィッド・オーが引き抜かれシャネルの代理として経営にあたることになった。シャトーと貯蔵庫に大々的な改良がなされている。このシャトーの綴りは今迄Rausanだったのが、新オーナーの意向でsをzに変え、現在はもともとの綴りのRauzanに戻っている。

理論的には、長命で成熟するにつれて見事なフィネスが生まれるワインになるはずだが、現実には、渋くて魅力に欠けるヴィンテージが過去に多すぎた。82年にはかなりの改良が見え始め85年にはさらに良くなった。86年、88年、89年、90年はパルメの名声に挑戦し、このアペラシオンでマルゴーに次ぐ最上のワインとして、傑出したものであることを立証した。新しい経営陣はさらに改良をすすめ、94年、95年、96年、98年、そして2000年には卓抜なヴィンテージのお手本となるほどだった。

Château Rauzan-Gassies シャトー・ローザン゠ガッシー　V→
格付け：第2級.
所有者：J-M Quié.
作付面積：28 ha.　年間生産量：13,300ケース.
葡萄品種：カベルネ・ソーヴィニヨン 65%、メルロ 25%、
　　　　　カベルネ・フラン 10%.
セカンド・ラベル：Enclos de Moncabon.
1789年のフランス革命までは、ローザン゠セグラと共に同じシャトーの一部になっていた。だから、ここには城館はない。1943年以降はキェ家のものになっている。過去には偉大なワインが何度か生まれたものだ。最近のものは安定してはいるが、一流の仲間入りは無理である。

ワインのスタイルは多くのマルゴーに比べて力強く、リッチ、どちらかといえばカントナック風で、瓶熟するにつれて繊細さと魅力を増す。1994年に、シャトー・ルーデンスにいたジャン゠ルイ・カンが引き抜かれ、ここと、クロワゼ゠バージュと、ペロルムの管理に当たるようになった。彼は何をする必要があるかを明確につかんでいて、96年のワインはめざましい改良のあとを見せている。98年ものは数年来のベストだったが、2000年も少なくとも同じレベルを保っている。

Château Siran シャトー・シラン　→
格付け：クリュ・ブルジョワ・エクセプショネル.
所有者：William-Alain B Miailhe.
管理者：Brigitte Miailhe.
作付面積：24 ha.　年間生産量：14,000ケース.
葡萄品種：カベルネ・ソーヴィニヨン 50%、メルロ 30%、
　　　　　プティ・ヴェルド 12%、カベルネ・フラン 8%.
セカンド・ラベル：Châteaux Bellegarde, St-Jacques.
クリュ・ブルジョワの見本のようなシャトーだが、所有者のアラン・ミアイユはクリュ・クラッセの仲間入りをすべきだと確信していて、この話題が出るととても雄弁になる。ヘリコプターの発

マルゴー

着場，最高のヴィンテージ・ワインがたっぷりストックされている核シェルター，シクラメンで有名な庭園などがある。

　ワインには魅力的なブーケがあり，1970年頃から，風味がぐんと豊かになっている。すぐ近くのジスクールと肩をならべうる点がいくつかある。1995年以降，ミシェル・ロランがコンサルタントを務めるようになって，その効果が出はじめている。

Château Tayac シャトー・タイヤック
格付け：クリュ・ブルジョワ．
所有者：André Flavin.
作付面積：37 ha． 年間生産量：22,000ケース．
葡萄品種：カベルネ・ソーヴィニヨン65％，メルロ30％，
　　　　　プティ・ヴェルド3％，カベルネ・フラン2％．
マルゴーのクリュ・ブルジョワのうち一番大きなシャトーで，スーサンにある。現在かなり評判がいいのは，1960年にここを受け継いだアンドレとナディース・フラヴァン，さらに1999年に彼らを受け継いだギー・ポルテの努力によるものである。ワインは香り高く，たくましく，味わいの中に心地よい素朴さが感じられる。

Châteadu du Tertre シャトー・デュ・テルトル　 V →
格付け：第5級．
所有者：Eric Albada-Jelgersma.
作付面積：50ha． 年間生産量：グラン・ヴァン15,000ケース．
葡萄品種：カベルネ・ソーヴィニヨン40％，メルロ35％，
　　　　　カベルネ・フラン20％，プティ・ウェルド5％．
セカンド・ラベル：Les Hauts du Tertre.
Tertreという名前は塚，つまり小高い地面を意味している。シャトー・デュ・テルトルの畑は，アルサック村の素晴らしい場所にあって，マルゴー・アペラシオンのなかでは一番小高い。土壌は典型的な砂利質。フィリップ・ガスクトン（カロン＝セギュールの所有者）は1961年にここを手に入れて以来，たゆみない努力によって畑と建物の修復を進めたが，1998年に近隣のジスクールに買いとられた。

　クリュ・クラッセのなかでも，あまりにも軽んじられているシャトーのひとつだと，わたしは信じている。ワインには素晴らしく生き生きした果実味と，かなりのフィネスと，素性のよさと，魅力がある。以前から良いワインが造られていたが，1998年以降品質はぐんと上ってきた。

Château La Tour-de-Bessan
シャトー・ラ・トゥール＝ド＝ベッサン
格付け：クリュ・ブルジョワ．
所有者：Marie-Laure Lurton-Roux.
作付面積：17 ha． 年間生産量：8,300ケース．
葡萄品種：カベルネ・ソーヴィニヨン80％，メルロ20％．
Tourというのは今では廃虚と化した15世紀の望楼のことで，イギリスがボルドーの地を支配していた最後の時代の名残である。

シャトー紹介　メドック

スーサンにある葡萄畑は、リュルトンのマルゴー帝国のなかではもっともつつましい畑で、育ちのよさと魅力をそなえた、軽くてしなやかなワインを造っている。手頃な値段で買えるリュルトンのマルゴー。

Château La Tour-de-Mons シャトー・ラ・トゥール=ド=モン
格付け：クリュ・ブルジョワ・シュペリュール．
所有者：Credit Agricole and others. 管理者：Henri Corbel.
作付面積：40 ha. 年間生産量：25,000 ケース．
葡萄品種：メルロ 48%，カベルネ・ソーヴィニヨン 38%，
　　　　　プティ・ヴェルド 8%，カベルネ・フラン 6%．
セカンド・ラベル：Château Ruchterre.
昔から名声を誇ってきたスーサンの古いシャトーだが、ここも家族経営から組織所有になってしまった。1995 年に畑での作業手順、新しい醸造所、空調付き倉庫といった大きな改良があり、品質レベルに向上が見込める。みごとな 98 年は先が楽しめそうだ。

ムーリス Moulis

メドックにおける 6 つの村名アペラシオンのなかで一番規模が小さいが、すぐれたクリュ・ブルジョワの数ではリストラックを上回っている。栽培面積はこの 20 年間で増大したが、それでもまだ、600 ヘクタールになっていない。ここの畑はマルゴーの北西の、アルサンの西の隣にあたる地域に広がっている。ワインは力強くてリッチで、最上のものには、それに加えて果実味とフィネスが備わっている。魅力あふれる長命のワイン。

Château Anthonic シャトー・アントニック
格付け：クリュ・ブルジョワ・シュペリュール．
所有者：Jean-Baptiste Cordonnier.
作付面積：23 ha.
年間生産量：13,000 ケース．
葡萄品種：カベルネ・ソーヴィニヨン 48%，メルロ 48%，
　　　　　カベルネ・フラン 2%，プティ・ヴェルド 2%．
このクリュが現在の名前になったのは比較的最近で、1922 年からである。シャトーはムーリスの集落のはずれにあり、畑はこの村で一番古いもののひとつである。畑の再建がおこなわれ、カベルネ・ソーヴィニヨンを減らしてメルロを増やした結果、より円熟し洗練されたワインができるようになった。90 年と 96 年はこのクリュがどれほどのものを造れるかを示す、みごとな例。

Château Bel-Air-Lagrave シャトー・ベ=レール=ラグラーヴ
格付け：クリュ・ブルジョワ
所有者：Jeanne Bacquey.
作付面積：9 ha.
年間生産量：4,500 ケース．
葡萄品種：カベルネ・ソーヴィニヨン 60%，メルロ 35%，
　　　　　プティ・ヴェルド 5%．

ムーリス

ここの畑はグラン・プジョーの砂利層の丘の尾根筋に位置しているが、もちろん、このあたりがムーリスの畑で最高といわれる一帯である。150年前から同じ一家がこのシャトーを所有している。彼らは厳しい剪定と低い収穫量が最上のワインを造るという信念をもっている。

ワインはじつに細やかに神経を配って造られている。魅力と果実味が重視され、このアペラシオンをもつ他の多くのワインより柔らかで洗練されている。また、個性と、はっきりしたフィネスとバランスをそなえていて、粗雑なところはまったくない。大いに注目すべきワイン。

Château Biston-Brillette シャトー・ビストン゠ブリエット

格付け：クリュ・ブルジョワ・シュペリュール．
所有者：Michel Barbarin.
作付面積：22 ha．年間生産量：13,000 ケース．
葡萄品種：カベルネ・ソーヴィニョン 55%，メルロ 40%，
　　　　　プティ・ヴェルド 3%，マルベック 2%．

古風でいささか野暮なラベルは、現在ここで造られているすぐれたワインにはそぐわないように思われる。肌理の細かい典型的なムーリスで、スパイシーで濃密な果実味は複雑さも帯び、このアペラシオンの平均的ワインより質の高いものとなっている。果実味とバランスを重視して造られているので、若いうちから、楽しめるが、熟成能力にしわ寄せが出ているわけではない。

Château Bouqueyran シャトー・ブーケラン　V→

フィリップ・ポルシェロンによるリース．
作付面積：13 ha．年間生産量：3,300 ケース．
葡萄品種：メルロ 57%，カベルネ・ソーヴィニョン 41%，
　　　　　プティ・ヴェルド 2%．
セカンド・ラベル：Les Tourelles de Bourqeyran.

新しい経営者を迎えて、1995年から現在まで、感嘆するほどリッチで濃密な肌理のワインを生産している。60%の新樽使用。2000年には 600 ケース分のキュヴェが、ラ・フルール・ブーケランというヴァランドロー〔訳註：サン゠テミリオンの新エース〕のチームによって造られた。ご期待あれ！

Château Branas-Grand-Poujeaux
シャトー・ブラナ゠グラン゠プジョー

所有者：Jacques de Pourquéry.
作付面積：6 ha．年間生産量：3,300 ケース．
葡萄品種：カベルネ・ソーヴィニョン 50%，メルロ 45%，
　　　　　プティ・ヴェルド 5%．
セカンド・ラベル：Clos des Demoiselles.

立地条件の良い畑と、良いワイン造りに情熱を傾けるとても熱心な所有者に恵まれた、小さなシャトー。ムーリスの1981年ものを対象にした1984年のブラインド・テイスティングで、私はこのワインを、いくつかのクリュ・ブルジョワ・エクセプショネルと同じレベルに入れた。まだ若いのに魅力があって、洗練された

シャトー紹介　メドック

穏健な風味とリッチさ、そして本物のスタイルと素性のよさを備えていた。ワインはすべて樽で熟成させ、新樽の比率は毎年3分の1となっている。注目すべきワインだ。もし見つけることができるなら！

Château Brillette シャトー・ブリエット　V
格付け：クリュ・ブルジョワ・シュペリュール.
所有者：Jean-Louis Flageul.　管理者：Jean-Louis Flageul.
作付面積：34 ha.　年間生産量：20,000 ケース.
葡萄品種：メルロ 48%，カベルネ・ソーヴィニヨン 40%，
　　　　　カベルネ・フラン 9%，プティ・ヴェルド 3%.

レイモン・ベルトールが1976年にシャトーを購入したとき、ここは衰退の一途をたどっていて、なすべきことが山のようにたまっていた。この新所有者は Viniprix et Euromarché 社の所有者だったので、このブリエットのほうはほんの趣味のつもりだった。新樽の比率は毎年3分の1だった。

現在では娘婿がすでに敷かれたレールに沿ってワイン造りを続けている。ここのワインはいつも良く出来ていて、内容の充実したムーリスになっている。今の製品にはひらめきが感じられる。2001年に注目されたい。

Château Chasse-Spleen シャトー・シャス=スプレーン　★V
格付け：クリュ・ブルジョワ・エクセプショネル.
所有者：SC du Château Chasse-Spleen.
管理者：Claire Villars-Lurton.
作付面積：80 ha.　年間生産量：41,000 ケース.
葡萄品種：カベルネ・ソーヴィニヨン 73%，メルロ 20%，
　　　　　プティ・ヴェルド 7%.
セカンド・ラベル：L'Ermitage de Chasse-Spleen,
　　　　　　　　l'Oratoire de Chasse-Spleen.

ずっと昔からシャス=スプレーンは、ムーリスのトップクラスのクリュとして認められてきただけでなく、格付銘柄の地位に値するといわれてきた。銀行を含む現在の所有者たちのうちもっとも重きをなす所有者はソシエテ・ベルナール・タイヤンで、その取締役が精力的なジャック・メルロであった。現在はクレール・ヴィラールが、その死を惜しまれていた才能豊かだった母親のあとを引き継いで、たしかな腕を発揮している。彼女がデュルフォール=ヴィヴァンのゴンザグ・リュルトンと結婚したので、メドックの優れた2つの名家が1つになった。シャス=スプレーンという風変りな名前はバイロン卿の警句をもじったもので、ワインは"spleen (不機嫌や憂鬱)"を chase away する (追い払う) という意味である。

私は、ここは新樽の使用が多すぎてワインが痩せぎすに見える傾向があったと感じていた。しかし現在は新樽は40%に減らされ、またカベルネ・ソーヴィニヨンの量を増した。その結果、ワインはプジョー以上に古典的なメドックであり続けながらより果実がある。93年，94年，95年，96年，97年，98年，99年，2000年はそれぞれのヴィンテージの特徴が良く出たワイン。こ

のワインは一般に考えられているほど熟成に時間がかからないが、持ちはなかなか良くて、期待はずれのものはめったにない。

Château La Closerie-Grand-Poujeaux
シャトー・ラ・クロスリー゠グラン゠プジョー
所有者：GFA Le Grand Poujeaux.
管理者：Jean-Paul. Bacquey.
作付面積：8 ha.
年間生産量：4,000 ケース.
葡萄品種：カベルネ・ソーヴィニヨン 60％，メルロ 35％，
　　　　　プティ・ヴェルド 5％.

ここの小さな畑はシャッス゠スプレーンの以前の支配人が作りあげたものである。醸造法は何から何までじつに伝統的で、その結果、ボディと豊潤さに重点を置いた、どちらかといえばデュトルシュと同じスタイルの、長命で堅固なワインが生まれている。

Château Duplessis (Hauchecorne)
シャトー・デュプレシス（オーシュコルヌ）
格付け：クリュ・ブルジョワ.
所有者：SC des Grands Cru Réunis.
管理者：Marie-Laure Lurton.
作付面積：18 ha.　年間生産量：8,900 ケース.
葡萄品種：メルロ 61％，カベルネ・ソーヴィニヨン 25％，
　　　　　カベルネ・フラン 12％，プティ・ヴェルド 2％.

このシャトーのワインには、デュプレシスとだけ書いたラベルが使われている時もあった。今では、近くのデュプレシス゠ファブルとの混同を避けるために、ラベルに小さく"オーシュコルヌ"とつけ加えたほうがいい、という意見が出されている。

　ワインはリッチで、しなやかで、わりに早く飲むタイプとして造られている。リュシアン・リュルトンが管理を引き受けるるようになった 1983 年以来、はっきりした性格をもち、やや印象づけられるワインになってきた。1992 年にリュシアンはシャトーを娘のマリー゠ロール・リュルトンに譲り渡した。

Château Dutruch-Grand-Poujeaux
シャトー・デュトルシュ゠グラン゠プジョー　Ⅴ
格付け：クリュ・ブルジョワ・シュペリュール.
所有者：François Cordonnier.
作付面積：26 ha.　年間生産量：14,000 ケース.
葡萄品種：メルロ 50％，カベルネ・ソーヴィニヨン 45％，
　　　　　プティ・ヴェルド 5％.

デュトルシュのワインは、長いあいだすぐれた品質と安定性にふさわしい賞賛を受けている。現在の所有者は 1967 年に以前の所有者の M・ランベールからここをひきついだのだが、この 2 人は親戚同志である。

　私はここのワインの特徴はボディとリッチさにあるという印象を受けたものだ。今もその印象は変わっていない。寝かせる価値のあるワインだ。

シャトー紹介 メドック

Château Gressier-Grand-Poujeaux
シャトー・グルシエ゠グラン゠プジョー
格付け：クリュ・ブルジョワ・シュペリュール．
所有者：Héritiers de St-Affrique.
管理者：Bertrand de Marcellus.
作付面積：22 ha．年間生産量：12,000ケース．
葡萄品種：カベルネ・ソーヴィニヨン50％，メルロ30％，
　　　　　プティ・ヴェルド10％，カベルネ・フラン10％．
この由緒ある素晴らしいシャトーは1724年から同一家が所有していて，黒人3人の顔をあしらったこの家の紋章（サンタフリック＝聖アフリカ）が，ラベルをとくに個性的なものにしている。

このところ，改良と現代化に力を入れ，熟成のさいには新しい樫樽を使うようになっている。ワインは近隣の数多くのシャトーよりすぐれた果実味とフィネスをもち，長年にわたって安定した水準を保ちつづけている。

Château Malmaison Baronne Nadine de Rothschild シャトー・マルメゾン・バロンヌ・ナディーヌ・ド・ロートシルト
所有者：Baronne Nadine de Rothschild.
管理者：Eric Fabre.
作付面積：24 ha　年間生産量：11,000ケース。
葡萄品種：メルロ80％，カベルネ・ソーヴィニヨン20％．
1973年にエドモン・ド・ロートシルトがリストラックのシャトー・クラルクと隣接する葡萄畑を買った。当時ここは葡萄の木が残っていたのは1ha以下で，ほとんど放棄されていた。畑は1974年から78年にかけて再生された。メルロの高い比率のおかげで，クラルクよりも大らかで果実味のあるワインを生んでいる。現在はシャトー・ラ・カルドンヌで素晴らしい仕事をしていたエリック・ファーブルが加わり，またミシェル・ロランがシャトー全体に目配りしている。万事，これ以上ないほど好調である。

Château Maucaillou シャトー・モーカイユ　V
格付け：クリュ・ブルジョワ・シュペリュール．
所有者：Dourthe family.
作付面積：68 ha．年間生産量：44,000ケース．
葡萄品種：カベルネ・ソーヴィニヨン55％，メルロ36％，
　　　　　プティ・ヴェルド7％，カベルネ・フラン2％．
セカンド・ラベル：Cap de Haut（クリュ・ブルジョワ），
　　　　　　　　　Franc-Caillou.
モーカイユはドート家の誇りである。ドートの名前がついたネゴシアンの経営権は失ってしまったが，家業の出発点となったこのシャトーだけは，家族の手で守りつづけている。生産するワインの4分の3を新しい樫樽で熟成させているが，これは格付けされていないシャトーとしては珍しい。最新型のステンレス・タンクを使った発酵設備も整っている。

1984年に，ムーリスの79年もののブラインド・テイスティングがおこなわれたとき，私はモーカイユに最高点をつけた。また82年，83年，85年，88年，89年，90年，94年，95年，96

年，98年，99年，2000年が成功したヴィンテージ。ムーリスの力強さに，見事な風味，真の素性のよさ，魅力が溶けあっているワインである。ブラインド・テイスティングで，クリュ・クラッセの好敵手となることが，しばしばある。

Château Mauvesin シャトー・モーヴサン
所有者：Vicomte et Vicomtesse de Baritault de Carpia.
管理者：SCA Viticoles de France
作付面積：60 ha. 年間生産量：36,000 ケース．
葡萄品種：カベルネ・ソーヴィニヨン 45%，メルロ 40%，
　　　　　カベルネ・ブラン：10%，プティ・ヴェルド 5%．
　　　　　(AC オー＝メドックの畑が 7 ha あり，年間生産は 3,780 ケース)．
ムーリス AC 地区の南部にあり，ここはムーリスでもいちばん大きい畑である。記録によれば，1647 年までシャトー・ディッサンの所有者だったフォワ家のものだった。その年にボルドー議会の議員，ピエール・ルブランに売却された。今でも畑の中に建つ大きなヴィクトリア風シャトーを建てたのはルブラン家だった。モーヴサンのワインは，軽くて，柔らかく，非常にエレガントである。果実味が豊かなので，早く飲んだ方が楽しめる。

Château Moulin-à-Vent シャトー・ムーラン＝ナ＝ヴァン　V
格付け：クリュ・ブルジョワ・シュペリュール．
所有者：Dminique Hessel.
作付面積：25 ha. 年間生産量：12,000 ケース．
葡萄品種：カベルネ・ソーヴィニヨン 60%，メルロ 35%，
　　　　　プティ・ヴェルド 5%．
セカンド・ラベル：Moulin-de-St-Vincent. 5,000 ケース．
ムーラン＝ナ＝ヴァン（「風車」）というのは，ボルドーのシャトーにしては変わった名前だと思われるかもしれないが，中世のメドックでは混合農業がごく普通だったから，今でも崩れた風車を使っていた粉挽所の廃跡が各所に見受けられる。ドミニク・ヘッセルは 1977 年にここを買いとって以来，畑を拡張したり，ワインの熟成を発酵槽でなく樽でやるようにしたり，数多くの改良をおこなってきた。

ワインは素敵な風味をもち，リッチで，生き生きしていて，瓶熟するにつれて複雑なブーケを帯びはじめる。今ではムーリスの筆頭に挙げられるにふさわしいワインとなっている。

セカンド・ラベルのムーラン＝ド＝サン＝ヴァンサンは，かつてはジネステ社が独占販売していた。現在の経営陣のもとで，実においしく，フルーティで，熟成の早いワインが造られている。

Château Moulis シャトー・ムーリス
所有者：Alain Darricarrère.
作付面積：17 ha. 年間生産量：11,000 ケース．
葡萄品種：カベルネ・ソーヴィニヨン 58%，メルロ 40%，
　　　　　カベルネ・フラン 2%．
ここは 19 世紀には，およそ 100 ヘクタールの地所をもつ広大な

シャトーだった。現在では、ムーリスの村のはずれにシャトーが残り、その周囲に畑があるだけの、つつましいものに変わっている。発酵用にステンレス・タンクの最新設備を整え、熟成は樽でおこなっている。ワインはすべてシャトー元詰。

Château Poujeaux シャトー・プジョー　★V

格付け：クリュ・ブルジョワ・エクセプショネル．
所有者：François & Philippe Theil.
作付面積：53 ha.　年間生産量：30,000 ケース．
葡萄品種：カベルネ・ソーヴィニヨン 50%，メルロ 40%，
　　　　　カベルネ・フラン 5%，プティ・ヴェルド 5%．
セカンド・ラベル：Château La Salle-de-Poujeaux.

ムーリスがアペラシオン上の名前だとすれば、プジョーの名はその中でも最高のクリュのほとんどが集まっている部分を指す。その中で他の表示がつかないただのプジョーだけのこのシャトーが一番良いところにある。

　ワインは深い色合いで印象的なブーケをもっている。このブーケは、ときたま煙草を連想させる香りをもつことがある。風味のほうは、タンニンが多くて力強い反面、スタイリッシュで洗練されている。長命のワインで、最高の年のものは長い時間をかけて熟成させる価値があり（新樽の比率は 1/3）、もちろん、つねにこのアペラシオンのトップ・グループに入っている。ライヴァルのシャス＝スプレーンに比較すると、プジョーの方がやや肉付きが良く、果実香があり、ここも同じように格付け銘柄の地位が与えられていい。1980 年代は印象に残る時期だった。次いで 1990 年代のはじめの難しいヴィンテージの年にも、ここのワイン造りの技術はじつに見事な冴えを見せて、高く推薦できる 92 年や、洗練された 93 年、94 年、95 年、96 年、97 年、98 年、99 年、2000 年は優れたヴィテージの好例である。

Château Ruat シャトー・リュア

所有者：Pierre Goffre-Viaud.
作付面積：16 ha.　年間生産量：8,500 ケース．
葡萄品種：メルロ 50%，カベルネ・ソーヴィニヨン 35%，
　　　　　カベルネ・フラン 15%．
セカンド・ラベル：Château Jean Viaud.

プティ・プジョーはムーリスの村はずれにある小さな集落で、グラン・プジョーからかなり離れている。リュアというのは革命前のシャトーの名前で、革命時に畑は分割されて人手に渡ってしまったが、現在の所有者の曾祖父が 1871 年にここを購入して以来、根気よく復元がなされてきた。最近、シャトー名からプティ・プジョーを外した。ここのワインは、魅力と、果実味と、ムーリスの典型ともいえるリッチさと堅実さをそなえているが、このアペラシオンのワインの多くに比べて早く熟成する傾向がある。質のよい中庸タイプのムーリス。

リストラック Listrac

リストラックとその隣りのムーリスは，メドックの中でアペラシオンをもつ他の4つの地区と重要な違いがある。まず，この2つの地区の中に格付け銘柄（クリュ・クラッセ）のシャトーがない。また，最高のシャトーが集中する川沿いの地帯ではなくて，もっと内陸部の丘のほうに位置している点である。しかし，この2つの地区は，個性をもつ優れたワインを造っているから，最近とみに高い評価を受けるようになった。

栽培面積は1972年から1986年のあいだに45％以上も増加したが，その後は増減がない。過去には，ここのワインは頑強で荒渋いと思われることが多かったが，最近は力強くフルーツ味をそなえたワインを造るシャトーの数が増えたという印象を受ける。

Château Cap Léon Veyrin
シャトー・カプ・レオン・ヴェイラン

格付け：クリュ・ブルジョワ・シュペリュール．
所有者：Alain Meyre.
作付面積：23.6 ha． 年間生産量：14,000 ケース．
葡萄品種：メルロ62％，カベルネ・ソーヴィニヨン35％，
　　　　　プティ・ヴェルド3％．

ここは1908年に2つの葡萄畑が合併してできたものである。ワインは樫樽で熟成させる（新樽を25％含む）。力強く，寿命の長い，寝かせておく価値のあるワインだが，若いうちからも楽しめる。そしてまた，このシャトーはボルドー——レスパール間の新幹線沿い道路の名所として，農村の休日を味あわせてくれる。ここに立寄れば，メドックの人々の伝統的な暖かいもてなしを楽しむこともできるだろう。

Château Clarke シャトー・クラルク

格付け：クリュ・ブルジョワ・シュペリュール．
所有者：Baron Beniamin de Rothschild.
赤の作付面積：51 ha　年間生産量：22,000 ケース．
葡萄品種：カベルネ・ソーヴィニヨン40％，メルロ60％．
セカンド・ラベル：Les Granges des Domaines de Rothschild.
白の作付面積：2 ha　年間生産量：900 ケース．
葡萄品種：ル・メルル・ド・クラルク・ソーヴィニヨン50％，
　　　　　セミヨン30％，ミュスカデル20％．

エドモン・ド・ロートシルト男爵が，1973年から1978年にかけて，この広い畑を事実上ゼロから育てて，メドックの名所のひとつにした。82年以前のワインは，どちらかと言えば痩せていて，未成熟の粗さがあり，新樽の影響が強すぎた。82年ものは改良のあとが見られたが，その後はもとに戻った感がある。今のところ早く熟成するようだ。96年には大進歩があり，今までで最高の年だった。現在は，ミシェル・ロランが加わり，メドックのシャトー・ラ・カルドンスで活躍していたエリック・ファーブルがここの支配人である。従ってさらなる改良が期待できる。93年

から少量の白ワインが生産されはじめた。魅力的なロゼも造っている。6月から9月までは素晴らしい設備に、見学客を受け入れてくれる。

Château Ducluzeau シャトー・デュクリュゾー

格付け：クリュ・ブルジョワ．
所有者：Mme Jean-Eugène Borie.
管理者：François Xavier Borie
作付面積：4.9 ha．年間生産量：2,600 ケース．
葡萄品種：メルロ 90%，カベルネ・ソーヴィニヨン 10%．

1850 年のシャルル・コックのリストではリストラックの第 2 級である。その時以来、規模でも重要性の点でも衰退してきたが、それにもかかわらず、少量の素晴らしいワインを生産してきた。デュクリュゾーのワインがこの地域の特性に乏しいのは、葡萄畑の 90% がメルロであることからきている。ワインは 6 カ月樽で熟成され、シャトーで瓶詰される。理想的な昼食会用ワインで、香りが高く、果実味にあふれている。

Château Fonréaud シャトー・フォンレオー

格付け：クリュ・ブルジョワ・シュペリュール．
所有者：Chanfeau Family.
管理者：Jean Chanfreau.
作付面積：34 ha．年間生産量：18,000 ケース．
葡萄品種：カベルネ・ソーヴィニヨン 55%，メルロ 42%，
　　　　　プティ・ヴェルド 3%．
セカンド・ラベル：La Tourelle de Château Foureaud,
　　　　　Blanc Le Cygne, Blanc de Fonréaud.
作付面積：1.8 ha.
葡萄品種：ソーヴィニヨン・ブラン 60%，セミヨン 20%，
　　　　　ミュスカデル 20%．

シャトーはリストラックでも南で、レスパールに向かう幹線道路(国道 215 号線)沿いにあって、道標的存在になっている。ワインは樫樽(その 1/3 は新樽)で寝かされる。優雅で、魅力的で、フルーティで、若いうちから飲みやすく、安定しているワイン。現在では、フルーティで魅力的な白ワインも生産されている。熟成もいい。96 年ものは 2002 年の時点でまだ新鮮で美味であった。

Château Fourcas-Dupré シャトー・フルカ゠デュプレ　V

格付け：クリュ・ブルジョワ・シュペリュール．
所有者：SC du Château Fourcas-Dupré.
管理者：Patrice Pagès.
作付面積：44 ha．年間生産量：20,000 ケース．
葡萄品種：カベルネ・ソーヴィニヨン 44%，メルロ 44%，
　　　　　カベルネ・フラン 10%，プティ・ヴェルド 2%．

1967 年から、1985 年に急死するまで、ギー・パジェがこのシャトーに住み、経営に当たっていた。その間に高い水準を築いて、数多くの改良をおこなった。彼のあとを継いだのが息子のパトリスで、シャトーのことなら既に隅から隅まで心得ている。発酵に

はステンレス・タンクとコンクリート・タンクの両方が用意され，熟成には一流クリュ・クラッセから譲り受けた樽が使われているが，現在は33％が新樽である．

フルカ＝デュプレのワインは最高の年には香りが高く，タンニンが強くて力に満ちているが，劣る年でも，しなやかで魅力的だ．今のところ，2000年がここのベスト・ワインかもしれない．近くのフルカ＝オスタンと比較してみると興味深い．とくに，パトリス・パジェがこの数年，オスタンの経営に手を貸しているのだから，なおさらだ．オスタンのワインのほうが深みとリッチさに富む傾向がある．

Château Fourcas-Hosten シャトー・フルカ＝オスタン　V

格付け：クリュ・ブルジョワ・シュペリュール．
所有者：SC du Château Fourcas-Hosten.
管理者：Bertrand de Rivoyre, Patrice Pagès,
　　　　Peter Max Sichel.
作付面積：46.7 ha．年間生産量：26,000 ケース．
葡萄品種：カベルネ・ソーヴィニヨン45％，メルロ45％，
　　　　　カベルネ・フラン10％．

1972年まで，このシャトーはグルシエ・グラン・プジョーのサンタフリック家の所有下にあって，ワインはそこで造られ，貯蔵されていた．現在はフランスとデンマークとアメリカ資本の入ったシンジケートのものになっている．貯蔵庫と醸造所が建て直された．現在，熟成には新樽が33％使われていて，畑も徐々に拡張されている．

フルカ＝オスタンのワインはまれに見る美しい色をしていて，力強さとリッチさに定評があり，個性はかなり強烈だが，リストラックのほかのクリュより豊かな果実味をもっていて，それがタンニンとうまく溶けあっている．今では安定した品質になっている．85年は例外的出来栄え，そして86年は濃密度が高い．89年と90年は傑出．93年はこの年のものとしては平均以上．94年と95年，96年，98年，99年，2000年は良いワインである．

Château Fourcas-Loubaney
シャトー・フルカ＝ルーバネイ

格付け：クリュ・ブルジョワ・シュペリュール．
所有者：Altus Finances and Château Moulin de Laborde.
作付面積：48 ha．年間生産量：16,500 ケース．
葡萄品種：カベルネ・ソーヴィニヨン60％，メルロ30％，
　　　　　プティ・ヴェルド10％．
セカンド・ラベル：La Closerie Fourcas-Loubaney,
　　　　　　　　Château La Bécade. Châtean La Fleur-
　　　　　　　　Bécade, Château Moulin de Laborde.

収穫量の低い葡萄を使ってワインを造るフルカ＝ルーバネイのやり方は，今では一般的なものとなり，高い評価を得ている．熟成に50％の新樽を使っていて，ここ何年間かでワインの質が良くなっている．最近，クレディ・リヨネ〔フランス最大の銀行〕の一部門に買収された．いくつかおいしいワインを造っているが，

シャトー紹介　メドック

2000 年が最高である。

Cave Coopérative Grand Listrac
カーヴ・コオペラティヴ・グラン・リストラック
所有者：Coopérative（協同組合）．
作付面積：165 ha．　年間生産量：94,000 ケース．
葡萄品種：メルロ 60％，
　　　　　カベルネ・ソーヴィニヨン 35％，
　　　　　プティ・ヴェルド 5％．

この協同組合は昔から素晴らしい評判を集めている。フランスの鉄道で一番よく売れるのが，長年にわたってこのグラン・リストラックだったため，とくにフランス国内で人気がある。現在は 70 のメンバーを擁している。このメンバーの中で，自分のシャトー名をつけたワインも出しているのは，リストラックでは，カデ，ヴィユー・ムーランなど 7 つ，ムーリスでは，ギティニャンである。

Château Lafon シャトー・ラフォン
所有者：Jean-Pierre Théron．
作付面積：14.8 ha．　年間生産量：9,500 ケース．
葡萄品種：カベルネ・ソーヴィニヨン 55％，メルロ 45％．
別ラベル：Château les Hauts-Marcieux．

1960 年代の末にジャン＝ピエール・テロンがここを買いとったときは，荒れ果てていて廃墟も同然だった。あらゆるものを修復し，畑を再建して広げなくてはならなかった。

　ここの品質は向上しており，75％ は樽で，25％ だけは発酵槽で熟成させる。感じのよい大衆向けワインである。

Château La Lauzette-Declercq
シャトー・ラ・ロゼット＝デクレールク
格付け：クリュ・ブルジョワ．
所有者：Jean-Louis Declercq．
作付面積：15 ha　年間生産量：8,000 ケース．
葡萄品種：カベルネ・ソーヴィニヨン 48％，メルロ 46％，
　　　　　プティ・ヴェルド 4％，カベルネ・フラン 2％．
セカンド・ラベル：Les Galets de la Lauzette．

ベルギー人現所有者が 1980 年に購入したとき，ここはベルグラーヴと呼ばれていた。しかし隣人との係争のあと，現在のより特徴的な名称が採用された。ここのワインはバランスが良く，魅力的な果実味と熟したタンニン風味を具えており，なかなか粋であるように思われる。

Château Lestage シャトー・レスタージュ
格付け：クリュ・ブルジョワ・シュペリュール．
所有者：Héritiers Chanfreau．
管理者：Jean Chanfreau．
作付面積：42 ha．　年間生産量：22,000 ケース．
葡萄品種：メルロ 52％，カベルネ・ソーヴィニヨン 46％，

プティ・ヴェルド 2%.

シャトー・フォンレオーと同じ人物がここを所有し、経営している。シャトーは広くて華麗な、19世紀に建てられた大邸宅。熟成に使われる新樽の比率は1/3で、しなやかな、熟成の早いワインを生みだしている。出来のいい年のものは、瓶熟の必要がある。

Château Liouner シャトー・リオネル

格付け：クリュ・ブルジョワ.
所有者：Pierre, Lucette and Pascal Bosq.
作付面積：26 ha.
葡萄品種：カペルネ・ソーヴィニョン 55%, メルロ 45%,
　　　　　プティ・ヴェルド 5%.
セカンド・ワイン：Château Cantegric.

現在ここでは推奨できるワインが造られている。96年はみずみずしく程よい果実味と、中期熟成で飲むのに良い骨格をもち、楽しめる。

Château Mayne-Lalande シャトー・メーヌ＝ラランド

格付け：クリュ・ブルジョワ.
所有者：Bernard Lartigue.
作付面積：18 ha. 年間生産量：8,000 ケース.
葡萄品種：メルロ 45%, カペルネ・ソーヴィニョン 45%,
　　　　　プティ・ヴェルド 5%, カペルネ・フラン 5%.

最近頭角をあらわしているリストラックのシャトーのひとつ。現在、50%は新樽を使用している。96年は、スタイリッシュで熟した果実味を示しており、優雅さと中ぐらいの深みをもつ。

Château Peyredon Lagravette
シャトー・ペイルドン・ラグラヴェット

格付け：クリュ・ブルジョワ.
所有者：Paul Hostein.
作付面積：6.8 ha. 年間生産量：4,000 ケース.
葡萄品種：カペルネ・ソーヴィニョン 65%, メルロ 35%.
セカンド・ラベル：Château Cazeau Vieil.

1546年11月26日付けの不動産譲渡証書が今なお残っており、所有者も当時からずっと同じファミリーである。にもかかわらず、現在ここで造られる馥郁たるフルーティな早成のワインには、古色蒼然たるものはみじんもない。

Château Reverdi シャトー・ルヴェルディ

格付け：クリュ・ブルジョワ.
所有者：Christian Thomas.
作付面積：15 ha. 年間生産量：9,000 ケース.
葡萄品種：メルロ 50%, カペルネ・ソーヴィニョン 50%.
セカンド・ラベル：：Château Croix de Laborde.

現所有者は、父親が1953年に購入したこのシャトーを、1981年から引き継いだ。新樽が25%使用され、10%は発酵槽である。その結果、洗練されたタンニン、魅力的な果実味、確かなまろや

シャトー紹介 メドック

かさが生れた。

Château Rose-Ste-Croix　シャトー・ローズ゠サント゠クロワ
格付け：クリュ・ブルジョワ．
所有者：Philippe Porcheron．
作付面積：12 ha　年間生産量：6,000 ケース．
葡萄品種：カベルネ・ソーヴィニヨン 55%，メルロ 44%，
　　　　　プティ・ヴェルド 1%．
セカンド・ラベル：Pontet Salanon．

この絵画的な名称の背後にはちょっとした物語がある。ジャン・ビュローローはナポレオン軍に仕えて，バラと十字架のシンボルの下に尊敬を集めた。彼はドニサン教区内に報酬としていくらかの土地を授与され，そこでもちろん葡萄とバラを育てた。それで，1926 年に彼の玄孫がワインを瓶詰めにして売ることを決めたとき，彼はこの名称を登録したのだった。現在の所有者が 1987 年にここに引き継ぎ，後に近隣のモーリスのシャトー・ブーケランも購入した。私は 95 年が香りが強く，豊かな果実味とタンニンを具えていることを知った。2000 年に，ブーケランと同じように，ヴァランドローのテュヌヴァンが等量のカベルネ・ソーヴィニヨンとメルロの小さな発酵槽を設けた。それで造られたワインはムーリスのものよりボディは軽いが，非常によい果実味とスタイリッシュなタンニンがあり，リストラックとムーリスの違いを示していた。

Château Saransot-Dupré　シャトー・サランソ゠デュプレ
格付け：クリュ・ブルジョワ・シュペリュール．
所有者：Yves Raymond．
作付面積と年間生産量および葡萄品種：
　赤；14 ha．6,400 ケース．
　　　　メルロ 57%，カベルネ・ソーヴィニヨン 24%，
　　　　カベルネ・フラン 15%，プティ・ヴェルド 3%．
　白；2.3 ha．1,000 ケース．
　　　　セミヨン 55%，ミュスカデル 10%，
　　　　ソーヴィニヨン 35%．

イヴ・レイモンは，彼の一家がこのクリュの所有者となってから 3 代目の当主にあたる。もっとも，この一家がリストラックの住人となったのは 300 年も前のことだが。シャトー総面積は森や牧場も入れて 225 ヘクタール，畑に必要なこやしを手に入れるために，羊の群れを飼っている。96 年はチャーミングな果実味をもつが，軽いたちで，早く飲むのに向いている。白の AC ボルドーも少し造っている。

サン゠ジュリアン St-Julian

ここは格付銘柄シャトーの比率が一番高い村である。作付面積は，1985 年から 95 年の間に 15% 以下ではあるが増加したが，以来そのままである。土壌はマルゴーより粘土が多い。同じサン゠ジュリアン地区内でも，ジロンド河に近い畑と内陸の畑にははっき

りした違いがある。後者の方は肉付きの良いワインを生む。サン＝ジュリアンのワインは、出所に由来する個性と、偉大な性格をもっている。マルゴーよりもボディがあり、生き生きした果実味にあふれている。長命な点ではポイヤックの最高品に匹敵する。

Château Beychevelle シャトー・ベイシュヴェル ★

格付け：第4級．
所有者：Grands Millésimes de France.
管理者：Philippe Blanc.
作付面積：90 ha．年間生産量：55,000 ケース．
葡萄品種：カベルネ・ソーヴィニヨン 60%，メルロ 28%，
　　　　　カベルネ・フラン 8%，プティ・ヴェルド 4%．
セカンド・ラベル：L'Amiral de Beychevelle.
別ラベル：Les Brulières de Beychevelle（AC オー＝メドック）．

メドックで最も美しいシャトーのひとつで、夏になると道路沿いの入口にあでやかな花々が咲き誇って、さらにその美しさを増す。16世紀の終わりごろ、ここがフランス海軍の提督、デペルノン公爵のものだった時代には、ジロンド河を行き来する船は敬礼の印に帆を下げなくてはならなかったそうだ。つまり、ベイシェヴェルは"帆を下げよ"を意味する baisse-voile が訛ったものなのだ。1984年にアシル・フール家が持株の一部を GMF（フランス公務員年金基金）に売却し、その後 GMF は残りの株も買い取った後に株の40%をサントリーに売却した（⇒ 105 頁 Lagrange の項）。こうしたことはすべて大いに必要だった改良への投資に役立った。

最高の年のベイシュヴェルは、サン＝ジュリアンの魅力を最大にひきだすあらゆる要素の、まさに輝かしき見本である。素晴らしく優雅なブーケ、そして飲む者の心をたちまちとりこにする成熟していながらも新鮮さをもつ風味。それは早い時期から飲んでほしいと問いかけると同時に、調和がとれているので長もちすることも間違いない。

1984年以来の改良にもかかわらず、ここの潜在力は十分に引き出されていないと私は感じている。おそらく葡萄の収穫量が多すぎることと選酒が十分でないせいであろう。当たり年でも一部に水っぽいワインが見受けられる。90年は良い年の代表例。レ・ブリュリエール・ド・ベイシュヴェルは、サン＝ジュリアンのアペラシオン外になるキューサックの畑の葡萄から造られていているので、別に販売されている。

Château Branaire-Ducru
シャトー・ブラネール＝デュクリュ ★→

格付け：第4級．
所有者：SA du Château Branaire-Ducru.
管理者：Patrick Maroteaux.
作付面積：50 ha．年間生産量 25,000 ケース．
葡萄品種：カベルネ・ソーヴィニヨン 70%，メルロ 22%，
　　　　　カベルネ・フラン 5%，プティ・ヴェルド 3%．
セカンド・ラベル：Château Duluc.

シャトー紹介 メドック

このシンプルで古典的なファサード（建物の正面）をもつシャトーはベイシュヴェルと向かいあっているが，建物が道路からちょっとひっこんだ位置にあるので，知らずに通りすぎる人が多い。しかし，ここのワインを見逃すとしたら残念なことだ。畑の大部分はベイシュヴェルやデュクリュ・ボーカイユより内陸にあって，ワインはその2つに比べるとフィネスが不足しているが，ボディの点で勝っているし，素性の良さもないわけではない。1952年に父親がこのシャトーを買って以来，ジャン・ミシェル・タピが父と一緒に経営をしてきたが，1988年に彼は持ち株の50％を製糖業者，シュクリエール・ド・トゥリに売却した。それからほどなく，パトリック・マロトーが，タリ家〔ジスクール所有。娘の嫁ぎ先。〕が所有している残りの株の一部をシュクリエール・ド・トゥリ社のために買い取って，シャトーの支配権を手に入れた。現在，新オーナーが醸造所と貯蔵庫を新しくするために，莫大な資金をつぎこんでいるところである。

ワインはきわだった個性をもっていて，ブラインド・テイスティングでこれがはっきり出ることが多い。ブーケはポイヤックのように自己主張が強く，これだけで他のものとすぐ識別できるくらいである。ことに，葡萄が完熟した年のものは，ここの一番の特徴ともいうべきチョコレートに似た風味をもっている。ボディと果実味が豊かで，きわめてしなやかだから，他のワインがまだ飲みごろになっていない時期にブラネールを楽しめることがしばしばある。また，とても安定したワインである。すぐれた年のものとしては，85年，86年，88年，89年，90年がある。また，93年，94年，95年，96年，97年，98年，99年，2000年は，それぞれのヴィンテージにおいて魅力的なものになった例である。

むろん，値段の点から見ても，並はずれた魅力を秘めたワインのひとつといえよう。まだ"投資向き"のワインにはなっていないが，抜きんでた魅力を持つワインである。オーナーが変わったあと，いまでは，ワインに改良のあとがはっきりと認められるようになってきた。

Château La Bridane シャトー・ラ・ブリダーヌ
格付け：クリュ・ブルジョワ．
所有者：Pierre Saintout.
作付面積：15 ha. 年間生産量：4,200 ケース．
葡萄品種：メルロ 38％，カベルネ・ソーヴィニヨン 35％，
　　　　　カベルネ・フラン 25％，プティ・ヴェルド 2％．
サン＝ジュリアンでは比較的新しいクリュ・ブルジョワのひとつで，昔から高い評価を得続けてきている。ワインの多くは輸出用。ワインは魅力的なフルーツ味と深みのある香りをそなえる。手ごろな値段で買える，上質の，魅力的なサン＝ジュリアンである。

Château Ducru-Beaucaillou ★★→
シャトー・デュクリュ＝ボーカイユ
格付け：第2級．
所有者：Borie family. 管理者：Bruno Borie.
作付面積：50 ha. 年間生産量：19,000 ケース．

サン=ジュリアン

葡萄品種：カベルネ・ソーヴィニヨン 65%，メルロ 25%，
　　　　　カベルネ・フラン 5%，プティ・ヴェルド 5%．
セカンド・ラベル：Château La Croix．　V

このシャトーにこの名前がついて評判を上げたのは 19 世紀前半，デュクリュ家が所有していた時代のことである。ボーカイユは畑自体の名前である〔美しい小石の意味〕。ヴィクトリア風の 2 つのがっしりとした塔のあいだにシンプルで古典的なファサードをもつ個性的なシャトーは，黄地に褐色のエッチングが入る個性的なラベルですでにお馴染みであろう。

今日のここのワインの評判は，このシャトーに住んでいた所有者，メドックでもっとも大きな尊敬を集めているワイン造りの 1 人であったジャン=ウジェーヌ・ボリーの努力の賜物である。1998 年の彼の死にともない，フランソワ=クサヴィエが後継者となった。1999 年に新しい酒蔵庫が完成。2003 年の一族の権益再編に従い，ブルーノ・ボリーが兄から事業を引きついだ。デュクリュ=ボーカイユは，一般市場において，メドックの格付銘柄の拘束を脱脚して，他の第 2 級のワインより高い値がつく地位を最初に確立したシャトーであり，いわゆる"スーパー・セカンド"の先駆けとなった。(高い価格がついた点ではパルメのほうが早かったが，そのシャトーを持っているネゴシアンのメーラー・ベッセ社とシシェル社が両社のルートでしか市場に出なかった)。

ここのワインには昔から，優雅さと，軽快さと，素性のよさがそなわっていた（ジャン=ウジェーヌ・ボリーが最初に造りあげた偉大なヴィンテージは 1953 年）。最近はそれにしっかりした面とリッチさが加わり，最上の年のワインにとくにその傾向が強い。しかし，なんといってもここの特徴は，レオヴィル=ラス=カーズに見られるような力強さよりも，風味の美しさと洗練さにある。78 年，81 年，82 年，83 年，85 年，86 年はいずれも古典的なタイプで，94 年，95 年，96 年，98 年，99 年，2000 年はそれぞれのヴィンテージにおける傑出した例である。

Château du Glana　シャトー・デュ・グラナ　V
格付け：クリュ・ブルジョワ・シュペリュール．
所有者：Gabriel Meffre．
作付面積：43 ha．年間生産量：27,500 ケース．
葡萄品種：カベルネ・ソーヴィニヨン 65%，メルロ 30%，
　　　　　カベルネ・フラン 5%．
セカンド・ラベル：Château Sirène．

シャトー・デュ・グラナはメドックのロマンティックなタイプに属するワインではない。率直にいうと，現在，シャトーの邸館はないし，ラベルに描かれている見栄えのしない小さな赤煉瓦の邸宅も，今はこのシャトーのものではない。グロリアとデュクリュ=ボーカイユの西手になる畑の真ん中に，巨大かつ機能的な貯蔵庫が目につくだけだ。ここと，グロリアが，サン=ジュリアンのクリュ・ブルジョワで最大の 2 つ。

デュ・グラナの評判にはかなりムラがある。私が意見をいえるのは，最近のヴィンテージだけだが，出来がよくて，魅力的なワインだと思う。デュ・グラナは良い意味で商売上手だ。今日のワ

イン愛好家が求めるような，長く寝かせなくても楽しめるタイプで，しかもアペラシオンの個性はきちんとそなえたものを市場に送りだしている。Vieilles Vignes〔古い木の意味〕というラベルのワインに注目するとよい。

Château Gloria シャトー・グロリア
格付け：クリュ・ブルジョワ．
所有者：Henri Martin.
作付面積：50 ha. 年間生産量：25,000 ケース．
葡萄品種：カベルネ・ソーヴィニョン 65%，メルロ 25%，
　　　　　カベルネ・フラン 5%，プティ・ヴェルド 5%．
セカンド・ラベル：Chateaux Haut Beychevelle-Gloria,
　　　　　　　　　Peymartin.

グロリアは，メドックにおける偉大な人物の1人，アンリ・マルタンのライフワークである。彼はコマンダリー・デュ・ボンタンの会長として，長年にわたりメドックワイン全般の販売促進に大きな貢献をしてきた。現在は娘婿のジャン・ルイ・トリオーが跡を継ぎ，この数年来，シャトーの実際上の経営にあたっている。ここの葡萄畑は，クリュ・クラッセの畑だけを少しずつ買い集めて，一代で造りあげたものである。そうした理由から，このシャトーはクリュ・ブルジョワのサンジカ（組合）に入らず，格付け5級ワインと同じ値段でワインを販売している。

ワインはおおらか，かつ，しなやかで，酒糟の充実さとリッチな風味をもっている。安定している点でよく知られているワインである。問題なのは，サン＝ジュリアンの他の格付けワインには及ばないとはいうものの，マルゴーやポイヤックの一部の出来の悪い格付けものよりすぐれていて，クリュ・ブルジョワの多くのものより値段が高いという点である。

Château Gruaud-Larose
シャトー・グリュオー＝ラローズ　★★→
格付け：第2級．
所有者：Group Bernard Taillan.
管理者：Georges Pauli.
作付面積：82 ha. 年間生産量：51,000 ケース．
葡萄品種：カベルネ・ソーヴィニョン 57%，メルロ 30%，
　　　　　カベルネ・フラン 8%，プティ・ヴェルド 3%，
　　　　　マルベック 2%．
セカンド・ラベル：Sarget du Gruaud-Larose.　V

レオヴィル＝ラス＝カーズとデュクリュ＝ボーカイユが河沿いに畑をもつサン＝ジュリアンの典型だとしたら，グリュオー＝ラローズは，河沿いの畑とサン＝ローラン村との間にはさまれた台地から生まれるサン＝ジュリアンの古典的な例といえよう。ここの広大な持ち畑は18世紀に作られて，19世紀に分割され，1934年になってコルディエ社の手でふたたびひとつになった。1992年，ジャン・コルディエがシャトーをコルディエ社に売却し，コルディエ社はその翌年，ワイン造りと販売の責任だけを手もとに残して，アルカテルに転売した。1997年，ベルナール・タイヤンの

グループがシャトーを買いとったが，従前と変わらないワインを造りつづけるため，長年にわたりシャトーの管理をまかされてきたジョルジュ・ポーリがあとに残っている。1995年に，14の木製発酵槽を備える醸造棟がステンレス製にとってかわった。

特定のネゴシアンが独占販売している他のいくつかの格付けシャトーのワインと同じように，グリュオーも，もし一般市場に開放されたらつくはずの価格よりもかなり控え目な値段で売られてきた。現在は一般市場で売られていて，以前より厳格な選酒による"スーパー・セカンド"の品質のワインが造られているので，それに連れて値段も上っている。

ここのワインはじつに濃密かつリッチで，ここ2, 3年のものはかなりタンニンの強さが目立つが，熟成するにつれて，柔らかくビロードのようなきめをもつようになり，傑出した素質と魅力が出てくる。非常にすぐれたワインが生まれたのは，82年，83年，85年，86年，88年，89年，90年。また，93年はこの年の中で最高のサン=ジュリアンであり，94年と95年，96年，97年，98年，99, 2000年はどれも素晴らしい。

セカンド・ワインも探し求める価値は充分にある。果実味がたっぷりつまっていて，グラン・ヴァンより早く飲めるが，それでも骨格はしっかりしている。

Château Lagrange シャトー・ラグランジュ　★V

格付け：第3級.
所有者：Château Lagrange.
管理者：Marcel Ducasse.
作付面積：109 ha.　年間生産量：66,000 ケース.
葡萄品種：カベルネ・ソーヴィニヨン 66%, メルロ 27%,
　　　　　プティ・ヴェルド 7%.
セカンド・ラベル：Les Fiefs-de-Lagrange.　V

1983年，ラグランジュは日本の大手ウィスキー・メーカーでワインも扱っているサントリーに売却され，ボルドーのクリュ・クラッセのなかで，日本企業が購入した初めての例となった。畑はサン=ジュリアンの小高い平地にあり，グリュオー=ラローズの裏手という恵まれた場所にある。新所有者をひきつけた要素のひとつは，葡萄畑の面積を大幅に増やす余地があるという点だった。拡張＆改築工事は完全におこなわれ，葡萄畑の面積は49ヘクタールから109ヘクタールに増加した。シャトーの邸館を含めてすべての建物の抜本的改修が進行中だし，19世紀の貯蔵庫も修復された。大幅な増産に対処するため，新しい2つの貯蔵庫も建設された。長年タフで粗いワインを造ってきたが，売却の直前にはかなり改良されていた。その後，新所有者は，シャトーの経営にマルセル・デュカスをあてた。

82年は旧所有者の手で造られ，販売は新しい所有者があたったが，このシャトーの見事な成功例。プルーン〔乾燥プラム〕の香り，非常に深みのある風味と果実味，タンニン，複雑さを兼ねそなえている。とてもおいしいワインを生んだ85年の葡萄は，6割だけがグラン・ヴァンに使われ，残りの4割はセカンド・ラベ

ルのレ・フィエフにむけられた。86 年, 87 年, 88 年, 89 年, 90 年と, 印象的なワインが続いた。レ・フィエフはとりわけ魅力的で, スタイリッシュなワインであることを示している。93 年, 94 年, 95 年, 96 年, 97 年, 98 年, 99 年, 2000 年も良いワインを出している。

Château Lalande-Borie シャトー・ラランド゠ボリー　V
格付け：クリュ・ブルジョワ・シュペリュール.
所有者：Borie Family.
作付面積：18 ha.
年間生産量：8,000 ケース。
葡萄品種：カベルネ・ソーヴィニヨン 65％, メルロ 25％,
　　　　　カベルネ・フラン 10％.
このクリュはデュクリュ゠ボーカイユの所有者, ジャン゠ウジェーヌ・ボリーが, ラグランジュの一部だった畑を買って造りあげたもの。1970 年に新しい畑の植付けがおこなわれたばかりだというのに, すでに魅力的な果実味をもった, スタイリッシュで優雅な, ほどほどの重量感をもつワインが誕生している。注目すべき最初のヴィンテージ・ワインは 79 年もので, それ以後, ワインの質は着実に向上している。難しい年だった 92 年もここのワインは良好だった。

　敏腕のボリー一族がサン゠ジュリアンで腕をふるったワインを手ごろな値段で味わえる, という近ごろ稀な絶好の機会を与えてくれるワインだ。

Château Langoa-Barton シャトー・ランゴア゠バルトン　★V
格付け：第 3 級.
所有者：Antony Barton.
作付面積：17 ha.　年間生産量：7,000 ケース.
葡萄品種：カベルネ・ソーヴィニヨン 74％, メルロ 20％,
　　　　　カベルネ・フラン 6％.
このシャトーは 1821 年以来, ほかのどのクリュ・クラッセよりも長い期間にわたって同じ一家の所有下にあった。ヒュー・バルトンがシャトーを手に入れたときは, ポンテ゠ラングロワという名で呼ばれていた。18 世紀に建てられたシャトーはメドックでもっとも洗練されたもののひとつで, 立地条件はベイシュヴェルほどよくないが, 純粋に建築学上の価値からいうと決してひけはとらない。1969 年までは, ランゴアのワインも, 同じバルトン家のシャトー・レオヴィルで造られるワインも, 一度もシャトーで瓶詰されたことがなかった。瓶詰はボルドー市内のバルトン・エ・ゲスティエ社にあるセラーでおこなわれていた。

　ランゴアのワインには, 格付けものの価値がはっきり出ている。レオヴィル゠バルトンより早めに飲みごろを迎えるのが普通である。古典的なサン゠ジュリアンの性格をもっているが, だいたいにおいて軽めでタンニンも少ない。ただし, 優雅さと果実味と魅力は充分そなえている――そして, 真の素性のよさも。ときおり 74 年や 71 年のように, レオヴィルに勝るかに思われる素晴らしく出来のよいワインを造って, 世間をあっといわせることもある。

サン゠ジュリアン

この関係はグリュオー゠ラローズとタルボに似ていなくもない。ここのヴィンテージは、レオヴィル゠バルトンとよく似た傾向を示し、驚嘆に値する 81 年、82 年、83 年、85 年、86 年、88 年、89 年、90 年。水準以上のワインが造られたのは 91 年、92 年と 93 年。また、94 年、95 年、96 年、97 年、98 年、99 年、2000 年もすばらしい。

Château Léoville-Barton
シャトー・レオヴィル゠バルトン　★★ V →
格付け：第 2 級。所有者：Antony Barton.
作付面積：47 ha.　年間生産量：20,000 ケース.
葡萄品種：カベルネ・ソーヴィニヨン 72%、メルロ 20%、
　　　　　カベルネ・フラン 8%.
セカンド・ラベル：La Reserve Léoville-Barton.

レオヴィル゠バルトンは隣のポワフェレ (⇒次頁) と同じく、1820 年代までラス゠カーズ侯爵の広大な領地の一部であった。その 5 年前にランゴアを買い入れたばかりのヒュー・バルトンが、1826 年に侯爵の旧領地の 1/4 にあたる敷地を手に入れた。そして、収穫した葡萄はランゴアの方のセラーでワインにして貯蔵した。175 年後の現在もバルトン家がここを所有していて、アントニー・バルトンが、1986 年に他界するまでこのシャトーに住んでいた彼の叔父ロナールから、経営の重責をひきついだ。

レオヴィル゠バルトンは長年にわたるロナール・バルトンの管理のもとに、伝統的なタイプのワインを造りつづけてきた。ここのワインはじつに香りがよく、若いうちは力強くタンニンが多いが、熟成するにつれて、サン゠ジュリアンの上物の特徴ともいうべき、あの美しい果実味と豊かな風味を帯びるようになる。スタイルの点ではポワフェレよりリッチだが、優雅さの点でわずかに劣る傾向が見られる。1970 年代はいささか不安定だったが、現在は仕込み桶の選別をきびしくしていることがはっきり現れていて、81 年、82 年、83 年、85 年、86 年、88 年、89 年、90 年には傑出したワインが誕生している。93 年、94 年、95 年、96 年、97 年、98 年、99 年、2000 年は各ヴィンテージにおけるみごとな例である。近年のヴィンテージはワインが"スーパー・セカンド"の域に上りつつあることを示唆している。レオヴィル゠ポワフェレのほうも、80 年代と 90 年代の特徴として、目をみはるほどよくなっているので、3 つのレオヴィルをならべてふたたび比較してみるのもなかなか興味深いことだろう。

Château Léoville-Las-Cases
シャトー・レオヴィル゠ラス゠カーズ　★★★
格付け：第 2 級.
所有者：SC du Château Léoville-Las-Cases.
管理者：Hubert Delon.
作付面積：97 ha.　年間生産量：47,000 ケース.
葡萄品種：カベルネ・ソーヴィニヨン 65%、メルロ 20%、
　　　　　カベルネ・フラン 12%、プティ・ヴェルド 3%.
セカンド・ラベル：Clos du Marquis.　V

シャトー紹介 メドック

サード・ラベル：Domaine de Bigarnon.
ここのワインのラベルには"Grand Vin de Léoville du Marquis de Las-Cases"と、本家本元を誇っていて（ボルドーとしては珍しく、シャトーという言葉が入っていない）、ここが18世紀にサン＝ジュリアンばかりかメドック中で、最高の勢力を誇った貴族の領地だったことを私たちに教えてくれる。ラス＝カーズの素晴らしい畑はジロンド河をのぞむ砂利層の土地にあって、ラトゥールと境を接している。もともとの侯爵の領地の半分をこのラス＝カーズが占めている。集落の南の入口にある旧侯爵家のシャトーは、ラス＝カーズとポワフェレのあいだで2等分され、左側がラス＝カーズのものとなっている。

ラス＝カーズの近年の名声は1976年から96年までミシェル・ドロンが管理していた頃に築かれたもの。彼は1996年にドロン家3代目である息子のジャン＝ユベールにあとを託した。テオフィル・スカヴィンスキーからドロン家に管理が移ったのは1930年のことであった。ラス＝カーズは今や格付け1級ワインの好敵手になるほどのワインを生産している。

スタイルの点では、ほかのサン＝ジュリアンより腰が強く、熟成が遅い。最近のものは肉付きがよくなってきたようで、今では優雅なだけでなく、濃度の高い、力強いワインになっている。ブーケがとくに個性的で、最初は控え目だが、ゆっくりと熟成するにつれて、優雅でしっかりしたものになってくる。偉大なワインが生まれたのは、82年、83年、85年、86年、88年、89年、90年。いずれも長期保存向きの真の長命ワインだ。1991年には、この偉大な畑はきびしい霜害を免れた数少ないところのひとつとして、お隣のラトゥールとともに、この年としては傑出したワインを生みだした。92年、94年、97年は各ヴィンテージにおける洗練された例であり、95年、96年、98年、99年、2000年はじつにすばらしい。

セカンド・ワインのクロ・デュ・マルキは、この手のものの中では最上で、もっとも安定している。

Château Léoville-Poyferré
シャトー・レオヴィル＝ポワフェレ　★★ V→

格付け：第2級．
所有者：Cuvelier family.　管理者：Didier Cuvelier.
作付面積：80 ha.　年間生産量：44,000 ケース．
葡萄品種：カベルネ・ソーヴィニヨン65％，メルロ25％，
　　　　　プティ・ヴェルド8％，カベルネ・フラン2％．
セカンド・ラベル：Château Moulin-Riche.

レオヴィル＝バルトンと同じくレオヴィル＝ポワフェレも、もともとラス＝カーズの領地の1/4に当たるものだったが、それをポワフェレ男爵がラス＝カーズ家との婚姻によって取得したものである。あとの2つのレオヴィルと違って、ポワフェレはそれ以後ずっと同じ所有者のもとにあったわけではなく、浮き沈みも激しかった。1928年や29年のように、最盛期にはラス＝カーズに劣らぬ素晴らしいワインを造ったこともある。もっとも当時は、所有者こそ違え、どちらもテオフィル・スカヴィンスキーが支配人

をつとめていたのだが。不安定な時代を経て、現在はキュヴェリエ家の若い世代の1人が経営者となり、その成果が出ている。まずは1980年に醸造所が完全に最新化され、次に新しい樫樽が多く使われるようになり、ドートといういかにもメドックらしい名前をもった、有能な新しい醸造長がワイン造りをひきついでいる。

82年はこのたぐいまれなる年の輝かしき代表例で、偉大なワインだ。一方、83年は長い余韻と、濃度の高い風味と、調和をそなえている。85年は優美であり、86年はそれより力強く、タンニンも強い。88年と89年、90年は傑出している。良いワインが造られたのは93年と94年と97年。優れたワインが造られたのは95年と96年、98年、99年、2000年。これ以前にもいいワインが造られているが、本来の能力を発揮する高みにはまだまだ到達していなかった。今は将来に大きな期待がよせられている。

Château St-Pierre シャトー・サン゠ピエール　★V
格付け：第4級．所有者：Domaines Martin.
作付面積：17 ha. 年間生産量：8,000ケース．
葡萄品種：カベルネ・ソーヴィニヨン70％、メルロ20％、
　　　　　カベルネ・フラン10％．

まさに波乱万丈の歴史に彩られたシャトーである。名前は1767年にここを買いとったムッシュ・サン゠ピエールに由来している。やがて、1832年にこの家系の別々の家族に分割され、このサン゠ピエールのあとに、それぞれボンタン゠デュバリとセヴェストルという名前がつくようになった。第二次大戦後にベルギー人所有者の手でふたたびひとつにまとめられたが、畑の一部はすでに他人に売却されていた。その代表的な買手がグロリアとデュ・グラナであった。やがて、1982年にシャトー・グロリアのアンリ・マルタンがこのシャトー（現在美しく修復された）と畑の大半を買いとった。現在、サン゠ピエールのワインはグロリアと同じ貯蔵庫に寝かされている。これはもともとサン゠ピエール゠ボンタンの貯蔵庫だった。

サン゠ピエールでは、ここ何年か、優雅で、香り高く、スタイリッシュなサン゠ジュリアンの典型ともいうべきワインをつくっているが、アンリ・マルタンと彼の娘婿ジャン゠ルイ・トリオー（1991年のアンリ・マルタンの死去にともない今や全責任を負っている）によってさらに水準が上げられた。82年からは、たしかに育ちのいい愛すべきワインで、グロリアよりはるかにすぐれている。にもかかわらず、このワインは市場で忘れられ、省みられていない。

Château Talbot シャトー・タルボ　★★V
格付け：第4級．
所有者：Rustmann-Cordier, Bignon-Cordier.
作付面積：102 ha.
年間生産量および葡萄品種：
　赤；54,000ケース．
　　　カベルネ・ソーヴィニヨン66％、メルロ26％、
　　　プティ・ヴェルド5％、カベルネ・フラン3％．

シャトー紹介 メドック

白；6 ha. 3,000 ケース.
　　ソーヴィニヨン84%, セミヨン16%.
セカンド・ラベル：Connétable Talbot,
　　　　　　Caillou Blanc du Château Talbot.

いつもグリュオー＝ラローズの陰になって、タルボは貧乏くじをひいて来た。この名前は1453年にカスティヨンの戦いで英国軍の指揮をとって戦死したシュルーズベリー伯にちなんだものだが、この領地が実際に彼のものだったかどうかは疑わしい。1992年、ジャン・コルディエはグリュオー＝ラローズの彼の持株を、コルディエ社が所有していたタルボの株と交換した。そして昔からお気に入りのメドックの拠点だったこのシャトーをふたたび、単独で所有するようになった。1994年に彼が死亡したため、シャトーはその娘たちに受け継がれている。

タルボのワインは安定していることで昔から有名である。グリュオー＝ラローズより全体にタンニンと濃度が低いから、早く飲めるようになるが、反面、よく長もちするワインでもある。タルボの魅力は調和にある。これ以上に魅惑的なサン＝ジュリアンはどこにもない。かぐわしい香りをもち、果実味には偉大なサン＝ジュリアン独特の品のよさが漂っている。75年は真の魅力をたたえた素晴らしいワインで、みごとに熟成している。81年はうまく熟成していて、見事なフィネスが出はじめている。82年と83年はとびきり上等のワインになっている。豪華でリッチな85年はタンニンの濃厚な86年とよい対照をなしている。88年, 89年, 90年は偉大なトリオである。良いワインが造られたのは93年と94年と97年。95年と96年、98年、99年、2000年はみごとである。

1994年にオーナーが変わって以来、タルボはボルドー市場で販売されるようになっている。生産量が多いおかげで、非常なお値打ち品。セカンド・ワイン、コネタブル・タルボは実に愛嬌があり、サン＝ジュリアンの生き生きした果実味をたっぷり含んでいて、早めに飲むのにうってつけである。白ワインは心地よく、新鮮で、すっきりしていて本当に印象的。

Château Terrey-Gros-Cailloux
シャトー・テリー＝グロ＝カイユー

格付け：クリュ・ブルジョワ・シュペリュール.
所有者：Annie Fort and Henri Pradère.
作付面積：14 ha. 年間生産量：8,000 ケース.
葡萄品種：カベルネ・ソーヴィニヨン70%,
　　　　　メルロ25%, プティ・ヴェルド5%.

私はこのクリュに初めて出会って以来（66年ものだった）、このワインのもつ本物の素性のよさとフィネスに深い感銘を受けつづけてきた。サン＝ジュリアンで最上のクリュ・ブルジョワのひとつといって間違いない。畑は何ヵ所かに分かれていて、中でも一番重要なのがベイシュヴェルの集落の裏手の畑で（ここに貯蔵庫がある）、タルボ、レオヴィル＝バルトンと地続きになっている。もうひとつはグリュオー＝ラローズの隣、さらにシャトー・ベイシュヴェル、デュクリュ＝ボーカイユの隣にも畑がある。最上の

ものでは、ワインは熟したフルーツ風味とすてきなリッチさをそなえている。サン＝ジュリアンは好きだが、いつもクリュ・クラッセのように高いのはごめんだという方に、このワインをお勧めしたい。

ポイヤック Pauillac

ポイヤックの名声は、ラフィット＝ロートシルト、ムートン＝ロートシルト、ラトゥールという3つの第1級シャトーの威光によって、ゆるぎないものとなっている。ポイヤックの格付銘柄シャトーの数はマルゴー（カントナック、アルサック、スーサン、ラバルドを含む）の21に比べると、18と少ないのだが、これらの格付け銘柄シャトーの所有する畑がアペラシオン地区の中で占める比率は、ほかのどこよりも大きい。葡萄栽培面積は1985年から1995年までの間で、18％増加したが、その後は変らない。

カベルネ・ソーヴィニヨン種の個性を最大限にひきだした、カシスの香りがきわだってでる有名なワインを生産しているのが、ここポイヤックなのである。ブーケ、ボディ、風味、どれをとっても、ここのワインがメドックで一番力強い。トップクラスのクリュでは、熟成とともに生じるフィネスがここに加わるが、二流のクリュになると、いささか粗さが感じられる。

Château d'Armailhac シャトー・ダルマイヤック　★V

格付け：第5級.
所有者：GFA Baronne Philippine de Rothschild SA.
作付面積：50 ha.　年間生産量：17,000 ケース.
葡萄品種：カベルネ・ソーヴィニヨン 50％、メルロ 25％、
　　　　　カベルネ・フラン 23％、プティ・ヴェルド 2％.

ボルドーの一流シャトーで、ここほどたびたび名前が変えられたところはない。もともとはムートン・ダルマイヤックの名で知られていたのだが、1933年に故フィリップ・ド・ロートシルト男爵が買いとった。1956年にムートン・バロン・フィリップと改名し、そののち1975年にバロン・フィリップの2番目の夫人を偲んで、バロンをバロンヌと変えたのである。最終的には1991年に、彼の娘フィリッピーヌ・ド・ロートシルトが、ムートン・ロートシルトとムートン・カデの名及び販売会社のバロン・フィリップ・ロートシルトという名前に加えてここも同じような名前だと混乱を招くという理由と、そしてこのシャトーもそれ自身のはっきりとした個性をもつ名前を持つべきだという決意から改名した。その結果我々もこのシャトーをダルマイヤックと呼ばなければならなくなった。この古くて新しい名前は素晴らしかった89年のヴィンテージのときからあらためて使われるようになった。

ムートン＝ロートシルトの正門からわずか数百ヤードのところに、まるでケーキを縦切りにしたように、奇妙な未完成の建物があり、古典的な柱廊が立っている。このシャトーは偉大なるムートンから目と鼻の先にあるが、ワイン造りはまったく個別に、ただし、ムートンに劣らぬ細やかな気配りのもとにおこなわれてい

る。ワインはまさにポイヤックだが、兄貴分のムートン＝ロートシルトに比べると、リッチさと豪華さの点で劣っている。もっとも成功した年のワインは実に密度が高いが、二流の年になると、いささか見劣りがして退屈だ。予想はつくと思うが、ここのワインのスタイルは偉大なるプルミエ・クリュのムートンよりも、他の隣人ポンテ＝カネのほうに近い。ただ、最近のヴィンテージはもっと魅力的で親しみやすい。

Château Batailley シャトー・バタイエ ★V

格付け：第5級．
所有者：Castéja family.
作付面積：60 ha. 年間生産量：33,000 ケース．
葡萄品種：カベルネ・ソーヴィニヨン70％，メルロ25％，
　　　　　カベルネ・フラン5％．
セカンド・ラベル：Châtean Hant-Bages Monpelou.
格付け：クリュ・ブルジョワ・シュペリュール．

バタイエが名声をあげるようになり格付けも獲得したのは、ゲスティエ家が所有していた時代にまでさかのぼる。現在は、別のネゴシアン、ボリー＝マヌー社のフィリップ・カステジャが経営にあたっている。世間にはとかく、ボルドー市場を通さずにワインを売るシャトー、それも近隣のシャトーの値付けを気にしないで、安定した価格で供給する方針をとるシャトーを軽視する傾向がある。バタイエの価格は比較的安いが、それを理由にここのワインを見くびってはならない。

　現在の畑はすべて、1855年に格付けを受けた当時の土地である。ポイヤックの町の奥の、サン＝ローラン街道沿いに畑が広がっている。ここのワインは安定していて、堅実だし、信頼できる。バタイエは過去に何度か、記憶に残るワインを造ってきた（53年，61年，64年がその例）。その他の年は健全だが、人を興奮させるようなところがない。現在のワインは以前よりスタイリッシュになり、同時に、果実味も密度も豊かになっている。注目すべき年は、82年，85年，88年，89年，96年，98年，99年，2000年．

Château Clerc-Milon シャトー・クレール＝ミロン ★V

格付け：第5級．
所有者：Baron Philippe de Rothschild.
作付面積：30 ha. 年間生産量：13,000 ケース．
葡萄品種：カベルネ・ソーヴィニヨン70％，メルロ20％，
　　　　　カベルネ・フラン10％．

このシャトーは1970年にフィリップ・ド・ロートシルト男爵が購入するまでは、どちらかといえば影が薄かった。畑はポイヤック北部の、銘酒街道と河にはさまれた立地条件のいい場所にあり、ムートンとラフィットのいずれにも近い。ミロンはシャトーがある小村名、クレールは1855年の格付けのときにここの所有者だった人物の名前である。

　男爵が畑を手に入れた当時、葡萄畑は改良しなければならない多くの問題をかかえていた。そのため、ワインの品質を向上させ

るには時間がかかった。転換期は、1981年のヴィンテージとともにやってきた。この年に、このワインは素性の良さと調和のとれた果実味の点で、初めてムートン・バロンヌ・フィリップ（⇒111頁 d'Armailhacの項）にまさった。これ以後もっとも成功した年は、82年、85年、86年、89年、90年、94年、95年、96年、98年、99年、2000年である。ダルマイヤックに比べてカベルネ・ソーヴィニョンの比率が高いため、現在のクレール＝ミロンは、ダルマイヤックとははっきりと違いが出たワインになっている。

Château Colombier-Monpelou
シャトー・コロンビエ＝モンプルー

格付け：クリュ・ブルジョワ・シュペリュール．
所有者：Nadette Jugla.
作付面積：24 ha．年間生産量：15,400 ケース．
葡萄品種：カベルネ・ソーヴィニョン55%，メルロ35%，
　　　　　カベルネ・フラン5%，プティ・ヴェルド5%．
セカンド・ラベル：Grand Canyon.

長年のあいだ、ここはポイヤックの協同組合から出荷されるワインのなかの最高品だった。やがて1970年に、隣のシャトー・ペデスクローの所有者、ベルナール・ジュグラがここを買いとった。コロンビエは1939年にシャトーと貯蔵庫を手放していたため（これらは現在、フィリップ・ド・ロートシルト男爵が経営するネゴシアン会社、ラ・バロニ社の本拠地となっている）、ジュグラは新しい設備を初めから造らなくてはならなかった。ワインの発酵はステンレス・タンクでおこない、熟成には樫樽を使い、毎年40%は新樽にしている。上質で素直でたくましいポイヤックとして評判は高まる一方だ。心地よい果実味とともに、ある種の優雅さとしなやかさが感じられる。

Château Croizet-Bages シャトー・クロワゼ＝バージュ　V→

格付け：第5級．
所有者：Jean-Michel Quié．管理者：Jean-Louis Camp.
作付面積：28 ha．年間生産量：15,500 ケース．
葡萄品種：メルロ45%，カベルネ・ソーヴィニョン40%，
　　　　　カベルネ・フラン15%．
セカンド・ラベル：Enclos de Moncabon.

このクリュはクロワゼ兄弟によって18世紀に造られた。貯蔵庫と醸造所はポイヤック南部の高台の、バージュの集落にあり、こより有名なシャトー・ランシュ＝バージュがすぐそばにある。1930年以降キエ家のものとなっている。シャトーの建物はない。

ワインは惚れ惚れするような逞しさをもち、風味豊かで、かなり早く熟して口当りが良くなるが、それでもわたしの経験からいうと、けっこう寿命を保っている。凡庸な時期がつづいていたが、ジャン＝ルイ・カンが管理者となった後、95年と96年のワインの質の向上には目をみはるものがある。1998年はさらなる大躍進をとげ、99年はおいしく早熟なワインを生んだ。2000年ものも非常に楽しみである。

シャトー紹介　メドック

Château Duhart-Milon-Rothschild
シャトー・デュアール゠ミロン゠ロートシルト　★→
格付け：第4級.
所有者：Domaines Barons de Rothschild.
作付面積：64 ha．年間生産量：17,000 ケース.
葡萄品種：カベルネ・ソーヴィニヨン 57%, メルロ 21%,
　　　　　カベルネ・フラン 20%, プティ・ヴェルド 2%.
セカンド・ラベル：Moulin-de-Duhart.

ラフィットのロートシルト家が1962年に隣のデュアール・ミロンの畑を買ったとき，生産していたのはわずか16 haで，葡萄もプティ・ヴェルドが多く，お粗末きわまりない有様だった．なんの取柄もないようなワインができることが多かった．畑のほとんど全部を植え直さなくてはならない場合，結果が出るまでに長い時間がかかるものだが，ここは今ようやくその時期にさしかかって，ポイヤックのトップクラスとしての地位を回復しつつある．

　畑は大部分がカリュアードの台地にあって，貯蔵庫と醸造所がポイヤックの町のなかにある．シャトーの建物はない．86年はきわめて濃密で豊潤．しかし，1994年にこのシャトーを任されたシャルル・シュヴァバンが96年に新たな方式でワイン造りを始めるまでここのワインにはいくらか粗さが感じられたものだった．2001年はさらに良い．

Château La Fleur-Milon シャトー・ラ・フルール゠ミロン
格付け：クリュ・ブルジョワ．
所有者：Héritiers Gimenez.　管理者：Claude Mirande.
作付面積：12.5 ha．年間生産量：8,000 ケース.
葡萄品種：カベルネ・ソーヴィニヨン 65%, メルロ 25%,
　　　　　プティ・ヴェルド 5%. カベルネ・フラン 5%.

このクリュの畑はとてもいい場所にある．醸造所はル・プーヤレの集落にあり（シャトーの建物はない），畑はいくつかに小さく分かれていて，ムートン゠ロートシルト，ラフィット゠ロートシルト，デュアール゠ミロン，ポンテ゠カネとそれぞれ隣りあっている．最近まで，ワインは粗野さがめだったが，賢明にも新樽を使いはじめたことと，ワイン造りが上達したため，洗練されたタンニンととろけるような果実味が生れている．

Château Fonbadet シャトー・フォンバデ　V
格付け：クリュ・ブルジョワ・シュペリュール．
所有者：Pascale Peyronie.
作付面積：20 ha．年間生産量：8,500 ケース.
葡萄品種：カベルネ・ソーヴィニヨン 60%, メルロ 20%,
　　　　　カベルネ・フラン 15%, プティ・ヴェルド 5%.
セカンド・ラベル：Châteaux Haut-Pauillac, Padarnac,
　　　　　　　　　Tout-du-Roc-Milon, Montgrand-Milon.

この魅力的な18世紀のシャトーは，ボルドーから車を走らせるとちょうど2つのピションをすぎたあとに見えてくるサン゠ランベール集落の南にある．庭園の木々が葡萄の海のなかにオアシスのように顔を出している．現在の所有者はとても仕事熱心で，シ

ャトーに住みこんでワイン造りにたずさわっている。

　新樽の比率は30%。古い葡萄の木から、細やかな気配りのもとに造られる健全で古典的なポイヤックである。ブラインド・テイスティングで高い評価を得ることが多く、素晴らしい名声に恥じないワインである。

Château Grand-Puy-Ducasse
シャトー・グラン゠ピュイ゠デュカッス　→
格付け：第5級.
所有者：SC du Château.　管理者：Alain Duhau.
作付面積：40 ha.　年間生産量：11,000ケース.
葡萄品種：カベルネ・ソーヴィニョン60%, メルロ40%.
セカンド・ラベル：Artigues Arnaud.

1971年に現在の所有者の手にわたるまで、グラン゠ピュイ゠デュカッスは、ムートンやポンテ゠カネと隣りあった10ヘクタールの狭い畑しかないシャトーだった。新しい所有者は畑をさらに2つ買い入れた。ひとつはポイヤックの裏の丘にあって、バタイエとグラン゠ピュイ゠ラコストにはさまれた地続き、もうひとつは2つのピションと隣りあっている。つまり、現在、ポイヤックの主な3つの地区すべてに畑があるわけだ。シャトーはポイヤックの町の中心部に近い船着場のそばにあって、感じのよい、新古典派様式の建物である。長年のあいだ、メゾン・デュ・ヴァンとしての役もつとめてきた。

　経営が一新されて明暗の入り混じった結果が出ている。最上の年のワインはカベルネ・ソーヴィニョン独特のカシスの香りが強い、古典的なポイヤックで、骨格はしなやかで、リッチで、調和がとれている。たとえば、75年など見事なものだ。その後の最良の年をあげれば、79年、81年、82年、85年、88年、89年である。しかし、90年代は頑強で収斂性のあるタンニンがマイナス要素となっているワインが多すぎる。しかし96年に著しく改善され、それが現在に到っている。

Château Grand-Puy-Lacoste
シャトー・グラン゠ピュイ゠ラコスト　★★
格付け：第5級.
所有者：Borie family.　管理者：François Xavier Borie.
作付面積：50 ha.　年間生産量：16,700ケース.
葡萄品種：カベルネ・ソーヴィニョン75%, メルロ25%.
セカンド・ラベル：Lacoste Borie.　V

このクリュは昔から、上質でたくましい典型的なポイヤックを生産することで評判が高い。レイモン・デュパンが、老齢のためボリー家に売却せざるをえなくなった1978年まで、所有者だった。売却前の数年間に質が落ちはじめたのは事実だが、それとてデュパン時代の栄光に傷をつけるものではない。ボリー家では1980年のワイン仕込みをすませてから、古い醸造所にステンレス・タンク導入を含めた改修をすることに決め、かつて荒廃していたシャトーの建物も風雅に修理されている。

　畑の大部分はバージュの台地に建つシャトーの正面にひとまと

めになっていて，最高の質を誇っている。安定した見事なワインの品質にそれが反映されている。これらのワインはとても力強く，最初のうちはややタンニンが強くて頑固だ。ボリー家では密度の高いワインを造りつづけているが，現在は果実味を出すほうにすこし重点を移している。81年のヴィンテージで，このワインは特質をつかんだようだ。82年，83年，85年（この年は特に良かった），86年，88年，89年，90年は，すべて大変すぐれたワインを産み出した。92年，93年，94年，97年というむずかしい年でも，すぐれたワインが造られている。95年と96年，98年，99年，2000年は傑出している。現在では，ポイヤックの上質ワインのなかで，ピションに次ぐものといわれている。

Château Haut-Bages-Libéral
シャトー・オー゠バージュ゠リベラル ★

格付け：第5級．
所有者：SC du Château. 管理者：Claire Villars.
作付面積：27 ha. 年間生産量：13,300 ケース．
葡萄品種：カベルネ・ソーヴィニヨン80%，メルロ20%．
セカンド・ラベル：Chapelle de Bages.

このクリュは波乱に富んだ歴史をもっている。1960年にクリューズ社がここを購入した際に，畑の一部をポンテ゠カネにとられたし，ワインはボルドー市内にあるクリューズ社のセラーで瓶詰されるようになった。1972年にクリュ・クラッセのシャトー元詰が義務づけられたのと，ポンテ゠カネを売却した結果，クリューズ社では，ここにワインを仕込むための設備を作らざるをえなくなった。1983年，クリューズ社はシャッス゠スプレーンとラ・ギュルグを経営している会社に，このシャトーを売却したが，その会社はシャトーと畑を本来の水準にひきあげるための大幅な投資をした。

畑はバージュの台地にあって，ラトゥール，ランシュ゠バージュ，ピション゠ロングヴィル・バロンと隣接している。名前の終りの部分のリベラルは，政治的な意味はまったくなくて，格付けがおこなわれた19世紀時代にここを所有していた人物の名前がついたにすぎない。

クリューズ社の経営時代の後期に，ワインの質は向上し，見事な果実味をそなえたリッチなワインが造られるようになった。ただ，76年と82年は特別に魅力的だった。まもなくマダム・ヴィラール（⇨ 90頁 Chasse-Spleen の項）の手塩の成果が現れてきて，85年から良くなり，86年もそれより良くなった。88年と89年も印象に残る良いワインが続いた。94年，95年，96年，97年，98年，99年，2000年はすべて良いワインである。97年から，マロラクティック発酵は樽で行なわれている。

Château Haut-Batailley シャトー・オー゠バタイエ ★V

格付け：第5級．
所有者：Mme de Brest-Borie.
管理者：François-Xavier Borie.
作付面積：22 ha. 年間生産量：10,000 ケース．

葡萄品種：カベルネ・ソーヴィニヨン 65%，メルロ 25%，
　　　　　カベルネ・フラン 10%．
セカンド・ラベル：Château La Tour-d'Aspic.

ボリー家が1942年にバタイエを購入した時，2人の兄弟，ネゴシアンのマルセルと，デュクリュ=ボーカイユを買ったフランソワにこれを分割した。オー=バタイエのほうが小さかった。畑の葡萄を植えかえなくてはならず，一人前になるまでにかなりかかった。マルセルのバタイエのほうにシャトーの建物があったため，オー=バタイエにはシャトーがなく，仕込みはラ・クーロンヌでおこなわれている。

　オー=バタイエとバタイエはスタイルが著しく対照的で，前者は，重みの点でこそ劣るが，真の優雅さをそなえたワインを造っている。オー=バタイエとグラン=ピュイ=ラコストを比べた場合も，同じような対照に気づくはずである。グラン=ピュイとバタイエには，強烈に，むしろ激しいといえるほどに，ポイヤックの個性が出ているのだ。オー=バタイエは安定している上に，見事なバランスの果実味と早熟のタンニンのおかげで，比較的若いうちから飲める。魅力的に年をとることもできる。

Château Lafite-Rothschild
シャトー・ラフィット=ロートシルト　★★★→

格付け：第1級．所有者：Domaine Rothschild.
作付面積：100 ha．年間生産量：55,000 ケース．
葡萄品種：カベルネ・ソーヴィニヨン 70%，メルロ 25%，
　　　　　カベルネ・フラン 3%，プティ・ヴェルド 2%．
セカンド・ラベル：Carruades de Lafite-Rothschild.　V

ラフィットは近年，一種のルネサンスを経験している。1960年代と70年代前半には，ラフィットほどの名声をもつワインにしては期待はずれのものが多く出すぎていた。1974年に，所有者一家から若きエリック・ド・ロートシルト男爵が運営に当たることになり，新時代が始まった。それから，1975年にペイノー教授が醸造顧問として迎えられ，次にレオヴィル=ラス=カーズで貴重な体験を積んできたジャン・クレテが支配人に任命された。こうした改革の数々がラフィットに大きな恩恵をもたらし，それがグラスのなかにあざやかに反映されるようになった。ジャン・クレテは1983年に引退し，ジルベール・ロクヴァムが彼のあとを継いだ。

　85年からは，仕込みワインの選別を非常に厳しくして，セカンドワインのカリュアード用に向けるものを多くしているので，このことがワインの品質向上に大変役だっている。そしてより大きな変化が起こった。収穫年の質に関係なく樫樽で3年間ワインを寝かせるという古い伝統は廃止された。1987年に革新的な回廊式デザインの新しいセラー（2年ものの熟成用）が完成した。その翌年には，新しい醸造室にステンレスの発酵槽が導入されたが，これは補助的なもので，伝統的な樫樽に取って替わるものではない。近年のラフィットで気づくのは，深い色，リッチさ，そして密度の高い風味である。最も傑出した最近のヴィンテージをあげると，82年，85年，86年，88年，89年，90年である。

シャトー紹介 メドック

1994年に、ジルベール・ロクヴァムが引退すると、シャトー・リューセックで素晴らしい成功を収めてきたシャルル・シュヴァリエがそのあとを引き継いだ。彼の最初のヴィンテージ（94年、95年、96年）は、彼が葡萄栽培にくわしくて、魔法のような才能に恵まれた酒造家であることを示している。97年、98年、99年そして2000年はこれらのヴィンテージの傑出した例であり、ラフィットの偉大な潜在力がフルに出現しつつある。

セカンド・ワインのカリュアードも大いに向上しており、ラフィットには手が届かないと思っている人々にとって、いくぶんの慰めになるだろう。ラフィットのワインを飲むことはワイン愛好家にとって究極の体験というべきで、このさき当分のところ、このワインに失望させられる心配がなさそうなのも嬉しいことだ。

Château Latour シャトー・ラトゥール ★★★

格付け：第1級.
所有者：François Pinault. 管理者：Frédéric Engerer.
作付面積：65 ha. 年間生産量：36,700ケース.
葡萄品種：カベルネ・ソーヴィニョン75%、メルロ20%、
　　　　　カベルネ・フラン4%、プティ・ヴェルド1%.
セカンド・ラベル：Les Forts de Latour. V 10,000ケース.

1963年に、ピアスン・グループがラトゥールの大部分の株を買ったが、そのうち25%はブリストルのハーヴェイ社が持っていた。後にハーヴェイ社がアライド＝ライオン社の傘下に入った関係で、1989年にアライド＝ライオン社がピアスンの持ち株も引き受けた。ジャン＝ポール・ガルデールは、1963年に契約してから1987年の引退まで管理者として、大きな影響をあたえていた。1993年、アライド＝ライオン社は1989年に最高値で購入したシャトーを、フランソワ・ピノーに底値で売却した。ピノーは、その前にシャトー・マルゴーを手に入れたアンドレ・メンツロプーロスと同じように、フランス国内での小売業で財をなした人物である。10年間すぐれたワイン造りをしてきたクリスチャン・ル・ソメが1999年に去り、現在はフレデリック・アンジェレが社長、F・アルドゥワンが技術担当重役。

ラトゥールは何世代にもわたって、歴史に名高いワインを造ってきた。醸造所の最新化や畑の改良で、ワインは昔より飲みやすいタイプに変わっているようだ。しかし、過去のものを利き酒してみれば、ラトゥールの伝説的な個性をまったく失っていないことがわかる。とても深い色、古典的なカベルネの香り、驚くほど密度の高い果実味とタンニン。ラトゥールの崇拝者たちはよく一番最近の年のものを楽しむまで長生きできるかどうかわからないと嘆く。伝説の61年からあとは、62年と66年の偉大なヴィンテージが続き、64年と67年はその年の平均を越している。1970年代に入ると、傑出しているのは75年、品質では70年と78年がこれに続き、例外的だったのは73年、良い年は76年といったところ。1980年代については、81年はこの年の最高のワインとなる可能性を秘めているし、82年は偉大なクラシック。86年、88年、89年、90年は傑出していて長い熟成を要する。一方、85年は愛すべきワインで他のものより早く成熟する。90年代で云

えば、91年はここの畑が最悪の霜害を免れて、この年で最高といわれるワインのひとつが誕生。92年にもこの年の極上品に数えられるワインが生まれたあと、93年と94年は近隣のどこよりも早くカベルネ・ソーヴィニヨンを成熟させてくれるここのテロワールの強みを示した。いずれも、各ヴィンテージにおける傑出したワインとなった。95年、96年、98年、99年、2000年はこのシャトーの素晴らしい当たり年である。

セカンド・ワインのレ・フォール・ド・ラトゥールは、グラン・ヴァンには使われない畑のものや、グラン・ヴァン向きの畑でも若い木から造られる。発酵期間がラトゥールより短い関係で、ワインはラトゥールの特徴はそなえているが密度がラトゥールほどでなく、熟成が早い。ワインは飲みごろになるまで市場には出されなかったが、90年ものから樽で初売りに出されてこの伝統が破られた。

Château Lynch-Bages シャトー・ランシュ＝バージュ　★★

格付け：第5級．
所有者：Cazes family.　管理者：Jean-Michel Cazes.
作付面積：90 ha.　年間生産量：35,000 ケース．
葡萄品種：カベルネ・ソーヴィニヨン 75%，メルロ 15%，
　　　　　カベルネ・フラン 10%．
セカンド・ラベル：Château Haut-Bages-Averous.　Ｖ
　　　　　　　　　(7,000 ケース)．

白：Blanc de Lynch-Bages.
　作付面積：4.5 ha.
　葡萄品種：ソーヴィニヨン・ブラン 40%，セミヨン 40%，
　　　　　　ミュスカデル 20%．

ランシュ＝バージュはクラレット愛好家の中でも、とても違った評価を受けるワインである。心の底から崇拝している者もいる。貧乏人のムートンと呼ぶ者もいるし、フィネスと素性の良さに欠けると評する者もいる。客観的に見れば、うっとりするほど魅力的で、まるでプラムのようだし、見事に濃縮されたカシスのブーケと風味をそなえたポイヤックである。それと同時に、果実味としなやかさを強調しようとしているので、多くのポイヤックに比べてタンニン分と強烈な個性に欠ける面がある。不作の年でもすぐれたワインを造りつづけたという輝かしい歴史をもっている。

ランシュ＝バージュの現在の経営者ジャン＝ミシェル・カーズの自宅となっているシャトーは、バージュの丘の端に建っていて、ジロンド河の対岸まで見わたすことができ、裏手に畑が広がっている。最近、醸造所と貯蔵庫の両方を拡張・最新化するための大々的な計画が進行中である。当然ながら、現在ほどの高い水準はかつてなかったことである。最近のもので傑出した年は、82年、83年、85年、86年、88年、89年、90年。92年、93年、94年、97年という難しい年にも、立派なワインが造られ、96年、98年、99年、2000年にも非常にいいワインが造られた。

オー＝バージュ＝アヴローズは一種の交配種といえよう。上質のクリュ・ブルジョワ用の畑を5ヘクタールもっているので、そこから生まれるワインと、ランシュ＝バージュの仕込み槽の中で

シャトー紹介　メドック

グラン・ヴァンの名に値しないものを混ぜて造る。そのため，豊潤な果実味をもった，軽くて飲みやすいワインが生まれている。

Château Lynch-Moussas シャトー・ランシュ＝ムーサ　→
格付け：第5級．所有者：Castéja family.
作付面積：35 ha．年間生産量：17,000 ケース．
葡萄品種：カベルネ・ソーヴィニョン 75%，メルロ 25%．

このクリュは長年にわたってカステジャ家のものだったが，一族の多数の者がそれぞれ権利を持っていたので，エミール・カステジャがなんとか他の者たちの権利を買いとってすっきりさせたのは，1969年になってからである。当時は生産量がガタ減りして 2,000 ケース以下になり，シャトー全体が相当落ちめになっていた。エミール・カステジャはボリー＝マヌー社が所有するすべてのシャトーの責任者でもあるが（⇨ 112 頁 Batailley の項），ここの醸造所と貯蔵庫を建て直して設備を入れかえ，畑の植替えを行わなくてはならなかった。

畑はバタイエと境を接していて，ポイヤックのクリュのなかではもっとも西寄りにある。ムーサ集落の近くにも畑があるし，北のほうではデュアール＝ミロンとラフィットの近くに，南のほうではピションとラトゥールの近くに，それぞれ畑がある。

改修前には，ここのワインは感じは良いが，どちらかというと軽めで，あまり個性がなかった。いまでは，あまり大柄ではないがスタイリッシュなワインになっていて，魅力と素性の良さを見せている。94年，95年の当たり年のあと，ここで造られたワインの中でおそらく最高といっていい96年によって，ランシュ＝ムーサはぐっと名声を高めた。

Château Mouton-Baronne-Philippe
シャトー・ムートン＝バロンヌ＝フィリップ
⇨ 111 頁 Château d'Armailhac の項

Château Mouton-Rothschild
シャトー・ムートン＝ロートシルト　★★★
格付け：第1級 1973．
所有者：GFA Baronne Philippine de Rothschild.
作付面積と年間生産量および葡萄品種：
　赤；75 ha．23,000 ケース．
　　　カベルネ・ソーヴィニョン 80%，カベルネ・フラン 10%，
　　　メルロ 8%，プティ・ヴェルド 2%．
　白；Aile d'Argent (Bordeaux Blanc Sec)
　　　4 ha．1,200 ケース．
　　　セミヨン 48%，ソーヴィニョン・ブラン 38%，
　　　ミュスカデル 14%．
セカンド・ラベル：Le Second Vin（93年のみ），
　　　　　　　　Le Petit Mouton.

今日の我々が知っているムートン＝ロートシルトは，一人の男，すなわちフィリップ男爵のライフワークである。彼は1923年にシャトーを任された日から1988年に死ぬまで，ここをたぐいま

れな存在にする仕事をつづけた。他の1級シャトーに呼びかけて、シャトー元詰を義務づけるよう始めて提唱したのが、彼だった。もっとも、当時のムートン自体は1級ではなかったが。彼はまた、画家に依頼して各年のラベルを飾ることを思いつき、1945年から毎年、それぞれの年に起きたことを画題にした絵が描かれるようになった。ついに1973年には、心の狭いボルドーのやっかみ屋のあいだをかきわけて、ムートンが公式にプルミエ・クリュ・クラッセの栄光に輝くことになった。晩年、彼は一人娘のフィリッピーヌにあとをゆだねた。現在、彼女は立派に父の仕事を継いでいる。

ムートンはまさにポイヤックの真髄というべきワインである。不思議なことに、スタイルの点では古くからのライヴァルだったお隣のラフィットより、むしろ村の反対側の方にあるラトゥールに似ている。カシスを連想させる濃いブーケと風味がよく似ているが、それにリッチさと豪華さが結びついて、ラトゥールよりも強いタンニンが和らげられている。最近の傑出したヴィンテージは、82年、83年、85年、86年、88年、89年、90年、95年、96年、98年、99年、2000年など。1985年にたしかな腕を持ったパトリック・レオンが、醸造技師としてここを引き継いだ。セカンド・ワインは93年から造られるようになった。白のエル・ダルジャンの最初のヴィンテージは91年。最初のうちは、ソーヴィニョン・ブラン100%を原料としていて、熟成には新樽が使われていた。上級ものとしての風格をみせるようになるには、2~3年の瓶熟が必要である。

Château Pédesclaux シャトー・ペデスクロー

格付け：第5級．
所有者：Jugla family.
管理者：Bernard Jugla.
作付面積：12 ha．年間生産量：5,800ケース．
葡萄品種：カベルネ・ソーヴィニョン50%，メルロ45%，
　　　　　カベルネ・フラン5%．

クリュ・クラッセのなかではあまり知られていないもののひとつ。畑と貯蔵庫はポイヤックの町の北手にあって、近くにはポンテ＝カネがある。名前は1855年の格付け当時にここの所有者だったボルドーの仲買人に由来している。1950年にジュグラ家がここを買いとり、その管理のもとに設備が改善されて、生産量がふえてきた。ベルギーがおもな輸出先となっている。

ペデスクローは、飲む者をわくわくさせるというより、堅実で尊敬できるポイヤックを造っていることで定評がある——しかしワインはその格の割には粗野であると私は思う。だが2000年には著しい向上を示した。

Château Pibran シャトー・ピブラン　→

格付け：クリュ・ブルジョワ・シュペリュール．
所有者：AXA Millésimes. 管理者：Cristian Seely.
作付面積：18 ha．年間生産量：6,000ケース．
葡萄品種：カベルネ・ソーヴィニョン60%，

メルロ 25%, カベルネ・フラン 10%,
プティ・ヴェルド 5%.
セカンド・ラベル：Château La Tour Pibran.
このクリュはポイヤックの町の北西のはずれにあり、ポンテ＝カネと隣りあっている。1941 年から 1987 年までビラ家が所有し、そのワインはなかなか評判がよかった。今は AXA 帝国の一員として、魅力的な果実味豊かなワインをつくっている。2000 年は最高の年かもしれない。2002 年に隣接するラ・トゥール・ピブランを買収し、その名前は現在セカンド・ワインに使われている。ただ、その畑の中の最良の 2 区劃からとれたキュヴェ（仕込樽）はピブラン・ラベルのワインに使われている。

Château Pichon-Longueville Baron
シャトー・ピション＝ロングヴィル・バロン　★★→
格付け：第 2 級．
所有者：AXA Millésimes.　管理者：Christian Seely.
作付面積：50 ha.　年間生産量：20,000 ケース．
葡萄品種：カベルネ・ソーヴィニヨン 75%, メルロ 25%.
セカンド・ラベル：Les Tourelles de Pichon.
ここは銘酒街道の有名な道標的シャトーになっていて、ほっそりした塔や急勾配の屋根はまるでお伽話の世界のようだ。1855 年には、シャトーはまだ分割されていなくて、ムートン（現在は第 1 級に格上げ）を除けば、ポイヤックでただひとつの 2 級に格付けされたワインであった。畑は素晴らしい場所にあり、ラトゥールと隣りあっている。新しい所有者は、戦争以来、外観だけが昔の面影をのこしていたシャトーを再建し、また新しい醸造場と貯蔵庫を建てた。その大きさと広さは、周囲を威圧している。

かつては、このピション＝バロン（隣のコンテスと区別するために、こう呼ばれることが多かった）のほうが、コンテスよりすぐれているのが当たり前だった時代があったが、しかし 1960 年代と、ことに 1970 年代は、当時の管理体制の下で、失望の時代であった。1987 年に AXA がこのシャトーを買い取って以来、ジャン＝ミシェル・カーズは速やかに元の状態に戻し、88 年、89 年、90 年とクラシックなワインを造りだしてきた。1990 年代前半のワインは、雨にたたられたヴィンテージのためオークの風味が強く出すぎたようだ。95 年、96 年、98 年、99 年、特に 2000 年はいい状態にもどっている。これはポイヤックの精髄ともいえるワインで、街道をへだてた前にある女性的な性格のコンテスと肩をならべられるワインである。

Château Pichon-Longueville Comtesse-de-Lalande シャトー・ピション＝ロングヴィル・コンテス＝ド＝ラランド　★★
格付け：第 2 級．所有者：May Elaine de Lencquesaing.
作付面積：85 ha.　年間生産量：50,000 ケース．
葡萄品種：カベルネ・ソーヴィニヨン 45%, メルロ 35%,
カベルネ・フラン 12%, プティ・ヴェルド 8%.
セカンド・ラベル：Réserve de la Comtesse.
隣のバロンと違って、ピション＝コンテスには魅力的なシャトー

があって、現在の所有者であり管理者でもあるマダム・ド・ランクサンが多くの時間をここですごしている。同家がこのシャトーを手に入れたのは彼女の父親のエドアール・ミアイユの時代で、1926年のことだった。しかし、ピション＝コンテスの評判が急速に高まって実際に2級のトップにランクされるようになったのは、マダム・ド・ランクサンが1978年にここをひきついでからのことである。1980年の収穫から新しい醸造所が用意され、貯蔵庫も拡張され、客を迎えたりテイスティングをする設備もぐんとよくなった。

ここのワインは、どの年のものも偉大なフィネスと素性の良さをそなえている。畑の一部がサン＝ジュリアンに含まれるため、ワインに独特な個性が与えられ、ポイヤックにしては華やかで女性的だが、サン＝ジュリアンよりはリッチなものができあがる。また、レゼルヴ・ド・ラ・コンテス Réserve de la Comtesse の生産を始めたため、今まで以上に選酒がきびしくなり、それにともなって品質も向上している。傑出したワインが生まれたのは78年、79年、81年、82年、83年、85年、86年、88年、89年、90年、94年、95年、96年、98年、2000年。また、80年、84年、87年、92年、93年、97年は、この頃の年平均レベルを上回るワインが造られている。ここはメドックでも格付第一級の次に受賞が最も多いワインを出すところである。

Château Plantey シャトー・プランテ

格付け：クリュ・ブルジョア.
所有者：Gabriel Meffre.
作付面積：26 ha. 年間生産量：16,000 ケース.
葡萄品種：カベルネ・ソーヴィニヨン 50%、メルロ 45%、
　　　　　カベルネ・フラン 5%.

この優れたクリュ・ブルジョワは、シャトー・ダルマイヤックとシャトー・ポンテ＝カネの間にほどよく位置する。ロースに広大な畑をもつガブリエル・メフルは、隣のサン＝ジュリアンにデュ＝グラナも所有している。ここでは豊かでたくましい伝統的ワインを造っており、質は90年代を通して、とても安定していた。

Château Pontet-Canet シャトー・ポンテ＝カネ　★V→

格付け：第5級. 所有者：Tesseron family.
管理者：Alfred Tesseron.
作付面積：80 ha. 年間生産量：50,000 ケース.
葡萄品種：カベルネ・ソーヴィニヨン 62%、メルロ 32%、
　　　　　カベルネ・フラン 6%.
セカンド・ラベル：Les Hauts de Pontet.

この大きなシャトーはポイヤック村でも北部にあって、ムートン＝ロートシルトと隣りあっている。長年にわたってクリューズ社の誇りとされてきたが、1975年に、コニャックで有名な一族の1人で、クリューズ家の娘を妻としているギー・テスロンに売却された。シャトーの邸館と、立派な貯蔵庫と、メドックのシャトーではめったに見られない地下のセラーがとても印象的である。不幸なことに、クリューズ社の末期になってポンテ＝カネの評判

は衰えてしまった。ワインはシャトーではなく，同社のボルドー市内のセラーで瓶詰されていた。現在は，すべてシャトーで元詰するようになっている。

新しい所有者のもとで，ポンテ＝カネの名声はすぐさま回復するだろうと期待されたのだが，進展はあまり早くない。1982年に新たなセカンド・ラベルを売りだしたので，選別は今までより厳しくなった。それにもかかわらずタンニンが依然として直に出てくる堅い体質は直らなかった。結局，アルフレッド・テスロンはミシェル・ローランに助けを求めた。94年と95年にワインの質が飛躍的に向上し，ぎすぎすしたタンニンの代わりに，熟した果実味と，はるかにすぐれたバランスを楽しめるようになってきた。96年はみごとだった。おいしい97年のあと，偉大な98年，非常に魅力的な99年，そして抜群の2000年が続いた。

Cave Coopérative La Rose Pauillac
カーヴ・コオペラティヴ・ラ・ローズ・ポイヤック
所有者：Groupement des Propriétaires-Viticulteurs de Pauillac.
作付面積：70 ha. 年間生産量：45,000ケース.
葡萄品種：カベルネ・ソーヴィニヨン55%，メルロ40%，プティ・ヴェルド2%，カベルネ・フラン3%.

この協同組合は1933年の大恐慌の時代に誕生したもので，メドックにおける協同組合設立の先駆けとなった。発足当時はわずか52だったメンバーが，1980年代半ばに125まで増えた。現在は，自分でワイン造りをしたくて脱退する組合員が増えたため，メンバー数は減少傾向にある。大部分のワインはラ・ローズ・ポイヤック La Rose Pauillac のラベルで売られている。もっともシャトー・オー＝ミロン Haut-Milon とシャトー・オー・ド・ラ・ベカード Château Haut de la Becade は自分の所のシャトー名を名乗っている。

ここの組合は，果実味豊かで，タンニンがさほど多くなく，上質の堅実なポイヤックを生産していることで定評がある。

サン＝テステーフ St-Estèphe

オー＝メドックとしては，いちばん北でバー＝メドックと境を接するが，いろいろな面で両者の中継的な地区。ここを代表するクリュ，コス＝デストゥルネルのような育ちのよい力強いワインから，明らかに畑に起因する特有な風味を持つ痩せぎみの若くて荒いワインまで，品質は広範囲にわたっている。しかし，醸造技術が進歩したおかげで，昔ほど粗野でなくなったワインがたくさんある。葡萄の栽培面積にはほとんど変化がなくて，この15年間にわずかに増加しただけだ。

Château Andron-Blanquet シャトー・アンドロン＝ブランケ
格付け：クリュ・ブルジョワ.
所有者：Domaine Audoy. 管理者：Bernard Audoy.
作付面積：16 ha. 年間生産量：10,000ケース.

葡萄品種：カベルネ・ソーヴィニヨン 40%，メルロ 35%，
　　　　　カベルネ・フラン 25%．
セカンド・ラベル：Château St-Roch．
1971年以来，アンドロン゠ブランケはコス゠ラボリと同一所有者によって経営されていて，2つの畑はところどころで隣りあっている。私の体験からいうと，ここのワインは一部のサン゠テステーフに見られるような畑に起因する特有の風味が強烈で，特に若いうちはその傾向が強い。豊かな果実味とリッチさが加わっているので，ある程度熟成させれば，風味はかなり強い果実味あふれる心地よいワインになる。個性あふれるワインだ──あなたがその個性を気に入ればの話だが！

Château Beau-Site シャトー・ボー゠シット　V
格付け：クリュ・ブルジョワ・シュペリュール．
所有者：Héritiers Castéja．
作付面積：32 ha．年間生産量：20,000 ケース．
葡萄品種：カベルネ・ソーヴィニヨン 70%，メルロ 30%．
この名前は"美しい場所"を意味している。シャトーと貯蔵庫の前にある小さな庭から周囲をながめてみれば，この名前が選ばれた理由がわかるだろう。このシャトーがあるサン゠コルビアンの村は高台に位置していて，カロン゠セギュールの畑からジロンド河にかけての美しい景色が広がっている。シャトーを所有しているのはカステジャ家で，販売はボルドーのネゴシアンであるボリー゠マヌー社が独占している。現在，半分が新樫を使用。

　ワインは多くのサン゠テステーフの例に洩れず，最初はかなり強い風味をもっているが，しばらくするとリッチさが出てきて，調和のとれた心地よいワインに変わっていく。後口にかすかな厳しさを残すことがあるが，たいていは熟成とともにまろやかになる。非常に安定している。

Château Beau-Site-Haut-Vignoble
シャトー・ボー゠シット゠オー゠ヴィニョーブル
格付け：クリュ・ブルジョワ．
所有者：Jean-Louis Braquessac．
作付面積：18 ha．年間生産量：10,000 ケース．
葡萄品種：カベルネ・ソーヴィニヨン 69%，メルロ 22%，
　　　　　プティ・ヴェルド 5%，カベルネ・フラン 4%．
シャトー・ボー゠シット゠オー゠ヴィニョーブルはボー゠シットと同じサン゠コルビアンの村にある。ボー゠シットのワインに比べると，このほうが紛れもなくブルジョワより一格下がるアルチザン的である。ていねいに造られてはいるのだが，隣人と肩をならべられるワインではない。頑強さにリッチさが結びついて生みだす魅力に欠けているため，痩せた感じになってしまう。これは二流のサン゠テステーフの多くに見受けられる特徴だ。もっとも，これはこれなりに立派な，典型的なサン゠テステーフである。

Château Le Boscq シャトー・ル・ボスク　V →
格付け：クリュ・ブルジョワ・シュペリュール．

シャトー紹介 メドック

所有者：Dourthe-Kuressman.
作付面積：16 ha. 年間生産量：8,400 ケース.
葡萄品種：メルロ51％, カベルネ・ソーヴィニョン42％,
　　　　　プティ・ヴェルド7％.

このシャトーはサン＝テステーフの北, ジロンド河を見おろす砂利の多い丘にある. 私はカルヴェが瓶詰めしたみごとな53年ものをよく覚えているが, 近年は, 現在の所有者が1995年の収穫時に経営を引き継ぐまで, ここのワインのことはほとんど話題にならなかった. オークの影響のある, きわめて新しいタイプのワインだが, 96年はおいしい果実味を示し, かつ甘い後味を残す.

Château Calon-Ségur シャトー・カロン＝セギュール　★★→

格付け：第3級.
所有者：Capbern-Gasqueton and Peyrelongue families.
管理者：Mme Gasqueton.
作付面積：58 ha. 年間生産量：20,000 ケース.
葡萄品種：カベルネ・ソーヴィニョン50％, メルロ25％,
　　　　　カベルネ・フラン10％, プティ・ヴェルド5％.
セカンド・ラベル：Marquis de Ségur.

サン＝テステーフの一流クリュのなかでは一番古い. 12世紀にポワティエの司教だったカロン卿に与えられ, 18世紀に入って, ラフィットおよびラトゥールの所有者である有名なセギュール侯爵のものになった. 彼は「われ, ラフィットを造りしが, わが心, カロンにあり」と言ったと伝えられ, このため, ラベルやシャトーの多くの場所にハート型の図案が見受けられるようになった.

所有者のフィリップ・ガスクトンは, 1962年に伯父が亡くなってからずっとシャトーの経営に当たり, 安定していることで有名なワインの評判を守ってきた. 1984年に広い地下の酒蔵庫が新たに完成した. L字形をしていて, 醸造室沿いに2方向に伸び, 一方の長さが60メートル, もう一方が50メートルある. 古くからある美しい木造の醸造所は昔どおりに保存されているが, 1973年以来使用されていない. 新しいステンレス・タンクは, 1個の容積が100ヘクトリットルで, 半日分の葡萄収穫量に相当する. これがすぐれた品質管理や選酒へつながっていく. 1995年にフィリップ・ガスクトンが死亡したのち, マダム・ガスクトンが経営に当たっている.

ここのワインは, サン＝テステーフのクリュ・クラッセを対象に樽酒のサンプルを比較するテイスティングでは, めったに上位にこないが, 瓶詰後に良くなることが多い. コスやモンローズよりはるかに柔らかく, 果実味豊かで, おおらかだが, 洗練度となるとやはり劣るようだ. ワインが痩せぎすの時期があり, 安定性を欠いていたとは疑いがないが, 80年代の末期, 88年, 89年, 90年はクラシックなワインである. その後, 卓越したワインが造られたのは95年, 96年, 98年, 2000年. カロンは昔からイギリスでとても好まれてきたワインだが, 最近その評価に少し陰りが出ている. しかし今や復調のきざしが見えている.

サン゠テステーフ

Château Capbern-Gasqueton
シャトー・カプベルン゠ガスクトン

格付け：クリュ・ブルジョワ．
所有者：Capbern-Gasqueton family.
管理者：Mme Gasqueton.
作付面積：35 ha. 年間生産量：10,000 ケース．
葡萄品種：カベルネ・ソーヴィニヨン50％，メルロ35％，
　　　　　カベルネ・フラン15％．
セカンド・ラベル：Le Grand Village Capbern（ドート社が独
　　　　　　　　　占販売）．

シャトーの建物は堅固な大邸宅で，サン゠テステーフの町の真ん中にあり，ガスクトン家の住まいになっていて，何世代にもわたってこの一族が所有している。畑のほうは2つに分かれていて，ひとつはカロン・セギュールと隣接し，もうひとつはメイネイの近くにある。ワインはすべて樽で熟成させるが，新樽の比率は30％となっている。

　カロン゠セギュールと同じく，サン゠テステーフにつきものの粗さを抑えるために果実味が強調されている。

Château Chambert-Marbuzet
シャトー・シャンベール゠マルビュゼ

格付け：クリュ・ブルジョワ・シュペリュール．
所有者：SC du Château（H Duboscq & Fils）.
作付面積：7 ha. 年間生産量：3,900 ケース．
葡萄品種：カベルネ・ソーヴィニヨン70％，メルロ30％．

マルビュゼ村におけるデュボスク帝国の領土のひとつ（⇒ 129頁 Haut-Marbuzet の項）。ここのワインもやはり上手に造られていて，若いときもなかなか魅力的だが，見事に熟成する能力もそなえている。私の印象では，ワインはよく香りが立ち，果実味がたっぷりつまっていて，成熟したタンニンがうまくそれを支え，どの年のものも魅力的な風味をもっている。

Château La Commanderie シャトー・ラ・コマンドリー

格付け：クリュ・ブルジョワ．
所有者：Gabriel Meffre.
作付面積：8.5 ha. 年間生産量：5,000 ケース．
葡萄品種：カベルネ・ソーヴィニヨン55％，メルロ40％，
　　　　　カベルネ・フラン5％．

ガブリエル・メフレの帝国における北寄りの領土である。かつて，ワインはすべてシャトー・デュ・グラナで造られていた。現在は独自の貯蔵庫をもっている。名前の由来は，中世にここがテンプル騎士団の領地だった時代にさかのぼる。シャトー・ラ・コマンドリーは村の南部の，マルビュゼとレイサックの集落のあいだに位置している。ワインはドート社とクレスマン社が独占販売している。

Château Cos-d'Estournel
シャトー・コス゠デストゥルネル　★★→

シャトー紹介　メドック

格付け：第2級．
所有者：Michel Reybier.
管理者：Jean-Guillaume Prats.
作付面積：64 ha.　年間生産量：28,000 ケース．
葡萄品種：カベルネ・ソーヴィニヨン58％，メルロ38％，
　　　　　カベルネ・フラン2％，プティ・ヴェルド2％．
セカンド・ラベル：Les Pagodes de Cos.

パゴダに似た変わったファサードをもつコスは，銘酒街道を通る人に馴染みの目印となっていて，ラフィットを見下ろす丘に印象的な姿を見せている。この建物は実をいうと貯蔵庫である。シャトーとしての邸館はもっていない。1919年から1998年まで，ここはジネステ家，次いでプラッツ家のものであった。その後2年間ベルナール・タイヤン・グループの傘下にあったが，現在の所有者に売却された。しかし，コスの現在の高い声望は，ブルーノ・プラッツの経営（1971—98）と，それを継承した息子のジャン＝ギヨームに負っている。コスはいつの時代にもサン＝テステーフを代表するクリュとされてきた。長命であると同時に，瓶の中で他のどのワインよりも見事に熟成するのが確かで，フィネスと素性のよさを示すようになる。1960年代にはあまり感心できない時期があったが，ブルーノ・プラッツが指揮をとるようになってから，コスはふたたび，代表的な格付け銘柄第2級のひとつとしての地位を築きあげるにいたった。

このワインは樽の中ではつねにとても印象的で，密度が高く，タンニン分が多いけれども見事なバランスを示し，素性の良さがはっきり出ている。瓶詰後の何年間かは退屈なワインになることが多いが，やがて，果実味，バランス，素性のよさが本領を発揮しはじめる。寝かせておく価値のあるワインだ。洗練された，各年としては例外的と云えるワインが生まれた年は，82年，83年，85年，86年，88年，89年，90年。一方，挑戦の時期ともいうべき1990年代に入ってからは，91年，92年，93年すべてが，その年のものとしては出色のワインとなっている。94年はすぐれているし，95年と96年，98年，99年，2000年はふたたび傑出している。

Château Cos-Labory シャトー・コス＝ラボリ

格付け：第5級．
所有者：Domaine Audoy.
管理者：Bernard Audoy.
作付面積：18 ha.
年間生産量：10,000 ケース．
葡萄品種：カベルネ・ソーヴィニヨン50％，メルロ30％，
　　　　　カベルネ・フラン15％，プティ・ヴェルド5％．

ここのワインのスタイルは軽くて優雅で，熟成はどちらかというと早い。平均的なサン＝テステーフからいうと，かなり洗練されたワインであることは間違いないが，トップクラスの格付けワインとしての重みと個性に欠けている。しかしながら，86年ものは，従来よりも濃密で印象的なワインの始まりとして注目された。それにもかかわらず，まだ期待される安定性がない。

Château Coutelin-Merville
シャトー・クートラン゠メルヴィル

格付け：クリュ・ブルジョワ．
所有者：Guy Estager et Fils． 管理者：Bernard Estager．
作付面積：23 ha． 年間生産量：14,000 ケース．
葡萄品種：メルロ 46％，カベルネ・ソーヴィニヨン 25％ と
　　　　　カベルネ・フラン 25％，プティ・ヴェルド 4％．

このシャトーは 1972 年まで畑が地続きだったシサック村のシャトー・アンテイヤンと一緒に経営されていた。ところが，相続のごたごたが起きて，シサック村の部分の畑を売却するはめになってしまい，現在はこの村の AC ものとして独自にワイン造りをおこなっている。ワインは樽で熟成させるが，25％ の新樽を使っている。ワインはスミレの香りをもち力強さとしっかりした骨格をそなえているが，これらがまろやかになって最高の持ち味を発揮するためには，瓶での熟成が必要だ。

Château Le Crock シャトー・ル・クロック　V→

格付け：クリュ・ブルジョワ・シュプリュール．
所有者：Cuvelier family． 管理者：Didier Cuvelier．
作付面積：32 ha． 年間生産量：17,500 ケース．
葡萄品種：カベルネ・ソーヴィニヨン 58％，メルロ 24％，
　　　　　カベルネ・フラン 12％，プティ・ヴェルド 6％．

1903 年以降，ル・クロックはレオヴィル゠ポワフェレ（⇒ 108 頁 Léoville-Poyferré の項）の現在の所有者でもあるキュヴィエ家のものになっている。シャトーの経営にあたっているのは仕事熱心なディディエ・キュヴィエで，ポワフェレの醸造長であるフランシス・ドートが彼の片腕として働いている。

　過去のワインがどんなだったか私は知らないが，最近のものはとても印象的だ。かぐわしく，力強く，香りは複雑さがある。はっきりした感じのよい個性をもち，リッチで，口に含むと骨格と深みが感じられる。刷新された経営陣が運営にあたっているのだから，注目に値するワインといって間違いない。〔マルビュゼ村〕

Château Haut-Beausejour シャトー・オー・ボーセジュール

格付け：クリュ・ブルジョワ．
所有者：Champagne Louis Roederer．
作付面積：19 ha　年間生産量：9,000 ケース．
葡萄品種：メルロ 53％，カベルネ・ソーヴィニヨン 40％，
　　　　　プティ・ヴェルド 5％，マルベック 3％．

1992 年にシャンパンのロデレール社が購入して以来，ここは着実に進歩している。非常にエレガントで果実味のあるワインで，若いうちからおいしく飲める。

Château Haut-Marbuzet シャトー・オー゠マルビュゼ　★

格付け：クリュ・ブルジョワ・エクセプショネル．
所有者：SCV Duboscq． 管理者：Henri Duboscq．
作付面積：58 ha． 年間生産量：30,000 ケース．
葡萄品種：カベルネ・ソーヴィニヨン 50％，メルロ 40％，

シャトー紹介 メドック

カベルネ・フラン 10％．
セカンド・ラベル：MacCarthy.

過去30年ほどのあいだに，アンリ・デュボスクは彼のワインについてたいした評判を築きあげた．マルビュゼ集落のそばにあって，モンローズのすぐ南に位置するこのシャトーが彼の出発点となった．現在，彼はマッカルティ MacCarthy，シャンベール＝マルビュゼ Chambert-Marbuzet，それにトゥール＝ド＝マルビュゼ Tour-de-Marbuzet を彼の領土に加えている．

クリュ・ブルジョワにしては驚くべき特徴をひとつあげると，すべてのワインが新しい樫樽で熟成されるということで，多くのクリュ・クラッセでさえここまではやっていない．新しい樽を使ったら厳しくてタンニンの強いワインが出来てしまわないか，ことにサン＝テステーフだとそうではないか，と心配する人もいるかもしれない．私の経験からいうと，どのワインも申し分なく魅力的だ．色は深くて濃く，香り豊かで，濃縮された果実味が樽の風味によくなじみ，ワインはバランスがとてもよくて，スタイリッシュで，傑出した風味をもち，比較的早いうちから飲める一方，長持ちするタイプでもある．安定性も群を抜いている．

Château Laffitte-Carcasset シャトー・ラフィット＝カルカッセ

格付け：クリュ・ブルジョワ．
所有者：Vicomte Philippe de Padirac.
作付面積：27 ha. 年間生産量：16,500 ケース．
葡萄品種：カベルネ・ソーヴィニヨン 70％，メルロ 29％，プティ・ヴェルド 1％．
セカンド・ラベル：Château La Vicomtesse.

この名前はプルミエ・クリュ・クラッセの猿真似をしようとしたわけではなく，18世紀の所有者からとったものである．北へ向かって協同組合を通りすごしたところの，恵まれた場所にある．ワインは丹精こめて造られ，フィネスに重点が置かれているが，同時に，ボディも充分そなえている．

Château Lafon-Rochet シャトー・ラフォン＝ロシェ　★V→

格付け：第4級．
所有者：Tesseron family. 管理者：Michel Tesseron
作付面積：40 ha. 年間生産量：24,000 ケース．
葡萄品種：カベルネ・ソーヴィニヨン 55％，メルロ 40％，
　　　　　カベルネ・フラン 5％．
セカンド・ラベル：Les Pelerins de Lafon-Rochet.

ギー・テスロン（コニャックのネゴシアンで，クリューズ家の娘を妻にしている）は，1960年にこのクリュを買いとって以来，その名声を復活させようと必死の努力をかさねてきた．畑でも貯蔵庫でも，すべきことは沢山あったし，シャトーの建物もここにふさわしい伝統的な形で設計して，完全に新しく建て直した．銘酒街道の，コス＝デストゥルネルを通りすぎるあたりから，シャトーの姿をはっきり目にすることができる．

私は長年にわたって，このシャトーのワインは，粗野で，ぎすぎすしたタンニンが強すぎる，とくに後口にそれが顕著だと批判

してきた。その主な原因は、土壌に合わないカベルネ・ソーヴィニョンを使いすぎたことにあった。わたしの判断ではバランスのとれたワインが初めて誕生したのは、90年だと思う。もっとも、これは例外的な当たり年だった。それよりもむしろ、93年、94年のような酒造りの条件が厳しかった年に見られる、熟した果実味とみごとなハーモニーのほうが印象的である。95年、96年、98年、2000年はここのワインを新しい高みに押し上げた。こうした点から見て、ラフォン＝ロシェはサン＝テステーフのなかでお買い得なワインのひとつといえよう。

Château Lavillotte シャトー・ラヴィロット　Ｖ

格付け：クリュ・ブルジョワ．
所有者：Jacques Pedro.
作付面積：12 ha．　年間生産量：5,000 ケース．
葡萄品種：カベルネ・ソーヴィニョン 72％，メルロ 25％，
　　　　　プティ・ヴェルド 3％．
セカンド・ラベル：Château Aillan

ジャック・ペドロは完璧主義者で、それがワイン造りにも徹底されている。ワインは 30％ の新樽で熟成させ、濾過はおこなわないので、デカンターが不可欠である。香りが濃厚で、ハッカの香りがはっきりと強く出ていて、まさしく強烈なワインである。風味も素晴らしく、素性の良さと複雑さを物語っている。私はとくに、その攻撃力と果実味ゆたかな第一印象が好きだ。だが、一方ではフィネスもそなえている。ただし、ボディの点では期待されたほどの素晴らしさは望めない。

Château Lilian Ladouys シャトー・リリアン・ラドゥーイ

格付け：クリュ・ブルジョワ・シュペリュール．
所有者：SA Château Lilian Ladoueys.
作付面積：40 ha．　年間生産量：20,000 ケース．
葡萄品種：カベルネ・ソーヴィニョン 58％，メルロ 37％，
　　　　　カベルネ・フラン 5％．

1989年にクリスチャンとリリアンのティブロ夫妻がこのシャトーを買った当時、ここは協同組合の末端の一員に過ぎなかったが、短期日のうちにクリュ・ブルジョワの名に値するものに変革した。葡萄畑は 20 ヘクタールだったのを、近所からうまく買い入れて 50 ヘクタールまで拡大した。新しい醸造所と貯蔵庫が、コスから遠くない、魅力的なシャルトルーズ派寺院風に建てたシャトー "ディレクトアール" のまわりに建てられた。瓶詰された最初のヴィンテージ 89 年は、その年の魅力と果実味に富み、とくにリッチとスパイシーさが印象的だった。この年と同じようにおいしい 90 年のワインは、このシャトーが真の潜在能力をもっていることを暗示している。ただ残念なことに、景気後退と、1990年代前半のワインの不作続きによって、新しいオーナーは大きな痛手をこうむり、購入時に融資してくれたナテクシ銀行に引き渡さざるを得なくなった。現在はジョルジュ・ポーリ（⇒ 104頁 Gruaud-Larose の項）を技術顧問に迎え今も上質のワインを造り続けている。

シャトー紹介 メドック

Château de Marbuzet シャトー・ド・マルビュゼ

格付け：ブルジョワ．
所有者：Domaines Prats.
作付面積：7 ha． 年間生産量：3,900 ケース．
葡萄品種：メルロ 60%，カベルネ・ソーヴィニョン 40%．

ここにある端正なシャトーの建物は，以前はコス＝デストゥルネルのオーナーだったプラッツ一家が住んでいる。ここのワインは従来コスのセカンド・ワインの扱いを受けてきたが，94年からここでの独自のワイン造りが始まった。最初のヴィンテージはスタイリッシュで洗練されたもの。

Cave Coopérative Marquis de St-Estèphe
マルキ・ド・サン＝テステーフ協同組合

所有者：Société de Vinification de St-Estèphe.
作付面積：120 ha． 年間生産量：77,000 ケース．
葡萄品種：カベルネ・ソーヴィニョン 65%，メルロ 25%，
　　　　　プティ・ヴェルド 4%，カベルネ・フラン 3%，
　　　　　マルベック 3%．

この組合は1934年にわずか42名の葡萄栽培農家によって設立された。現在，メンバーは85で，メドックで，いや，ジロンド県全体で，いちばん新しい設備を備えた，いちばん経営の上手な協同組合のひとつとなっている。しかし近年はメンバーが減少傾向にあり，また自分でワインを造って売る栽培者が増えるにつれ，生産量も低下している。

　ここではサン＝テステーフのアペラシオン地区内でとれた葡萄しか扱わない。マルキ・ド・サン＝テステーフという独自の商標でワインを販売するほかに，わりと名の売れたシャトーが沢山あるので，ここの醸造所でそれぞれ別個に醸造熟成し瓶詰めして各シャトーの名前で売りだしている。

Château Meyney シャトー・メイネイ　V

格付け：クリュ・ブルジョワ・シュペリュール．
所有者：Domaines Cordier.
作付面積：51 ha． 年間生産量：29,000 ケース．
葡萄品種：カベルネ・ソーヴィニョン 67%，メルロ 25%，
　　　　　カベルネ・フラン 5%，プティ・ヴェルド 3%．
セカンド・ラベル：Prieur du Château Meyney.

サン＝テミリオンには古い教会関係の建物や，その遺跡が豊富に残っているが，メドックの場合はめったにない。メイネイはまさしくいちばん保存状態のよい，この種の建物だろう。ジロンド河の彼方まで見渡せる丘の上の，恵まれた場所に建つ現在の建物は，1662年から66年あたりに建てられたものだ。中庭には今なお僧院のような雰囲気が漂っている。ラベルには最近まで，古い名前のプリュレ・デ・クレ Prieuré des Couleys が書かれていた。

　ワインは果味とタンニンのバランスがほどよくとれている。じつに肌目が細かく，力をもっているが，風味はつねにみずみずしい。わたしの見たところでは，若いうちに最高の時期を迎えるのが普通で，熟成するための骨格も持ってはいるようだが，あま

り長く寝かせるとぎすぎすしてくるし、後口に苦味が出るようだ。ここのワインは長年にわたって安定していて、それが成功の鍵になっている。サン゠テステーフの格付けされていないワインのなかでは、トップクラスのひとつといって間違いなく、私としては、素性の良さにやや欠けるため、ド・ペズとフェラン゠セギュールのすぐ次あたりにくるワインだと評価している。

Château Montrose シャトー・モンローズ ★★

格付け：第2級．
所有者：Jean-Louis Charmolüe.
作付面積：68 ha. 年間生産量：37,000 ケース．
葡萄品種：カベルネ・ソーヴィニョン65%, メルロ25%,
　　　　　カベルネ・フラン10%.
セカンド・ラベル：La Dame de Montrose. V

スコットランドの人々はがっかりするだろうが、この名前はスコットランドに由来しているわけではなく、昔この畑についていた「薔薇色の丘」という呼び名を取ったものにすぎない〔スコットランドにはモンローズという名家と町がある〕。偉大なる格付銘柄シャトーのなかでは、葡萄を植えはじめた時期がもっとも新しく、19世紀初めに、かつてカロン゠セギュールの一部だった未墾の土地を開墾して畑にした。隣のメイネイと同じく、近くの丘の頂きからジロンド河の素晴らしい景色を見渡すことができる。モンローズは1896年以来シャルモリュ家のものとなり、丹精こめたワイン造りがおこなわれている。現在の所有者ジャン゠ルイ・シャルモリュは、大きな尊敬を集めていた先代の母親と同じく、ここを住まいとして仕事に打ちこんでいる。2000年のヴィンテージに、初めて新しいステンレス製の発酵槽を使ったが、古い木製の発酵槽も保存されている。

　私は樽で利き酒するときのモンローズをつねに崇拝してきた。昔に比べるとカベルネ・ソーヴィニョンの香りが弱くなったが、すっきりしているところが素晴らしく、きびきびしていて、新樽を使っているためタンニンの風味があって、新しい樫の香りと、タンニンと、果実味がじつにうまくマッチしている。しかし、これは急いで飲むワインではなく、かなりの忍耐が必要とされる。

　ヴィンテージについて述べておくと、81年は力強いタンニンにほのかな甘さがほどよく加わって、とくに印象的。82年は優れたワインだが傑出しているとはいいがたいし、83年は早く飲んでしまう必要がある。生産量が多かった82年と83年のあと、選酒をきびしくした成果が出はじめ、まず84年に、香り高い果実味とリッチでしなやかな風味を備えた、この年としては例外的なワインが生まれている。85年は見事。86年はヒマラヤ杉をしのばせる素晴らしい香りと、美しい風味と、バランスを備えている。88年はまだ閉じている。89年は濃厚密度に欠けるが実になめらかな果実味を持っている。90年は愛らしい甘さを備えた、よりリッチで洗練されたワイン——この偉大なヴィンテージにおける偉大なワインのひとつ。91年は畑の大部分が霜害を免れたおかげで、この年の数少ない傑出したワインのひとつとなっている。92年, 93年, 94年, 95年, 96年, 98年, 99年, 2000年は

シャトー紹介　メドック

いずれも，各ヴィンテージのトップクラスに位置するワイン。
　モンローズは，この10年間で飛躍的に大きな進歩をとげた。いまは"スーパー・セカンド"のひとつとして扱うべきであろう。

Château Morin シャトー・モラン

格付け：クリュ・ブルジョワ．
所有者：Marguerite & Maxime Sidaine.
作付面積：10 ha．年間生産量：6,000ケース．
葡萄品種：メルロ50％，カベルネ＝ソーヴィニヨン48％，
　　　　　プティ・ヴェルド2％．

このクリュはサン＝テステーフの北部，サン＝コルビアンの集落のちょうどはずれにあり，数世代にわたって同じ一族がここを所有している。今でも，19世紀の雰囲気をのこす楽しい古いデザインのラベルを使っていて，シャトーは伝統的な方針のもとに経営されている。風味の強いワインで，ほどよいしなやかさをもち，なかなか評判がいい。

Château Les Ormes-de-Pez
シャトー・レ・ゾルム＝ド＝ペズ　V

格付け：クリュ・ブルジョワ・エクセプショネル．
所有者：Cazes family.
管理者：Jean Michel Cazes.
作付面積：32 ha．年間生産量：15,000ケース．
葡萄品種：カベルネ・ソーヴィニヨン55％，メルロ35％，
　　　　　カベルネ・フラン10％．

カーズ家がランシュ＝バージュにつぎこんだ偉大なワイン造りの才能が，ここにも顕著にあらわれている。私はこの何年か，毎年のように生みだされる魅力的なワインに，納得のいく驚きを感じたものだ。難しい年のワインでさえ，どれもしなやかで，果実味豊かで，サン＝テステーフの多くに見られる瘦せた感じや厳しさはどこにもない。1981年に，新しいステンレス・タンクが据えつけられ，熟成用の新しい貯蔵庫が建てられた。それまでは，ワインの貯蔵・熟成はランシュ＝バージュでおこなわれていた。

　ワインはとても濃密で，しなやかさ，果実味，豊かな個性と見事なバランスを示している。ワインの出来がとてもよかったのは82年（とくにリッチ），83年，85年，86年，88年，89年，90年，96年，98年，99年，2000年。レ・ゾルム＝ド＝ペズは，ときに隣のド・ペズのような素性の良さに欠けることがあるが，飲む者を失望させることはめったにない。そのため，サン＝テステーフのクリュ・ブルジョワのなかでは，最上かつ信頼できるワインのひとつに数えられている。

Château de Pez シャトー・ド・ペズ　★V

格付け：クリュ・ブルジョワ・エクセプショネル．
所有者：Champagne Louis Roederer.
作付面積：24.1 ha．年間生産量：11,500ケース．
葡萄品種：カベルネ・ソーヴィニヨン45％，
　　　　　カベルネ・フラン44％，メルロ8％，

サン゠テステーフ

プティ・ヴェルド 3%.

サン゠テステーフの町のちょうど西に位置するペズの小村を曲りくねって抜ける銘酒街道を通ると，大きな双子の塔のあるこの古いシャトーがよく見える．1955年にロベール・デュッソンが叔母からここの経営をひきついだとき，この評判は既に高くて，サン゠テステーフの格付けされていないシャトーのなかでは最上と評価されていた．ところが，1980年代の後半に入ってから経営状態が悪化しはじめ，おまけに，評判と品質の安定性でフェラン゠セギュールに追い越されてしまった．その後，1995年にシャンパンのルイ・ロデレール社がこのシャトーを買いとってから，着実な改良によってシャトー・ド・ペズはACにおける一流クリュとしての地位を回復した．

ド・ペズがもっていて，ほかのサン゠テステーフのクリュ・ブルジョワに欠けている資質は何かというと，素性の良さだ．ブラインド・テイスティングをすれば，これがはっきりと出る．魅力的なスパイスの香りがあって，優雅さ，魅惑，豊かな果実味がそこに加わる一方，風味は素晴らしく，濃縮されていてリッチで，素性の良さとバランスもそなわっている．年によっては瘦せた感じのするものがあるかもしれないが，バランスはとれている．新しい所有者の下で，95年は上質，96年は群を抜いてよく，98年，99年，2000年も悪くない．

Château Phélan-Ségur シャトー・フェラン゠セギュール ★ V

格付け：クリュ・ブルジョワ・エクセプショネル．
所有者：Château Phélan-Ségur SA
　　　　(President: Xavier Gardinier)．
作付面積：64 ha．年間生産量：40,000ケース．
葡萄品種：カベルネ・ソーヴィニヨン 60%，メルロ 35%，
　　　　　カベルネ・フラン 5%．
セカンド・ラベル：Franck Phélan. 8,330ケース．

メイネイ，モンローズのような隣人たちと同じく，ここもまた銘酒街道からは姿の見えないシャトーである．端正なシャトーはサン゠テステーフの町の南はずれの，ジロンド河の対岸をふくむ見事な景色が見晴らせる小高い丘に建っている．ここには巨大な貯蔵庫がある．1924年からここを所有していたドロン家が，1985年にシャンパーニュのポメリー社の前取締役社長，グザヴィエ・ガルディニエに売却した．

このクリュは最高の年には，リッチで，しなやかで，複雑さと素性の良さをそなえた，後味の長い素晴らしいワインを造ることができる．デュロン家が所有していた最後の頃に造られたワインは，安定性がなく貧弱だった．1987年にグザヴィエ・ガルディニエは，83年ヴィンテージものはすべて回収し，84年と85年はこのシャトーのラベルでは売らないと声明した．このことはボルドーに衝撃をあたえた．この新規まきなおしをやり始めたシャトーは，優れた87年ものを造りだし（この不作の年でありながら），88年，89年，90年と心に残るワインが続いている．また，92年，93年はそのヴィンテージの水準をはるかに超えている．94年と95年はなかなか良く，96年は傑出している．98年と

シャトー紹介 メドック

2000年はとても上質のワインが造られた。フェランは，サン゠テステーフの格付けされていないワインのなかで最高のレベルにふたたび挑戦している。

Château Picard　シャトー・ピカール
格付け：クリュ・ブルジョア．
所有者：Mähler-Besse.
作付面積：8 ha. 年間生産量：5,000 ケース．
葡萄品種：カベルネ・ソーヴィニヨン85％，メルロ15％
セカンド・ラベル：Les Ailes de Picard.
メーラー・ベッス社が1997年にこのシャトーを購入した。好ましい甘い果実味とリッチさを具えるとても魅力的なワインを造るために，30％の新樽が使われている。

Château Pomys シャトー・ポミィ
格付け：クリュ・ブルジョワ．
所有者：SARL Arnaud.
作付面積：12 ha. 年間生産量：8,000 ケース．
葡萄品種：カベルネ・ソーヴィニヨン50％，
　　　　　メルロ35％，カベルネ・フラン15％．
ここの絵のようなシャトーの建物の方は今や持ち主が変わってしまった。このワインは，英国でよく見かけるが，とても信頼がおけ，魅力的で，よくバランスがとれている。

Château Segur de Cabanac
シャトー・セギュール・ド・カバナック　→
格付け：クリュ・ブルジョワ．
所有者：Guy Delon。
作付面積：7.1 ha. 年間生産量：3,900 ケース．
葡萄品種：カベルネ・ソーヴィニヨン60％，メルロ30％，
　　　　　カベルネ・フランとプティ・ヴェルド10％．
1985年にギー・ドロン（彼の一族は元フェラン・セギュールの所有者）がこのシャトーを購入。実に12区画という数の小さな葡萄園から成り，カロン・セギュール，フェラン・セギュール，メイネイなどを隣人とする。新しい貯蔵庫と醸造所がサン゠テステーフの港の近くにある。96年ものはリッチな果実味とほどよいタンニンがよく調和した高級ワインで，2001年はサン゠テステーフでも最高の部類のひとつである。

Château Tour de Pez　シャトー・トウール・ド・ペズ
格付け：クリュ・ブルジョワ・シュペリュール．
所有者：Tour de Pez.
作付面積：30 ha. 年間生産量：16,500 ケース．
葡萄品種：カベルネ・ソーヴィニヨン45％，メルロ40％，
　　　　　カベルネ・フラン10％，プティ・ヴェルド5％．
葡萄畑の一部はかつてシャトー・ド・ペズの一部だったように思われる。レイサック村とエヤン村だけでなく，カロン゠セギュールとモンローズに隣接する砂利がちのスロープに数区画の畑があ

る。現在の所有者はここを 1989 年に購入して以来,多大の投資を行なってきた。私の見るところ,96 年は甘い果実味があり,持続力と優雅さをもつ,真に良質のワインである。だんぜん注目すべき名前。

Château Tour-des-Termes シャトー・トゥール゠デ゠テルム

格付け:クリュ・ブルジョワ.
所有者:Jean Anney.
作付面積:15 ha. 年間生産量:7,500 ケース.
葡萄品種:カベルネ・ソーヴィニョン 45%,メルロ 50%,
　　　　　プティ・ヴェルド 5%.

このアペラシオンとしては北部にあたる,サン゠コルビアン村に近いほどよい大きさのシャトー。私が味わったワインは上手に造られていて,豊かな個性とたくましさが感じられたが,同時に,しなやかで,とても洗練されていた。熟成には樫樽が使われる。

Château Tronquoy-Lalande
シャトー・トロンクワ゠ラランド →

格付け:クリュ・ブルジョワ・シュペリュール.
所有者:Arlette Castéja-Texier.
作付面積:17 ha. 年間生産量:10,000 ケース.
葡萄品種:メルロ 45%,カベルネ・ソーヴィニョン 45%,
　　　　　プティ・ヴェルド 10%.
セカンド・ラベル:Château Tronquoy de Ste-Anne

シャルトルーズ派の僧院に似た建物の両端にそれぞれ個性的な塔がそびえるこの魅力的なシャトーに,私は昔からひきつけられていた。ラランドは土地の名前,トロンクワは 19 世紀の初頭の所有者の名前である。

　現在は細心の注意のもとにシャトーの運営がおこなわれ,ドート社が独占販売権を手に入れて,技術面での協力もおこなっている。ワインは一部は発酵槽で,一部は樽で熟成させている。そしてこのワインは若いうちは頑丈で粗野な傾向があるが,96 年以降はバランスもずっと良くなり魅力的になった。

オー゠メドック Haut-Médoc

不況の時代にこの地域がこうむった衰退も,今はすっかり影をひそめて活況を呈している。栽培面積は 1973 年から 1988 年のあいだに,ほぼ 2 倍になっている。これはじつに驚異的なことだ。1988 年から 2000 年にかけて,畑の面積はさらに 26% 増加した。

　ここのクリュ・ブルジョワは総体的に品質が優れていて,生産量も,この地区の 62% を占めている。その栽培面積も,メドックのどの地区よりも大きい。ワインはまったく性格の異なる 15 の村で造られているが,100 ヘクタール以上の畑をもつのはこのうちわずか 10 で,重要な村は,サン゠スーラン,サン゠ローラン,キューサック,サン゠ソーヴール,シサック,ヴェルテイユである。

　ワインのスタイルにはかなり幅があって,生産量のいちばん多

シャトー紹介 メドック

い北部の村では、たくましい、風味豊かなワインをつくっているし、南の方では、もっと柔らかくて軽いワインをつくっている。〔訳注：この章はシャトー名のあとに村名を付した〕。

Château d'Agassac シャトー・ダガサック（リュドン村）→
格付け：クリュ・ブルジョワ・シュペリュール．
所有者：Groupama.
作付面積：38 ha．年間生産量：20,000 ケース．
葡萄品種：カベルネ・ソーヴィニヨン 47％，メルロ 50％，
　　　　　カベルネ・フラン 3％．

メドックに残存する本物の中世のお城の、それこそ数少ない一例である。リュドン村でラ・ラギューヌに次ぐ最も重要なクリュである。30 年以上前に、フィリップ・ガスクトン（⇒ 126 頁 Calon Ségur, 127 頁 Capbern，87 頁 du Tertre の項）がここを引き継いで以来、めざましい改良が加えられて、ワインの評判はおおいに高まっている。彼の死後、ここは現所有者に売却された。はっきりした魅力的な個性をもったワインで、生き生きした香り、たぐいまれなる果実味、きわだった風味をそなえている。98 年は著しい改良をみせ、2000 年は秀逸である。乞う御期待．

Château Aney シャトー・アネイ（キューサック村）
格付け：クリュ・ブルジョワ．
所有者：Raimond family.
作付面積：20 ha．年間生産量：13,000 ケース．
葡萄品種：カベルネ・ソーヴィニヨン 55％，メルロ 30％，
　　　　　カベルネ・フラン 10％，プティ・ヴェルド 5％．

キュサック＝フォール＝メドックをドライブしていれば、道路の右にあるこのクリュを見逃すことはないだろう。96 年ものは堅固ですっきりしたタンニンと嬉しくなるような果実味があり、2000 年もまた素晴らしくスパイシーな果実味を示している。

Château d'Arche シャトー・ダルシュ（リュドン村）
格付け：クリュ・ブルジョワ・シュペリュール．
所有者：Mähler-Besse.
作付面積：9 ha．年間生産量：5,500 ケース．
葡萄品種：カベルネ・ソーヴィニヨン 45％，メルロ 40％，
　　　　　カベルネ・フラン 10％，プティ・ヴェルド 5％．
セカンド・ラベル：Ch Egmont Lagrive.
葡萄畑はラ・ラギュスに隣接する一箇所だけである。50％の新樽．ワインは、上質の果実味と少なからぬ優雅さをそなえたメドックの古典的タイプである。

Château d'Arcins シャトー・ダルサン（アルサン村）
格付け：クリュ・ブルジョワ．
所有者：SC du Château d'Arcins.
作付面積：97 ha．年間生産量：55,000 ケース．
葡萄品種：カベルネ・ソーヴィニヨン 55％，メルロ 40％，カベルネ・フラン 5％．

シャトー・ダルサンを経営する会社の筆頭株主は、カステル・フレール社である。同社はこの村最大のこの畑を開発するために、多大の投資をしてきた。また、ここのワインは近くのマルゴーやムーリスの品質の多くをも備え、大部分は北部フランスに売られている。

Château Arnauld シャトー・アルノー（アルサン村）
格付け：クリュ・ブルジョワ・シュペリュール．
所有者：M et Mme Maurice Roggy.
作付面積：27 ha． 年間生産量：11,000 ケース．
葡萄品種：カベルネ・ソーヴィニヨン 60%，メルロ 40%．
セカンド・ラベル：Château Chambore.
最初は修道院のものだったこのシャトーは、この村のトップの存在である。1956 年にロジー家に買い取られた。シャトー・プジョーのフランソワ・ティーユと結婚したロジー家の娘の一人によって、葡萄園は植え替えられ、改良の手が加えられた。魅力ある果実味をもった 97 年は美味、96 年と 98 年はリッチで堅固に仕上がった。見守りたいワイン。

Château d'Arsac シャトー・ダルサック　⇒ 73 頁の項．

Château d'Aurilhac シャトー・ドーリヤック（サン＝スーラン＝ド＝ガドールヌ村）
格付け：クリュ・ブルジョア．
所有者：Erik Nieuwaal.
作付面積：16 ha． 年間生産量：11,000 ケース．
葡萄品種：カベルネ・ソーヴィニヨン 56%，メルロ 38%，
　　　　　カベルネ・フラン 3%，プティ・ヴェルド 3%．
このシャトーはまったくの新顔だ。サン＝スーラン＝ド＝カドゥルスの最西端の畑に葡萄樹が植えられたのは 80 年作後半に過ぎない。96 年ものは新樽の影響が非常に大きい——恐らく新樽 50 ％は若い葡萄には高すぎる比率であろう——しかし、とても豊かで熟したタンニンを含み、13.5 度という驚くほど高いアルコール度からみて、メドックというよりシャトーヌフ＝デュ＝パープに近い。99 年はフルーティで美味。ニュー・ウェーブならではの魅力をたたえている。注目すべきワインであることは明らかだ。

Château Barreyres シャトー・バレール（アルサン村）
格付け：クリュ・ブルジョワ．
所有者：SC du Château Barreyres.
作付面積：109 ha． 年間生産量：38,000 ケース．
葡萄品種：カベルネ・ソーヴィニヨン 50%，メルロ 50%．
セカンド・ラベル：Tour Bellevue.
所有者（株主）のカステル・フレール社は、シャトー・ダルサンと同様、1981 年にここの醸造設備を生産量に見合うようにするため、新しい貯蔵庫と醸造所の完成に多大の投資をおこなった。ここのワインは快い果実味が特徴でなかなか魅力的だが僅かばかり粗さをみせることがある。

シャトー紹介 メドック

Château Beaumont シャトー・ボーモン（キューサック村） V

格付け：クリュ・ブルジョワ・シュペリュール.
所有者：Grands Millésimes de France.
管理者：Phillippe Blanc.
作付面積：105 ha. 年間生産量：66,700 ケース.
葡萄品種：カベルネ・ソーヴィニヨン 60％, メルロ 35％,
　　　　　プティ・ヴェルド 3％, カベルネ・フラン 2％.
セカンド・ラベル：Châteaux Moulin d'Arvigny,
　　　　　　　　Les Tours-de-Beaumont.

近くのトゥール＝デュ＝オー＝ムーランとは著しく対照的に, ボーモンのワインは軽くて, フルーティで, 早めに飲みごろを迎えるタイプである。香りが高く, 新樽の香りや風味をうまく吸収していて, タンニンと果実味が素晴らしい調和をなし, 風味もじつに魅力的だ。所有者はシャトー・ベイシュヴェル (⇒ 101 頁の項) と同じ。

　セカンド・ワインは早く飲めるように造られていて, 生産量の約 25％ を選別したもの。若い木から生まれたものがほとんど。

Château Bel-Air シャトー・ベ＝レール（シサック村）

格付け：クリュ・ブルジョワ.
所有者：Héritiers d'Henri Martin.
作付面積：37 ha. 年間生産量：20,000 ケース.
葡萄品種：カベルネ・ソーヴィニヨン 65％, メルロ 35％.

アンリ・マルタン (シャトー・グロリアの所有者で 1991 年に亡くなるまでメドックの最も偉大な人物のひとりだった) は 1980 年にこのシャトーを買い取った。いまは有能なジャン＝ルイ・トリオーが経営にあたっている。彼はマルタンの娘婿で, 3 つに分かれている葡萄畑をうまく調整している。ここのワインは果実味があり, 香りもよく, 密度のある肌理 (きめ) をそなえている。見守るべきワイン。

Château Belgrave
シャトー・ベルグラーヴ（サン＝ローラン村） V →

格付け：第 5 級.
所有者：GFA. 管理者：Jacques Begarie.
作付面積：57 ha. 年間生産量：30,000 ケース.
葡萄品種：カベルネ・ソーヴィニヨン 55％, メルロ 32％,
　　　　　カベルネ・フラン 12％, プティ・ヴェルド 1％.
セカンド・ラベル：Diane de Belgrave

このシャトーは, 1979 年に CVBG のグループ (ドート＝クレスマン) が買収するまで, 何十年ものあいだ, 維持改良のための投資の不足と怠惰なワイン造りの被害をこうむってきた。だから, ここのワインはずっと無名に近かった。しかしながら, 畑はラグランジュの裏手の砂利質の丘にあって, 立地条件はいいのだから, すぐれた資質はあるはずだ。現在, 新しい所有者たちが貯蔵庫に大規模な改良を加え, 熟成にも 40〜60％ の新しい樽が使われるようになっている。貯蔵庫と醸造所に多大の投資をしたあと, 1986 年, アラン・レニエ教授を畑の栽培に, そしてミシェル・

ローランを醸造所に迎えて，新しい時代が始まった．ワインの向上は著しい．今や，タンニンの粗々しさは消え，親しみやすいワインが造られている．

Château Bel-Orme-Tronquoy-de-Lalande
シャトー・ベ゠ロルム゠トロンクワ゠ド゠ラランド（サン゠スーラン・ド・カドールヌ村） →
格付け：クリュ・ブルジョワ．
所有者：Jean-Michel Quié.
管理者：Jean-Louis Camp.
作付面積：28 ha. 年間生産量：15,500 ケース．
葡萄品種：メルロ 55%，カベルネ・ソーヴィニヨン 35%，
　　　　　カベルネ・フラン 10%．
サン゠テステーフの町の南にあるトロンクワ゠ラランドと混同しないこと〔ここは，もっと北のサン゠スーラン・ド・カドールヌ村にある〕．このシャトーはかつてトロンクワ家の持ち物だった．ベ゠ロルムという言葉は"美しい楡"を意味している．ここのワインは力強くて，堅実で，伝統的で，わたしが試飲した 1920 年代の何本かの瓶でも証明されたように，驚くほど長命である．ワインは，ジャン゠ルイ・カンのおかげで改良され，96 年ものは熟したタンニンが口いっぱいに広がる．時間をかけると，ますます良くなるだろう．

Château Bernadotte シャトー・ベルナドット（サン゠ソーヴール村） V →
所有者：Mme May-Eliane de Lencquesaing.
作付面積：30 ha. 年間生産量：16,000 ケース．
葡萄品種：カベルネ・ソーヴィニヨン 62%，メルロ 36%，
　　　　　カベルネ・フランとプティ・ヴェルド 2%．
セカンド・ラベル：Château Fournas-Bernadotte.
このシャトーはポイヤックとサン゠ソーヴールの境界近くにある．シャトー・ピション・ロングヴィル・コンテス・ド・ラランドの所有者がここを 1996 年に買ったとき，畑のうちオー゠メドックに属する部分のみベルナドットを名乗るという取決めがなされた．ワインは実に品質がよく，豊かなタンニンと大らかな果実味をそなえる．96 年はすでに定評があり，97 年はその年の平均以上，98 年にはおいしい果実味と調和がある．引きつづき注目していきたいワイン．

Château Le Bourdieu-Vertheuil シャトー・ル・ブールディユー゠ヴェルティユ（ヴェルテイユ村）
格付け：クリュ・ブルジョワ．
所有者：Richard family.
作付面積：44 ha. 年間生産量：19,000 ケース．
葡萄品種：カベルネ・ソーヴィニヨン 60%，メルロ 25%，
　　　　　カベルネ・フラン 10%，プティ・ヴェルド 5%．
セカンド・ラベル：Châteaux Victoria and Picourneau.
たぶん今日のヴェルテイユでもっとも評判のいいクリュであろう．

畑はヴェルテイユの村落からサン=テステーフとの境界線まで続いている。このワインは、熟成には樫樽が使われているし、注意深いワイン造りの心がよく反映されている。その結果、たくましさとフィネスが溶けあっている。スタイルは上質でこってりしたサン=テステーフの典型である。

Château du Breuil シャトー・デュ・ブルイユ（シサック村）

格付け：クリュ・ブルジョワ．
所有者：Vialard family.
作付面積：25 ha．年間生産量：15,000 ケース．
葡萄品種：メルロ 34%，カベルネ・ソーヴィニョン 28%，
　　　　　カベルネ・フラン 23%，プティ・ヴェルド 11%，
　　　　　マルベック 4%．
セカンド・ラベル：Château Moulin du Breuil.

ここはメドックでは最も古い記録のあるシャトーであり、その記録によると 16 世紀までさかのぼり、ブルイユ男爵領であったことが分かる。このシャトーは中世の要塞で、1861 年まで人が住んでいた。堂々とした威風は残しているものの、残念ながら今では荒れ果てている。

現在の所有者はヴィヤラール家（⇒ 145 頁 Cissac の項）で、1987 年にここを買い取った。貯蔵庫も醸造所も、この時は非常に痛んでいて、多くの補修が必要だった。それ以前にも立派なワインがないわけではなかったけれども、新しい所有者のもとで事態は変わった。88 年から（新しい経営下で 2 年目の収穫年）は、本家のシサックと興味深い対照をなしている。

Château Cambon-la-Pelouse
シャトー・カンボン=ラ=プルーズ（マコー村）　V →

格付け：クリュ・ブルジョワ・シュペリュール．
所有者：Jean-Pierre Marie.
作付面積：60 ha．年間生産量：33,000 ケース．
葡萄品種：メルロ 50%，カベルネ・ソーヴィニョン 30%，
　　　　　カベルネ・フラン 20%．
セカンド・ラベル：Château Trois Moulins

1996 年にジャン=ピエール・マリーがカレール家からリースを引き継いだ。現在、ワインの熟成は 30% の新しいオーク樽で行なわれており、多大の賞賛をあびている。飲みやすい果実味を残しつつ、ボディとたくましさが増している。

Château de Camensac
シャトー・ド・カマンサック（サン=ローラン村）　V

格付け：第 5 級．
所有者：Forner family.
作付面積：75 ha．年間生産量：29,000 ケース．
葡萄品種：カベルネ・ソーヴィニョン 60%，メルロ 40%．
セカンド・ラベル：La Choserie de Camensac.

カマンサックはサン=ローランのほかの格付け銘柄シャトーの仲間と同様に忘れられ、無視されるところまで落ちていた。しかし、

1965年にフォルネル兄弟に救われた。兄弟はスペインの出身で（上物のリオハ・ワインを造っている）、ボルドーでは新顔だったため、このクリュを再建するにあたって、エミール・ペイノー教授の教えを乞うことを考えた。畑の多くは植替えをする必要があったし、貯蔵庫と醸造所は一から十まで最新のものにして、設備を入れなおさなくてはならなかった。

1980年代のワイン、たとえば82年のようにリッチな豊作年のものでさえ、昔より強くて、しかも荒っぽい風味をもっているように思われる。ワインのウエイトに対して、エキス分と樽香が強すぎるように思われる。しかし、95年は良くなっている。さまざまな制約がありながら、とにかく良いワインである。

Château Cantemerle シャトー・カントメルル（マコー村）　★V

格付け：第5級.
所有者：Société Assurances Mutuelles du Bâtiment et Travaux Publics.
管理者：Philippe Dambrine.
作付面積：87 ha. 年間生産量：55,000ケース.
葡萄品種：カベルネ・ソーヴィニヨン50%、メルロ40%、
　　　　　カベルネ・フラン5%、プティ・ヴェルド5%.
セカンド・ラベル：Villeneuve de Cantemerle.

この有名な古いシャトーは一時期低迷状態にあったが、現在、急速な勢いで以前の栄光をとりもどしつつある。ピエール・デュボスが所有者だった時代に、（その時代は50年以上続き、20世紀の前半分とだいたい一致するが、）シャトーにふさわしい偉大なる評判を打ち立てた。やがて、フランスにつきものの問題として、相続のために何人かの相続人にシャトーが分割され、その結果、資金と統率力が不足して、衰退と腐敗が忍びよってきた。カントメルルに転機が訪れたのは1980年、ドメーヌ・コルディエを一員とする企業グループに売却されたのがきっかけだった。古い木製の発酵槽のかわりにステンレス・タンクが設置されるなど、醸造所と貯蔵庫の最新化が行なわれた。

カントメルルのスタイルは軽さと優雅さを特徴とし、そこにほどほどの風味をもったリッチな酒躯が加わっている。新しい経営陣に変わってから初めてのヴィンテージは、当時、醸造所が再建されている最中だったせいか、私には期待はずれの退屈なワインに思われた。81年はいくらかましだったが、とくに優れてはいなかった。しかし、次の82年、83年、85年は、格別すばらしい年だけに恵まれる華やかさとコクをそなえた、傑出したワインが生まれた。不幸なことに1986年には雹の被害を被った。それから、期待の持てる偉大な88年のあとに、リッチで豪華な89年、90年が生まれた。94年と95年、96年、98年、99年、2000年も良いワインが出来た。

Canterayne カントレヌ（サン＝ソーヴール村）

所有者：Cave Coopérative de St-Sauveur.
作付面積：57 ha. 年間生産量：35,000ケース.
葡萄品種：カベルネ・ソーヴィニヨン70%、メルロ25%、

シャトー紹介 メドック

　　　　　カベルネ・フランとマルベックと
　　　　　プティ・ヴェルド 5%.

この協同組合は 1934 年に結成され、メンバーは 69 である。ワインは、うまく造られ、この地域特有のしっかりとしていて、充実した性格を表している。

Château Caronne-Ste-Gemme シャトー・カロンヌ＝サント＝ジェーム（サン＝ローラン村） V

格付け：クリュ・ブルジョワ・シュペリュール.
所有者：Jean Nony-Borie.
作付面積：45 ha. 年間生産量：20,000 ケース.
葡萄品種：カベルネ・ソーヴィニヨン 65%，メルロ 33%，
　　　　　プティ・ヴェルド 2%.
セカンド・ラベル：Château Labat.

1980 年代の初め以来、このすぐれたクリュの知名度はその実力を反映して高まりつつある。1900 年以来、ボリー家がこのクリュを所有している。ここの畑はサン＝ジュリアンとキューサックとの村境になっている小川のジャル・デュ・ノールによって分離されている。サンジュリアンにある部分はもともとカマンサックから分けられたものと、その他のサン＝ローランにあった畑と、キューサック村の畑はラネッサンのすぐ近くにある。そのため、畑の状態はいささか特殊だ。

　ここのワインに対する私の総合的な印象を述べておくと、ワインはなかなか良く出来ていて、サン＝ローランの多くのものを上回るスタイルと素性の良さをそなえていて、粗野なところはまったくない。ただし、主張の強い性格をもっていて、これがはっきり出てくると、果実味とほどよく調和して、ある程度の複雑さを生みだす。96 年はこれらすべての資質をそなえている。素晴らしく長持ちする資質をそなえていて、まさしくクリュ・ブルジョワのトップに位置するワインだ。

Château Charmail シャトー・シャルマイユ（サン＝スーラン＝ド＝カドゥルヌ村） V→

格付け：クリュ・ブルジョワ・シュペリュール.
所有者：Olivier Sèze.
作付面積：22 ha. 年間生産量：14,000 ケース.
葡萄品種：メルロ 48%，カベルネ・ソーヴィニヨン 30%，
　　　　　カベルネ・フラン 20%，プティ・ヴェルド 2%.

ここの畑はサン＝スーラン＝ド＝カドゥルヌ村にあって、ジロンド河よりの砂利の多い斜面という恵まれた位置にある。1970 年代にブルゴーニュのムッシュ・ラリが買い取って修復した。1980 年代初期にフロンサックのシャトー・メース＝ヴィエルの所有者、ロジャー・セズ氏がここを引き継ぎ、今はその一族がリッチで、しなやかで、魅力的なワインを生産しているから、葡萄畑が成長してきたのだろう。96 年は（これまでより）濃密になり、その後一貫して、魅力的な果実味のあるワインが造られてきた。評価が上昇中のワインである。

オー=メドック

Châtelleine シャトレイヌ（ヴェルテイユ村）

所有者：Cave Coopérative de Vertheuil.
作付面積：66.7 ha. 年間生産量：40,000 ケース.
葡萄品種：カベルネ・ソーヴィニヨン50%、メルロ50%.

この協同組合のメンバーは70で、年間7,000ヘクトリットルのワインを生産している。良質で堅固なワインで、メンバーの中には、次のような自分のシャトーのラベルを貼っている所もある。Château Ferré Portal, Julianなど。

Château Cissac シャトー・シサック（シサック村）

格付け：クリュ・ブルジョワ・シュペリュール.
所有者：Vialard family.
作付面積：50 ha. 年間生産量：30,000 ケース.
葡萄品種：カベルネ・ソーヴィニヨン75%、メルロ20%、
　　　　　プティ・ヴェルド5%.
セカンド・ラベル：Reflets du Château Cissac.

シサックは数世代にわたって、メドックでも旧家のルイ・ヴィヤラール家と切っても切れない絆で結ばれている。この一家は1885年からシャトーを所有していて、ルイ・ヴィヤラールは1940年からずっとここに住んでいる。最近、広範囲にわたって近代化され、伝統的な方法——古い葡萄の木、木製の発酵槽、そして樫樽を使っての熟成（通常新樽の比率は50%）——も、ステンレス・スチールの新しい発酵槽などで補われている。

　ここでは現代（好み）の味への譲歩はみられない。ワインはまだ生硬でタンニンも頑固である。長く寝かせておく必要があることは確かだ。

Château Citran シャトー・シトラン（アヴァンサン村）

格付け：クリュ・ブルジョワ・シュペリュール.
所有者：Groupe Bernard Taillan.
作付面積：90 ha.
年間生産量：55,000 ケース.
葡萄品種：カベルネ・ソーヴィニヨン58%、メルロ42%.
セカンド・ラベル：Moulins de Citran.

アヴァンサン村でもっとも重要なクリュ。畑の一部はアヴァンサンの村落のすぐ近くにあるが、いちばん古い畑はこのシャトーとパヴィー=ド=リューズとのあいだにある。ミアイユ家が1945年にシャトーを購入したとき、畑はほとんど残っていなかった。それから1980年までのあいだ、シャトー・クーフランのジャン・ミアイユがここを運営し、畑を現在の大きさに広げて、ワインについてのすぐれた評判を築きあげた。そののち、彼の妹とその夫にシャトーを譲ったが、この2人は1986年に日本の東高ハウスに売却した。1997年、東高ハウスから現在のオーナーに売却された。（⇒ 90頁 Chasse-Spleen の項）

　ワインの評判はなかなかよい。わたしの印象では、きわだった果実味とすぐれたブーケをそなえている。風味、バランスともによく、ある種の土壌味が感じられる。1979年から1996年に売却されるまで、ここのワインはやや安定性に欠け、収穫量が多い年

には，水っぽくなったり，ぎすぎすしたりしていた．しかし，新しい体制以後，ラベルは新しい魅力的なものに変わったし，88年と89年と90年の努力は，大いに報われてきている．94年と95年，96年，97年，98年，2000年も良いワインが出来た．

Château Clément-Pichon
シャトー・クレマン＝ピション（パランピュイール村）

格付け：クリュ・ブルジョワ・シュペリュール．
所有者：Clément Fayat.
作付面積：25 ha．年間生産量：13,000 ケース．
葡萄品種：カベルネ・ソーヴィニヨン 50%，メルロ 40%，
　　　　　カベルネ・フラン 10%．

始めはパランピュイール Parempuyre と呼ばれていたこのシャトーは，1880年まではピション家が持っていた．次の持ち主が現在も建っているフランボワイヤン様式のシャトーを建てた．これは同じ建築家が手がけたシャトー・ラネッサンとフォンレオーと同一系統のものである．現在の持ち主クレマン・ファヤ（シャトーの名前を変えたのはこの人である）は，このシャトーの葡萄畑の植替えと排水設備の新設に投資した．酒蔵庫も近代化されたし，コンピュータで発酵をコントロールできる新しい発酵槽も設置された．葡萄畑がよい収穫をあげるようになるには，まだ時間がかかりそうだが，ワインは軽いきらいがあるが既に快適なものになっている．

Château Coufran
シャトー・クーフラン（サン＝スーラン村）　V

格付け：クリュ・ブルジョワ・シュペリュール．
所有者：SC du Château.　管理者：Jean Miailhe.
作付面積：75 ha．年間生産量：45,000 ケース．
葡萄品種：メルロ 85%，カベルネ・ソーヴィニヨン 15%．
セカンド・ラベル：Château La Rose Maréchale.

畑の土壌が重いからだろうが，それにしてもメルロの比率がこれだけ高いのはメドックでは珍しい．その結果，しなやかで，フルーティな，気軽に早めに飲めるワインが生まれている．当たり年にはその特徴が顕著に出るが，あまり良くない年のものは軽すぎるかもしれない．しかし，商業用のクラレット造りとしては成功で，手頃な値段で気軽に楽しめるメドックを造りたいという，このシャトーが宣言した目的を充分に果たしている．

Château Dillon シャトー・ディロン（ブランクフォール村）

格付け：クリュ・ブルジョワ．
所有者：Lycée Agricole de Bordeaux-Blanquefort.
作付面積：35 ha．年間生産量：20,000 ケース．
葡萄品種：赤；カベルネ・ソーヴィニヨン 50%，メルロ 39%，
　　　　　　　カベルネ・フラン 5%，プティ・ヴェルド 5%，
　　　　　　　カルムネール 1%．
　　　　　白；年間生産量 25,000 ケース，ソーヴィニヨン・ブラン 80%，セミヨン 15%，ミュスカデル 5%．

オー゠メドック

セカンド・ラベル：Château Linas (Bordeaux Blanc). 5 ha.
このクリュの名前は，1754 年にこのシャトーを手に入れたアイルランド移民からきている。1956 年以降はリセ・アグリコール（農業高校）の所有となり，温度制御をしながら発酵を進められるように醸造所に改良が加えられている。ここで造られるワインは，最上のものは軽くて優雅な風味をもっているが，年によってムラがある。1970 年代には良いワインがいくつか生まれている。そのあと畑が拡大され，選酒がなおざりにされ，まったく選酒をしなかったこともあったために，ワインはふたたび一歩後退してしまった。2000 年は向上が見られるかもしれない。

Château Fontesteau
シャトー・フォンテストー（サン゠ソーヴール村）
格付け：クリュ・ブルジョワ．
所有者：Christophe Barron and Dominique Fouin.
作付面積：23 ha. 年間生産量：13,000 ケース．
葡萄品種：カベルネ・ソーヴィニヨン 45%，メルロ 30%，
　　　　　カベルネ・フラン 22%，プティ・ヴェルド 3%
セカンド・ラベル：château Messine de Fontest.
名前は fontaines d'eau（泉）からきている。このサン゠ソーヴール村にある所在地の中にいくつかの古井戸があるからだ。ワインはコンクリート・タンクで仕込み，樽で熟成させ，ごく伝統的な方法で造られている。タフでタンニンが強いきらいがある。

Château Grandis
シャトー・グランディ（サン゠スーラン゠ド゠カドゥルヌ村）
格付け：クリュ・ブルジョワ．
所有者：GHF du Château Grandis.
作付面積：9.6 ha. 年間生産量：4,500 ケース．
葡萄品種：カベルネ・ソーヴィニヨン 50%，
　　　　　メルロ 40%，カベルネ・フラン 10%．
セカンド・ラベル：Aurac-Major.
グランディは 1857 年にアルマン・フィジェローに買い取られ，それ以来その家系が続いている。今日では彼の子孫のフランソワ・ヴェルジュズが運営している。ここのワインはサン゠スーラン゠ド゠カドゥルヌの典型的な堅実さを持ち，伝統的な方法によって造られている。よく成熟していて力強く寝かせておけるワイン。

Château Hanteillan シャトー・アンテイヤン（シサック村）
格付け：クリュ・ブルジョワ・シュペリュール．
所有者：SARL du Château Hanteillan.
管理者：Catherine Blasco.
作付面積：82 ha. 年間生産量：50,000 ケース．
葡萄品種：カベルネ・ソーヴィニヨン 50%，メルロ 41%，
　　　　　カベルネ・フラン 5%，プティ・ヴェルド 4%．
セカンド・ラベル：Château Laborde.
1972 年に，このシャトーはフランス最大の建設会社の共同経営

者たちに買いとられた。ここの畑は以前はサン゠テステーフのシャトー・クートラン゠メルヴィルと同じ所有者のものだったし、2つの畑は隣りあっている。クートラン゠メルヴィルの方がアペラシオン上の格は上だが、私にいわせれば、現在はアンテイヤンのほうが印象的なワインを造っている。メルロの比率が高いのは、ここの畑の一部に粘土質のところがあることを反映している。

真の素性の良さをそなえ、生真面目に造られたワインなので、畑が一人前になるのを待ちながら興味をもって見守っていきたい。

Château Haut-Logat シャトー・オー゠ロガ（シサック村）
所有者：Marcel and Christian Quancard.
作付面積：16 ha. 年間生産量：10,000 ケース。
葡萄品種：カベルネ・ソーヴィニヨン60％，メルロ30％，
　　　　　カベルネ・フラン10％．
セカンド・ワイン：Ch La Groix Margautot.
シサックにあるこの優良クリュは、ネゴシアンである同族会社シュヴァル・カンカールに所有されている。シャトー・トゥール・サン゠ジョゼフのすぐ隣りにあるが、その方はカベルネ・ソーヴィニヨンの比率がもっと高い。私はここの96年ものは、独特のスタイルと程よいボディに加えて、魅力的な果実の風味をもっていると思う。

Château Haut-Madrac
シャトー・オー゠マドラ（サン゠ソーヴール村）
格付け：クリュ・ブルジョワ．
所有者：Castéja family.
作付面積：20 ha. 年間生産量：12,000 ケース．
葡萄品種：カベルネ・ソーヴィニヨン75％，メルロ25％．
1919年にエミール・カステジャの父親によって買い取られたこの葡萄畑は、カステジャ家がポイヤックに持っているシャトー・ランシュ゠ムーサに隣接している。上手に造られ、魅力的で、早く飲めるワインを生産している。ワインは、ここの典型である軽く、新鮮でフルーティな特徴をもっている。

Château La Lagune
シャトー・ラ・ラギューヌ（リュドン村）　★V→
格付け：第3級．
所有者：SC Aglicole. 管理者：Thierry Budin.
作付面積：70 ha. 年間生産量：38,900 ケース．
葡萄品種：カベルネ・ソーヴィニヨン60％，メルロ20％，
　　　　　カベルネ・フラン10％，プティ・ヴェルド10％．
セカンド・ラベル：Château　Ludon-Pomiès-Agassac. (98年も
　　　　　　　　のは Moulin de La Lagune に変わる)
ラ・ラギューヌの再興は、1957年にジョルジュ・ブリュネがここを買い取ったときから始まった。この精力的な男は畑の植替えをおこない、醸造所を建て直した。新ワインを発酵槽から樽に移すときと、樽から樽にワインを移して澱引き作業をする場合に、ステンレス・パイプを使って空気との接触を遮断し、自動的にお

こなえる斬新な設備も導入した。これが30年以上も昔に据えつけられたときは革命的な出来事だったが、しかし、現在に至るまでそれを見習う人物は一人も出ていない。ブリュネは金のかかる設備改善を短期間でやったため、結果的に資金が底をついて、1961年にシャトーを手放さざるをえなくなったが、この偉大な年の収穫まで畑売り（収穫前に枝についた葡萄を売る）をするというヘマまでやってしまった。買いとったのはシャンパンのアヤラ社で、ディエリ・ビュダンが管理にあたり、パトリック・ムーランが監督者（古い用語を使えばrégisseur）である。

畑が一人前になった現在、すぐれたワインが次々に誕生して、人も羨む評判をラ・ラギューヌにもたらしている。それは信頼性がきわめて高く、ずば抜けた価値がある。じつに優雅な芳香の高いワインで、通常、当初は新しい樽香がやや強いように感じられるが（新樽の比率は100％と決っていたが、現在は80％に減った）、それもすぐに和らいで、偉大なフィネスをそなえた、とてもリッチでしなやかな風味をかもしだすようになる。1993年からは選酒がより真剣になり、95年と96年の収穫については25％がセカンド・ワイン用にとり除かれ、97年のものは30％、98年のものは約半分がセカンド・ワインに回された。

Château de Lamarque シャトー・ド・ラマルク（ラマルク村）

格付け：クリュ・ブルジョワ・シュペリュール．
所有者：SC Gromand d'Évry.
管理者：Pierre-Gilles Gromand.
作付面積：36 ha．年間生産量：16,000ケース．
葡萄品種：カベルネ・ソーヴィニヨン46％，メルロ25％，
　　　　　カベルネ・フラン24％，プティ・ヴェルド5％．
セカンド・ラベル：D de Lamarque.

ここには、アキテース地方がイギリス領だった時代のシャトーが残っている。メドックでもっともよく保存された、もっとも印象的な城塞である。11世紀から12世紀にかけて建てられた部分もいくつかあるが、中心部分は14世紀のもので、17世紀に入ってから一部改築されている。シャトーは銘酒街道と、ブライ行きのフェリー乗り場とのあいだにあるが、庭園の木々のなかにすっかり隠れている。

シャトーは1841年にフュメル伯爵の所有となって以来、子孫に次々と受け継がれ、最後の娘の一人の手から、現在の所有者マリ＝ルイーズ・ブルュネ・デヴリィの手に渡っている。彼女はロジェ・グロマンと結婚し、その息子がピエール＝ジレである。ワインは樫樽で熟成させ、毎年新樽を33％使っている。

私は1970年代に、ここの当たり年のワインは軽くて心地よいが、個性に欠けていると思ったものだ。それから1980年代と90年代になると、ある種の肌理の粗さにもかかわらず肉がつき、もっと力強く、さらにリッチになって来た。

Château Lamothe-Bergeron
シャトー・ラモット＝ベルジュロン（キューサック村）

格付け：クリュ・ブルジョワ・シュペリュール．

シャトー紹介 メドック

所有者：SC Grand-Puy-Ducasse.
作付面積：67 ha. 年間生産量：17,500 ケース.
葡萄品種：メルロ 49%，カベルネ・ソーヴィニヨン 44%，
　　　　　カベルネ・フラン 7%.

ラモット＝ベルジュロンの名前は "motte"（小高い丘の一部）という単語と，このシャトーの以前の所有者の名前とを結びつけたもの。ここは高くない価格で，上手に造られた，信頼できるワインを生産するシャトーとして定評がある。82 年，85 年，86 年，87 年は，とくに魅力があり，88 年と 89 年は，さらに良くなっている。

Château Lamothe-Cissac
シャトー・ラモット＝シサック（シサック村） V→
格付け：クリュ・ブルジョワ.
所有者：SC du Château Lamothe.
管理者：Vincent Fabre.
作付面積：33 ha. 年間生産量：18,000 ケース.
葡萄品種：カベルネ・ソーヴィニヨン 70%，メルロ 26%，
　　　　　プティ・ヴェルド 4%.

ここは古い貴族領で，17 世紀には貴族の邸館があったし，ローマ人が駐屯した跡も発見されている。シャトー自体はこのような歴史とは関係なく，建物も比較的最近の 1912 年に建てられた。1964 年にラモット＝シサックは，落ち目の極にあったところをファブル家に買い取られた。このとき以来，貯蔵庫，醸造所，地下のセラーが新しく建てられた。毎年，熟成には新樽が 20% 使われている。葡萄畑が改良されるのにつれて，印象的なワインが生まれるようになっている。ワインは充実していて果実味があるスタイリッシュ。ここのワインの大部分は，ボルドーのネゴシアンを通さないで，直接販売されている。

Château Landat シャトー・ランダ（シサック村）
格付け：クリュ・ブルジョワ.
所有者：Domaines Fabre.
作付面積：20 ha 年間生産量：10,500 ケース.
葡萄品種：カベルネ・ソーヴィニヨン 75%，
　　　　　メルロ 20%，プティ・ヴェルド 5%.
セカンド・ラベル：Château Laride.

近隣のラモット＝シサックの所有者ファーブル家が 1976 年にここを購入し，今やリッチで堅固なワインを造っているが，2000 年ものなどでは，あわせて上質の果実味を打ち出そうとしている。20% の新樽が使用され，品質はラモット＝シサックと同格である。

Château Lanessan
シャトー・ラネッサン（キューサック村） ★V
格付け：クリュ・ブルジョワ・シュペリュール.
所有者：Bouteiller family. 管理者：Hubert Bouteiller.
作付面積：40 ha. 年間生産量：17,700 ケース.

オー゠メドック

葡萄品種：カベルネ・ソーヴィニヨン 75％, メルロ 20％,
　　　　プティ・ヴェルド 4％, カベルネ・フラン 1％.
セカンド・ラベル：Domaine de Ste-Gemme.
このシャトーは 1790 年から事実上ずっと同じ一家が所有してきた。デルボ家で、今でもラベルには、この名前がブティエ家とハイフンでつないで記されている。父から息子に受け継がれるという形が代々続いたが、1909 年にデルボ家の最後の男性の娘がシャトーを相続した。彼女はエティエンヌ・ブティエと結婚した。現在シャトーを任されているのは、ユベール・ブティエで、彼はここを住居にしている。ラネッサンではワインと無関係の事業もおこなっている。それは馬車の博物館で、昔のままの厩や馬具部屋と見事な馬車や馬具の数々が公開されている。

　ラネッサンのワインは、はっきりした個性をもっている。初期のころは腰の強さがやや目立つが、充分な年月がたてば、見事な果実味とリッチさと、素晴らしい素性の良さを発揮するようになる。また、とても安定している。熟成する能力をたっぷりそなえている。わたしは 1916 年にまでさかのぼる古いヴィンテージを数多く試飲してきたが、どれも見事に保存されていたし、その多くが傑出していた。最近のものでは、81 年、82 年、85 年、86 年、87 年、88 年、89 年、90 年、95 年、96 年、98 年、2000 年はすべて素晴らしいワインの見本である。ワインが好きだからこそ上等のメドックを愛する人々、ラベルの奴隷ではない人々のためのワインである。

Château Larose-Trintaudon
シャトー・ラローズ゠トラントードン（サン゠ローラン村）
格付け：クリュ・ブルジョワ・シュペリュール.
所有者：Assurances Générales de France.
管理者：Jean Matouk.
作付面積：175 ha. 年間生産量：107,000 ケース.
葡萄品種：カベルネ・ソーヴィニヨン 65％, メルロ 30％,
　　　　カベルネ・フラン 5％.
セカンド・ラベル：（90 年以降）Larose St-Laurent,
　　　　　　　　Château Larose Perganson.
　格付け：クリュ・ブルジョワ（老木から造ったものだけ）
1960 年代にフォルネル家がここを購入して手を加え、今ではメドックで最大の畑をもつに至っている。エリゼ・フォルネルが 1988 年の秋までその管理を続けていたが、この年に、新オーナーの経営チームが彼のあとをひきついだ。1989 年 4 月にシャトー・ラトゥールのフランク・ビジョンが引き抜かれて技術面の責任者となり、9 月にはマーケティングの責任者としてマテアス・フォン・カンプが加わった。収穫は機械でおこなっているが、ワインはすべて樽で熟成させ、新樽の比率は毎年 30％ となっている。

　新しい管理者は選酒を以前より厳しくすることで、ワインの質を向上させている。90 年はこれまでで最高のワイン。ビロードのようになめらかな肌理（きめ）をもつワインが口のなかいっぱいに広がって、このクリュの将来性を示している。メドック最大

シャトー紹介 メドック

の畑が,ついに進むべき方向を見つけたようだ。1996 年には,老木の葡萄の 12〜15％ は手摘みされ,Larose Perganson として売られた。その品質は抜きんでている。

Château Lestage-Simon シャトー・レスタージュ＝シモン（サン＝スーラン＝ド＝カドゥルヌ村）

格付け：クリュ・ブルジョワ・シュペリュール.
所有者：Charles Simon.
作付面積：40 ha. 年間生産量：26,000 ケース.
葡萄品種：メルロ 68％，カベルネ・ソーヴィニョン 27％，
　　　　　カベルネ・フラン 5％.

ここのワインはサン＝スーランの典型。とても上質で,たくましくて,堅実。それにメルロが果実味としなやかさを加えている。私は一度,以前の所有者から 29 年ものを一本もらったことがあるが,素晴らしい保存状態だった。1980 年代は早く飲めるようなワインが造られていたが,だからといって品質が落ちているわけではない。フランスの良いレストランに広く置かれている。魅力的でバランスのいい 95 年がある。私の印象では,96 年はオークの香りが目立ったが,99 年は問題なかった。

Château Liversan
シャトー・リヴェルサン（サン＝ソーヴール村）

格付け：クリュ・ブルジョワ・シュペリュール.
所有者：Domaines Lapalu.
管理者：Patrice Ricard.
作付面積：40 ha. 年間生産量：25,000 ケース.
葡萄品種：カベルネ・ソーヴィニョン 49％，メルロ 38％，
　　　　　カベルネ・フラン 10％，プティ・ヴェルド 3％.
セカンド・ラベル：Les Charmes de Liversan.

リヴェルサンは 1983 年に,シャンパンのポメリー社の筆頭株主だったポリニャック家の持ち物になったが,ギィ・ド・ポリニャック公の死後,同家は持ち株の一部をもとのオーナーに売った。ポリニャック家がここを買いとったときにまず実行したのは,ステンレス・タンクの発酵槽をそなえた醸造所を新築することだった。ワインは現在,樫樽で熟成させていて,新樽の比率はかなり高い。ポリニャック家の多大な投資のおかげでみごとなワインが造られている。壮麗な 96 年は濾過されていない。しかしその後のワインは豊かさや濃密さにかげりがあるようだ。

Château Magnol シャトー・マニョル（ブランクフォール村）

格付け：クリュ・ブルジョワ.
所有者：Barton & Guestier.
作付面積：17 ha. 年間生産量：7,200 ケース.
葡萄品種：メルロ 55％，カベルネ・ソーヴィニョン 45％.

ここの葡萄畑の大部分は,ここ 40 年ばかりの間に植えられたものである。醸造は,最新の温度制御装置をもったステンレス・スチールの発酵槽を使って,細心の注意を払いながら行われ,風味に溢れた,リッチで,しなやかなワインを生産している。若いう

オー＝メドック

ちに飲まれるべきワイン。

Château Malescasse シャトー・マルカッセ（ラマルク村） V
格付け：クリュ・ブルジョワ・シュペリュール．
所有者：La Société Alcatel Alsthom.
管理者：Jean-Pierre Petroffe.
作付面積：37 ha．年間生産量：22,000 ケース．
葡萄品種：カベルネ・ソーヴィニヨン 55%，メルロ 35%，
　　　　　カベルネ・フラン 10%．
セカンド・ワイン：La Closerie de Malescasse.
1824 年に建てられた魅力的な高い屋根を持つこのシャトーは，ラマルク村の砂利の多い小高い位置にある。この葡萄畑は，サン＝ジュリアンとマルゴーの間の最良の場所にある。2 つの大戦間の不況時代には，葡萄畑はどんどん小さくなり，わずか 4 ヘクタールになっていた。1970 年に始まった畑の再建計画は 1992 年に完成した。1992 年にアルカテルがポンテ＝カネのテスロン家からこのシャトーを買った。ここのワインのスタイルと堅実さは，葡萄畑がまだ充分に円熟していない時ですら，とくに見事だった。近年のヴィンテージは，すべて高い水準にあり，控えめな価格で売られている。この手のアペラシオンの中で，最上の買い得のワインのひとつであることは間違いない。

Château de Malleret
シャトー・ド・マルレ（ル・ピアン村） V→
格付け：クリュ・ブルジョワ・シュペリュール．
所有者：SC du Château (Marquis du Vivier family).
作付面積：38 ha．年間生産量：20,800 ケース．
葡萄品種：カベルネ・ソーヴィニヨン 65%，メルロ 30%，
　　　　　カベルネ・フラン 3%，プティ・ヴェルド 2%．
セカンド・ラベル：Château Barthez and de Nexon,
　　　　　　　　Domaine de l'Ermitage Lamouroux.
ここのワインはきわめて香り高く，優雅で，果実味にあふれていて，余韻の長い風味と，じつに官能的な魅力をもっている。調和が良くとれて魅力的なワインを出し続けていて数々のテイスティングで金賞をかちとっている。

Château Maucamps シャトー・モーカン（マコー村）
格付け：クリュ・ブルジョワ・シュペリュール．
所有者：Tessandier family.
作付面積：30 ha　年間生産量：9,000 ケース．
葡萄品種：カベルネ・ソーヴィニヨン 50%，
　　　　　メルロ 40%，プティ・ヴェルド 10%．
マコーにあるこの若い葡萄畑は魅力的な果実味あふれるワインを生み出しつつあり，それは 98 年ものからより本格的になった。ワインは，ソテビ社 Sotebi だけでなく，ネゴシアンであるアムブロシア社 Ambrosia にも所有者から直接販売される。

シャトー紹介　メドック

Château Le Meynieu
シャトー・ル・メイニュー（ヴェルテイユ村）
格付け：クリュ・ブルジョワ．
所有者：Jacques Pédro.
作付面積：19 ha．年間生産量：9,000 ケース．
葡萄品種：カベルネ・ソーヴィニョン 62%，メルロ 30%，
　　　　　カベルネ・フラン 8%．
セカンド・ラベル：Château La Chône.
エネルギッシュで几帳面なジャック・ペドロは，ヴェルテイユの村長であると同時に，ラヴィロット，ドメーヌ・ド・ラ・ロンスライに加えて，このクリュの所有者でもある。彼の目的は，早くおいしく飲めるしなやかな果実味をもつ，メドックの典型というべきワインを造りだすことにある。

Château Meyre シャトー・メイル（アヴァンサン村）
格付け：クリュ・ブルジョワ．
所有者：Corinne Bonne.
作付面積：17 ha．年間生産量：10,500 ケース．
葡萄品種：カベルネ・ソーヴィニョン 45%，メルロ 30%，
　　　　　カベルネ・フラン 15%，プティ・ヴェルド 10%．
ここのアヴァンサンの葡萄畑は 300 年以上の歴史をもち，現在の所有者に購入されたのは 1998 年のこと。上質で手堅い 96 年のあと，2000 年ものはフルーティな質で大いに向上を示した。注目すべきクリュである。

Château du Moulin Rouge
シャトー・デュ・ムーラン・ルージュ（シサック村）
格付け：クリュ・ブルジョワ．
所有者：Ribeiro and Pelon families.
作付面積：16 ha．年間生産量：10,000 ケース．
葡萄品種：メルロ 50%，カベルネ・ソーヴィニョン 45%，
　　　　　カベルネ・フラン 5%．
セカンド・ラベル：Ch Tour de Courtebotte.
シサックにあるこの名高いクリュは，リッチで力強く，濃密な肌理の，よく熟成するワインを造る。私はとりわけ 96 年と 2000 年が気に入っている。

Château Le Monteil d'Arsac
シャトー・ラ・モンテイュ・ダルサック（アルサック村）
格付け：クリュ・ブルジョア．
マルゴーのシャトー・ダルサック（73 頁）参照。ここは畑全体のうちのオー＝メドック分の瓶詰を行なう。

Château Muret
シャトー・ミュレ（サン＝スーラン＝ド＝カドゥルヌ村）
格付け：クリュ・ブルジョワ．
所有者：Philppe Boufflerd.
作付面積：22 ha．年間生産量：15,500 ケース．

オー゠メドック

葡萄品種：メルロ 55%, カベルネ・ソーヴィニヨン 45%.
セカンド・ラベル：Château Tour du Mont.
現在の所有者は，サン゠スーラン゠ド゠カドゥルス西部にあるこの古いクリュを 1985 年に購入し，その後完全に改修した。収穫量の調節を助けるために，木の列のあいだに草を生やしている。私のみるところ，96 年は豊かな（どちらかと言えば抽出された）タンニン風味をもち，スパイシーさと芳香が際立っているが，魅力的であることは疑いない。2000 年はさらによい。畑の成熟につれて，ワインはいやが上にもよくなるだろう。

Cave Coopérative La Paroisse
カーヴ・コオペラティヴ・ラ・パロワッス（サン゠スーラン村）
所有者：Union de Producteurs.
作付面積：93 ha. 年間生産量：36,700 ケース.
1935 年に設立されたこのサン゠スーランの協同組合は，オー゠メドックのアペラシオンで最上の協同組合といわれている。ワインのほとんどは一括してネゴシアンに売りさばくか，ラ・パロワッスの銘柄で市場に出すかのどちらかだが，個別に仕込むシャトー・ワインもわずかにある。その名前をあげておく。Châteaux La Peyregre シャトー・ラ・ペイルグル, La Calupeyre ラ・カリュペイル, La Cassanet ラ・カサネ。最近は自分でワイン造りをする道を選ぶ新しいオーナーが増えてきたため，協同組合のメンバーが大幅に減っている。

いずれもバランスがとれたしっかりしたワインで，サン゠テステーフの二流品に似ているが，肉付きは大抵こちらの方が豊かだ。

Château Paloumey シャトー・パローメイ（リュドン村）　V→
格付け：クリュ・ブルジョワ・シュペリュール.
所有者：Martine Cazeneuve.
作付面積：20 ha. 年間生産量：12,000 ケース.
葡萄品種：カベルネ・ソーヴィニヨン 55%, メルロ 40%,
　　　　　カベルネ・フラン 5%.
セカンド・ワイン：Les Ailes de Paloumey.
リュドンのこのクリュは 19 世紀には抜群の評判を得ていたが，葡萄は 1954 年についに根こそぎにされてしまった。現在の所有者が 1990 年に再び葡萄を植えた。木が若いにもかかわらず，私は 96 年は魅力的な果実味があり，早く飲むタイプとしては飲み頃であると思う。2000 年はこれまででベスト。注視していただきたい！

Château Peyrabon
シャトー・ペイラボン（サン゠ソーヴール村）　V
格付け：クリュ・ブルジョワ.
所有者：Millésima. 管理者：Patrick Bernard.
作付面積：48 ha. 年間生産量：25,000 ケース.
葡萄品種：カベルネ・ソーヴィニヨン 50%, メルロ 26%,
　　　　　カベルネ・フラン 23%, プティ・ヴェルド 1%.
特色あるツインタワーをもつシャトーは，最近通信販売専門で有

シャトー紹介 メドック

名なこのネゴシアンに買収された。

1958年より前は、ペイラボン・ワインのほとんどは個人客に販売されていたので、あまり知られていなかった。今では大変好評で、北部メドックのクラシック・ワインともいうべきものであり、後味にこの地区特有の味がみられる。ここの畑は、1978年にシャトー・リヴェルサンから買いたして拡大された。ワインはコンクリート槽で醸造され、木の樽で熟成される。そのうち樽の33%は新樽である。96年はたくましくフルーティな魅力とカシスの良い風味があり、2000年はエキゾティックさにあふれる。

Château Pontoise-Cabarrus シャトー・ポントワーズ゠カバルス (サン゠スーラン゠ド゠カドゥルヌ村)

格付け：クリュ・ブルジョワ．
所有者：SICA de Haut-Médoc. 管理者：François Tereygeol.
作付面積：31 ha. 年間生産量：20,000 ケース．
葡萄品種：カベルネ・ソーヴィニヨン55%, メルロ35%,
　　　　　カベルネ・フラン5%, プティ・ヴェルド5%.

興味をひく歴史を持ちながら、地味なクリュ・ブルジョワ。ボルドーのフランス革命恐怖時代にカバルス家がここを手に入れた。その家の娘だったテレジア・カバルスは、悪名高かったタリアンの愛人としての立場を利用して、多くの人名を救った。とにかく派手な存在だった彼女はナポレオンとジョセフィーヌの結婚式の立会人にもなっている。

1960年にテレゲオル家はこのシャトーを買い取り、当時わずか7ヘクタールの葡萄畑を再興して今日の広さにした。そして風味に満ちた堅実なワインを注意深く造っている。このワインが最上の性格を発揮するには、まだ多くの時間を要するだろう。スタイルに荒削りなきらいがある。

Château Puy-Castéra
シャトー・ピュイ゠カステラ (シサック村)

格付け：クリュ・ブルジョワ．
所有者：Marès family.
作付面積：28 ha. 年間生産量：16,600 ケース．
葡萄品種：カベルネ・ソーヴィニヨン50%, メルロ34%,
　　　　　カベルネ・フラン13%, マルベック2%,
　　　　　プティ・ヴェルド1%.
セカンド・ラベル：Château Holden.

1973年にピュイ゠カステラは、アンリ・マレに買い取られた。当時のこの場所は、建物は荒れ果て、葡萄畑は牧草地にされてしまっていた。徐々に葡萄が植えつけられ、1980年には25ヘクタールになった。そしてワイン造りは、シャトー・セスティニヤンのベルトラン・ド・ロジェールの手によって行われている。葡萄畑は良い位置を占め、畑が成熟してくるとともにワインの質も量も向上してきている。魅力的な若いうちに飲めるワイン。

Château Ramage-la-Batisse シャトー・ラマージュ゠ラ゠バティス (サン゠ソーヴール村)　V

オー゠メドック

格付け：クリュ・ブルジョワ・シュペリュール.
所有者：MACIF.
作付面積：40 ha. 年間生産量：24,400 ケース.
葡萄品種：カベルネ・ソーヴィニョン 70%, メルロ 23%,
　　　　　カベルネ・フラン 5%, プティ・ヴェルド 2%.
セカンド・ラベル：Château Dutellier.

ここは数カ所の葡萄園が1961年に合併して生まれた。ワインはじつに香り高く（わたしはスミレの香りに気づいた），きわめてフルーティで飲みやすい。短期間でここまですぐれた評判を築きあげた理由を探りあてるのは簡単だ。

Château du Retout シャトー・デュ・ルトゥ（キューサック村）
格付け：クリュ・ブルジョワ.
所有者：Cérard Kopp.
作付面積：30 ha. 年間生産量：18,900 ケース.
葡萄品種：カベルネ・ソーヴィニョン 70%, メルロ 23%,
　　　　　カベルネ・フラン 5%, プティ・ヴェルド 2%.

古い風車塔（記録は1395年に遡る）がこの葡萄園に立っている。それは，7年戦争（1756–63年）時代にジロンド河に入ってくる英国船の見張りに使われていた。ここはいまだ，広範囲にわたる修復が必要なシャトー復興のよい見本となっている。ここのワインは上手に造られ，たいへん安い価格で販売されている。

Château Reysson シャトー・レイソン（ヴェルテイユ村）
格付け：クリュ・ブルジョワ・シュペリュール.
所有者：メルシャン.
管理者：Jean-Pierre Angliviel de la Beaumelle.
作付面積：70 ha. 年間生産量：35,000 ケース.
葡萄品種：カベルネ・ソーヴィニョン 56%, メルロ 44%.
セカンド・ラベル：Château de l'Abbeye.

シャトー・レイソンは，1972年にここを買取ったメストレザ・グループが修復し，その後メルシャン（日本の味の素グループ）に売却した。快く，早く飲めて，リーズナブルな価格のワインが造られている。

Fort du Roy フォール・デュ・ロワ（キューサック村）
所有者：SICA des Viticulteurs de Fort-Médoc.
作付面積：50 ha.
年間生産量：32,000 ケース.
葡萄品種：カベルネ・ソーヴィニョン 60%, メルロ 33%,
　　　　　カベルネ・フラン 5%, プティ・ヴェルド 2%.
セカンド・ラベル：Chevaliers du Roi Soleil,
　　　　　　　　　Église Vieille, les Jacquets, Le Neurin.
　　　　　　　　　Le Moreau, Grand-Merrain.

このシャトーはもともとは1966年に創設された生産者達の小グループだった。自分達の生産物をプールして効果的に改良・出荷するためだった。今では，ネゴシアンのジネステ社すら生産者としてこのグループに入っている。メドック地方の旅行者を驚かせ，

シャトー紹介 メドック

キューサックの北部に広がる平坦な景色の邪魔になるような，たいへん現代的なコンビナートを建てている。現在メンバー数は22で，"シュヴァリエ・デュ・ロワ・ソレイユ"のラベルを貼ったワインを造り，もともとはシャトーものだったことを暗示する個性を出して，単なる協同組合もののワインとの違いをはっきりさせようとしている。

Château du Roux シャトー・デュ・ルー（キューサック村）
格付け：クリュ・ブルジョワ．
所有者：Hélène Berand.
作付面積：20 ha．年間生産量：10,000 ケース．
葡萄品種：カベルネ・ソーヴィニヨン 50%，メルロ 50%．
チャーミングな 18 世紀のシャトーと葡萄畑が一体となって，キューサックのジロンド河畔を見渡す立地にある。30% の新樽を使用。私は傑出した 2000 年のみずみずしくて美味な果実味が気に入っている。注目すべきワイン。

Château St-Paul シャトー・サン・ポール（サン゠スーラン゠ド゠カドゥルヌ村） V
格付け：クリュ・ブルジョワ．
所有者：Boucher family.
作付面積：20 ha．年間生産量：12,400 ケース．
葡萄品種：カベルネ・ソーヴィニヨン 60%，メルロ 35%，
　　　　　カベルネ・フラン 5%．
この畑は 1979 年，サン゠テステーフの 2 つのシャトー（ル・ボスクとモラン）に属していたサン゠スーラン゠ド゠カドゥルヌの数区画の葡萄畑を独立させて始まった。畑はサン゠テステーフとの境界のすぐ北にある。愛らしくも豊かなワインで，よい骨格と果実味をもつ。サン゠スーラン゠ド゠カドゥルヌ村のとびきりのシャトーのひとつ。

Château Sénéjac
シャトー・セネジャック（ル・ピアン村） V→
格付け：クリュ・ブルジョワ・シュペリュール．
所有者：Rustmann family.
作付面積：26 ha．年間生産量：14,400 ケース．
葡萄品種：カベルネ・ソーヴィニヨン 60%，メルロ 25%，
　　　　　カベルネ・フラン 14%，プティ・ヴェルド 1%．
セカンド・ラベル：Artique de sénéjac．
特別キュヴエ：Karolus．
1860 年からギーニュ家のものだったが，1999 年にシャトー・タルボのリュスマンに買い取られた。ここのワインは，ピアンの別の重要なシャトーであるド・マルレのワインとは全く違っている。深い色調と芳香があるものの，古典的な厳しさとタンニンを備えている。寝かせるように造られており，より古いヴィンテージが示しているように，事実うまく熟成する。なぜ伝統的な英国のワイン商のあいだに少なからぬ熱心な礼賛者がいるのか，容易に理解できる。1999 年に，3.5 ha から生産された 400 ケースの特別

キュヴェ (Karolus) が，メドックで最初のガレージ・ワイン〔訳註：1990年代に始まった小規模高級ワイン。ブティック・ワインとも言われる〕のひとつになった。セネジャックが新しい経営陣の下でどのように進化するかを見るのは興味深い。

Château Sociando-Mallet シャトー・ソシアンド゠マレ（サン゠スーラン゠ド゠カドゥルヌ村）　★★ V
所有者：Jean Gautreau.
作付面積：58 ha. 年間生産量：33,000ケース.
葡萄品種：カベルネ・ソーヴィニヨン55%，メルロ42%，
　　　　　カベルネ・フラン2%，プティ・ヴェルド1%.
セカンド・ラベル：La Demoiselle de Sociando-Mallet.
1969年に荒れ果てていた5ヘクタールの畑を買って以来，ジャン・ゴートローは見事なクリュを創ってきた。それは格付けされていないメドック・ワインのなかで最高価格を呼んでいるだけでなく，多数のクリュ・クラッセの価格をも超えている。その秘密は，サン゠テステーフのわずかに北，ジロンド河を見渡すという絶好の立地にあるだろう。シャトー・モンローズとシャトー・ラトゥールと一種通じるものがある。ここでは防腐のための薬剤散布の必要がまったくなく，1991年の例でわかるように，事実上，霜害も無縁である。

ワインは重量感と噛み応えのある肌理が特徴で，これに熟した甘い果実味が結びついている。例えば，カンゾウ，チョコレート，黒い果実類，コーヒーが最もしばしば思い浮かぶ言葉といえよう。偉大なヴィンテージ81年に始まり，82年，83年，85年，86年，89年，90年，91年と続いた。93年のワインはスタイリッシュで，飲み頃になりつつある。94年は有望だが，まだ熟成しきっていない。96年は95年より期待できそうである。97年はみずみずしく美味であるが，将来，もっと楽しめる。98年も偉大なワインになるだろう。99年は非常にすばらしく，2000年も大成功である。

Château Soudars シャトー・スーダル（サン゠スーラン゠ド゠カドゥルヌ村）　V
格付け：クリュ・ブルジョワ・シュペリュール.
所有者：Eric Miailhe.
作付面積：22 ha. 年間生産量：13,900ケース.
葡萄品種：メルロ55%，カベルネ・ソーヴィニヨン44%，
　　　　　カベルネ・フラン1%.
エリック・ミアイユは，1973年この畑に植え付ける前に，2,500トンの小石を取り除いた。この葡萄畑は彼の父と祖父が持っていた畑——ヴェルディニャンとクーフラン——の近くにあるが，祖父達はここに埋っていた大量の丸石と小石に恐れをなして，使ってみる勇気がなかったのだ。ミアイユの注意深い世話により，見事なワインが生産されている。82年，83年，85年，86年，89年，90年，95年，96年のワインは，このクリュの輝かしい未来を明示している。

シャトー紹介 メドック

Château du Taillan
シャトー・デュ・タイヤン（ル・タイヤン村）
格付け：クリュ・ブルジョワ・シュペリュール．
所有者：Mme Henri-François Cruse.
作付面積：26 ha．年間生産量：11,000 ケース．
葡萄品種：赤；カベルネ・ソーヴィニヨン 48％，メルロ 30％，
　　　　　　　カベルネ・フラン 22％．
　　　　　白；Château La Dame-Blanche．2 ha．1,000 ケース．
　　　　　　　ソーヴィニヨン・ブラン 60％，コロンバール 40％．
ここは 1896 年以来クリューズ家の所有となっている。シャトーと、それより古いセラーは歴史的建造物の指定を受けている。ワインは大部分を 80〜170 ヘクトリットル入りの木製の大樽で寝かせるが、その 20％ は後にふつうのサイズの新樽に移しかえている。このシャトーが目的にしているのは、しなやかで飲みやすい、タンニンのあまり強くないワインを造ることだ。

Château La Tour-Carnet
シャトー・ラ・トゥール＝カルネ（サン＝ローラン村）　V→
格付け：第 4 級．
所有者：Bernard Magrez.
作付面積：40 ha．年間生産量：20,000 ケース．
葡萄品種：カベルネ・ソーヴィニヨン 53％，メルロ 33％，
　　　　　カベルネ・フラン 10％，プティ・ヴェルド 4％．
サン＝ローランの他の多くのところと同じく、ラ・トゥール＝カルネも 1962 年にルイ・リプシッツが買い取ったときは、つぶれる寸前だった。ルイ・リプシッツ亡きあとは、彼の娘夫婦が仕事をひきついでいるが、ワインは渋いタンニンを含む粗さが残っている。

　1980 年代後半に入って、数々の改革がおこなわれ、ワインの質を高めるために多大の努力がなされた。90 年のワインは大きな進歩を示していたように思われたが、以後のワインの質は不安定である。1999 年に経営陣がまた変った。新しい所有者はパープ＝クレマンのオーナーでもある。99 年と 2000 年はこれまでより熟した甘い果実味をそなえ、タンニンも上質である。何度かのつまづきを乗り越えて前進が始まったものと期待したい。

Château Tour-du-Haut-Moulin
シャトー・トゥール＝デュ＝オー＝ムーラン（キューサック村）　V
格付け：クリュ・ブルジョワ・シュペリュール．
所有者：Laurent Poitou.
作付面積：32 ha．年間生産量：17,800 ケース．
葡萄品種：カベルネ・ソーヴィニヨン 50％，
　　　　　メルロ 45％，プティ・ヴェルド 5％．
このクリュの畑はキューサック村のはずれで、ボーモンの南手にあるが、ワインの性格はかなり異なっている。ローラン・ポワトゥがこのシャトーの持ち主一家の 4 代目当主で、洗練された伝統的なワインを造っている。熟成には樽を使い、新樽の比率は 25％。ワインは、並はずれた色をもつ、エキス分豊かなものにな

っている．タンニンが多くて力強いが，うまくバランスのとれたこれらのワインは，偉大な個性をそなえていて，熟成とともに，真の素性の良さを発揮するようになる．つねにクリュ・ブルジョワの最上のもののひとつに数えられている．

Château Tour-du-Mirail
シャトー・トゥール゠デュ゠ミライユ（シサック村）
格付け：クリュ・ブルジョワ．
所有者：Hélène & Danielle Vialard.
作付面積：18 ha.
年間生産量：10,800 ケース．
葡萄品種：カベルネ・ソーヴィニヨン 75％，メルロ 20％，
　　　　　プティ・ヴェルド 5％．

このシャトーは 1970 年以来，近くのシャトー・シサックの持主，ルイ・ヴィヤラールの娘たちのものとなっている．しかし，すべてがシサックとは別個におこなわれていて，発酵をさせるのはステンレス・タンクだし，熟成には樽が使われる．ワインは風味豊かで，造り手の腕の良さが出，実に香り高いブーケをもっている．その一方，ボディはかなり軽くて，カベルネ・ソーヴィニヨン独特の"角"が感じられる．腰の強いワインではあるが，私には今のところ，果実味が薄れはじめる前の若い頃（5〜7年目）の方が楽しめるように思われる．尊敬すべきクリュ・ブルジョワだが，今はまだ，シサックに見られるようなスタイルや魅力が不足している．

Château Tour St-Joseph
シャトー・トゥール・サン・ジョゼフ（シサック村）
格付け：クリュ・ブルジョワ．
所有者：Marcel and Christian Quancard.
作付面積：10 ha.
年間生産量：5,000 ケース．
葡萄品種：カベルネ・ソーヴィニヨン 70％，メルロ 25％，
　　　　　カベルネ・フラン 5％．

所有者はシェヴァル・カンカールというネゴシアンの家族事業と，ここのすぐ近くのオー・ロガというシャトーを持っている．畑は村で一番高いところに位置し，老木が上質の果実味とエレガンスとある種のスタイルをもつワインを生み出している．

Château Tourteran
シャトー・トゥルトラン（サン゠ソーヴール村）
所有者：SC du Château Ramage-la-Bâtisse.
作付面積：20 ha.
年間生産量：12,000 ケース．
葡萄品種：カベルネ・ソーヴィニヨン 50％，メルロ 50％．
セカンド・ラベル：Château Terrey.

このシャトーはラマージュ゠ラ゠バティスと同じ経営で，畑も隣接している．こちらはより若い木から造られていて，ラベル名は違うが，めざすところは同じである．

シャトー紹介 メドック

Château Verdignan
シャトー・ヴェルディニャン（サン＝スーラン村）

格付け：クリュ・ブルジョワ・シュペリュール．
所有者：SC du Château．管理者：Eric Miailhe．
作付面積：60 ha．年間生産量：36,000 ケース．
葡萄品種：カベルネ・ソーヴィニヨン 50%，メルロ 45%，
　　　　　カベルネ・フラン 5%．
セカンド・ラベル：Château Plantey-de-la-Croix．

オー＝メドックでいちばん真北の隅にあるシャトーはクーフランだが，その次がこのヴェルディニャンである——どちらもミアイユ家が所有している。ヴェルディニャンには，高い塔のそびえる魅力的なシャトーがあって，道路から楽に見つけることができる。

　ジャン・ミアイユが 1972 年にここを買ったとき，ヴェルディニャンの評判はあまりよくなかった。私も 1960 年代の頑強な性格だったワインを覚えている。現在はジャンの息子のエリックがクーフランと同じように，ここでのワイン造りに責任をもっている。ワインはステンレス・タンクで発酵させ，樽で熟成させる。サン＝スーランのワインというイメージから連想されるように，堅実で，骨格のしっかりした，風味の強いワインだが，不足がちだった果実味も，今では豊かにそなえている。

Château de Villegeorge
シャトー・ド・ヴィルジョルジュ（アヴァンサン村）　★V

格付け：クリュ・ブルジョワ・シュペリュール．
所有者：Marie-Louise Lurton．
作付面積：15 ha．年間生産量：6,700 ケース．
葡萄品種：メルロ 60%，カベルネ・ソーヴィニヨン 40%．

ヴィルジョルジュは昔から良い評判を得ている。この土壌はきわめて砂利が多く，マルゴー村に似ている。リュシアン・リュルトンが現在，わが田園地帯をこれ以上蹂躙されてなるものかと闘いに挑んでいる。1994 年に，このシャトーを娘のマリー・ルイズに譲った。

　発酵にはステンレス・タンクを使い，ワインは樽で熟成させる。新樽の比率は毎年 25%。ここの畑は霜害にとくに弱いため，そうした年の収穫量は少なく，年によってムラがある。メルロの比率が高いのはメドックではかなり珍しい。ヴィルジョルジュのワインは昔から深い色合いで，とても強い個性をもっていて，リュシアン・リュルトンの時代になってもそれは変わっていないが，以前のワインの一部に比べると，かなり洗練されてきて田舎っぽさが消えたあたりが昔と違っている。秀逸なワインが生まれたのは，82 年，83 年，85 年，88 年，89 年，90 年，95 年，96 年，98 年，99 年，2000 年。

メドック・ア・セ Médoc AC

この地域は，近年かなりの繁栄をとりもどしている。1985 年から 1996 年にかけて，葡萄栽培面積は 50% 以上増えて，4,741 ヘクタールになった。また，1996 年から 2000 年にかけては，さら

メドック・ア・セ

に6％増えて，5,040ヘクタールになった。ワインは現在16の村で造られていて，代表的な村として，ベガダン（栽培面積が他の追随を許さぬ最大の村），その次に代表的な村として，ブレニヤン，サン＝ティザン，サン＝ジェルマン＝デストウイユ，シヴラック，ヴァレイラック，サン＝クリストリー，ジョ＝ディニャック＝エ＝ロワラックがある。

　土壌が重いために，砂利が露頭している地域でも，オー＝メドックに比べるとこちらの方がメルロの栽培比率が多く，したがってカベルネ・ソーヴィニョンの比率が低い。ワインは心地よい香りをもっていて，とくに若いときにその傾向が強く，瓶詰のあとに熟成すると若干のフィネスを生みだす。ボディは大体において軽いが，風味は豊かだ。良いクリュ・ブルジョワがたくさんあり，生産量の61％は協同組合で醸造されている。

Cave Pavillon Bellevue
カーヴ・パヴィヨン・ベルヴュー（オルドナック村）
所有者：Société Coopérative de Vinification d'Ordonnac.
作付面積：240 ha.　年間生産量：153,000ケース.
葡萄品種：メルロ50％，カベルネ・ソーヴィニョン45％，
　　　　　カベルネ・フラン5％．

オルドナックにあるこの組合は1936年に設立され，この村と，隣のサン＝ジェルマン＝デストウイユの村のメンバーからなっている。この組合はまた，メドックの協同組合の連合組織であるユニ＝メドックにも加盟していて，パヴィヨン・ド・ベルヴュー Pavillon de Bellevue という独自の商標銘柄のワインを造ると同時に，ネゴシアンの商標ワイン用に大量の樽売りをしている。パヴィヨン・ド・ベルヴューは，良質の，信頼できるメドックである。

Château Blaignan シャトー・ブレニヤン（ブレニヤン村）
格付け：クリュ・ブルジョワ．
所有者：Cordier-Mestrezat Domaines.
管理者：Alain Duhau.
作付面積：87 ha.　年間生産量：33,000ケース.
葡萄品種：カベルネ・ソーヴィニョン50％，メルロ40％，
　　　　　カベルネ・フラン9％
セカンド・ラベル：Château Prieuré-Blaignan.

ワインの質が安定していて，広い販売網を持ち，ネゴシアンのコルディエ＝メストレザ社が経営している。ブレニヤン村のなかで最大の畑の所有者。

Château Bournac シャトー・ブルナック（シヴラック村）
格付け：クリュ・ブルジョワ・シュペリュール．
所有者：Bruno Secret.
作付面積：13.1 ha.　年間生産量：8,500ケース.
葡萄品種：カベルネ・ソーヴィニョン65％，メルロ35％．

セクレ家が1969年からここにやってきて，シヴラック村にあるこのクリュを再建した。豊かでみずみずしい果実味と良質のタン

シャトー紹介 メドック

ニンが感じられる。しっかりした魅力的なワイン。

Château La Cardonne
シャトー・ラ・カルドンヌ（ブレニヤン村）
格付け：クリュ・ブルジョワ・シュペリュール.
所有者：Domaines CGR.
作付面積：49.5 ha. 年間生産量：30,000 ケース.
葡萄品種：メルロ 50%, カベルネ・ソーヴィニョン 45%,
　　　　　カベルネ・フラン 5%.

この大きなシャトーは、1973年からドメーヌ・ロートシルト（ラフィットの経営する会社）に買い取られた。この年から畑はかなり拡張され、残っていた建物は修復され、設備は新しくとりかえられた。畑の場所は非常に恵まれていて、この地区で最も高い丘にある。ロートシルト家が現在の所有者にシャトーを売却した1990年まで、ワインの熟成に樽はいっさい使われなかった。

ワインはとても香り高くフルーティ、そして素直で新鮮だ。飾り気がなくて若いうちに楽しめる部類のメドックとしては、理想的なものといえよう。近年はワインづくりにエンジンがかかってきた様子で、今では果実味とみずみずしさが増してきた。この傾向は1988年ものから、とくに目立ってきた。現在は熟成に50%の新樽を使うのが普通となっている。

Château Castéra
シャトー・カステラ（サン=ジェルマン=デストゥイユ村）
格付け：クリュ・ブルジョワ・シュペリュール.
所有者：D G Tondera.
作付面積：63 ha. 年間生産量：27,500 ケース.
葡萄品種：カベルネ・ソーヴィニョン 45%, メルロ 45%,
　　　　　カベルネ・フラン 7%, プティ・ヴェルド 3%.
セカンド・ラベル：Château Bourbon La Chapelle.

サン=ジェルマン=デストゥイユの中心的なクリュのひとつである。ブラック・プリンス（英国王エドワード3世の皇太子）とつながりをもつ古いシャトーで、昔の城館を彼が包囲攻撃したといわれている。1973年から1986年までネゴシアン、アレクシス・リシーヌ社のものだったが、86年に現在の所有者に買収された。ここのワインは質が良く、堅実で楽しめるメドック。熟すにつれてまろやかでフルーティな性格を帯び、かなり若いうちからコクと柔らかさを見せてくれる。3年目あたりから楽しむことができる。

Château Chantelys
シャトー・シャントリ（プリニャック村）　V →
格付け：クリュ・ブルジョワ.
所有者：Christine Courrian Braquissac.
作付面積：13.6 ha. 年間生産量：7,500 ケース.
葡萄品種：カベルネ・ソーヴィニョン 55%,
　　　　　メルロ 40%, プティ・ヴェルド 5%.
セカンド・ラベル：Château Gauthier.

プリニャック村にあるここのすぐれた葡萄畑を再建したのは、ジャン・クーリアンで、1952年から着手した。現在の所有者は1982年に父親の跡を継いでいる。1980年代から、このクリュの評判は高まる一方である。20％の新樽が使われていて、スタイリッシュでとても力強いワインの甘くて熟したタンニンに、私は感銘を受けている。

Château La Clare シャトー・ラ・クラール（ベガダン村） V

格付け：クリュ・ブルジョワ．
所有者：Paul de Rozières．
作付面積：20 ha．年間生産量：13,000ケース．
葡萄品種：カベルネ・ソーヴィニョン57％、メルロ36％、
　　　　　カベルネ・フラン7％．
セカンド・ラベル：Châteaux Laveline and du Gentilhomme．

ここもベィの尾根筋にある。ここの畑の葡萄は、過去20年にわたって現在の所有者によって植えかえられてきた。収穫はほとんど摘取機を使っておこなうが、古い葡萄（60年以上のものもある）は手で摘み取っている。ロジエール家は1960年からの持ち主だが、チュニジアから移住してきたこの家族は、かの地における葡萄園の持ち主だった経験を生かしている。71年、73年、82年、85年、そして86年と優れたワインを出している。これらのすべてが魅力的だし、プラムのような果実味、味わいの豊かさ、スパイス味などを帯びる上手につくられたワインである。

Château de la Croix
シャトー・ド・ラ・クロワ（オルドナック村）

格付け：クリュ・ブルジョワ．
所有者：Francesco family．
作付面積：21.3 ha．年間生産量：13,500ケース．
葡萄品種：カベルネ・ソーヴィニョン50％、
　　　　　メルロ45％、カベルネ・フラン4％、
　　　　　プティ・ヴェルド1％．
別の商品名：Château Roc-Taillade．
　　　　　　Château Terre-Rouge．
　　　　　　Château Côtes de Blaignan．

このクリュは1870年に創設され、以来、同じ一族の手で経営されてきた。経営の規模が徐々に拡大されてきたため、オルドナック村に無数の小さな畑が分散している。96年が豊かなタンニンを持ち、果実味のバランスがよく、魅力的かつ独特の個性を持っている。

Château d'Escurac
シャトー・デスキュラック（シヴラック村） V →

格付け：クリュ・ブルジョワ・シュペリュール．
所有者：Landureau family．
管理者：Jean-Marc Landureau．
作付面積：18 ha．年間生産量：10,000ケース．
葡萄品種：カベルネ・ソーヴィニョン60％、メルロ40％．

セカンド・ラベル：Chapelle d'Escurac.
このクリュが1839年の『ル・プロデュクトゥール』に載った時は、見事な評価を得た。もっと最近では、1999年にクリュ・ブルジョア杯を受賞している。多数の素晴らしいオー＝メドックのワインと競い合った結果なのだから、けっして恥ずかしくない偉業である。見事な果実味と、良質のタンニンと、本物のスタイルが感じられる。注目したいワイン。

Château Fontis
シャトー・フォンティス（オルドナック村） V →
格付け：クリュ・ブルジョワ．
所有者：Vincent Boivert.
作付面積：10 ha. 年間生産量：5,500 ケース．
葡萄品種：カベルネ・ソーヴィニヨン50％，メルロ50％．
ヴァンサン・ボワヴェルが1995年にオルドナック村のこのシャトーを購入して以来、実に魅力的なワインが造られてきた。畑はこの地区でもっとも高い砂利質の丘の、標高38メートルという理想的な場所に位置している。ワインの66％が樽に移され（新樽比率は50％）、あとは発酵槽に残される。新樽をうまく使っているおかげで、絹のごときしなやかな舌触りと、豊潤な果実味が生まれ、ドライではなく甘味のある樫の香りが後口に感じられる。96年、97年、98年、99年、2000年はどれも、それぞれのヴィンテージの平均を上回るワインになっている。

Château Les Grands Chênes シャトー・レ・グラン・シェーヌ
（サン＝クリストリー村） V →
格付け：クリュ・ブルジョワ・シュペリュール．
所有者：Bernard Magrez.
作付面積：7 ha. 年間生産量：4,400 ケース．
葡萄品種：カベルネ・ソーヴィニヨン65％，メルロ30％，
　　　　　カベルネ・フラン5％．
サン＝クリストリー村にあるこの小さなシャトーは、熟成させる価値のある、うまく造られた濃密なワインによって、ここ何年かのあいだに評判を高めている。樫樽の比率は3分の1。1998年にパープ＝クレマンのベルナール・マグレがこのシャトーを購入した。特醸物のcuvée prestige は畑の中の優れた区画のものを選って仕込んだもので、熟成には100％の新樽が使われるが、愛らしく甘い果実味が生まれる。ここの標準的なワインはスミレの愛らしい香りを持っている。96年、98年、99年、2000年はすべて秀逸。すぐれたクリュ・ブルジョワ。

Château Greysac シャトー・グレイサック（ベガダン村）
格付け：クリュ・ブルジョワ・シュペリュール．
所有者：Domaines Codem.
管理者：Philippe Dambrine.
作付面積：75 ha. 年間生産量：33,000 ケース．
葡萄品種：カベルネ・ソーヴィニヨン45％，メルロ45％，
　　　　　カベルネ・フラン5％，プティ・ヴェルド5％．

メドック・ア・セ

フランソワ・ド・ガンズブール男爵が 1973 年に購入して以来, このシャトーは頭角をあらわしてきた。発酵はステンレス・タンクでおこない, 出来たワインは樽で熟成させる。新樽の比率は 25%。わたしの印象では, ここのワインはのびやかで, 果実味あふれる華やかな風味をそなえていて, 最高の年のものには, やや熟しすぎの感もある。3 年目から 4 年目あたりで楽しく飲めるワインである。

Château Haut-Canteloup
シャトー・オー゠カントループ（サン゠クリストリー村）
格付け：クリュ・ブルジョワ.
所有者：S. C. I. du Château Haut-Canteloup.
作付面積：38 ha. 年間生産量：24,000 ケース.
葡萄品種：メルロ 60%,
　　　　　カベルネ・ソーヴィニョン 30%,
　　　　　カベルネ・フラン 10%.
セカンド・ワイン：Château les Mourlanes.
サン゠クリストリー村にあるこの優れたシャトーでは, 現在, とてもいいワインを造っている。96 年はリッチでなめらかで表情豊かな果実味と調和を備え, 優雅で, 長続きする風味を持っていた。とてもスタイリッシュなワイン。オー゠カントループ・コレクションは, 新樽で熟成した最高の仕込槽を精選したものである。

Château Lacombe-Noillac
シャトー・ラコンブ゠ノイヤック（ジョ゠ディニャック村）　V
所有者：Jean-Michel Lapalu.
作付面積：31 ha. 年間生産量：20,000 ケース.
葡萄品種：カベルネ・ソーヴィニョン 58%, メルロ 32%,
　　　　　カベルネ・フラン 6%, プティ・ヴェルド 4%.
1980 年に畑の再建を終えたばかり。うまく造られた魅力的なワインで, 熟成に 15% の新樽を使っている。シャトーは現在, パターシュ゠ドーと同じ経営陣の手に委ねられている。

Château Laujac シャトー・ロージャック（ベガダン村）
格付け：クリュ・ブルジョワ.
所有者：Bernard Cruse.
作付面積：30 ha. 年間生産量：16,000 ケース.
葡萄品種：カベルネ・ソーヴィニョン 60%, メルロ 30%,
　　　　　カベルネ・フラン 5%, プティ・ヴェルド 5%.
クリューズ家が所有しているシャトーで広く名が通っている。この広大なシャトーはかつて, 現在よりはるかに評判のいいワインを大量に生産していた。ワインは近隣のシャトーがそなえているようなはっきりした性格を持っていない。

Château Les Moines
シャトー・レ・モワーヌ（クーケクー村）　V
格付け：クリュ・ブルジョワ.
所有者：Claude Pourreau.

シャトー紹介　メドック

作付面積：30 ha．年間生産量：20,000 ケース．
葡萄品種：カベルネ・ソーヴィニヨン 70%，メルロ 30%．
別のラベル：Château Tour St-Martin（熟成は発酵槽のみ）．
クーケクー村にある評判のいいクリュで，シャトー・レ・ゾルム＝ソルベに隣接している。葡萄の摘み取りは機械化されていて，熟成は樽でおこない，毎年 25% の新樽が使われている。しっかりしていて，うまく造られた，堅実なワインで，果実味にあふれ，安定している。

Château Livran
シャトー・リヴラン（サン゠ジェルマン゠デストゥイユ村）
格付け：クリュ・ブルジョワ．
所有者：Robert & Olivier Godfrin.
作付面積：48 ha．年間生産量：30,000 ケース．
葡萄品種：メルロ 50%，カベルネ・ソーヴィニヨン 45%，
　　　　　カベルネ・フラン 5%．
セカンド・ラベル：Château La Rose-Goromey.
かつてはゴート家が所有していたこともあるシャトーで（ゴート家は 1305 年にクレマン 5 世法皇を出した一族），その歴史に劣らず，シャトーの外見も印象的である。第二次世界大戦前までは，ロンドンの有名ワイン商ジェームズ・デンマンが所有していた。現在の持ち主は，かつての支配人である。快適で，上手に造られたワインを出している。

Château Loudenne シャトー・ルーデンヌ（サン゠ティザン村）
格付け：クリュ・ブルジョワ・シュペリュール．
所有者：Domaines Lafragette.
作付面積：62 ha.
年間生産量と葡萄品種：
　赤；28,500 ケース．カベルネ・ソーヴィニヨン 45%，
　　　　　　　　　　メルロ 45%，カベルネ・フラン 7%，
　　　　　　　　　　マルベック 2%，プティ・ヴェルド 1%．
　白；6,500 ケース．ソーヴィニヨン・ブラン 62%，
　　　　　　　　　　セミヨン 38%．
ルーデンヌのワインはどちらかというと色が淡いが，香りとフィネスの面では，メドック AC の大部分よりすぐれている。本物の優雅さがあり，ワインが瓶で熟していくにつれて，それがはっきりとあらわれてくる。90 年，それから，とくに 96 年と 2000 年が素晴らしい。
　ここの白ワインも素晴らしいもので，これは樽を使って発酵させている。3 分の 1 が新樽。春に瓶詰してほどなく，おいしくて香り高い上品なワインになるが，セミヨンが入っているため，熟成にも向いている。

Château Lousteauneuf
シャトー・ルストヌフ（ヴァレイラック村）
格付け：クリュ・ブルジョワ．
所有者：Segond family.

管理者：Bruno Segond.
作付面積：22 ha. 年間生産量：13,000 ケース.
葡萄品種：カベルネ・ソーヴィニヨン 54%,
　　　　　メルロ 40%, カベルネ・フラン 4%,
　　　　　プティ・ヴェルド 2%.
セカンド・ワイン：Château la Rose Carbonière.
ヴァレイラック村にあるこの評判のいいシャトーは、1962 年にスゴン家が購入して、葡萄を植え替え、畑を広げてきた。1993 年、自分のところでワイン造りをするために協同組合を脱退。35% の新樽が使われている。96 年は魅力的な香りを持ち、リッチでなめらかでベルベットのような果実味のある、バランスのとれたおいしいワイン。若いうちから楽しむことができる。99 年と 2000 年はどちらも高い品質を誇っている。

Château de Monthil
シャトー・ド・モンティル（ベガダン村）

格付け：クリュ・ブルジョワ.
所有者：Les Domaines Codem.
作付面積：15 ha. 年間生産量：8,500 ケース.
葡萄品種：カベルネ・ソーヴィニヨン 30%,
　　　　　カベルネ・フラン 30%, メルロ 30%,
　　　　　プティ・ヴェルド 10%.

このシャトーを持っているドメース・コドンは、同じベガダン村にあるシャトー・グレイサックとベガダン、そしてデ・ベルタンも所有している。このドメースが 1986 年に買収する以前、このシャトーで伝統的手法で造られたワインのほとんどがフランス国内のレストランに売られていた。今ではその好評にともなって国外へも輸出されるようになっている。熱心なファンが増えてきている。このドメースはとてもよいワイン造りをしているはずである。探し求めて試してみる価値のあるワイン。

Château Noaillac
シャトー・ノアイヤック（ジョ＝ディニャック村）　V

格付け：クリュ・ブルジョワ.
所有者：Xavier and Marc Pagès.
作付面積：43 ha. 年間生産量：28,500 ケース.
葡萄品種：カベルネ・ソーヴィニヨン 55%, メルロ 40%,
　　　　　プティ・ヴェルド 5%.
セカンド・ラベル：Moulin de Noaillac, La Rose Noaillac,
　　　　　　　　 Les Palombes de Noaillac.

ここもピエ・ノワール（アルジェリア生まれのフランス人）が経営するシャトー（175 頁 La Tour-de-By の項）。1983 年にパジェ家がメドックでも北部のジョ＝ディニャック＝エ＝ロワラック村にあるこのシャトーを買いとり、葡萄の植え替えをおこなった。現在では、たぶん、村を代表するクリュと言えるだろう。ワインは深い色をしていて、果実味が顕著、深みのある風味を持っている。熟成には発酵槽のほか、毎年 15% の新樽を含む樽が使われているが、樽に寝かされる期間はわずか 10 ヵ月。それによって

シャトー紹介　メドック

ワインは、ぎすぎすしたものにならずにスケール感を大きくしている。

Château Les Ormes Sorbet
シャトー・レ・ゾルム・ソルベ（クーケクー村）　V

格付け：クリュ・ブルジョワ・シュペリュール．
所有者：Jean Boivert.
作付面積：21 ha．年間生産量：12,000ケース．
葡萄品種：カベルネ・ソーヴィニヨン65%，メルロ30%，
　　　　　カベルネ・フラン2%，プティ・ヴェルド2%，
　　　　　カルムネール1%．

ここのワインは心地よい香りをもっていて、上品で、自己主張の強いカベルネ特有の風味と、しっかりした骨格をそなえている。バー＝メドックの多くのワインの例に洩れず、風味は豊かだがボディが物足りない。カルムネール種の栽培に注目してほしい。これはフィロキセラ以前の時代には重要な品種だったが、接ぎ木されると開花に問題が生じるため、ほとんど姿を消していたのだ。78年は古典的なワインだった。80年代には、土質の個性がはっきり出た、たくましい、しっかりしたワインが造られていたが、秀逸な96年になると、フィネスはそのまま残しつつ、もっと洗練されたスタイルを示している。神経をくばり、丹精こめてワインを造れば、バー＝メドックでどれだけの成果が上がるかを示す、素晴らしい例である。

Château Patache-d'Aux
シャトー・パターシュ＝ドー（ベガダン村）　V

格付け：クリュ・グラン・ブルジョワ．
所有者：SC du Château.
管理者：Patrice Ricard.
作付面積：43 ha．年間生産量：26,600ケース．
葡萄品種：カベルネ・ソーヴィニヨン70%，メルロ20%，
　　　　　カベルネ・フラン7%，プティ・ヴェルド3%．
セカンド・ラベル：La Relais de Patache-d'Aux.

このクリュは昔から評判が高く、デュロン家が所有していたが（⇒107頁 Léoville-Las-Cases、171頁 Potensac の項）、1964年にクロード・ラパリュを代表者とするピエ・ノワールの組合が、ここを買いとった。シャトーの建物は現在、村の所有となっている。発酵は今なお、一部が木製の発酵槽で、一部がコンクリートやステンレスのタンクでおこなわれているが、熟成にはすべて樽が使われている。新樽の比率は25%となっている。

　ワインは素晴らしくかぐわしく、スミレとカベルネの香りがはっきり感じられ、洗練された風味があり、フルーティで、しなやかで、ボディはじつに軽いが、しっかりしたバックボーンをそなえている。2002年に、89年、82年、66年を試飲したところ、このクリュの資質と、見事に熟成する能力がはっきりと感じとれた。どれも素晴らしい状態で、印象的な質の高さを誇っている。

メドック・ア・セ

Château Plagnac シャトー・プラニャック（ベガダン村）

格付け：クリュ・ブルジョワ．
所有者：Domaines Cordier.
作付面積：30 ha．年間生産量：20,500 ケース．
葡萄品種：カベルネ・ソーヴィニョン 65%，メルロ 35%．

ベガダンにあるこのシャトーを 1972 年に現在の所有者が買って以来，多くの改良と変化が生じた。葡萄の摘み取りは機械化され，発酵槽はステンレス・スチールのものに変えられ，熟成は樽でおこなわれている。こうした改良のおかげで，80 年代，90 年代を通じて，首尾一貫して魅力的なワインが生産されてきた。

Château Pontey シャトー・ポンテイ（ブレニヤン村）　V

格付け：クリュ・ブルジョワ．
所有者：Quancard family.
作付面積：11 ha．年間生産量：6,500 ケース．
葡萄品種：カベルネ・ソーヴィニョン 45%，
　　　　　メルロ 55%．
セカンド・ラベル：Château Vieux Prezat.

畑の一部がブレニヤンの高台にある，この評判のいいクリュは，家族経営のネゴシアン，シュヴァル・カンカールが所有している。ワイン愛好家が何を求めるかを熟知しているように思われる。新樽（3 分の 1）をうまく使って，甘い果実味を消すのではなく，際立たせ，リッチで魅力的なワインに仕上げている。若いうちに飲むのも楽しいし，長期保存にも向いている。

Château Potensac
シャトー・ポタンサック（オルドナック村）　★　V

格付け：クリュ・ブルジョワ・エクセプショナル．
所有者：Delon family.
管理者：Jean-Hubert Delon.
作付面積：57 ha．年間生産量：37,500 ケース．
葡萄品種：カベルネ・ソーヴィニョン 60%，メルロ 25%，
　　　　　カベルネ・フラン 15%．
セカンド・ラベル：Châteaux Gallais-Bellevue and Lassalle,
　　　　　　　　　Goudy la Cardonne.

サン＝ティザンとサン＝ジェルマン＝デストゥイユに挟まれたポタンサックの村落のあたりには，砂利の露頭が出る素晴らしい土地があって，ドロン家（⇨ 107 頁 Léoville-Las-Cases の項）がここに 4 つの畑をもっている。ここでは昔から良いワインが造られてきたが，この 10 年間にますます有力になった。いちばん大きな畑がポタンサックで，次にラサール，そしてガレ＝ベルヴュー，グディー・ラ・カルドンヌになるが，実際には 4 つとも一緒に管理されている。醸造所にはステンレス・タンクが設置しなおされ，ワインは長いゆっくりした発酵を経たのちに，毎年 20% ずつの新樽とレオヴィル＝ラス＝カーズからのお下がりの樽を使って熟成に入る。

　ワインは深い色合いと，活力にあふれた香りが特徴の，まさに典型的なメドックであり，スパイシーな，あるいは花のような香

りの感じられることが多い。密度の高い、複雑で力強い風味と、どちらかというと角（かど）が出る骨格をそなえている。これらのワインが最高の飲みごろを迎えるには、通常 5 年から 6 年待つ必要がある。とても長持ちするタイプなのだ。81 年、82 年、83 年、85 年、86 年、88 年、89 年、90 年、92 年、93 年、94 年、95 年はいずれも良く出来ている。今日のメドックで造られるワインの中で最上のひとつといって間違いない。

Château Preuillac シャトー・プルュイヤック（レスパール村）

格付け：クリュ・ブルジョワ．
所有者：Yvon Mau.
作付面積：30 ha．年間生産量：18,500 ケース．
葡萄品種：カベルネ・ソーヴィニヨン 54%、メルロ 44%、
　　　　　カベルネ・フラン 2%．

レスパールにおける最も重要なクリュであるプルュイヤックは、この村でもいちばん管理が行きとどいている畑と醸造所を持っている。醸造は依然として伝統的手法でおこなわれていてここのワインは全くフル・ボディでタンニンの強いものになる傾向がある。所有者はもっとも進歩的なネゴシアンの一人。

Châtequ Ramafort
シャトー・ラマフォール（ブレニヤン村）　V

格付け：クリュ・ブルジョワ．
所有者：Domaines CGR.
作付面積：15.7ha．年間生産量：10,000 ケース．
葡萄品種：カベルネ・ソーヴィニヨン 50%、
　　　　　メルロ 50%．

ドメース CGR がブレニヤン村に所有している 3 つのシャトーのうち、現在はここが最上の結果を出しているように思われる。たぶん、カベルネ・フランを使っていないため、ラ・カルドンヌよりも角があるのだろう。最近、オー＝メドックの多数の優れたクリュ・ブルジョワと競い合って、メドック杯を受賞した。95 年は薫香があり、リッチで、熟した果実味が感じられ、ラ・カルドンヌより強い個性を持っている。97 年はとても調和がとれていて将来が楽しみ。98 年は本物の円熟さを持ち、素晴らしい可能性を秘めている。

Château Rollan de By
シャトー・ロラン・ド・ベィ（ベガダン村）　→

格付け：クリュ・ブルジョワ・シュペリュール．
所有者：Jean Guyon.
作付面積：21.5 ha．年間生産量：13,500 ケース．
葡萄品種：メルロ 70%、
　　　　　カベルネ・ソーヴィニヨン 20%、
　　　　　プティ・ヴェルド 10%．
キュヴェ・スペシャル：Château Haut-Condessas.

ベガダン村にあるこのシャトーは、試飲会においてキュヴェ・スペシャルが大評判になったおかげで、大きな話題を呼んだ。ここ

の普通のワインは，長続きする風味と，しなやかな果実味と，魅力的な個性を備えている。コンデッサに関しては，100％の新樽を使ったマロラクティック発酵も含めて，最大限の努力が注ぎこまれている。人為的な操作を加えて造られるニューウェーブのワインだが，とても上手にできている。

Château Roquegrave
シャトー・ロクグラーヴ（ヴァレラック村）

格付け：クリュ・ブルジョワ．
所有者：M. Joannon.
作付面積：30 ha．年間生産量：20,000 ケース．
葡萄品種：カベルネ・ソーヴィニヨン70％，メルロ25％，
　　　　　プティ・ヴェルド5％．

ヴァレラックのワインとしては，よく知られているし，うまく販売されている（ヴァレラック村は，メドックのジロンド河沿いのめぼしいワインを産出する村としては最北端に位置している）。熟成には発酵槽と樫樽の両方が使われている。まずまずの出来の，率直な，たくましいワイン。

Cave Coopérative St-Jean
カーヴ・コオペラティヴ・サン゠ジャン（ベガダン村）

理事長：René Chaumont.
作付面積：351 ha．年間生産量：221,900 ケース．
葡萄品種：メルロ50％，カベルネ・ソーヴィニヨン24％，
　　　　　カベルネ・フラン24％，プティ・ヴェルド2％．

サン゠ジャン協同組合はベガダン協同組合とも呼ばれていて，メドックACで最大規模の，他が及びもつかない大組合である。メンバーには，この村だけではなく，ヴァレラック，シヴラックなどの隣接する村も含まれている。この組合はまた，地元のワインを貯蔵・熟成するために結合した4つの協同組合の統合組織であるユニ゠メドックのメンバーでもある。醸造所は60,000ヘクトリットル以上を処理する能力がある。ここ何年か，組合のメンバーが減ってきている。自分のところのワインに責任を持ちたいという生産者が増えてきたためである。

　この協同組合のワインはなかなか評判がいい。多くはネゴシアンに売り渡され，そこでジェネリック・ワインとしてブレンドされる。そうしたワインでも，メドックの個性と魅力を持っている。

L'Elite St-Roch レリト・サン゠ロッシュ（ケイラック村）

所有者：Société Coopérative de Vinification de Queyrac.
作付面積：155 ha．
年間生産量：101,500 ケース．

この協同組合は1939年に設立され，現在，ケイラック，ゲラン，ジョ゠ディニャック゠エ゠ロワラック，ヴァンサック，ヴァレラック，ヴァンダイの村々からメンバーが集まっている。組合はユニ゠メドックのメンバーでもある。サン゠ロッシュの自己商標銘柄で出荷する以外に，ここで造られる大量のワインをネゴシアンに樽売りしている。こうしたワインがブレンドされてネゴシアン

シャトー紹介　メドック

名のジェネリックものになっていることが、今日のメドックのジェネリック・ワイン全般の評価を高めている。

Cave Coopérative de St-Yzans-de-Médoc（サン＝ティザン村）
カーヴ・サン＝ティザン＝ド＝メドック
所有者：Société Coopérative.
作付面積：175 ha. 年間生産量：111,000 ケース.
葡萄品種：メルロ 55%, カベルネ・ソーヴィニヨン 40%,
　　　　　カベルネ・フラン 2%, プティ・ヴェルド 2%,
　　　　　マルベック 1%.

サン＝ティザンの協同組合は 1934 年に設立された。ワインはサン＝ブリス St-Brice の名前で販売するか、ネゴシアンに樽売りされて彼等の商標ワインに使われるかのどちらかだ。典型的なメドックの上物を造っているということで、この組合の評判は高い。上記のサン＝ブリスのワインには、サン＝ティザンの村のほかに、ブレニヤン、クーケクー、サン＝クリストリー村のメンバーも加わっている。ここではワインを樫樽のなかでしばらく熟成させている。

Château Sestignan シャトー・セスティニャン（ロワラック村）
格付け：クリュ・ブルジョワ.
所有者：Bertrand de Rozières.
作付面積：19.5 ha. 年間生産量：12,200 ケース.
葡萄品種：カベルネ・ソーヴィニヨン 60%, メルロ 25%,
　　　　　カベルネ・フラン 13%, マルベック 1%,
　　　　　プティ・ヴェルド 1%.

バー＝メドックの北はずれにあたるこのシャトーは、沖積層のパリュス（旧沼沢地）と灌漑用の排水溝でかこまれている。ここのワインは数多くの試飲会でつねに好評を博している。ワインは発酵槽で 16 カ月、樫樽で 4 カ月寝かされる。

　ベルトラン・ド・ロジエールが、73 年に小規模なワイン造りを始めたとき、戦後荒れ放題のまま放置されていたジョ＝ディニャック＝エ＝ロワラック村の畑の再建にとりかかった先駆者の一人になった。したがって注目してよいシャトー。魅力的な 96 年がある。

Château Sigognac
シャトー・シゴニャック（サン＝ティザン村）　V
所有者：SC Fermière.
管理者：Colette Bonny.
作付面積：47 ha. 年間生産量：25,000 ケース.
葡萄品種：カベルネ・ソーヴィニヨン 33.3%,
　　　　　カベルネ・フラン 33.3%, メルロ 33.3%.

この場所にはかつて古代ローマの荘園が建っていたそうで、サン＝ティザンの村役場に行けば、ここで発見された陶器類を見学することができる。1965 年にポール・グラッセがここを購入したとき、畑の面積はわずか 4 ヘクタールに減っていた。その後の彼の努力と、1968 年に彼が亡くなってからは、彼の妻の丹精によ

って，現在は見違えるようなシャトーになっている。発酵はコンクリート・タンクでおこない，出来あがったワインの一部はタンクで，一部は樽で熟成させる。新樽の比率は20%である。ワインは色付きが良く，フル・ボディで，やわらかな香りをもち，口に含んだときに心地よい果実味とタンニンが感じられ，力強いというよりは優雅である。有名な隣のシャトー・ルーデンスのもつフィネスには欠けているとしても，全体に水準の高い，とても感じのよい，メドックの名に恥じないワインといえる。

Château Le Temple
シャトー・ル・タンプル（ヴレィヤック村）　→

格付け：クリュ・ブルジョワ．
所有者：The Bergey family.
管理者：Jean-Pierre and Denis Bergey.
作付面積：21 ha．年間生産量：12,000 ケース．
葡萄品種：カベルネ・ソーヴィニヨン 60%，
　　　　　メルロ 35%，プティ・ヴェルド 5%．

クリュ・ブルジョワの96年のヴィンテージを対象とする試飲会で，初めてここのワインを飲んだとき，わたしはたちまち，郷愁をそそる香りを持ったメドックの果実味とフィネスに惹きつけられた。シャトーの名前は，エルサレム神殿騎士団の領地であったことから来ている。ベルジェイ家が1933年からここを所有している。注目に値するワイン。

Château La Tour de By
シャトー・ラ・トゥール・ド・ベィ（ベガダン村）　★→

格付け：クリュ・ブルジョワ・シュペリュール．
所有者：SC (Cailloux, Lapalu, Pagès). 管理者：Marc Pagès.
作付面積：73 ha．年間生産量：46,000 ケース．
葡萄品種：カベルネ・ソーヴィニヨン 60%，メルロ 36%，
　　　　　カベルネ・フラン 4%．
セカンド・ラベル：Châteaux La Roque-de-By and Moulin-de-la-Roque, Cailloux de By.

この素晴らしいクリュはバー＝メドック中でいちばん小高い，いちばん良質の砂利層を含む丘の上に建っている。ここには立派なシャトーの邸館もあるし，別に，醸造所に使っている古くて感じの良い建物もある。シャトーの近くの小高い場所には塔がそびえているが，昔は燈台として使われていたものだ。マール・パジェとパートナーたちは1965年にこのシャトーを購入して以来，多くの改良をおこなってきた。醸造所を広げ，ステンレス・タンクをいくつか据えつけた。もっとも，古い木製の発酵槽も昔のまま残されている。機械による収穫と品質は相容れないと信じている人々のために一言。ここでの収穫は，4台の機械を使って7日間にわたっておこなわれ，完熟した果実を収穫するようにしている。ワインの熟成は，樫樽でおこなっていて，新樽の比率は20%。ワインは色が深くて，見事な香気をもち，生き生きして，みずみずしい果実味は，しばしばスミレを連想させる。風味はとても調和がとれていて魅力的。また，力強く，本物の深みをもっていて，

タンニンがかなり多い。その他に目立つ個性として、優雅さ、そして余韻の長い風味があげられる。このシャトーは、今日のメドック・アペラシオンのなかで最上のワインとの評価を受けるだけの価値がある。

畑がとびきり良い場所にあるおかげで、91年の霜害のときも、北メドックの大部分の畑より被害が少なくてすみ、いちばん年をとった世代の葡萄から見事なワインが造られた。92年、93年のワインを見れば、品質が安定していることが分かる。また、傑出したワインが造られたのは、95年、96年、97年、98年、99年、2000年。

Château La Tour-Haut-Caussan
シャトー・ラ・トゥール゠オー゠コーサン（ブレニヤン村）
格付け：クリュ・ブルジョワ・シュペリュール．
所有者：Philippe Courrian.
作付面積：16 ha．年間生産量：10,000 ケース．
葡萄品種：カベルネ・ソーヴィニョン 50%，
　　　　　メルロ 50%．
セカンド・ラベル：La Landotte.

このシャトーに建っている風車には 1734 年建立の日付けがついていて、19 世紀以前にメドックのこの地方を支配していた複合文化の証になっている。現在の所有者である家族は生えぬきのメドック人で、その歴史は 1615 年までさかのぼることが出来る。持ち主は伝統的葡萄栽培の信奉者で、醸造は細心の注意を払って行われているが、それはメルロは高温、カベルネは低温で仕込むというやり方である。別々に仕込んだワインは、その後ブレンドされ、樽で熟成されるが、新樽の使用は 33% である。このようなやり方は成功をおさめ、賞を獲ちとっている。フランスのレストランからの需要が非常に多いが、フランス国内および海外にも広く出されている。

Château La Tour-St-Bonnet
シャトー・ラ・トゥール゠サン゠ボネ（サン゠クリストリー村）
格付け：クリュ・ブルジョワ．
所有者：Jacques Merlet.
作付面積：40 ha．年間生産量：18,000 ケース．
葡萄品種：メルロ 45%，カベルネ・ソーヴィニョン 45%，
　　　　　マルベック 5%，プティ・ヴェルド 5%．
セカンドラベル：Château La-Fuie-St-Bonnet.

サン゠クリストリーで最大の、そしておそらく一番知名度のあるシャトーであろう。畑は砂利層を含む丘という村で最上の恵まれた場所にあり、葡萄の木々のあいだに塔が異彩を放っている。ワインはメドックの典型で、色あざやかで、活力にあふれていて、力強い。最上の状態を示すにはある程度の熟成が必要だ。

Château Vernous シャトー・ヴェルノー（レスパール村）
格付け：クリュ・ブルジョワ．
所有者：Châteaux en Bordeaux.

メドック・ア・セ

管理者：Bernard Frachet.
作付面積：22.5 ha. 年間生産量：13,000 ケース.
葡萄品種：カベルネ・ソーヴィニヨン 63％, メルロ 30％,
　　　　　カベルネ・フラン 7％.
セカンド・ラベル：La Marche de Vernous.
1980 年代に, シャンパンのドゥーツ社がレスパール村にあるこの質のいいクリュに多額の投資をおこなった。新しいオーナーもそれをうまく活かしている。ここの畑は, メドックのこの地区にわずかしかない砂利層の丘にある。熟成には 40％ の新樽が使われている。スタイリッシュな, うまく造られたワイン。

Vieux Château Landon
ヴィユー・シャトー・ランドン（ベガダン村）
格付け：クリュ・ブルジョワ.
所有者：Philippe Gillet.
作付面積：30 ha. 年間生産量：20,000 ケース.
葡萄品種：カベルネ・ソーヴィニヨン 70％, メルロ 25％,
　　　　　マルベック 5％.
このシャトーは数世紀にわたって同一家族に持たれて来た。現在の持ち主は, 前の所有者の娘のお婿さんである。ここも, ベガダンの村で優れたワインを出すところのひとつで, 果実味に富み, メドックの性格が良く出た魅力的なワインを出している。

Château Vieux Robin
シャトー・ヴィユー・ロバン（ベガダン村）　V →
格付け：クリュ・ブルジョワ・シュペリュール.
所有者：Didier and Maryse Roba.
作付面積：18 ha. 年間生産量：11,000 ケース.
葡萄品種：カベルネ・ソーヴィニヨン 60％, メルロ 37％,
　　　　　カベルネ・フランとプティ・ヴェルド 3％.
現在の所有者がこの 20 年間にわたって, ベガダン村にあるこの古い一族のシャトーで, ワインの質を向上させるべく真摯な努力を続けてきた。ふつうは, 8,500 から 10,000 ケースがヴィユー・ロバンとして販売され, 特別の畑の葡萄を使い 40％ の新樽で熟成させた 4,000 から 5,000 ケースがヴィユー・ロバン・ボワ・ド・リュニエとして販売されている。そして, トップに君臨するのが, 最高のキュヴェを使って新樽 100％ で熟成させた"コレクション"である。ワインには, 溌剌としたみずみずしいカベルネの果実味と, 本物のスタイルがある。

Caves Les Vieux Colombiers
カーヴ・レ・ヴィユー・コロンビエ（プリニャック村）
所有者：Uni-Médoc.
作付面積：275 ha. 年間生産量：165,000 ケース.
葡萄品種：カベルネ・ソーヴィニヨン 50％, メルロ 40％,
　　　　　カベルネ・フラン 10％.
この大きな協同組合はプリニャックにあって, この村とレスパールおよびサン＝ジェルマン＝デストゥイユを含めた 200 ほどの組

シャトー紹介 メドック

合員のワインを集めて生産に当たっている。

Château Le Vivier シャトー・ル・ヴィヴィエ（ブレニヤン村）
所有者：Domaines CGR.
作付面積：8 ha. 年間生産量：5,000 ケース.
葡萄品種：カベルネ・ソーヴィニヨン 50％,
　　　　　メルロ 50％.

畑がまだとても若い。そのため，ワインはすべてステンレス・タンクに貯蔵され，早めに瓶詰めされる。これが果実味を保つのに役立っている。ワインはまだかなり単純で軽いタイプだが，なかなか有望であることは間違いない。

グラーヴ
Graves

他の地区と根本的に異なるこの地域について論じるのは、容易なことではない。地理的に見ればメドックの続きだが、まず北から見ていくと、ボルドー市周辺の市街化が進んで、多くの葡萄畑が姿を消している。次に南に向かって車を何キロも走らせてみると、木々のほかは何ひとつ見えない地帯が続き、知らぬ間に西隣りのランド地方に入ってしまったかと勘違いするほどだ。ここはかつて、数多くの並の白ワインと、わずかな数の貴族的な赤ワインを産出する地帯だったが、この30年のあいだに状況に大きな変化が生じている。1976年と2000年の生産量を比較した次の数字を見れば、変化がある程度おわかり頂けるだろう。この地区は現在、ペサック=レオニヤンとグラーヴの2つのアペラシオンに分かれているので、2000年の数字は別々に出すことにした。

	1976(hl)	2000(hl)	増加量(hl)
赤 グラーヴ	57,760	136,798	136,719(+236%)
ペサック=レオニオン		57,681	
白 グラーヴ	48,243	45,272	16,901(+27%)
ペサック=レオニヤン		13,561	
グラーヴ・シュペリュール	13,708	20,019	
計	119,711	273,331	153,620(+128%)

これは2つの重要な傾向を示している。白から赤へ、そして、アルコール度の高い白（最低アルコール度数12%＋残留糖分）から、辛口の軽い白（11%）へ。ここでのグラーヴ・シュペリュールという呼称は、単にアルコール度数が高いだけのものを指している。この手のワインには、たいてい糖分がすこし残っている。1975年までは、グラーヴ・セック（辛口もの）よりグラーヴ・シュペリュールのほうが多く造られていた。この表からは、全生産量が128%もアップしていて、グラーヴ地区全体が復興をとげていることがうかがえる。この20年間に葡萄栽培面積は次のように変化した。

	1976(ha)	2000(ha)	増加量(ha)
赤 グラーヴ	1,230	2,376	2,278(+185%)
ペサック=レオニオン		1,122	
白 グラーヴ	1,393	792	150(+11%)
ペサック=レオニヤン		273	
グラーヴ・シュペリュール		478	
計	2,623	5,041	2,418(+92%)

大幅に面積が広がったのは赤ワイン用の畑であるが、白ワイン用

シャトー紹介

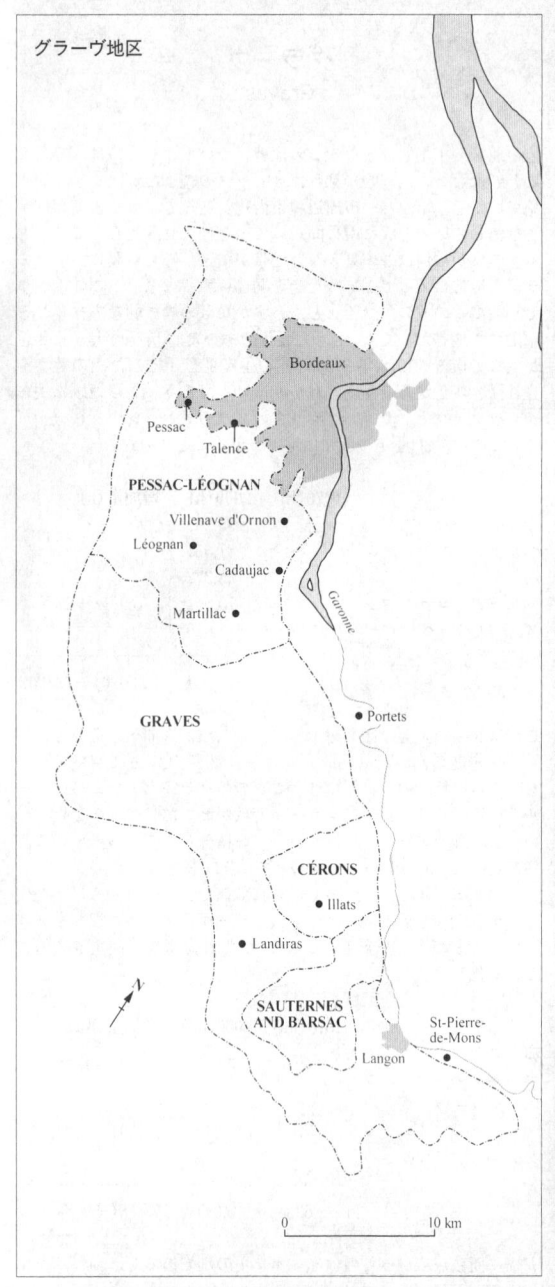

グラーヴ地区

- Bordeaux
- Pessac
- Talence
- **PESSAC-LÉOGNAN**
- Villenave d'Ornon
- Léognan
- Cadaujac
- Martillac
- **GRAVES**
- Portets
- Garonne
- **CÉRONS**
- Illats
- Landiras
- **SAUTERNES AND BARSAC**
- St-Pierre-de-Mons
- Langon

N

0　　　　10 km

グラーヴ

の畑も, 長期間にわたる衰退のあとに, わずかだが増えてきている。新しい畑と進歩した農業技術のおかげで, 収穫量が昔より大幅にふえているのだ。

フェレの『Bordeaux et ses Vins 1982 年版』を見ると, ボルドー市街の拡張に呑みこまれた畑の衰退が手にとるようにわかる。一番深刻な影響を受けた 4 つの村, グラディニャン, メリニャック, ペサック, タランスを例にとると, 1908 年には自家栽培醸造業者が 119 軒あったのに, 1981 年には 9 軒に減ってしまった。1981 年にグラーヴ AC 資格の認定を受けた村は, グラーヴ全体の中で 33 あった（グラーヴのアペラシオンを名乗れる村は他にもあったが, そうした村でも, 実際にはボルドーか, ボルドー・シュペリュールの AC ワインしか出していなかった)。ところが, 現在実際にワインの大部分を造っている村は, このうちわずか 8 つである。北部のレオニヤン, マルティヤック, 南部のポルテ, イラ, セロン, サン＝ピエール＝ド＝モン, ランゴン, ランディラス。これらのうち, イラとセロンの村はグラーヴのほかに, セロンの AC 呼称をもつワインもつくっている。しかしながら, 現在, これらの村でつくられる白ワインの 80% はグラーヴを名乗っているようだ。赤の方も同じで, その比率は高くなる一方だ。

この地区には, 長い不遇の時代からようやく抜けだしたという希望に満ちた兆しが, 数多く見受けられる。低温発酵法を採用することによって, 白の辛口グラーヴの質が全体的に向上している。1960 年代にペイノー教授の説きまわった御託宣を, アンドレ・リュルトンやピエール・コストのような男たちが実践に移してきた。例えば, アンドレ・リュルトンは, 手入れもされずに放置されていたグラーヴ北部の最高の場所にある広大な畑をよみがえらせた。ピエール・コストはグラーヴ南部でおいしくて安い値段の白と赤をたくさん造っている。ドニ・デュブルディュー教授は, 酵母菌の選択をはじめとするありとあらゆる最新テクノロジーを駆使することによって, グラーヴ南部のさほど名のない村で造られるワインがどれだけ見事に生まれ変わるかを実証している。最近, 発酵を昔のように樽でやろうという強い動きが出てきて, すばらしい成果を上げている。

白ワインに使う葡萄品種の組み合わせについては, どうしたら最高のものが得られるかをめぐって意見がさまざまに分かれている。伝統的なのはソーヴィニヨンとセミヨンを使う方法だ。ソーヴィニヨンがまずワインに果実味（とくに香りに）と酸味を与え

CÉRONS セロン
GRAVES グラーヴ
PESSAC-LÉOGNAN
ペサック＝レオニヤン
SAUTERNES AND BARSAC
ソーテルヌとバルサック

Garonne ガロンヌ河

Bordeaux ボルドー市
Cadaujac カドージャック
Illats イラ
Landiras ランディラス
Langon ランゴン市
Léognan レオニヤン
Martillac マルティヤック
Pessac ペサック
Poetets ポルテ
St-Pierre-de-Mons
サン＝ピエール＝ド＝モン
Talence タランス
Villenave d'Ornon
ヴィルナーヴ・ドルノン

るのに対して、セミヨンは瓶熟の可能性をワインに与える。瓶詰後1年ないし2年あたりでソーヴィニヨンの特徴が消えはじめ、それと同時に、徐々にセミヨンのブーケがあらわれてくる。セミヨンはまた、ワインにボディを与えてくれる。しかしながら、新鮮さと果実味をそなえた早めに飲めるワインを造ろうとするあまり、セミヨンを完全に除外してしまったシャトーもある。こうしたワインはやや早めに魅力を失う傾向があり、今ではセミヨンがワインにバランスを与えるために大事な役割を果たすことを多くの栽培者が認識しはじめているようだ。

現在消費者が手に入れられるような赤ワインをリストにしてみると、その中にはジロンド県における偉大なワインのランクにあげられるものから(オー＝ブリオン、ラ・ミッション＝オー＝ブリオン、ドメーヌ・ド・シュヴァリエ、オー＝バイイ、パープ＝クレマン)、値段が手ごろで、おいしくて生き生きとした、個性あふれる数多くのワインまで、じつに種類が豊富である。どれもカベルネ・ソーヴィニヨンを主体にして、メルロとカベルネ・フランを補助的に使っている。

グラーヴの白ワインは、これまでのイメージが低すぎたため、ワイン愛好家たちに真価を認めてもらうにはまだまだ時間がかかりそうだ。しかし、すぐれたワインが手ごろな値段で次々と市場に出まわっている現在、グラーヴの白のファンがふえるのは間違いない。カベルネをベースにした赤ワインの方は、従兄弟にあたるようなメドックの赤とはっきり区別できる性格をもっているから、市場に広く出まわるようになれば、その独特の魅力でさらに多くのファンを獲得するにちがいない。

品質のトップを行く分野では、北部の栽培者たちは1987年から、ペサック＝レオニヤンを独立したAC表示にする権利をかちとった。(新表示が出来るのは1986年のものから)。この表示を名乗れる村は、カドージャック、カネジャン、グラディニャン、レオニヤン、マルティヤック、メリニャック、ペサック、サン＝メダル＝ディラン、タランス、ヴィルナーヴ＝ドルノンなどである。この地区の葡萄畑の復興に多大の貢献をしたアンドレ・リュルトンは、この新表示の下で更に拍車をかけた活動をしている。

グラーヴがこれからのボルドーの繁栄に大きな役割を果たすにあたって、見通しはまことに明るい。おいしい辛口白ワインに対して世界的に需要が高まり、中ぐらいの値段の良質赤ワインの市場が年々拡大している現在、グラーヴはワイン愛好家にとって幸福な猟場となるにちがいない。

ペサック＝レオニヤン Pessac-Léognan

Château Baret
シャトー・バレ (ヴィルナーヴ＝ドルノン村)
所有者：Mme. Lucienne Ballande.
作付面積と年間生産量および葡萄品種：
 赤：12.5 ha.　10,000ケース．
   メルロ50％, カベルネ・ソーヴィニヨン45％,
   カベルネ・フラン5％.

白；5 ha. 1,000 ケース.
　　ソーヴィニョン・ブラン 65%, セミヨン 35%.
フィリップ・カステジャは, 義父のアンドレ・バランドが 1981 年に死亡して以来, ここを引き継いで経営に当たっている. 彼の家族の会社であるネゴシアンのボリ＝マスー社を通して, このワインを売りさばいている. シャトー・バレのワインは常に好評をかちとっているが, 最近ことに改良の結果がはっきりと現れている. 赤は軽いが深みをそなえ, スパイシーな果実味にあふれている. 白はスタイルの良いクラシックなタイプ.

Château Bouscaut
シャトー・ブスコー（カドージャック村）　→
格付け：クリュ・クラッセ.
所有者：SA du Château Bouscaut (Sophie Lurton-Cogombles).
作付面積と年間生産量および葡萄品種：
　赤；40 ha. 21,000 ケース.
　　メルロ 50%, カベルネ・ソーヴィニョン 35%,
　　カベルネ・フランとマルベック 15%.
　白；6 ha. 3,300 ケース.
　　セミヨン 70%, ソーヴィニョン・ブラン 30%.
カドージャックで唯一の重要なクリュで, グラーヴのクリュ・クラッセのなかでガロンヌ河にもっとも近い. 1968 年から 1980 年まで, チャールズ・ヴォルステッターを代表とするアメリカのシンジケートが, 打ち捨てられていたこのシャトーを救った. 18 世紀のシャトーの建物を修復し, 最近の醸造設備をそなえつけた. この期間, オー＝ブリオンの支配人であるジャン・デルマがここの支配人も兼任した. 1980 年, アメリカのシンジケートは, マルゴーにおいてブラース＝カントナックとデュルフォール＝ヴィヴァン, バルサックではクリマンの所有者でありリュシアン・リュルトンに, このシャトーを売った.

　ボルドーとトゥールーズを結ぶ街道沿いのこの畑は, 石灰岩の上に砂利層の重なった丘にあるため, 水はけは天からさずかったように申し分ない. 赤, 白ともにステンレス・スチール製の発酵タンクを使い, 白は 18～20℃ で発酵させる. 赤は樽で熟成させ（新樽の比率は 35%）, 一方, 白は樽で 6 カ月だけ寝かせておく. ソフィー・リュルトンと夫のローランが 1992 年に彼女の父親からシャトーを引き継いで以来, 赤も白もどんどん良くなっている.

Château Brown シャトー・ブラウン（レオニヤン村）　→
所有者：Bernard Barthe.
作付面積と年間生産量および葡萄品種：
　赤；23 ha. 10,000 ケース.
　　カベルネ・ソーヴィニョン 60%, メルロ 37%,
　　プティ・ヴェルド 3%.
　白；4 ha. 2,000 ケース.
　　ソーヴィニョン・ブラン 70%, セミヨン 30%.
セカンド・ラベル：Le Colombier（赤と白）.
ここは, 前世紀の中頃まで, カントナック＝ブラウンを所有して

いた家族の名前から、シャトーの名をつけた。葡萄畑はレオニヤン村の2つの砂利層の丘の良い場所にある。現在の所有者は1994年にシャトーを購入して、セラーの改装をおこない、畑の灌漑工事を進めた。それ以前の所有者たちもすでに畑の手入れに力を入れ、魅力的なワインを生みだしていたが、94年と95年に大幅な向上を見せて以来、ずっと向上しつづけている。樽で発酵させたおいしい白も造られている。

Château Cantelys シャトー・カントリス →

所有者：M & Mme Cathiard.
作付面積と年間生産量および葡萄品種：

赤：24 ha. 3,000 ケース.
　　カベルネ・ソーヴィニョン70%, メルロ30%.
白：11 ha. 700 ケース.
　　セミヨン50%, ソーヴィニョン・ブラン50%.

ダニエル・カティアールがスミス=オー=ラフィットを購入してからほどなく、このシャトー（これもマルティヤック村）を手に入れた。それ以来、畑の拡張をおこなっている。赤は生気にあふれていて、豊潤で、赤い果実の個性がよく出ている。白はレモンの香りがして、セミヨンの比率ゆえに、スミス=オー=ラフィットよりも古典的な優雅さを備えている。

Château Carbonnieux
シャトー・カルボニュー（レオニヤン村） ☆

格付け：クリュ・クラッセ.
所有者：Société des Grandes Graves.
管理者：Antony Perrin.
作付面積と年間生産量および葡萄品種：

赤；45 ha. 25,000 ケース.
　　カベルネ・ソーヴィニョン60%, メルロ30%,
　　カベルネ・フラン7%, マルベック2%,
　　プティ・ヴェルド1%.
白：42 ha. 20,000 ケース.
　　ソーヴィニョン・ブラン65%, セミヨン35%.

この有名な古いシャトーが最初に畑を持つようになったのは12世紀のことだが、1741年になって、ベネディクト会の修道士たちがここを引き継ぎ、ワイン造りをよみがえらせた。その後、1956年にマルク・ペランが手に入れ復興させた。現在は彼の息子がシャトーの経営に当たっている。白ワインはステンレス・タンクで発酵させ、以前はいっさい樽を使わなかったが、最近は3カ月ほど新樽で寝かせている。赤は樽で熟成させ、新樽の比率は3分の1となっている。

　カルボニューのワインは、白の方が有名で、その畑はグラーヴのクリュ・クラッセの中で最大の広さである。ソーヴィニョンの比率が高く、早めに瓶詰するために、かなり若いうち（9カ月から18カ月）からおいしく飲める。その後、初期の特徴であるソーヴィニョンの果実味が薄れていくにつれて、退屈な時期を迎える場合が多い。しかし、セミヨンが熟してその良さを発揮しはじ

めるようになって（2年半ほど後のこと），やっと本来の魅力を発揮するようになる。ここ何年か，品質はきわめて安定していて，誰もが入手できるような値段の格付けワインとしては，最上のものだろう。

赤ワインは過去においてはどちらかといえば粗野で，当然ながら，グラーヴの格付けワインのトップには入っていないが，最近は断乎とした努力が実って本質が向上している。

Château Les Carmes-Haut-Brion
シャトー・レ・カルム゠オー゠ブリオン（ペサック村）　★

所有者：Chantecaille family.
管理者：Didier Furt.
作付面積：4.7 ha. 年間生産量：2,000 ケース．
葡萄品種：メルロ 50%，カベルネ・フラン 40%，
　　　　　カベルネ・ソーヴィニョン 10%.

葡萄の混合比率が例外的であるこのシャトーのワインは，深い色調をしていてタンニンが強く，密度の濃いものになっているが，やや荒い感じがする。これは多分，カベルネ・ソーヴィニョンの比率が少ないためだろう。ワインをシャトーで元詰するようになったのは，1985 年からである。しかしながら，95 年以来，ワインは複雑さとスタイルの良さを増している。

Domaine de Chevalier
ドメーヌ・ド・シュヴァリエ（レオニヤン村）　★★（☆☆）

格付け：クリュ・クラッセ．
所有者：Bernard family.
管理者：Olivier Bernard.
作付面積と年間生産量および葡萄品種：
　赤；33 ha. 7,500 ケース．
　　　　カベルネ・ソーヴィニョン 65%，メルロ 30%，
　　　　カベルネ・フラン 5%.
　白；5 ha. 1,500 ケース．
　　　　ソーヴィニョン・ブラン 70%，セミヨン 30%.

1865 年から 1983 年まで，シュヴァリエはリカール家が所有し，クロード・リカールが当主となったのは 1948 年以降である。事情があって，彼の代でここを売却せざるをえなくなった。新所有者のベルナール家は，買ったあとの 5 年，彼にこのクリュを世話してもらい，シャトーの運営をまかされたオリヴィエ・ベルナールにその豊富な体験を伝授してもらうことにした。ここでは，赤ワインの発酵は，葡萄の果皮からタンニンを最大にひきだすのを助けるために，最近の流行よりやや高めの温度（32℃）でおこなっている。樫樽での熟成には 50% の新樽が使われている。白ワインの発酵は始めから樽の中で低温でおこなう。発酵が終わった後も，樫樽で（新樽の比率はごくわずか）18 カ月間熟成させる。この仕込み方は伝統的なものだったにも拘らずグラーヴのどこもやらなくなっていたが，最近は復活しだした。

こうした神経の行き届いたワイン造りから，非凡なワインの数々が生みだされる。赤は深い色をしている。ブーケは開くまで

に時間がかかるが，開いたあとは，タバコの香りの漂う複雑なブーケが楽しめるし，一方，風味の方はきりっとしていて，しっかりした骨格をもっていて，非常に素性の良さを見せ，力強く，風味の余韻もかなり長い。あと何年かすれば，オー＝ブリオンやラ・ミッションの質に近づくことができるかもしれない。また，熟成するのも遅い。

白ワインはラヴィルやオー＝ブリオンとは一味違うスタイルをもっていて，もっとひきしまっていて，内省的な感じ。香り高く，腰がしっかりしていて，ひきしまった風味をもち，6年から8年たってようやく，ブーケがゆっくりとひらいてくる。並々ならぬ繊細さとフィネスをそなえ，15年から20年間は持つとともに，その間に次第にその良さを発揮していく。

Château Coucheroy シャトー・クーシュロワ　V
所有者：André Lurton.
作付面積と年間生産量および葡萄品種：
　赤；30 ha. 8,000 ケース.
　　　カベルネ・ソーヴィニヨン 50%，メルロ 50%.
　白；6 ha. 2,500 ケース.
　　　ソーヴィニヨン・ブラン 90%，セミヨン 10%.

このシャトーの最初の名前はガスコーニュ語の Coucheroy，"国王，ここに泊る"という意味で，アンリ4世がナヴァール王だった時代に，ここに滞在していたという故事にちなんでいる。18世紀にラ・ルーヴィエールの当時の所有者が，そこに隣接していたこの畑を買いとった。アンドレ・リュルトンが1965年に初めてラ・ルーヴィエールを購入したとき，クーシュロワは最初のうち，そこと一括で経営されていたが，やがて独自の存在を示すようになった。ワインは現在もラ・ルーヴィエールで造られていて，葡萄の木はまだまだ若い。赤の95年はタンニンがやや強い。また，白の97年はじつにキリッとしたソーヴィニヨン・ブランの性格が出ている。

Château Couhins
シャトー・クーアン（ヴィルナーヴ＝ドルノン村）
格付け：クリュ・クラッセ.
所有者：Institut National de La Recherche Agronomique.
作付面積と年間生産量および葡萄品種：
　赤；12 ha. 6,500 ケース.
　　　カベルネ・ソーヴィニヨン 55%，メルロ 40%,
　　　カベルネ・フラン 5%.
　白；3.5 ha. 1,750 ケース.
　　　ソーヴィニヨン・ブラン 70%，セミヨン 30%.

クーアンの現状はいささか妙なことになっている。国立農業研究所（INRA）とアンドレ・リュルトンの間で分割されている（次のクーアン＝リュルトン参照）。ここは長年のあいだ，ガスクトン家とアナピエ家のシャトーとして，白ワインだけを造ってきていた（白ワインだけが格付けされているシャトーは，グラーヴではここのみ）。やがて1968年に，国立農業研究所がここを買いと

った。シャトーはヴィルナーヴ＝ドルノン村の小高い丘にあり，畑はガロンヌ河の近くにある。造られるのは，もちろん現代的な低温発酵によるワインで，新鮮かつ優雅なスタイルをそなえている。残念なことに，シャトーが分割されている上に，格付けされていない赤ワインまで造っているため，白ワインの生産量は少なく，手に入れるのはかなり困難である。

Château Couhins-Lurton シャトー・クーアン＝リュルトン
（ヴィルナーヴ＝ドルノン村）　☆ V
格付け：クリュ・クラッセ．
所有者：André Lurton.
作付面積と年間生産量および葡萄品種：
　白／6 ha. 3,000 ケース．ソーヴィニョン・ブラン 100%．
セカンド・ラベル：Château Cantebau.
国立農業研究所がガスクトン，アナピエの両家からシャトーを買いとるすこし前の 1967 年に，アンドレ・リュルトンがここを借り受け，1970 年代の終り近くまで畑の全部使って，クーアンのワインを造っていた。その後，国立農業研究所が畑の大部分を直接管理下に置いてしまったため，アンドレ・リュルトンは残った現在の部分しか買いとることができなかった。ここの砂利質の土壌は下層土に粘土を少し含んでいて，それがワインにボディを与えてくれる。研究所が使っている畑では，昔ながらの方法でセミヨンとソーヴィニョンが栽培されているが，クーアン・リュルトンでは 100% ソーヴィニョンである。発酵は新樽を使って (1982 年以来) 16〜18℃ でおこなわれ，10 カ月間熟成させたのちに瓶詰する。ソーヴィニョンを原料にしている関係から，ここのワインは一般に 2 年目から 4 年目あたりで魅力が最高の時期を迎える。現在，赤ワインを造るためにカベルネ・ソーヴィニョンとメルロを植えようという案が出ているし，1.5 ヘクタールから 6 ヘクタールに拡張された白ワイン用の畑も，これからもっと大きくなっていくだろう。1992 年にアンドレ・リュルトンがフランス農業研究所からシャトーと貯蔵庫を買いとり，現在，両方の修復を終えたところである。古典的なワインは，ここでは 96 年，97 年，98 年に誕生している。

Château du Cruzeau　V
シャトー・デュ・クルゾー（サン＝メダール＝ディラン村）
所有者：André Lurton.
作付面積と年間生産量および葡萄品種：
　赤；67 ha. 25,000 ケース．
　　　カベルネ・ソーヴィニョン 55%，メルロ 43%，
　　　カベルネ・フラン 2%．
　白；30 ha. 15,000 ケース．
　　　ソーヴィニョン・ブラン 85%，セミヨン 15%．
ここもまたアンドレ・リュルトンの酒造帝国が所有する領土のひとつ。サン＝メダール＝ディランの村では一番重要なクリュになっているが，畑はこの村の境界ぞいとお隣りのマルティヤック村とにまたがっている。アンドレ・リュルトンがシャトーを購入し

シャトー紹介　グラーヴ

たのは 1973 年で，1974 年には畑の葡萄が全面的に植え替えられた。赤葡萄の収穫は機械でおこなうが，白葡萄の方は手摘み。赤ワインは内部がコーティングされたセメント・タンクやステンレス・タンクを使って，28〜30℃で発酵させたのち，樽に移して 1 年間熟成させる。新樽の比率は 3 分の 1 となっている。白ワインはステンレス・タンクやグラス・コーティングされた金属製タンクを使って，16〜18℃ で発酵させ，樽で寝かされることは一度もなしに瓶詰する。

　赤ワインは香りが高くて，フル・ボディ，果実味にあふれていてしなやかで，長い時間かかって熟成する能力を持っているが，一方，3 年目から 4 年目あたりで充分に楽しめる。白には春の花盛りを思わせるかすかなアロマがあり，それが心地よい果実味を含む風味とうまく溶けあっている。ロシュモランに比べると，ここの赤はもっとリッチで洗練されている。白はフィネスが強調されている。

Château Ferran シャトー・フェラン（マルティヤック村）
所有者：Béraud-Sadreau 家.
作付面積と年間生産量および葡萄品種：
　赤；11 ha. 5,000 ケース.
　　メルロ 45%，カベルネ・ソーヴィニヨン 45%，
　　カベルネ・フラン 10%.
　白；4 ha. 2,000 ケース.
　　ソーヴィニヨン・ブラン 60%，セミヨン 40%.

このシャトーは，17 世紀にボルドー議会の議員であり，ここの持ち主であったロベール・ド・フェランからその名をとっている。1715 年に持ち主が変わり，かの哲学者モンテスキューが経営していた。ここでは赤と白をつくっているが，いずれも長命で，その健全な果実味を持つ性格を発揮させるには時間が必要である。〔類似した名前を持つシャトーに Ferrande がある。初版はこの Ferrande の方がのっていた。Ferran はマルティヤック村でレオニヤンの AC 資格をもつが，Ferrande の方はカストレ村。ジネステ・ブックでは Ferrande の方が評価が高い。ちなみにこの Ferran も 18 世紀の前半までは "d" がついていた〕。

Château de Fieuzal
シャトー・ド・フューザル（レオニヤン村）　★（☆）V
格付け：クリュ・クラッセ.
所有者：Château de Fieuzal. 管理者：Gérard Gribelin.
作付面積と年間生産量および葡萄品種：
　赤；38 ha. 13,000 ケース.
　　カベルネ・ソーヴィニヨン 60%，メルロ 33%，
　　プティ・ヴェルド 2.5%，カベルネ・フラン 4.5%.
　白；10 ha. 4,000 ケース.
　　ソーヴィニヨン・ブラン 50%，セミヨン 50%.
セカンド・ラベル；l'Abeille de Fieuzal.

このシャトーの変身は 1974 年から始まっていて，グリブラン家がここを売却したあともずっと，ジェラール・グリブランがワイ

ン造りを担当している。グリブラン家からここを買ったオーナーは、2001年に、アイルランドの有名な実業家であるラハラン・クインにシャトーを転売した。赤ワインは、温度制御装置つきの、内部コーティングされたスチール・タンクで発酵させる。赤ワインの熟成には樽を使い、新樽の比率は60%となっている。

ここの赤ワインはていねいに造られていて、わりに軽いタイプだが、優雅さと、生き生きした、果実味があふれる性格をそなえている。85年物から明確にスケールが大きくなり、最近ではことに密度と風味の深さにその点が現れ、トップ級のオー＝バイイやシュヴァリエと太刀打ちするようになっている。グラーヴの個性もそなえているが、それが極端に出るということもない。最近、着々とワインの評判が高まっている。

白ワインの方の変化はもっとドラマティックである。1985年以来、ドニ・デュブルディュー教授の管理の下に、樽発酵が行われるようになった。非常に香りが強く、じつにリッチで、今ではグラーヴの白ワインの中でも最も高い値がついている。

Château de France
シャトー・ド・フランス（レオニヤン村）
所有者：Bernard & Arnaud Thomassin.
作付面積と年間生産量および葡萄品種：
赤；31 ha. 15,000ケース.
　　カベルネ・ソーヴィニヨン60%、メルロ40%.
白；3 ha. 1,100ケース.
　　ソーヴィニヨン・ブラン70%、セミヨン30%.

レオニヤンの南部にあるこのシャトー〔前項のフューザルの隣〕は、1971年にベルナール・トマサンに買い取られてから、畑は植えかえられ、設備は一新された。白ワインの畑はまだ若いが、93年以来、豊潤なアロマを持つ果実味豊かなワインが造られている。赤の畑は十分に成長し、83年以来、上物を出している。まさしく注目に値するシャトー。

Château La Garde
シャトー・ラ・ガルド（マルティヤック村）　V→
所有者：Maison Dourthe.
作付面積と年間生産量および葡萄品種：
赤；50 ha. 11,500ケース.
　　カベルネ・ソーヴィニヨン60%、メルロ40%.
白；2 ha. 1,000ケース.
　　ソーヴィニヨン・ブラン100%.
セカンド・ラベル：Chânean Naudin Larchay.

1926年以降、エシュナエル社に属していたが、1990年にドート社に買収された。最近の数年来、シャトーの発展をはかるための大幅な計画が実行に移されている。赤ワイン用の畑が広げられただけでなく、ソーヴィニヨンだけを使った優雅な白ワインが市場に出まわりはじめている。赤は豊潤でみずみずしい果実味と複雑さを持っていて、95年以降、つねに印象的なワインが生まれている。

シャトー紹介 グラーヴ

Château Haut-Bailly
シャトー・オー゠バイイ（レオニヤン村） ★★

格付け：クリュ・クラッセ．
所有者：Robert, G. Wilmers.
管理者：Véronique Sanders.
作付面積と年間生産量および葡萄品種：
　赤；28 ha. 10,000 ケース．
　　　　カベルネ・ソーヴィニヨン 65%，メルロ 25%，
　　　　カベルネ・フラン 10%．
セカンド・ラベル：La Parde de Haut-Bailly.

今日，オー゠バイイはグラーヴの赤では最高のひとつに数えられ，パープ゠クレマンのすぐあとを追っていて，しばしば，シュヴァリエと張り合っている。土壌は砂利と小石が豊富で，それらが砂や粘土と混ざりあっている。

ワインはグラーヴを代表する他の赤に比べると，色が薄く肌目も軽いが，調和のよさという偉大な特質をそなえている。ラ・ミッションを思わせるリッチさと酒質をもっているが，力とタンニンの点で劣り，ブーケはパープ゠クレマンに驚くほどよく似ている。そのため，ワインは初期にいちはやく熟成することが多い一方，かなり長持ちする。1998 年，サンデル家は，現在のオーナー（ベルギーに強いつながりを持つアメリカ人）にシャトーを売却した。幸い，1978 年からずっとそうであったように，いまもジャン・サンデルがワイン造りを監督している。88 年，89 年，90 年，93 年，94 年，95 年，96 年，2000 年はいずれも偉大な可能性を秘めたワインである。

Château Haut-Bergey
シャトー・オー゠ベルジェ（レオニヤン村）

所有者：Mme. Garcin-Cathiard.
作付面積と年間生産量および葡萄品種：
　赤；21 ha. 6,000 ケース．
　　　　カベルネ・ソーヴィニヨン 65%，メルロ 35%．
　白；3 ha. 1,000 ケース．
　　　　ソーヴィニヨン・ブラン 65%，セミヨン 35%．

1991 年，スミス゠オー゠ラフィットのダニエル・カティヤールの妹であるマダム・ガルサン゠カティヤールが，レオニヤン村にある立地条件の良いここの畑を買いとった。醸造所と貯蔵庫に多額の資金がつぎこまれてきた。

新しい白ワインが初めて登場したのは 91 年，そして，94 年あたりになると，完全に樽だけで発酵をおこなうワインは，洗練された気品あるものになってきた。赤のほうも昔より洗練されて，はっきりした果実味と魅力を見せるようになっている。このクリュには高級ワインの生産に関して大きな将来性がある。

Château Haut-Brion
シャトー・オー゠ブリオン（ペサック村） ★★★ （☆☆☆）

格付け：第 1 級 1855.
所有者：Domaine Clarence Dillon.

作付面積と年間生産量および葡萄品種：
　赤；43 ha. 16,000 ケース．
　　　カベルネ・ソーヴィニヨン 45％，メルロ 37％，
　　　カベルネ・フラン 18％．
　白；2.7 ha. 900 ケース．
　　　セミヨン 63％，ソーヴィニヨン・ブラン 37％．
セカンド・ラベル：Bahans Château Hant-Brion.

オー＝ブリオンは、1855年にメドックで赤ワインの格付けがおこなわれた時に、メドック以外から選ばれた唯一のワインだった。1935年にアメリカの銀行家クラレンス・ディロンがここを買いとった。1975年からは、クラレンス・ディロンの孫娘で、ムーシィ公爵夫人でもあるジョアンが会社の社長となり、2001年には、その子息であるリュクサンブール侯爵ロベールが常務に任命された。大きな尊敬を集めるジャン・デルマが1961年に父親のあとを継いで、ここの支配人になり、現在は醸造長と副常務も兼任している。1960年、グラン・クリュのなかで、始めてステンレスの発酵タンクを設置した。

今日のオー＝ブリオンの本質を一言でいうなら、優雅さと調和であろう。最初の数か月で、タンニンと新しい樫材の香りと（新樽の比率は毎年100％）、果実味のバランスがとれてくる。そのため、ごく早い時期から飲めるようになる。私は今も覚えているが、75年ものを79年に飲んだとき、その早熟ぶりにわが舌を疑ったものだ。しかし、このワインはトップクラスに数えられるワインの75年物の大部分より早熟で、飲む者を楽しませてくれる一方、見事に熟成する能力をもっていることも確かだ。1980年代のヴィンテージで素晴らしい成功をおさめたのは、82年、83年、85年、86年、88年、89年、90年。造り手の力量が試される90年代を見ていくと、91年はこのヴィンテージのわずかな成功例のひとつ。93年はこのヴィンテージの最上ワインのひとつ。94年も同じく高品質。95年、96年、97年、98年、99年、2000年はすべて秀逸。オー＝ブリオンは目下、すばらしく輝いている。

白ワインは少量しか造っていないため、希少価値があり、大部分はアメリカに輸出されているという。魅力を発揮しはじめるのはラヴィルより早いようだ。ソーヴィニヨン・ブランの比率が高いために違いないが、うまく熟成するタイプでもある。

Château Haut Lagrange シャトー・オー・ラグランジュ　→
所有者：François Bouterny.
作付面積と年間生産量および葡萄品種：
　赤；18.5 ha. 10,500 ケース．
　　　カベルネ・ソーヴィニヨン 55％，メルロ 45％．
　白；1.7 ha. 1,000 ケース．
　　　ソーヴィニヨン・ブラン 50％，セミヨン 45％，
　　　ソーヴィニヨン・グリ 5％．

レオニヤン村にあるこの新しい畑は、ブテルニー家が近くに所有していたシャトー、ラリヴェ＝オー＝ブリオンを売却したのちに、フランソワ・ブテルニーが創ったものである。

初めて市場に出たヴィンテージは92年で、まだ若い葡萄から

造られたワインなのに，みごとな果実の風味と，フィニッシュの長さと，ボディを備えていることに，わたしは心地よい驚きを覚えた。白はソーヴィニョン・グリを使っている点が興味深く，豊かなアロマと複雑さを備えている。有望なクリュ。

Château Larrivet-Haut-Brion ★→
シャトー・ラリヴェ＝オー＝ブリオン（レオニヤン村）
所有者：Andros. 管理者：Philippe Gervorson.
作付面積と年間生産量および葡萄品種：
　赤；43 ha. 18,250 ケース．
　　　カベルネ・ソーヴィニヨン 50%，メルロ 50%．
　白；9 ha. 4,000 ケース．
　　　ソーヴィニヨン・ブラン 50%，セミヨン 50%．
レオニヤンの中心地区にある有名な古いシャトーで，オー＝バイイと隣りあっている。かつてはオー＝ブリオン＝ラリヴェと呼ばれていたが，やがてオー＝ブリオンから訴訟が起きて，変えざるをえなくなった。ギルモ家が1941年以来所有していたが，1987年に現在の持ち主に売った。

このワインは見事な色と，スパイシーで繊細なブーケをもつ，じつに古典的なグラーヴだ。フィネスを備えていて，見事に熟成する。赤は通常他のクリュ・クラッセの一部と肩をならべ得る，いや，それ以上のワインといえよう。白ワインは96年まで赤と同じ水準には達していなかった。96年のヴィンテージは，ジャン＝ミシェル・アルコート（⇒ 288頁 Château Clinet の項）の協力を得たため品質が格段に良くなった。赤，白，いずれも素晴らしく，このシャトーは格付けに昇格してよい能力があることを示している。

Château Laville-Haut-Brion
シャトー・ラヴィル＝オー＝ブリオン（タランス村）（☆☆☆）
格付け：クリュ・クラッセ．
所有者：Domaine Clarence Dillon.
作付面積と年間生産量および葡萄品種：
　白；3.7 ha. 1,100 ケース．
　　　セミヨン 70%，ソーヴィニヨン・ブラン 27%，
　　　ミュスカデル 3%．
この小さな葡萄園は，ワインの醸造，熟成，瓶詰をここのかわりにやっているシャトー・ラ・ミッション＝オー＝ブリオンと，だいたい同じ歴史を歩んできた。ここの土壌はラ・ミッションやラ・トゥール＝オー＝ブリオンより肥えていて，石が少ないため，ワインに驚くほど長持ちする力を与えてくれる。発酵は樽を使い，エアコンつきのセラーでおこなう。1961年以来，ワインは収穫年の翌春に瓶詰されているが，ジャン・デルマは，85年物以来もとの長期樽熟成に戻し，2度目の冬を越した3月に瓶詰した。

　これはオー＝ブリオンの白およびシュヴァリエとともに，古典的なグラーヴの白を代表する偉大なワインである。フル・ボディで，複雑な風味と，きわめてゆっくり熟す性格を持っている。重みや力が年ごとに違うため，熟成のスピードにも違いが出てくる。

なかには，非常に長命のものがある．34年物などは1989年に飲んでも依然として素晴らしかった．また不作とされている35年物も驚かされるほど美味しかった．地味な作柄だった78年から83年の間を過ぎて，今は再びリッチさと調和を取り戻している．95年，96年，99年が傑出．

Château La Louvière
シャトー・ラ・ルーヴィエール（レオニヤン村）　★（☆）V
所有者：André Lurton.
作付面積と年間生産量および葡萄品種：
　赤；35 ha. 18,000ケース．
　　　カベルネ・ソーヴィニヨン64％，メルロ30％，
　　　カベルネ・フラン3％．プティ・ヴェルド3％．
　白；13.5 ha. 7,500ケース．
　　　ソーヴィニヨン・ブラン85％，セミヨン15％．
セカンド・ラベル：L de La Louvière.
この古いシャトーは歴史的建造物にもなっていて，1965年から精力的なアンドレ・リュルトンによって，大規模な修復，再建がおこなわれてきた．

ルーヴィエールの白ワインは，少なくとも1970年のヴィンテージ以来，その傑出したフィネス，繊細さ，果実味で評判になっている．どこから見ても，格付けに値するワインだ．

赤は着実な向上を続けている．1970年代のワインは色あざやかでタンニンが多い反面，肌目が軽く，どちらかというと単調さが目立っていた．しかしながら，80年代，90年代を通じて，バランスがよくなっている．85年は，多くの格付銘柄ものより出来がよかったが，86年の方がタンニンと豊潤さに富み，多分より洗練されたものになるだろう．95年，96年，98年，99年はずば抜けた成功を収めている．今ではペサック＝レオニヤンのトップ級ものに匹敵する．グラーヴの格付けが改定されるさいには，間違いなく顔を出すだろう．

Château Malartic-Lagravière シャトー・マラルティック＝ラグラヴィエール（レオニヤン村）　★（☆）→
格付け：クリュ・クラッセ．
所有者：Alfred Alexandre Bonnie.
作付面積と年間生産量および葡萄品種：
　赤；37 ha. 9,000ケース．
　　　メルロ50％，カベルネ・ソーヴィニヨン40％，
　　　カベルネ・フラン10％．
　白；7 ha. 2,500ケース．
　　　ソーヴィニヨン・ブラン80％，セミヨン20％．
セカンド・ラベル：Le Sillage de Malartic.
レオニヤンの町のちょうど南東に位置していて，砂利質の土壌が続く高台にある，立地条件のとてもいい葡萄畑．マラルティックは，1850年以来，同一家族に属していたが1990年にシャンパンのメーカーであるローラン＝ペリエ家に売られ，その後，1997年に現在のオーナーに転売された．それ以来，設備と畑に多額の

投資がなされている。赤ワインも白ワインも発酵にはステンレス・タンクをつかい、白は18℃以下の低温で発酵させる。赤は樽で熟成させ（新樽の比率は50％）、白の方は1年使った中古樽で約7カ月熟成させる。

赤にはグラーヴの特徴が顕著に出ていて、重さや肉付きはあまりないが、すっきりした新鮮な風味と、見事な果実味をそなえている。新たな経営陣のもとで、向上の兆しがいくつも見えている。

白ワインは傑出したブーケと本物の個性をそなえた、グラーヴの白のなかでもっとも魅力あるワインのひとつといわれている。熟するのが早く、わたしにはごく若いうちが一番魅力的なように思われる。1990年代、それまでソーヴィニヨン100％だったワインにセミヨンがすこし使われるようになった。それによって複雑さが加わってきている。安定したワイン。

Château La Mission-Haut-Brion シャトー・ラ・ミッション＝オー＝ブリオン（タランス村） ★★★

格付け：クリュ・クラッセ.
所有者：Domaine Clarence Dillon.
作付面積と年間生産量と葡萄品種：
  赤；29.8 ha. 7,500 ケース.
    カベルネ・ソーヴィニヨン48％、メルロ45％、
    カベルネ・フラン7％.
セカンド・ラベル：La Chapelle de la Mission-Haut-Brion.

相続というお定まりの問題が原因で、1983年にヴォルトナー家の跡継ぎがラ・ミッションを売りに出さざるをえなくなったとき、道路ひとつ隔てた隣人のオー＝ブリオンがこれを買うことに決めたのは、自然のなりゆきだった。現在この2つのシャトーは、2つの世界大戦のあいだに葡萄畑をつぶして建てられた住宅地帯のまんなかに、葡萄のオアシスとして残っている。1921年から1974年に亡くなるまでここでワイン造りを指揮していたアンリ・ヴォルトナーはおそらく赤ワインを28℃前後で発酵させる方針を貫くことにした最初の造り手といっていいだろう。1987年に古い発酵槽は最新式のステンレス・スチール製のものと取り替えられた。熟成は100％の新樽でおこなう。ここの畑の砂利層は他に例を見ないほど深く、そのため、葡萄の生産量が少なく、素晴らしい風味の密度をもっている。

オー＝ブリオンのワインがフィネスと繊細さにあふれているのに対して、ラ・ミッションのワインの方はリッチで力強い。今日のラ・ミッションのワインは、格付けされていないだけで、その実質はあらゆる面でプルミエ・クリュの価値をもっている。値段は年々プルミエ・クリュ・クラッセに近づいていて、熟成したワインにはしばしば、プレミエ・クリュと同じ値段がつけられる。このワインの質と個性は並はずれている。つねに色が深く、リッチで、密度の高い風味をもち、タンニンは不快になるほど強くはない。熟成には時間が必要で、とても長持ちする。不作の年でもワイン造りに成功するという素晴らしい記録をもっている。81年、82年、83年、85年、86年、88年、89年、90年は古典的ワインが出来た。91年、93年、94年、95年、96年、97年、98年、99年、

2000年はそれぞれの年における例外的非凡なワイン。セカンド・ワインの生産が始まったのは91年から。

Château Olivier シャトー・オリヴィエ（レオニヤン村）　(☆)
格付け：クリュ・クラッセ．
所有者：GFA Château Olivier.
管理者：Jean-Jacques de Bethmann.
作付面積と年間生産量と葡萄品種：
　赤；41 ha.　12,000 ケース．
　　　カベルネ・ソーヴィニヨン55％，メルロ35％，
　　　カベルネ・フラン10％．
　白；11 ha.　4,500 ケース．
　　　セミヨン55％，ソーヴィニヨン・ブラン40％，
　　　ミュスカデル5％．

70年以上にわたって，この有名な古いシャトーではネゴシアンのエシュナエル社が経営をおこない，ワインの販売を独占してきた．その後，1981年11月にブトマン家が経営権をとりもどし，ジャン＝ジャック・ブトマンがシャトー運営の責任を担うことになった．販売権は1987年までエシュナエル社の手に残されたが，それも生産されるワインの一部に限定された．

赤葡萄用の畑をふやし，各種の葡萄をそれぞれ一番適した土壌に植えようという趣旨のもとに，1970年代の始めから中頃にかけて，畑の大規模な改造がおこなわれた．それ以後なかなか進歩が見られず，多くのワインが，その重みに対して新樽の香りが強すぎるという欠点を抱えているように思われる．

オリヴィエの名前を有名にしたのは，もともとは白ワインの方だ．セミヨンの比率が高いため，瓶詰後の何カ月間かにいち早くソーヴィニヨンがかもしだす初期の魅力は期待できないが，瓶熟するにつれて興味深いワインに変身する．風味は個性にあふれた，とても目立つ，独特のものである．95年はめざましい品質の向上を示している．

Château Le Pape シャトー・ル・パープ（レオニヤン村）
所有者：GFA du Château Le Pape.
管理者：Patrick Monjanel.
作付面積：6 ha.　年間生産量：3,000 ケース．
葡萄品種：メルロ75％，カベルネ・ソーヴィニヨン25％．
このシャトーは，第一帝政風のとりわけ魅力ある建物を持っている．98年以来，パトリック・モンジャネルが管理しているので，彼がどんな変化を与えたかを見るのは興味がもてるところ．ここはカベルネ・ソーヴィニヨンの植付比率が非常に少ない点で例外的存在．リッチでしっかりした98年がある．

Château Pape-Clément
シャトー・パープ＝クレマン（ペサック村）　★★ (☆)
格付け：クリュ・クラッセ．
所有者：Montagne family.
管理者：Bernard Magrez.

作付面積と年間生産量および葡萄品種：
　赤；30 ha. 7,000ケース.
　　　カベルネ・ソーヴィニヨン60%，メルロ40%.
　白；2.5 ha. 400ケース.
　　　セミヨン45%，ソーヴィニヨン・ブラン45%，
　　　ミュスカデル10%.
セカンド・ラベル：La Clémentin du Pape-Clément.
ここに葡萄が植えられたのは1300年代のことだから，この畑はボルドーのどこよりも長い歴史をもっている。赤ワイン中心のシャトーだが，1990年代に入って白ワインの生産量が増大した。土壌は砂と砂利，鉄分もいくらか混じっている。伝統的な仕込みの後，70～100%の新樽で熟成させる。

　パープ＝クレマンのワインは煙草を思わせる香りを含んだ，強烈な，驚くほどのブーケをもっている．しなやかでリッチな性格なので，比較的若いうちから楽しむことができる．だが，私の印象では，60年代に素晴らしいヴィンテージをいくつか出したあと，最近のパープ＝クレマンはがっかりするほど不安定になっている．出来の良かった75年の後は，スケールが小さくしばしば薄っぺらなワインが続いた．しかし1985年にベルナール・プジョルスが就任し，醸造室の新装と貯蔵庫の改修が完成するや85年からはパープは元の姿を取り戻した．その後，86年，88年，89年と良い出来が続き，90年には偉大な1960年代の物に比べられるワインが造られるようになった．93年と94年は秀逸な出来．非凡なワインが造られたのは，95年，96年，98年，99年，2000年．世間の評価によれば，パープ＝クレマンは最近のヴィンテージでシュヴァリエを抜いている．

Château Picque-Caillou
シャトー・ピク＝カイユー（メリニャック村）
所有者：Paulin and Isabelle Calvet.
作付面積と年間生産量および葡萄品種：
　赤；20 ha. 10,500ケース.
　　　メルロ45%，カベルネ・ソーヴィニヨン45%，
　　　カルベネ・フラン10%.
　白；1 ha. 500ケース.
　　　セミヨン50%，ソーヴィニヨン・ブラン50%.
畑は砂利と小石の多い土地にあり，ボルドー市郊外の広がる一方の住宅街に囲まれている．ワインはスタイリッシュで，しなやかで，風味豊かという定評がある．かなり早く熟するが，長持ちもする．氏素性の良いワイン．97年にカルヴェ家がシャトーを買いとった．

Château Pontac-Monplaisir シャトー・ポンタック＝モンプレジール（ヴィルナーヴ＝ドルノン村）
所有者：Jean Maufras.
作付面積と年間生産量と葡萄品種：
　赤；9 ha. 6,500ケース.
　　　カベルネ・ソーヴィニヨン60%，メルロ40%.

白；2 ha. 1,200 ケース．
 ソーヴィニヨン・ブラン 60%，セミヨン 40%．
セカンド・ラベル：Château Limbourg.
1600年代まで遡れる古いクリュで，18世紀につくられたカッシーニの地図にも，このシャトーは記録されている。葡萄畑自体は昔のものではなく，もとの畑は現在の所有者が売ってしまって，今ではスーパー・マーケットが建っている。ワイン造りは丁寧で注意深く行われているので，その結果，典型的なグラーヴの持つ個性と素性の良さをそなえた，優美で香りの高い赤ワインが生まれている。白ワインはスタイリッシュで，セミヨンの特色がよく出ている。セカンド・ワインのリンブールの白の方はソーヴィニヨンの性格が出ている。

Château de Quantin
シャトー・ド・カンタン（サン＝メダル＝ディラン村）　V
所有者：André Lurton.
作付面積と年間生産量と葡萄品種：
 赤，27 ha. 6,000 ケース．
  カベルネ・ソーヴィニヨン 50%，メルロ 50%．
 白，10 ha. 7,000 ケース．
  ソーヴィニヨン・ブラン 90%，セミヨン 10%．
1770年にブレームが作成した地図を見ると，18世紀にはここが広大な葡萄畑であったことがわかる。サン＝メダル・ディラン村の砂利質の斜面にあり，ラ・ブレドとの境界線に近い。一時期，畑は見捨てられ，シャトーは馬の飼育場になっていたが，やがて，アンドレ・リュルトンによって，テロワールの潜在的可能性が認められた（彼は近くにあるシャトー・クルゾーをよみがえらせた人物でもある）。リュルトンは1985年にこのシャトーを購入。95年の赤はスミレの香りを持ち，ずいぶん若い木からできたワインなのに，本物のスタイルと表情豊かな美しい果実味を備えている。白はまだ1種類しか試していないが，強くてやや粗いソーヴィニヨンの風味が感じられた。リュルトン・グループに加わったこのシャトーを，人々は興味深く見守っていくことだろう。

Château de Rochemorin
シャトー・ド・ロシュモラン（マルティヤック村）　V
所有者：André Lurton.
作付面積と年間生産量と葡萄品種：
 赤；87 ha. 30,000 ケース．
  カベルネ・ソーヴィニヨン 60%，メルロ 40%．
 白；18 ha. 9,000 ケース．
  ソーヴィニヨン・ブラン 90%，セミヨン 10%．
このシャトーの名前は Roche-Morine，つまり"ムーア人の岩"に由来していて，7世紀から8世紀にかけてスペインからムーア人が侵入してきた時代に，砦の築かれた場所だったことを示している。精力的なアンドレ・リュルトンが1973年にこの古いシャトーを買いとり，1979年に畑の植え替えをおこなった（そのときまで畑は森同然になっていた）。葡萄はマルティヤックで一番

シャトー紹介　グラーヴ

小高い丘にある砂利層の深い畑で育っている。リュルトンが所有する他のシャトーと同じく、赤葡萄は機械で収穫し、白葡萄は手で摘んでいる。発酵温度は赤の場合は28～30℃に、白の場合は16～18℃に制御されている。赤は樽で1年間熟成させるが（新樽の比率は1/3）、白には樽はいっさい使われない。

赤ワインは現在、とてもスパイシーでアロマの豊かな、優雅さと素性の良さをそなえたグラーヴ独特のブーケをかもしだし、近くのクルゾーより軽くて新樽の影響がはっきり出たワインになっている。ここでは早くも81年から、洗練されたワインが造られるようになったし、1980年代後半には完成度を高め、より高い位置のワインへと昇りつつある。白ワインはクルゾーのものとはかなり違う。クルゾーに比べると、花のようなブーケが少ないが、ボディが豊かで、とても優雅で、切れ味は堅くて鋭く、辛口である。畑が一人前になってきた現在、赤ワインはとくに、肌理が細かくなり、個性が出てきている。

Château de Rouillac
シャトー・ド・ルイヤック（カネジヤン村）

所有者：Domaines Lafragette.
作付面積：16 ha. 年間生産量：3,000ケース.
葡萄品種：カベルネ・ソーヴィニヨン60％, メルロ35％,
　　　　　プティ・ヴェルド5％.

かつて、カネジヤン Canejean 村に残っている唯一のシャトーだったルイヤックには（1987年にシャトー・セガンが畑の更墾を始めたため唯一ではなくなった）、建築家でもあったオスマン男爵が1869年に建てた魅力的なシャトーがある。〔オスマンはパリ市を今日の姿に改装したセーヌ県知事だが、ボルドー出身〕。現在のオーナーは、畑の植え替えをおこなったサルトゥ家から、1996年に経営を引き継いだ。現在、畑が成熟してきたため、グラーヴの典型的な個性を備えた贅沢なワインが生まれている。

Château Le Sartre シャトー・ル・サルトル（レオニヤン村）　V

所有者：GFA du Château de Sartre. 管理者：Antony Perrin.
作付面積と年間生産量と葡萄品種：
　赤；18 ha. 10,000ケース.
　　　カベルネ・ソーヴィニヨン65％, メルロ35％.
　白；7 ha. 3,000ケース.
　　　ソーヴィニヨン・ブラン65％, セミヨン35％.

ペラン家が1981年にここを買って施設を完全につくりなおした。このシャトーは1914年以来まったく無視されていた。1990年代に入るころには、早めに楽しめる果実味豊かでスタイリッシュな赤ワインと、新鮮な果実味を持つおいしい白ワインが造られるようになっていた。〔ペラン家はカルボニューの持ち主〕。

Château Smith-Haut-Lafitte シャトー・スミス゠オー゠ラフィット（マルティヤック村）　★→

格付け：クリュ・クラッセ.
所有者：Daniel and Florence Cathiard.

作付面積と年間生産量と葡萄品種：
　赤；45 ha.　10,000 ケース.
　　　カベルネ・ソーヴィニヨン 55％，メルロ 35％，
　　　カベルネ・フラン 10％．
　白；10 ha.　2,200 ケース.
　　　ソーヴィニヨン・ブラン 90％，ソーヴィニヨン・グリ 5％，
　　　セミヨン 5％．
セカンド・ラベル：Les Hauts-de-Smith-Haut-Lafitte.
ジョージ・スミスという，いかにもイギリス風な名前をもつ人物が1720年にこのクリュを買いとり，地名に自分の名前をくっつけた．ルイ・エシュナエル社が1958年から所有者になったが，1991年にカティヤール家に売り渡した．畑と建物の両方に多大な資本がつぎこまれている．1960年には，畑の面積は6ヘクタール以下だったし，白ワインは造っていなかった．現在，畑は55ヘクタールにふえている．1974年には，2000樽が入る地下のセラーが作られ，醸造設備もすべて入れかえられた．赤ワインの半分は新樽で熟成させる．

ここのワインははっきりした個性をもち，アロマが豊かで，スパイシーだ．1980年代に向上が見られたが，劇的な変化がもたらされたのは，カティヤール家の所有になってからだった．90年代初めのむずかしいヴィンテージを経たのち，95年に，豊かで調和のとれた果実味を持つ秀逸な赤ワインが誕生し，その後もすばらしいヴィンテージが続いた．白については，94年が古典的で，最高のヴィンテージのひとつ．95年はさらにリッチでとても複雑．それ以降，ソーヴィニヨン・グリとセミヨン少々を使っているおかげで，複雑さが増している．

葡萄栽培を伝統的な手法にもどし，収穫量を低く抑えることに主眼を置いて，畑で多くの改良がなされている．赤ワインについては，ミシェル・ロランが，白ワインについてはクリストフ・オリヴィエが助言をおこなっている．

Château Le Thil Comte Clary
シャトー・ル・ティル・コント・クラリー　→
所有者：Arnaud and Jean de Laître.
作付面積と年間生産量と葡萄品種：
　赤，8.5 ha.　5,000 ケース.
　　　メルロ 70％，カベルネ・ソーヴィニヨン 30％．
　白，3.1 ha.　1,800 ケース.
　　　セミヨン 50％，ソーヴィニヨン・ブラン 50％．
ジャン・ド・レートル（シャトーの名前の由来となっているクラリー伯爵の子孫）はパリで医者をやっていたが，1989年にそのキャリアを捨て，ここで畑の再建に取り組むことにした．1990年に赤ワイン用の葡萄，その1年後に白ワイン用の葡萄の植え替えをおこなっている．畑に石灰質の粘土が混じっているため，メルロの比率が著しく高い．赤ワインは洗練された果実味と魅力と調和を備えていて，一方，白ワインのほうは優雅で，とても洗練された果実味があり，バランスがうまくとれている．すばらしい可能性を秘めたワインで，畑が一人前になるにつれて，ますます

良くなっていくだろう。

Château La Tour-Haut-Brion
シャトー・ラ・トゥール=オー=ブリオン（タランス村）　★V

格付け：クリュ・クラッセ.
所有者：Domaine Clarence Dillon.
作付面積と年間生産量と葡萄品種：
　赤；4.9 ha. 8,000 ケース.
　　　カベルネ・ソーヴィニヨン42％, カベルネ・フラン35％,
　　　メルロ23％.

ラ・ミッションの地続きになる小さな畑で、ヴォルトナー兄弟が1933年に買いとった。それ以来、ワインはラ・ミッションで仕込まれている。ドヴァヴランの管理下にあった時代（1975〜83）にこのワインはラ・ミッションのセカンド・ワイン扱いをされていた。ジャン・デルマが最初に行った決断のひとつは、このシャトーにそれ自身の正しい地位を復活してやることだった。その結果、ワインはやはり洗練されたものになり、グラーヴにある他の多くの格付銘柄ものを上まわっている。フル・ボディだが、ラ・ミッションほどの深みはなく、熟成によってとても良くなるが、その熟成度はラ・ミッションより早い。85年、86年、87年、88年、89年そして90年とそれぞれ秀逸なワインが出来ている。93年と94年には良いワインが、95年、96年、98年、99年、2000年には秀逸なワインが生まれている。

Château La Tour-Martillac シャトー・ラ・トゥール=マルティヤック（マルティヤック村）　★

格付け：クリュ・クラッセ.
所有者：Kressmann family.
作付面積と年間生産量と葡萄品種：
　赤；30 ha. 10,000 ケース.
　　　カベルネ・ソーヴィニヨン60％, メルロ35％,
　　　カベルネ・フランとプティ・ヴェルド5％.
　白；10 ha. 3,000 ケース.
　　　セミヨン55％, ソーヴィニヨン・ブラン40％,
　　　ミュスカデル5％.
セカンド・ラベル：Château La Grave-Martillac（赤, 1,000 ケース）

シャトーの名前は12世紀に建てられた塔からきている。この塔はかつては砦の階段に使われていた部分で、今から2世紀前に現在の葡萄園が作られたとき、砦のこの塔の部分だけが残された。

1870年代に、古くて有名なネゴシアンの創設者、エドゥアール・クレスマンがこのクリュの独占販売権を獲得し、1929年にはついに彼の一家がここを買い入れた。牧場が10ヘクタールあるおかげで、葡萄畑の肥料になる牛の糞が手に入る。古い木の葡萄は、今でも伝統的な木の発酵槽を使って、32〜33℃で発酵させているが、若い木の葡萄は内部をコーティングされた鉄製の水冷式発酵槽に送られる。熟成は樫樽でおこなわれるが、毎年その3分の1が新樽。セカンド・ワインのシャトー・ラ・グラーヴ=

マルティヤックは 10 年未満の木からとった葡萄果汁と，ヴァン・ド・プレスとで造っている。このワインはシャトーで直接販売するだけ。白ワインは 1987 年にドニ・デュブルディユーが管理するようになってから，樽発酵が行われている。そのためワインはスケールの大きなものになり，グラーヴの白ワインの上位のランクに入れるようになった。

　私の印象では，赤ワインは優雅な果実の香りと，洗練された風味をそなえていて，素性の良さをもち，風味の余韻も長いが，骨格がやや華奢なようだ。白ワインは優雅で，新鮮で，きわめて個性的。繊細さと，真の素性のよさと，洗練された切れ味をそなえている。一流のグラーヴの白だ。

グラーヴ南部 Southern Graves

Château d'Archambeau
シャトー・ダルシャンボー（イラ村）　V
所有者：Jean-Philippe Dubourdieu.
作付面積と年間生産量および葡萄品種：
　赤；19 ha.　10,800 ケース．
　　　メルロ 50%，カベルネ・ソーヴィニヨン 40%，
　　　カベルネ・フラン 10%．
　白；19 ha.　5,500 ケース．
　　　セミヨン 50%，ソーヴィニヨン・ブラン 50%，
セカンド・ラベル：Château Mourlet,
　　　　　　　　Château La Citadelle.

バルサックと隣あったイラの村では，セロン，ポダンサックと同じように，白ワインを造るにあたって，セロンとグラーヴ・シュペリュールのどちらを名乗ってもいいことになっている。このダルシャンボーで，現在造っているセロンの量はわずかで，重点は古典的な辛口グラーヴに置かれている。デュブルディユー家のワイン・メーカーとしての評判はバルサックとグラーヴ中に鳴り響いているが，ドワジー・デーヌ（バルサック）のピエール・デュブルディユーの甥にあたるジャン・フィリップも例外ではない。白ワインは琺瑯びきの金属タンクやステンレス・タンクで低温発酵させたのち，春に瓶詰する。セミヨンとソーヴィニヨンの組み合わせが生みだすワインは，優雅で深みのある個性をもっていて，瓶詰後数ヵ月でおいしく飲めるようになるが，寝かせておいても見事に熟成する。赤ワインは比較的最近開発したところで，若い葡萄から造ったワインが始めて市場に出たのが 1982 年である。生き生きした果実味と親しめる魅力があり，畑が一人前に育つにつれて，複雑さと深みを増してきている。

Château Ardennes シャトー・アルデンヌ　（イラ村）
所有者：François and Bertrand Dubrey.
作付面積と年間生産量および葡萄品種：
　赤；43 ha.　27,500 ケース．
　　　メルロ 50%，カベルネ・ソーヴィニヨン 40%，
　　　カベルネ・フラン 10%．

シャトー紹介　グラーヴ

白；17.6 ha.　11,500 ケース．
　　セミヨン 60%，ソーヴィニョン・ブラン 40%．
ここでは赤と白とを造っているが，赤の方が良くて，すみれの香りを持ち，骨組みがしっかりしていて，熟成させると成長する資質を持っている（この地区のワインとしては稀な品質）．

Château d'Arricaud シャトー・ダリコー（ランディラス村）　V
所有者：Jeanine Bouyx.
作付面積と年間生産量および葡萄品種：
　赤；12 ha.　6,700 ケース．
　　メルロ 60%，カベルネ・ソーヴィニョン 40%．
　白；11 ha.　5,600 ケース．
　　セミヨン 65%，ソーヴィニョン・ブラン 30%，
　　ミュスカデル 5%．
ランディラスの村では最も重要な古いシャトー。このシャトーはもとボルドー市会の議長の手で建てられたもの。ワインは上手に造られていて，赤はおいしい果実味と魅力にあふれていて，若いうちに飲むものとして理想的。白は優雅で後味が長い。

Château La Blancherie and Château La Blancherie-Peyret
シャトー・ラ・ブランシェリー・アンド・シャトー・ラ・ブランシェリー＝ペイレ（ラ・ブレド村）　V
所有者：Françoise Coussié-Giraud.
作付面積と年間生産量と葡萄品種：
　赤；10 ha.　5,000 ケース．
　　メルロ 50%，カベルネ・ソーヴィニョン 45%，
　　カベルネ・フラン 5%．
　白；11 ha.　5,300 ケース．
　　セミヨン 50%，ソーヴィニョン・ブラン 45%，
　　ミュスカデル 5%．
ラ・ブレドの村は，同じ名前をもつシャトーで有名で，17世紀の有名な哲学者・歴史家のモンテスキューが生まれ育ったところである。しかし，今日では，ワイン造りのシャトーとしては，ここが村で一番重きをなしている。ここはまた，ここ独自の数奇な歴史をもっている。1789年のフランス革命のとき，当時の所有者が2人ともギロチンにかけられたのだ！

　白ワイン（ラ・ブランシェリーのラベルで販売）は低温発酵法をとりいれ，赤ワイン（ラ・ブランシェリー＝ペイレ）は長めのマセラシオン（果皮浸漬）ののち，樽で熟成させる。白はフルーティで，スタイルに活力があふれている。赤はじつに魅惑的なブーケをもち，タバコとスパイスを思わせる香りが印象的で，風味と個性を豊かにそなえているが，同時にしなやかで力強くもある。そのため，若いうちに飲むことができる一方，見事に熟成させることもできる。出来のいいワインを生産する優秀なクリュである。

Château Brondelle シャトー・ブロンデル（ランゴン村）　V
所有者：J. N. Belloc.
作付面積と年間生産量および葡萄品種：

赤；25 ha. 7,800 ケース.
　　カベルネ・ソーヴィニヨン 60％，メルロ 40％.
白；15 ha. 5,600 ケース.
　　セミヨン 60％，ソーヴィニヨン・ブラン 35％,
　　ミュスカデル 5％.
セカンド・ラベル：Château La Croix-St-Pey.
このシャトーは，グラーヴにおける重要なワイン生産村のひとつであるランゴンにある。この村の葡萄栽培者達は，INRA（国立農業研究所）が開発した分枝種（クローン）の葡萄に大きな恩恵をさずかっている。このシャトーでは赤と白のワインを造っているが，魅力的で探し求めてみる価値がある。

Château Cabannieux シャトー・カバニュー（ポルテ村）
所有者：Régine Dudignac-Barrière.
作付面積と年間生産量および葡萄品種：
赤；14 ha. 8,000 ケース.
　　メルロ 50％，カベルネ・ソーヴィニヨン 45％,
　　カベルネ・フラン 5％.
白；6 ha. 3,500 ケース.
　　セミヨン 80％，ソーヴィニヨン・ブラン 20％.
セカンド・ラベル：Châteaux de Curcier and Haut Migot.
このシャトーはポルテの村で一番小高い場所にあって，水はけのよい砂利質の，粘土をわずかに含む土壌に恵まれている。評判の高いネゴシアン，A＆R・バリエ社の所有者がここも持っている。赤ワインはエキス分を最大限に抽出させるために，発酵果汁に果皮を浸す期間を2週間から3週間にしている。造ったワインの一部は樽で熟成させる。新樽の量はごくわずかである。白の場合は，20℃以下に制御した低温発酵をおこなっている。このシャトーの狙うワインは，グラーヴの個性をはっきりそなえていて，風味豊かでありながら，柔らかく，早めに飲める赤ワインを造ることにある。白には，ブーケが早く出るように少量のソーヴィニヨンを加える。どちらもなかなか評判がいい。

Château de Cardaillan シャトー・ド・カルデヤン
所有者：Comtesse de Bournazel.
作付面積と年間生産量および葡萄品種：
赤；20 ha. 9,000 ケース.
　　カベルネ・ソーヴィニヨン 50％，メルロ 50％.
白；2.8 ha. 1,100 ケース（M de Malle 名で販売）.
ブルナゼル家は広大な畑を所有しているが，ソーテルヌのプレニャック村の部分とグラーヴのトゥレンス村の部分と村境で二分されている。グラーブ側の畑でできたワインは，赤はカルデヤン Cardaillan として，白はエム・ド・マール M de Malle として売られている。赤は熟成が早く，フルーティで，気軽。白はアロマ豊かな果実風味と，とてもバランスが良くとれた酸味を持っていて，それが周辺のワインより際立たせている。どちらも，じつにうまく造られたワイン。

シャトー紹介　グラーヴ

Château Cazebonne
シャトー・カズボンヌ（サン゠ピエール゠ド゠モン村）

所有者：Jean-Marc Bridet.
作付面積と年間生産量および葡萄品種：
　赤；12.5 ha. 7,500 ケース.
　　　カベルネ・ソーヴィニヨン 65%, メルロ 35%.
　白；5 ha. 3,300 ケース.
　　　ソーヴィニヨン・ブラン 60%, セミヨン 40%.

果実味にあふれ，色づきもいいが，ちょっと堅い感じになることもある赤ワインを出すシャトー。白の方は赤よりもいささか優美で，快適な潑剌さをもつワイン。

Château de Chantegrive
シャトー・ド・シャントグリーヴ（ポダンサック村）

所有者：Henri & Françoise Lévêque.
作付面積と年間生産量と葡萄品種：
　赤；50 ha. 27,500 ケース.
　　　カベルネ・ソーヴィニヨン 45%, メルロ 45%,
　　　カルベネ・フラン 10%.
　白；38 ha. 15,000 ケース.
　　　セミヨン 50%, ソーヴィニヨン・ブラン 45%,
　　　ミュスカデル 5%.
セカンド・ラベル：Mayne-d'Anice.
別のラベル：Cuvée Caroline.

レヴェック家がささやかなスタートから始めて，着実にこのシャトーを築きあげてきた。私が始めてシャントグリーヴを訪れたとき，畑はわずか 15 ヘクタールだったのに，今では 80 ヘクタール以上にふえている。土壌は白砂で，石英の小石が混じっている。シャントグリーヴにおける白ワインの発酵は慎重な温度調整によって低温を保っている。

　白ワインは，新鮮で，滋味豊かだし，果実味と豊かなアロマをもっていて，飲みやすい。キュヴェ・カロリーヌは発酵も熟成も樽でおこなっていて，アロマチックさをそなえるようになったグラーヴの新しいスタイルの中での傑出例となっている。赤は樫樽に入れ（新樽の比率は 30%）地下のセラーで一年半寝かせる。これらのワインはフルーティでしなやかだが，ある程度の深みもそなえている。飲みやすいタイプのワインの中で，現在注目をあびているが，もっと注目されてもいい。

Château Chicane シャトー・シカン（トゥレンヌ村）

所有者：Gauthier family.
作付面積：5.3 ha. 年間生産量：2,800 ケース.
葡萄品種：カベルネ・ソーヴィニヨン 55%, メルロ 30%,
　　　　　マルベック 15%.

1994 年，フランソワ・ゴーティエが有名な叔父，ピエール・コストからこのシャトーを譲り受けた。赤ワインは若いうちに飲めるように造られている。(2 年から 4 年位)。ボディは軽いたちだが，快適でスパイシーな香りを持ち，果実味も十分に備えている。

Château Coutet
シャトー・クーテ（ピュジョル゠シュール゠シロン村）
所有者：Marcel and Bertrand Baly.
作付面積と年間生産量と葡萄品種：
　白；10 ha. 2,800 ケース．
　　　ソーヴィニヨン・ブラン 65%, セミヨン 30%,
　　　ミュスカデル 5%.

これは誤解を招きかねないワインだ。ソーテルヌとバルサックで造られる白ワインは，辛口だとボルドー・ブランというアペラシオンしか名乗れない。1977年に，バリー家はバルサックの有名なシャトー・クーテを買いとった。そこでは当然，バルサックの甘口ものを造っている。ところがバリー家は，ソーテルヌとバルサック村に三角状にはさまれたピュジョル゠シュール゠シロン村にもシャトーを持っている。そして現在，このピュジョルのシャトー（かつてはルヴェルドン Reverdon の名で知られていた）で造るワインに，"シャトー・クーテの辛口" Vin sec du Château Coutet（アペラシオンはグラーヴ）の名前をつけて売っているのだ。これは低温で発酵させるワインで，グースベリーに似た強いアロマをもっているが，がっかりさせるほど痩せている。

Château Ferrande シャトー・フェランド（カストレ村）
所有者：Héritiers H Delnaud.
管理者：Castel Frères.
作付面積と年間生産量と葡萄品種：
　赤；32 ha. 21,000 ケース．
　　　メルロ 34%, カベルネ・ソーヴィニヨン 33%,
　　　カベルネ・フラン 33%.
　白；7 ha. 3,300 ケース．
　　　ソーヴィニヨン・ブラン 50%, セミヨン 50%,

カストレ村（ポルテの西隣り村）で一番重要なクリュ。1955年にデルノー家がマルク・テセールと共同でここの経営にあたるようになって以来，畑は拡張され，設備も改善された。発酵にはコンクリート・タンクとステンレス・タンクが使われ，赤ワインの熟成は樫樽でおこなう。新樽の比率は 10% となっている。

私の印象では，赤ワインは色がとても深く，生き生きした，タバコの香りを感じさせるスパイシーなブーケをもっている。風味はすなおで新鮮，肌目こそ軽いが，風味にあふれ，フルーティだ。3年から4年で，心地よく飲むことのできる，とても楽しいワインになる。

白にはグラーヴ独特の風味がはっきり出る。力強くて，ちょっと土臭いが，フルーティ。愛好者はけっこういるが，私には，赤に比べて魅力と素性の良さが足りないように思われる。

Clos Floridène
クロ・フロリデーヌ（ピュジョル゠シュール゠シロン村）　V
所有者：Denis and Florence Dubourdieu.
作付面積および葡萄品種：
　赤；5 ha. 2,500 ケース．

シャトー紹介　グラーヴ

　　　　カベルネ・ソーヴィニヨン80%, メルロ20%.
　　白；12 ha. 6,500ケース.
　　　　セミヨン50%, ソヴィニヨン・ブラン30%,
　　　　ミュスカデル20%.
セカンド・ラベル：Château Montalivet.

プルミエール・コートのシャトー・レイノン Reynon で名前を上げたデュブルデュー家が白と赤のグラーヴを造るため、グラーヴ南部のピュジョル＝シュール＝シロンにあるこの場所を選んだ。19世紀に出版された『Bordeaux et ses Vins』には、当時のペサック＝レオニヤンでは白はほとんど造られておらず、グラーヴで造られる他の白もほとんどがドゥミ・セック（中辛）だったのに、ピュジョルでは、もっとも評判の高い辛口白ワインを造っていたと書かれている。たしかに、ここのワインにはボディと風格があり、長く残る風味と、じつにきりっとしたフィニッシュを持っている。赤は甘美な喜びを与えてくれるしなやかな果実味に満ちている。

Château de Gaillat シャトー・ド・ガイヤ（ランゴン村）　V
所有者：Coste family.
作付面積：12.7 ha. 年間生産量：6,500ケース.
葡萄品種：カベルネ・ソーヴィニヨン61%, メルロ30%,
　　　　マルベック5%, カルメネール4%.
ピエール・コストのワイン造りに対する注意深い手入れが、年によっては傑出したワインをつくり出している。ワインは最大限の果実味を出すために、収穫の翌年の6月に瓶詰される。果実の香りが華やかに広がり、そのあとに破砕された葡萄の味が続くのが、ここのワインの特徴で、1年半以内がおいしく飲める時期である。

Château du Grand Abord
シャトー・デュ・グラン・アボール（ポルテ村）
所有者：Marc and Colette Dugoua.
作付面積と年間生産量と葡萄品種：
　　赤；8 ha. 4,400ケース.
　　　　メルロ90%, カベルネ・ソーヴィニヨン10%.
　　白；4 ha. 2,000ケース.
　　　　セミヨン85%, ソーヴィニヨン・ブラン15%.
ここは、ポルテの村の砂利層の高台に位置している。赤ワインは若いうちに飲むととても魅力的。

Château Landiras シャトー・ランディラス（ランディラス村）
所有者：SCA Adélaïde Audy.
作付面積と年間生産量および葡萄品種：
　　赤；5 ha. 2,600ケース.
　　　　カベルネ・ソーヴィニヨン50%, メルロ50%.
　　白；12.5 ha. 6,000ケース.
　　　　セミヨン70%, ソーヴィニヨン・グリ30%.
このシャトーは歴史を1173年まで遡ることが出来る。現在でも城砦の遺跡と堀が残っている。畑はペーター・ヴィンディング＝

ディエールによって，大部分が 1990 年代に植え替えられた．
1988 年の収穫時に新しい醸造室が完成し，以後スタイルのととのったワインが出来るようになった．赤はカベルネを使った影響が出ているし，白はセミヨンを使ったクラシックなスタイルとボディがよく出ていて，ソーヴィニョン・グリのスパイシーな風味でさらにそれが生きている．1998 年に売却されて，現在はメゾン・シシェルが販売をおこなっている．

Château Magence
シャトー・マジャンス（サン゠ピエール゠ド゠モン村） V
所有者：Comte Jean d'Antras.
作付面積と年間生産量と葡萄品種：
　赤；26 ha. 13,000 ケース．
　　　カベルネ・ソーヴィニョン 46％，メルロ 36％，
　　　カベルネ・フラン 18％．
　白；11 ha. 6,500 ケース．
　　　ソーヴィニョン・ブラン 55％，セミヨン 45％．
ソーテルヌの南東に位置するグラーヴでも主要な村，サン゠ピエール゠ド゠モンで，よく知られているシャトーのひとつである．1800 年から同じ一族がここを所有しているが，設備はすべて最新のものがそろっている．発酵はステンレス・タンクを使って，注意深い温度制御のもとにおこなっている．伝統を守りながらもモダンな味をもつ白のグラーヴの先駆者のひとつであり，一時はソーヴィニョンのみで造っていたが，現在はセミヨンを混ぜてバランスをとり，真のフィネスとスタイルをそなえたワインを生みだしている．赤もタンニンが少し目立ちはするが，実用向きのしなやかなワインだ．

Château Magneau シャトー・マニョー（ラ・ブレド村） V
所有者：Henri Ardurats.
作付面積と年間生産量と葡萄品種：
　赤；14 ha. 6,700 ケース．
　　　メルロ 50％，カベルネ・ソーヴィニョン 35％，
　　　カベルネ・フラン 15％．
　白；26 ha. 12,000 ケース．
　　　ソーヴィニョン・ブラン 50％，セミヨン 30％，
　　　ミュスカデル 20％．
セカンド・ラベル：Château Guirauton.
ラ・ブレド村にあるこのシャトーで造られている白は，とりわけ良質．一部のグラーヴものに見られる荒っぽさがなく，果実味にあふれ，スタイルもいいし，上手に造られている．赤も魅力的で，やや刺激性を帯びるアロマが特徴的．ほとんどが若いうちに飲むのに向いている．シャトー・ギロトンのラベルも使っているが，これは白ワインだけ．

Château Millet シャトー・ミレ（ポルテ村） V
所有者：de La Mette family.
作付面積と年間生産量と葡萄品種：

シャトー紹介　グラーヴ

　赤；15 ha. 8,900 ケース.
　　　メルロ 60%, カベルネ・ソーヴィニヨン 30%,
　　　カベルネ・フラン 10%.
　白；7 ha. 5,400 ケース.
　　　セミヨン 70%, ソーヴィニヨン・ブラン 30%.
現在は白より赤の方が重要で、樽で熟成させている。シャトーの名前で出す水準に達していないとみなされたワイン（たとえば、77年物、80年物）は、シャトー名で瓶詰しない。総体的にきちんと仕上がった、フルーティな、早めに飲めるワインで、評判もなかなかいい。

Château Le Pavillon-de-Boyrein
シャトー・ル・パヴィヨン゠ド゠ボイレン（ロワイヤン村）　V
所有者：Société Pierre Bonnet et Fils.
作付面積と年間生産量と葡萄品種：
　赤；20 ha. 11,000 ケース.
　　　メルロ 70%, カベルネ・ソーヴィニヨン 30%.
　白；3 ha. 1,500 ケース.
　　　セミヨン 65%, ソーヴィニヨン・ブラン 35%.
セカンド・ラベル：Domaine des Lauriers.
ロワイヤン村〔ランゴンの町の南で、ソーテルヌの南端の少し東〕で最上のクリュ。メドックの北部におけるブルジョワ級の多くに匹敵する品質のワインを造りあげている。赤は実に快適で、鉄分を連想させるミネラル物質の味わいを出すこのあたりの地域味がかすかに感じられる。

Château Rahoul シャトー・ラオール（ポルテ村）
所有者：Alain Thiénot.
作付面積と年間生産量と葡萄品種：
　赤；22 ha. 13,000 ケース.
　　　メルロ 60%, カベルネ・ソーヴィニヨン 40%.
　白；5 ha. 2,000 ケース.
　　　セミヨン 80%, ソーヴィニヨン・ブラン 20%.
セカンド・ラベル：Château Constantin.
ポルテにあるこの古いシャトーは1978年にオーストラリアのシンジケートに買いとられた。オーストラリアの面々はデンマークの若き醸造学者、ペーター・ヴィンディング゠ディエールを招き、ステンレス・タンクと新しい樫樽に資金をつぎこんだ。1982年、シャトーはヴィンディング゠ディエールと同じデンマーク人に売られたが、この人もまもなく、現在の所有者であるシャンパーニュの酒商に売り渡した。1988年にヴィンディング゠ディエールが、自分のシャトー（⇒ 206頁 Château Landiras の項）を経営するためここを去ってからは、所有者が経営に乗り出している。畑は低地にあって、水はけに難があり、最上の立地条件とはいえないが、ワイン造りに対する専門技術が実を結びはじめている。低温での発酵ののち、赤ワインにも白ワインにも、かなりの割合で新樽が使われる。
わたしの見たところ、白ワインは優雅で、風味の余韻が長いが、

残念なことに、これより北で造られる最上のグラーヴに比べると、複雑さと深みに欠けているように思われる。赤は生き生きしたスパイシーな果実味にあふれていて、若いうちに最高の味わいが楽しめる。これは専門技術と最上の設備に資金をつぎこめばどんな成果が得られるかを示すものである。もっと有名な、もっと立地条件のいいシャトーには、まだどれだけ改善の余地が残されていることだろう！

Château Respide-Médeville
シャトー・レスピド＝メドヴィル（トゥレンヌ村）
所有者：Christian Médeville.
作付面積と年間生産量および葡萄品種：
　赤；7.5 ha. 3,000 ケース．
　　　カベルネ・ソーヴィニヨン 60％，メルロ 40％．
　白；5.4 ha. 2,500 ケース．
　　　セミヨン 50％，ソーヴィニヨン・ブラン 45％．
　　　ミュスカデル 5％．
このシャトーはトゥレンヌの砂利を多く含んだ粘土質の丘の尾根筋にあたる所にある。〔トゥレンヌはラングンの町の西隣りで、ガロンヌ河沿い。ソーテルヌ地区の北東部に隣接〕。ソーテルヌでも特異な酒造りで名声をかちとっているシャトー・ジレットのクリスチャン・メドヴィルが、このシャトーを造りあげた。白ワインは見事に熟成する。赤も若いうちに飲めば魅力的。

Château de Roquetaillade-La-Grange
シャトー・ド・ロックテーヤード＝ラ＝グランジュ（マゼル村）
所有者：Bruno, Dominique & Pascal Guignard.
作付面積と年間生産量および葡萄品種：
　赤；30 ha. 16,500 ケース．
　　　カベルネ・ソーヴィニヨン 60％，メルロ 30％，
　　　カベルネ・フラン 8％，マルベック 2％．
　白；15 ha. 8,200 ケース．
　　　セミヨン 50％，ソーヴィニヨン・ブラン 25％，
　　　ミュスカデル 25％．
セカンド・ラベル：Château de Carolle.
ロックテーヤードという名前は、14世紀初めに、法王クレマン5世の甥が建てた中世の見事な城砦で名高い。これはフランス南西部で、最高の軍事建築といわれている。〔ラングンの南、マゼル Mazères の村にあるが、ここはグラーヴ地区としても南端にあたる〕。城砦の東側の斜面に建つこのシャトーは実をいうと、城砦そのものとは無関係で、城砦のほうにはろくな葡萄畑もない。所有者がここのワインの水準をひきあげ、パリでいくつものメダルを獲得し、グラーヴ南部で最高の赤ワインのひとつという評判をとるようになった。

　安定した赤ワインには個性があり、鼻と舌の両方に心地よい円熟した果実味が感じられる――ときには、まぎれもなくサクランボの風味が感じられることもある。このような果実の風味はボルドーでは珍しい。白は実にフル・ボディで、醸造技術の進歩とと

シャトー紹介　グラーヴ

もに良くなってきたが、まだ、さほど飲み手を興奮させるものではない。

Château St-Agrèves
シャトー・サン゠タグレーヴ（ランディラス村）
所有者：Marie-Christiane Landry.
作付面積と年間生産量と葡萄品種：
　赤；12 ha. 6,000 ケース.
　　　カベルネ・ソーヴィニョンとカベルネ・フラン 70%，
　　　メルロ 30%.
　白：4 ha. 750 ケース.
　　　ソーヴィニョン・ブラン 50%，セミヨン 50%.
ここのシャトーの赤ワインはこの地域の近隣のものに比べて長い熟成をする点で例外的存在。ワインは果実味とタンニンのバランスのよさをみせて魅力的。白ワインの方は近隣のクリュに比べるとスタイルがやや荒くなりがち。

Château St-Jean des Graves
シャトー・サン゠ジャン・デ・グラーヴ　V
所有者：Jean-Gérard David.
作付面積と年間生産量と葡萄品種：
　赤：13 ha. 6,000 ケース.
　　　メルロ 70%，カベルネ・フラン 30%.
　白：7 ha. 3,300 ケース.
　　　セミヨン 50%，ソーヴィニョン・ブラン 50%.
ドニ・デュブルデューがクロ・フロリデースで実証したように、バルサックと同じサブル・ルージュ（赤砂）を含み、白亜質の下層土を持つ、ピュジョル゠シュール゠シロン村の特殊な土壌は、個性あるワインを造るのにうってつけである。ここでは白がとくに素晴らしくて、ボディと、見事な果実味と、本物の個性を備えている。赤は魅惑的な愛らしい果実味を持っているが、メルロの比率が高いにもかかわらず、かなり軽い。

Château St-Robert シャトー・サン゠ロベール　V
所有者：Foncier Vignobles.
管理者：Michel Garat.
作付面積と年間生産量と葡萄品種：
　赤：28 ha. 15,500 ケース.
　　　メルロ 60%，カベルネ・ソーヴィニョン 20%，
　　　カベルネ・フラン 20%.
　白：5 ha. 2,500 ケース.
　　　セミヨン 80%，ソーヴィニョン・ブラン 20%.
ここもまた、ピュジョル゠シュール゠シロン村にある優れたシャトーで、クレディ・フォンシェが所有し、ソーテルヌの名シャトー、バストール゠ラモンターニュと合同で経営されている。創設は 17 から 18 世紀にまでさかのぼる。
　最近、ここのワインは試飲会でかなりの好成績を上げている。赤には本物のスタイルがあり、官能的な熟した果実味と豊潤さが

グラーヴ南部

感じられる。白はしっかりしたボディと個性を備えている。グラーヴ南部で最高のシャトーのひとつ。

Château Tourteau-Chollet
シャトー・トゥールトー゠ショレ（アルバナ村）
所有者；Cordier-Mestrezat Domaines.
管理者；Alain Duhau.
作付面積と年間生産量および葡萄品種：
　赤；45 ha. 12,500 ケース．
　　　カベルネ・ソーヴィニヨン 53%，メルロ 47%．
　白；7 ha. 2,900 ケース．
　　　ソーヴィニヨン・ブラン 100%．
アルバナ村はポルテの南東隣りにあって、現在、ここが村で一番重要なシャトーとなっている。所有者は 1977 年にここを購入して以来、たゆみなくシャトーの改良につとめ、今では心地よいフルーティな赤ワイン（黄金のラベル）と、優雅な辛口の白ワイン（白のラベル）を造るまでになっている。注目すべきシャトーだ。メストレザ帝国の一部で、現在はコルディエと合併している。
(⇒ 115 頁 Grand-Puy-Ducasse，224 頁 Rayne-Vigneau の項)

Vieux Château Gaubert　V→
ヴィユー・シャトー・ゴベール
所有者：Dominique Haverlan.
作付面積と年間生産量および葡萄品種：
　赤；20 ha. 12,000 ケース．
　　　カベルネ・ソーヴィニヨン 50%，メルロ 45%，
　　　カベルネ・フラン 5%．
　白；4 ha. 2,000 ケース．
　　　セミヨン 50%，ソーヴィニヨン・ブラン 45%，
　　　ミュスカデル 5%．
現在の所有者は 1981 年にシャトー・ペサン゠サン゠イレールを購入して、その畑を拡張し、貯蔵庫を大きくしてきた。1988 年にこの古いシャトーを購入してからは、こちらに精力を注ぎこんでいる。当主は醸造学者としてもベテランで、魅力的なワインを造りあげている。赤白ともに絶えざる改良のあとが見られる。

シャトー紹介

ソーテルヌとバルサック
Sauternes and Barsac

ソーテルヌと名乗れるワインは、5つの村すなわち、ソーテルヌ、バルサック、ファルグ=ド=ランゴン、ボム、プレニャックで造られている。このうちバルサックは、この村固有のアペラシオンをもっているから、ここの生産者たちは自分のワインのラベルをソーテルヌにしてもいいし、バルサックとしてもいい。最近多くの生産者がやりはじめたように、ソーテルヌ=バルサックと名乗ることもできる。

伝統的なソーテルヌは、贅沢なワインで、贅沢なワインというものは贅沢な値段で売らねばならない。ある商品が流行らなくなり、昔のような高い値段で売れなくなったとしたら、どこかにしわ寄せをしなくてはならず、品質が犠牲となる可能性が一番大きい。一言でいえば、これが1950年代の後半からソーテルヌを悩ませているジレンマなのだ。

ボルドーのトップクラスの格付け赤ワインは豊作の年には1ヘクタールあたり40ヘクトリットルのワインを生産することができ、それを上回ることさえあるが、30ヘクトリットルを下回ることはめったにない。ところが、ソーテルヌの旗手イケムでは、過去30年の平均生産量は、アペラシオンでは1ヘクタールあたり25ヘクトリットルまで認められているにもかかわらず、わずか9ヘクトリットルとなっている。この数字からいくと、イケムがラフィットやペトリュスと同じ収益をあげるためには値段を4倍にしなくてはならないが、実際には、2.5倍あたりにとどまっている。さらに、葡萄を摘む方法が特殊なだけに（⇒51頁）、コストがはるかに高く、その上、収穫期に霜や雹や雨の被害にあえば、イケムという名高いラベルを貼って出荷するにふさわしいワインが造れなくなることもある。

こうした悪条件が重なった結果、伝統にのっとった方法でワイン造りを続けられるソーテルヌのシャトーは数えるほどになってしまった。最近ではテクノロジーの助けによってワイン造りにいろいろな近道が可能になったが、ボトリチス、すなわち貴腐菌の代用品は見つけられそうもない。これがあるからこそ、ソーテルヌのワインに独特のブーケと風味、果実味と風味とフィネス複雑な組合わせが生まれるのだ。熟してはいるが貴腐菌のついていない葡萄を摘み、仕込む過程で糖分添加をするという近道をとったとしても、微妙な味わいに欠ける甘口ワインができるだけである。それがいかに優雅で新鮮だったとしても、本物のソーテルヌのように興味あるワインに変わることは決してない。

うれしいことに、ネクター（神の酒）と呼ぶにふさわしい本物のソーテルヌに惚れこんで、こうしたタイプのワインに金を払おうという愛好家や、不作の年の重荷に耐えるだけの経済力をそなえた熱心な生産者が、どうやら増えだしているようだ。そうした中で、1980年代と90年代後半に再び偉大なワインが生まれ、ソーテルヌに対する人々の興味も復活した。

コスト削減の一環としては，辛口白ワインを，いや，赤ワインでもかまわないから，一定の量だけ生産するという方法が考えられる。ところが，あいにく，そうしたワインはいくら質がよくても，アペラシオン上の規制があって，単なるボルドーAC（赤ワインの場合はボルドー・シュペリュール）としか名乗れないから努力は水の泡となっている。皮肉なことに，隣村のセロンでは，甘口ワインの生産者が辛口ワインや赤ワインにグラーヴACのラベルを貼る権利を認められているおかげで，ずいぶん助かっている。ひどく不合理な気がするのだが，現在のところ，ソーテルヌの生産者たちにはその権利が与えられていない。

成功するか失敗するかは，まさに紙一重の差である。第1級のクリュの数は現在11。20年ほど前までは，1級の名に恥じないワインを造っていたのはわずか5つだった。その後，ギローでは新しい所有者が方向転換を始め，ラフォーリー＝ペラゲではコルディエ社がそれまでの方針を大幅に変更した。最新の出来事としては，業績の芳しくなかったスデュイローをAXAが買いとった。また，ソーテルヌにおけるトップクラスのシャトーのひとつリューセックを，かのロートシルト家が救い，将来に明るい展望を与えている。

2級のクリュは14あって，かなり質のいいワインを造ろうとしている所有者が8人ぐらいはいるだろう。だが，2,000ケース以上生産しているのはその半数しかない。一方，2級クリュのひとつだったミラは1976年に廃業してしまった。しかし幸いに1988年になって畑を再植した。また，ドワジー・デーヌのように，この30年間，品質維持にもっとも力をそそいできた2級クリュもある。1970年代に入って，ネラックが，トム・ヒーターのおかげで生まれかわった。もっと最近では，ピエール・ペロマがダルシュを借り受けているし，ギニャール兄弟がラモットの中の彼らの所有する部分を大幅に改良した。格付けされていないシャトーでも，格付けに値するワインを造っているところが3つある。バストール＝ラモンターニュと，レイモン＝ラフォン，そして，ド・ファルグ。

ソーテルヌは，本質的に食後に飲む偉大なデザート・ワインなので，これが仇となって"特別な場合だけ"という枠にはめられてしまっている。もちろん，アペリティフがわりに飲むこともできるが，もともと食欲をそそるように造られたワインではない。最初のコースのフォワグラに合わせてソーテルヌを飲むというボルドー地方の習慣は，広く普及しているとはいいがたい。

もうすこし現実性がありそうなのは，口をあけた瓶を窒素で保存するための新しい方法を開発することである。これに成功すれば，レストランの食事客が食後のソーテルヌをグラスで注文できるようになる。この習慣が広まれば，ソーテルヌの未来はもっと明るくなるだろう。しかし，もっと金を払い，もっと頻繁にソーテルヌを飲もうという人間がふえなければ，現在わずかになってしまったまともなシャトーの将来も，そう明るくはならないだろう。

シャトー紹介

Château d'Arche シャトー・ダルシュ （☆）
格付け：第2級．
所有者：Bastist-St-Martin family．管理者：Pierre Perromat．
作付面積：30 ha．年間生産量：2,200 ケース．
葡萄品種：セミヨン80％，ソーヴィニョン・ブラン15％，
　　　　　ミュスカデル5％．
セカンド・ラベル：Cru de Braneyre．

ここは古いシャトーで，城館が建てられたのは16世紀，評判が高まったのは18世紀のことである。あまり冴えない時代が続いたのち，1981年にINAOの会長を30年間つとめたピエール・ペロマがシャトーを借り受け，古典的なソーテルヌを復活させようと決心してワイン造りにとりくんでいる。現在，畑では伝統的な選果が始まり，発酵槽で発酵させたワインは樽にうつして最低2年は熟成させている。新樽の比率は40％。

新しい所有者になって初めて誕生したワインは，魅力的な果実味，甘味，適度の育ちのよさとフィネスをそなえていて，バランスがいいように思われる。最上の年は86年，88年，90年，96年，97年，98年，99年。

Château Bastor-Lamontagne
シャトー・バストール＝ラモンターニュ （☆） V
格付け：クリュ・ブルジョワ．
所有者：Crédit Foncier de France．管理者：Michel Garat．
作付面積：50 ha．年間生産量：13,000 ケース．
葡萄品種：セミヨン78％，ソーヴィニョン・ブラン17％，
　　　　　ミュスカデル5％．
セカンド・ラベル：Les Ramparts de Bastor．

このすぐれたクリュはプレニャックにあり，スデュイローと隣りあっている。長年にわたり素晴らしいワインを着実に造りつづけていて，クリュ・クラッセと肩をならべる水準にあり，正直いって，一部のクリュ・クラッセを抜いている。ワインは樽で3年間熟成させ，25％の新樽を使うという，神経の行き届いた伝統的な方法で造られている。その結果生まれるのが，アンズのアロマと風味をもち，極上ソーテルヌのスタイルの良さをすべてそなえた，リッチで甘美なワインである。最近では，88年，89年，90年，96年，97年，98年，99年，2001年が大成功をおさめた年。

Château Brousset シャトー・ブルステ
格付け：第2級．
所有者：Laulan family．管理者：Didier Laulan．
作付面積：16 ha．年間生産量：3,000 ケース．
葡萄品種：セミヨン63％，ソーヴィニョン・ブラン25％，
　　　　　ミュスカデル12％．
セカンド・ラベル：Château de Ségur．

この小さなシャトーはあまり名前を知られていない。その主な原因は生産量があまりにもわずかだからだ。1885年からはフルニエ家が所有していたが，畑の植え替えを行ったのは1900年になってからだった。1994年に現在の所有者に売られた。

ワインは，発酵槽で発酵させるが，熟成は樽でおこない，新樽の比率は低い。ワインは洗練された香りをもっていて，とてもおおらかで，リッチで，心地よい個性と素性のよさが感じられる。若いうちはぎこちないことも多いようだが，熟成すると良くなる。2001年はこれから数年間，最高においしく飲めるだろう。

Château Caillou シャトー・カイユー　（☆）

格付け：第2級.
所有者：J-B Bravo and Marie José Pierre.
作付面積：13 ha. 年間生産量：3,300ケース.
葡萄品種：セミヨン90％，ソーヴィニヨン・ブラン10％.
セカンド・ラベル：Petit Mayne.

ワインすべてを個人客に直接販売しているため，このシャトーはほとんど知られていない。だから，あなたが車をもっていて，車のトランクにスペースがあるなら，ぜひここを訪ねてほしい！ 現在の所有者は1969年から経営にあたっていて，古いヴィンテージ・ワインをたくさんストックしている。ワインは発酵槽で発酵させたのち，樽で（新樽の比率はわずか）3年間熟成させ，丁寧な酒造りをしている。軽くて優雅でフルーティという定評のあるワインである。96年と97年が大きな向上を見せているようだ。

Château Climens シャトー・クリマン　（☆☆☆）

格付け：第1級.
所有者：SCEA du Château Climens.
管理者：Bérénice Lurton.
作付面積：29 ha. 年間生産量：5,600ケース.
葡萄品種：セミヨン100％.
セカンド・ラベル：Cyprès de Climens.

多くの人にとって，クリマンはイケムに続くこの地区最高のワインである。もっとも，この2つは比較できるワインではないのだが。クリマンでは優雅さ，素性のよさ，新鮮さに重点を置いていて，イケムの贅沢さに闘いを挑むつもりはないようだ。1971年から，リュルトン家（⇒74頁 Brane-Cantenac, 76頁 Durfort-Vivensなどの項）のものになっているが，1992年，リュシアン・リュルトンは2人の娘，ブリジットとベレニスに経営を任せにした。ブリジットはすでに1980年代には経営に携わっていたが，1990年代になるとベレニスが責任者となった。土壌は石灰岩の岩盤の上に赤砂と砂利がかぶさっている。圧搾後，24時間かけてタンクで清澄をおこなったのち，果汁を樽（新樽の比率は25％）に移して発酵させ，約2年熟成させてから瓶詰する。

毎年簡単に上質のソーテルヌを造れるとは限らない地区なのに，ここのワインだけは驚くほど品質が安定している。初めのころはどちらかといえば閉じていて，最高の資質が花開くまでに，だいたい最低10年は必要とされる。すぐれた年のワインは，バランス，新鮮さ，優雅さ，天然の甘美さといった偉大な資質をそなえている。その結果，長命なワインになる。1983年以降，傑出したワインの連続にむけて拍車がかかった観がある。ソーテルヌの上物クリュとして，ここの83年，85年，86年，89年，90年の

上を行くのはイケムだけである。91年はこの年のものとしては数少ない優れたワインのひとつとなっている。94年，95年は素晴らしい。96年，97年，98年，99年，2001年は偉大なワイン。

Château Coutet シャトー・クーテ　（☆☆）→
格付け：第1級．
所有者：Marcel Baly．
作付面積：38 ha．年間生産量：7,000ケース．
葡萄品種：セミヨン75％，ソーヴィニョン・ブラン23％，
　　　　　ミュスカデル2％．
別名ラベル：Château Coutet Cuvée Madame．

クーテが話題にのぼると，バルサックのもうひとつの偉大なワイン，クリマンが必ず引合いに出される。全体的に，クーテにはクリマンほどの力強さがなく，いくぶん辛口ぎみになることもあり，豊作年にはフィネスの面でもクリマンの方が勝っているようだ。30年にわたってロラン＝ギィ家が順調に経営してきたが，1977年にマルセル・バリィに売却された。ここの醸造方法は伝統的で，樽（新樽の比率は1/3）で発酵させ，2年間樽に寝かせたのちに瓶詰をおこなう。

　古い経営陣が最後の2年に造りだしたワインは秀逸で，75年は他の多くのワインがぎこちなくてバランスの悪かった年なのに，ここのはきちんとした古典的なワインになっている。76年も香り高く，見事にバランスがとれている。ただ，いささか軽い。79年は優雅だがどちらかというと辛く，83年の方が良い。88年，89年，90年，95年，96年，97年，98年，99年，2001年になるとまさしく昔のトップレベルのクーテに戻っている。わずかな量しか造ってないが，キュヴェ・マダムが注目すべき出来栄えなので，探してみるといい。

Château Doisy-Daëne シャトー・ドワジー＝デーヌ　（☆☆）V
格付：第2級．
所有者：Pierre Dubourdieu．
作付面積：15 ha．年間生産量：6,000ケース．
葡萄品種：セミヨン100％．
セカンド・ラベル：Vin Sec de Doisy-Daëne，
　　　　　　　　Château Cantegril．

3つのドワジーはかつてはひとつであり，そののち19世紀に分裂したとき，この部分を最初に所有したのがディーンという名前のイギリス人だったが，当初のスペルのDeaneがその後Daëneと変わった。現在の所有者ピエール・デュブルデューは偉大な改革者で，1962年にソーテルヌで初めての辛口ワインを造った1人である。その息子で，醸造学者として有名だったドニ・デュブルデューが，ピエールの引退した2000年に経営を引き継いでいる。

　ここの醸造方法は，幾年もかけて開発されたドワジー＝デーヌ独特のものである。果汁の発酵は18℃を越えないように温度制御をしながら，発酵槽でおこなう。やがて，15日から21日がすぎてアルコールと糖分のバランスが最適と判断されたところで，

4℃まで下げ，滅菌フィルターにかけた上で新しい樽にワインを送る．この方法で発酵を中断すると，必要とされる硫黄の量を大幅に減らすことができる．このプロセスは翌年3月に最終のアッサンブラージュをする際にくりかえされ，1年後に，ワインはふたたび滅菌フィルターを使って濾過される．

このすべてがドワジー＝デースに新鮮さと優雅さを与えるわけで，私の印象ではとても楽しいワインだと思う．最初は軽い感じがするかもしれないが，見事に熟成して長持ちするし，偉大なフィネスをそなえるようになる．83年は優秀だが，86年はもっと素晴らしい．88年，89年と90年は傑出したものになった．95年，96年，97年，98年，99年はすべて秀逸．現在，ここのワインは一部のプルミエ・クリュよりすぐれている．

Château Doisy-Dubroca
シャトー・ドワジー＝デュブロカ　（☆）

格付け：第2級．
所有者：Louis Lurton.
作付面積：3.3 ha．年間生産量：500 ケース．
葡萄品種：セミヨン 100％．
セカンド・ラベル：La Demoiselle de Doisy.

この小さなシャトーは70年近く，クリマンと一緒に経営されてきた．ワインの発酵も熟成もプルミエ・クリュなみの気配りのもとに，クリマンでおこなわれている．

ここのワインはクリマンと同じく，品質が驚くほど安定している．スタイルは軽くて優雅，瓶のなかで熟成するのに時間がかかるが，若いうちに飲むこともできる．

Château Doisy-Védrines
シャトー・ドワジー＝ヴェドリーヌ　（☆）→

格付け：第2級．
所有者：Pierre - Antoine Castéja.
作付面積：25 ha．年間生産量：1,500 ケース．
葡萄品種：セミヨン 80％，ソーヴィニョン・ブラン 17％，
　　　　　ミュスカデル 3％．
セカンド・ラベル：Château La Tour-Védrines.

ここには，もともとヴェドリーヌ家のものだったシャトーと醸造所がある．1840年から数回の縁組を経て，カステジャの一家がシャトーを相続した．ピエール＝アントワーヌはロジェ・ジョアンヌというネゴシアンの会社も経営している．ワインは伝統的な手法で造られ，発酵も熟成も樽でおこなっていて，新樽の比率は75％となっている．

このシャトーと別のドワジーを比べると著しく対照的．他の2つはいずれも，優雅さと繊細さに重点を置いているが，コクとリッチさの点ではヴェドリーヌの方がまさっている．私の印象としては，他の2つは，素性のよさとスタイルがよく出ているようだ．80年代には良いワインがいくつかあり，89年は出色．96年と97年も同じく出色．ここでは，ラ・トゥール＝ヴェドリーヌという赤ワインも造っているが，もうひとつのワイン，シュヴァリエ・

シャトー紹介

ヴェドリーヌはジョアンス社の商標ワインで、このシャトーとは無関係。

Château de Fargues　シャトー・ド・ファルグ　（☆☆）
格付け：クリュ・ブルジョワ.
所有者：Comte Alexandre de Lur-Saluces.
作付面積：13 ha.　年間生産量：1,000 ケース.
葡萄品種：セミヨン 80％，ソーヴィニョン・ブラン 20％.

この小さな畑はファルグの村の端，すなわちソーテルヌ AC の端にあり，500 年以上にわたってリュル＝サリュス家が所有している。現在，所有者アレキサンドル・ド・リュル＝サリュス伯爵のもとで，赤ワインの生産を中止し，できるかぎり質の高いソーテルヌを造ることに専念している。ワイン造りはイケムとそっくりで，発酵も熟成も新しい樽でおこなっている。

　ワインは大部分がアメリカの市場向けだが，甘美さと優雅さが溶けあい，素晴らしい育ちのよさとフィネスをそなえている。67 年，71 年，75 年，76 年，80 年，81 年，83 年，85 年，88 年，89 年，90 年は，いずれも大きな成功をおさめている。私にいわせれば，75 年より 76 年の方が洗練されている。ここのワインは最高のプルミエ・クリュに負けない水準で，実際に，プルミエ・クリュものより高く，イケムのほぼ半値になっている。

Château Filhot　シャトー・フィロー　（☆）
格付け：第 2 級.　所有者：Comte Henri de Vaucelles.
作付面積：60 ha.　年間生産量：10,000 ケース.
葡萄品種：セミヨン 50％，ソーヴィニョン・ブラン 45％，
　　　　　ミュスカデル 5％.

ソーテルヌには美しいシャトーがたくさんあるが，ここも森と野原のなかに 18 世紀後半の堂々たる大邸宅が建っていて，もっとも素晴らしいシャトーのひとつである。ワインはグラス・ファイバー製タンクで発酵させ，熟成もそのなかでおこなう──桶や樽は使わない。最高の年には個性と見事な果実味をもつワインとなるが，並はずれて出来のいい年を除くと，秀逸な甘味を含むとはかぎらない。ソーヴィニョンの比率が高いのと，タンクでワイン造りをすることが，この傾向を強めている。それでも私には，このシャトーはまだまだ実力を出しきっていないとしか思えない。83 年，86 年，88 年，89 年，90 年に，干葡萄を思わせる貴腐ワインをつくっている。96 年，98 年，99 年にはさらにエレガントなワインが造られている。

Château Gilette　シャトー・ジレット
所有者：Christan Médeville.
作付面積：4.5 ha.　年間生産量：500～600 ケース.
葡萄品種：セミヨン 94％，ソーヴィニョン・ブラン 4％，
　　　　　ミュスカデル 2％.

これはソーテルヌでもいっぷう変わったワインである。プレニャックの町はずれにあって，グラーヴのシャトー・レスピド＝メドヴィルを所有するメドヴィル家のものとなっている。

畑は岩と粘土からなる下層土の上を砂質の土壌がおおっている。葡萄摘みは3回から7回おこなわれ、貴腐菌が早くついた葡萄を1粒1粒摘んでいく。摘んだ葡萄はその回ごとに別々に発酵させ、最初の数日は温度を24～25℃に保ち、その後20℃に下げて、その温度で発酵を進める。その結果、異なる個性をもったキュヴェが数種類できることになるが、通常は2つのタイプのワインにまとめあげる。発酵がすむと、ワインは小型のコンクリート・タンクに寝かせておくが、なかには最低20年間寝かせるものもある。容量の多いタンクで寝かせておけば、果実味と新鮮さを失わずに、熟した風味とブーケが生まれる、というのがここの持論なのだ。そのため、熟成のスピードは瓶熟ワインよりゆっくりしている。

私は1985年に、59年と55年が1981年に瓶詰されたものと、50年と49年が収穫年のわずか6年から7年目に瓶詰されたものを試飲する機会に恵まれた。私の感じでは、明らかに早く瓶詰したものの方が遅い瓶詰のものよりすぐれていた。とくに、59年と55年には、50年と49年のもつブーケとバランスが欠けていた。それに、59年と55年は見事な甘さと濃度をもっているが、複雑さを欠いている。このなかで一番洗練された印象を受けたのは49年だった。また、わたしは59年より55年の方がいいと思う。だから、こうした熟成法のおかげで古いヴィンテージ・ワインを捜すのが楽になるのは事実だが、早い時期に伝統的なやり方に従って瓶詰をおこなったワインに劣らず見事に熟成するかどうかとなると、一概には評価できない。

Château Guiraud シャトー・ギロー（☆☆）→
格付け：第1級.
所有者：SC Agricole. 管理者：Frank Narby.
作付面積：100 ha.
年間生産量：8,500 ケース.
葡萄品種：セミヨン65%, ソーヴィニョン・ブラン35%,
　　　　　辛口白ワイン；ソーヴィニョン・ブラン100%.
セカンド・ラベル：
　"G" Château Guiraud （ボルドー・セック）.
　Le Dauphin de Château Guiraud （ソーテルヌ）.

この有名な古いシャトーは、1981年にカナダから来たナービー家が買い取った。ハミルトン・ナービーと、1988年からその後を引き継いだ父親のフランクとが、このシャトーに活を入れた。ハミルトンは1983年に優秀な支配人のグザヴィエ・プランティを雇い入れ、古典的なソーテルヌを造るため、伝統にのっとった最高の方法を取り入れた。それまでのギローは資金不足のため、樽で発酵させたワインを樽で熟成させるかわりに、タンクで熟成させる羽目におちいっていた。現在では樽で熟成させ、毎年60％の新樽が使われている。また、辛口白ワインも造っている。

堅実な改良計画が進められてきた。1988年には、ワインの3分の1を樽で発酵させるようになった。1990年にはその比率が45％に増え、1992年には100％になった。偉大なワインが生まれたのは、88年, 89年, 90年, 96年, 97年, 98年, 99年。ワインには偉大な複雑さと、優雅さと、調和があり、最上の年のも

のは，蜂蜜の濃厚な甘さを備えている。現在，最高のクリュのひとつとして返り咲いている。

Château Guiteronde シャトー・ギテロンド　V

所有者：GFA du Hayot.
作付面積：25 ha.
年間生産量：6,500 ケース．
葡萄品種：セミヨン 70%，ソーヴィニョン・ブラン 20%，
　　　　　ミュスカデル 10%．

バルサックでは名前の通っているシャトーで，アンドレ・デュ・アイヨがスタイルとフィネスを持つ優れたワインを造っている。探し求めて良いワインで，買い得の値段である。

Clos Haut-Peyraguey クロ・オー゠ペラゲ　（☆）→

格付け：第1級．
所有者：Jacques Pauly.
作付面積：15 ha.　年間生産量：2,000 ケース．
葡萄品種：セミヨン 83%，ソーヴィニョン・ブラン 15%，
　　　　　ミュスカデル 2%．
セカンド・ラベル：Haut-Bommes.

1855 年の格付けのときには，シャトー・ペラゲというひとつのクリュだったのが，1878 年に 2 つに分割された。こちらはその小さい方の部分で，ラフォーリー゠ペラゲの古い壮麗な塔をまねて建てた塔がひとつあるだけだ。1969 年からジャック・ポリーが経営にあたっている。発酵は発酵槽でおこない，ワインはそののち発酵槽で 6 カ月，樽で 18 カ月をすごす。ここのワインは軽いわりにとても洗練されているが，品質にムラの出る場合もある。86 年には改良のあとが見られ，88 年，89 年は出色の出来となった。94 年には平年以上，95 年，96 年，97 年，98 年は秀逸。

Château Les Justices シャトー・レ・ジュスティス　V

所有者：Christian Médeville.
作付面積と年間生産量と葡萄品種：
　白；8.5 ha.　2,000 ケース．
　　　セミヨン 88%，ソーヴィニョン・ブラン 10%，
　　　ミュスカデル 2%．
　赤；(ボルドー・ルージュ) 5.6 ha.　2,600 ケース．
　　　カベルネ・ソーヴィニョン 58%，メルロ 42%．

このシャトーはジレットと同じ所有者の手で経営されているが，メドヴィル家がここを手に入れたのは 1710 年。収穫も発酵も基本的にはジレットと同じ方法をとっているが，ワインは小型タンクで 4 年寝かせただけで瓶詰する。市場への出し方は，ジレットより一般的で伝統的なやり方をしている。

　71 年は甘みが濃縮されていて，強い香気と熟した果実味をそなえた，見事なワインである。14 年近くたって完璧なものとなった。88 年，89 年，90 年，97 年も見事な出来栄え。

Château Lafaurie-Peyraguey
シャトー・ラフォーリー゠ペラゲ　（☆☆）→

格付け：第1級．
所有者：Domaines Cordier.
作付面積：38.5 ha．年間生産量：6,000 ケース．
葡萄品種：セミヨン90％，ソーヴィニョン・ブラン5％，
　　　　　ミュスカデル5％．

13世紀の城壁と，そのなかに17世紀の建物をもつこのシャトーは，ソーテルヌではイケムに次ぐ見事な外観のシャトーとされている。1913年からコルディエ社のものになり，慎重に経営されている。

　ただシャトーの酒造り方針が変更され，ソーヴィニョンの比率が30％から5％に減って，セミヨンが70％から90％に増えた。1967年には，樽で発酵させたのち，窒素を充填したグラス・コーティングのタンクに移すという，新しい方式が導入された。その結果，ワインは軽くて単調なものに変わり，一流のソーテルヌがもつべき特質に欠けるようになった。

　現在ワイン造りは伝統的な方法にたちもどり，樽で熟成をおこなうようになっている。新樽の比率は3分の1とされている。

　79年，80年，81年，そしてとくに83年には，今までよりはるかに興味をそそるワインが誕生している。84年はこの年最高のワインのひとつ。86年は83年より素晴らしく，88年，89年，90年も同じように秀逸なパターンをとっている。蜂蜜のようなブーケと，優雅な果実味と，素性の良さをそなえていて，将来を期待する価値が充分にあるワインといえよう。その後94年，95年，96年，97年，98年，99年には，佳品から秀逸のレベルまですばらしいワインが勢揃いしている。

Château Lamothe シャトー・ラモット

格付け：第2級．
所有者：Guy Despujols.
作付面積：7.1 ha．年間生産量：1,700 ケース．
葡萄品種：セミヨン85％，ソーヴィニョン・ブラン10％，
　　　　　ミュスカデル5％．

分割の憂き目にあったシャトー・ラモットは，昔はシャトー・ダルシュと同じ所有者に属していた。1961年に，建物とセラーの半分を含むシャトーの半分がデスピュジョル家のものになった。デスピュジョル家ではタンクで発酵をおこなってから，一部をそのままタンクで，一部を樽で熟成させている。その結果生まれるのが，どちらかといえば軽い，やや辛口ぎみの大衆向けのソーテルヌで，体裁こそととのっているが，それ以外は何の取柄もない。しかし，96年には改良が見られるし，99年は私が飲んだなかで最高である。

Château Lamothe-Guignard
シャトー・ラモット゠ギニャール　（☆）V

格付け：第2級．
所有者：Philippe et Jacques Guignard.

シャトー紹介

作付面積：17 ha．年間生産量：3,200 ケース．
葡萄品種：セミヨン 90%，ソーヴィニヨン・ブラン 5%，
　　　　　ミュスカデル 5%．
前述のように，分割される前のラモットはダルシュの所有者のものだった。彼らは 1961 年にシャトーの一部をデスピュジョル家に売却し，残った部分でラモット＝ベルジェイ Lamothe-Bergey と呼ぶワイン造りを続けていた。その後 1981 年にギニャール家がラモット＝ベルジェイを買いとり，ベルジェイのかわりに自分たちの名前を入れた。彼らはシャトー・ロランの所有者と同じ一族である。新しいシャトー名で初めて誕生した 1981 年ものは，優雅さ，余韻の長さ，楽しい果実味と適度の甘味をそなえていた。その後も，83 年，86 年，88 年，89 年，90 年，94 年，95 年，96 年，97 年，98 年，99 年と見事なワインが続いた。

Château Liot シャトー・リオ　V

所有者：J David．
作付面積：21 ha．年間生産量：5,000 ケース．
葡萄品種：セミヨン 85%，ソーヴィニヨン・ブラン 10%，
　　　　　ミュスカデル 5%．
一時は，英国ブリストル・ハーヴェイ社で瓶詰して出されていたこともあった。この上手に造られているワインは，出来の良い年だけはシャトーのラベルで市場に出し，そうでないものは樽のまま売りさばかれた。88 年，89 年，90 年はこのシャトーとしてはとりわけ上出来だった。97 年，98 年，99 年も同じことが言える。

Château de Malle シャトー・ド・マル　(☆) V →

格付け：第 2 級．
所有者：Comtess de Bournazel．
作付面積：27 ha．年間生産量：4,000 ケース．
葡萄品種：セミヨン 75%，ソーヴィニヨン・ブラン 23%，
　　　　　ミュスカデル 2%．
セカンド・ラベル：
　Château Ste-Hélène，
　Chevalier de Malle（グラーヴの白，3,000 ケース）．
　Château du Cardaillan（グラーヴの赤，6,000 ケース）．
この美しいシャトーには 17 世紀に建てられた館がある。畑は一部はソーテルヌに，一部はグラーヴにある。発酵は樽でおこなわれ（新樽の比率は 50%），熟成には 30% の新樽が使われている。ワインは素晴らしい優雅さと魅力をそなえていて，ほどほどに甘美さをもつ軽いタイプである。若いうちに（3 年目か 4 年目で）飲めるが，当り年のものは瓶のなかで徐々にブーケがひらいて，寝かせておいただけの価値を示してくれる。89 年，90 年は私がこのシャトーで味わったワインのなかでは最高のものだ。例年よりはるかに豊潤で，エキゾチックな感じがある。そして，このパターンがずっと続いている。

Château Myrat シャトー・ミラ　→

格付け：第 2 級．

所有者：Comte de Pontac.
作付面積：22 ha.
葡萄品種：セミヨン 88%，ソーヴィニヨン・ブラン 8%，
　　　　　ミュスカデル 4%．

1975 年，この 17 世紀に建てられたシャトーの所有者は経営困難に陥ってワイン造りをあきらめてしまった。しかし，幸いにも，1988 年葡萄栽培の権利が失効する直前に，承継者が再植を始めることができた。1990 年に，セミヨン 50%，ソーヴィニヨン・ブラン 30%，ミュスカデル 20% を使った最初の辛口ワインが出来た。ソーテルヌとしての再開第 1 号製品は 1991 年。葡萄からは豊かな生地をもつ蜂蜜のような貴腐果汁がとれたが，1 ヘクタールあたりわずか 3 ヘクトリットルだった。その後はなかなかうまく行かなかったが，96 年になって，豊かな果実味と真のフィネスを兼ね備えたワインを造れることを世に示した。

Château Nairac シャトー・ネラック　（☆）
格付け：第 2 級．
所有者：Nicole Heeter-Tari.
作付面積：16 ha．年間生産量：1,300 ケース．
葡萄品種：セミヨン 90%，ソーヴィニヨン・ブラン 7%，
　　　　　ミュスカデル 3%．

若きアメリカ人トム・ヒーターがワインを勉強するために，シャトー・ジスクールへ働きにきた。ワイン造りに精出すうちに，シャトーの娘ニコルの心を射止め，一方，義理の父となったニコラ・タリの耳に，バルサック村のネラックが売りに出ているとの噂が届いた。結局，1972 年，若夫婦はシャトーを手に入れた。ペイノー教授の指導のもとに，トム・ヒーターはワインの発酵と熟成に樽だけを使う（新樽の比率は 65%）という，伝統にのっとったやり方で，彼のバルサック造りにとりかかった。ただし，彼もピエール・デュブルディューと同じく，硫黄の使用量を減らしたいと思っていたが，ドワジー・デースほど極端には走らず，ビタミン C を酸化防止剤として使うことで，硫黄の使用量を減らして，かなりの成功をおさめている。夫婦の離婚のあと（トム・ヒーターは 86 年のワインまでは自分で完成した），ニコルが従前と変わらぬワイン造りに献身した。88 年，89 年，90 年は，それ以前に造られたものと，同じ水準か，それよりも良かった。96 年と 97 年もその傾向を受け継いでいる。

　精魂こめたワイン造りが実って，あっというまに，ネラックの愛好者がふえてきた。ワインは全般にあまり甘美さが濃厚ではないが，新樽の影響を受けて，力強いリッチなものになっている。ぜひ注目してほしいワインだ。

Château Rabaud-Promis シャトー・ラボー＝プロミス　（☆）
格付け：第 1 級．
所有者：GFA Rabaud-Promis．管理者：Philippe Dejean.
作付面積：33 ha．年間生産量：6,500 ケース．
葡萄品種：セミヨン 80%，ソーヴィニヨン・ブラン 18%，
　　　　　ミュスカデル 2%．

シャトー紹介

セカンド・ラベル：Domaine de l'Estremade, Château Bequet.
ラボーはもともとひとつのシャトーだったのが，1903年に分割されて（⇒ 226頁 Sigalas-Rabaud の項），もとの敷地の3分の2にあたるこの部分をアドリヤン・プロミスが購入した。シャトーの建物は18世紀のもので，丘の上の素晴らしい場所に建っている。1929年にもとどおりひとつになったが，1952年にまたもや分割されてしまった。2級クリュだったシャトー・ペークソット Peixotto も現在はラボー＝プロミスに吸収合併されている。

ここの葡萄はソーテルヌの伝統に反して，圧搾器にかける前に破砕し，発酵と熟成はコンクリート製のタンクで行う。樽はまったく使わなかった。しかし管理者が若い世代の者と代わるようになって改良が行われ，今では若干樽を使うようになった。88年はかつての栄光を想い出させるような新しい秀逸な標準に達した。続いて89年，90年にも素晴らしいワインが誕生した。96年，98年には，質のいいエレガントなワインが生まれている。

Château Raymond-Lafon シャトー・レイモン＝ラフォン （☆）
格付け：クリュ・ブルジョワ．
所有者：Marie-Françoise Meslier.
管理者：Pierre Meslier.
作付面積：18 ha. 年間生産量：1,700 ケース．
葡萄品種：セミヨン80％，ソーヴィニヨン・ブラン20％．
セカンド・ラベル：Château Lafon-Laroze.
このシャトーはイケムの前支配人ピエール・メスリエのものだったが，今は経営を子供達に任せている。ピエール・メスリエは絶好の場所に位置しているこの葡萄畑にも，隣のイケムに注ぐのと変わらない細心の注意をはらって管理にあたっていた。ワインの熟成は樽で行い，新樽の比率は3分の1にのぼっている。そこから生まれたワインは洗練され，香り高く，甘美で十分に格付け物の水準に達している。ワインの質はきわめて安定していて，88年，89年，90年は，今までにない高い水準に達している。引き続き，96年，97年，98年，99年にも，とても洗練されたワインが誕生している。

Château de Rayne-Vigneau
シャトー・ド・レイヌ＝ヴィニョー （☆）
格付け：第1級．
所有者：Cordier-Mestrezat Domaines.
管理者：Alain Duhau.
作付面積：78 ha.
年間生産量：7,000 ケース（辛口 4,000 ケースを含む）．
葡萄品種：セミヨン83％，ソーヴィニヨン・ブラン15％，
　　　　　ミュスカデル2％．
辛口ワイン：Rayne Sec.
レイヌ＝ヴィニョーのワインは19世紀から今世紀初頭にかけて令名に輝いていた。1961年までは，ポンタック家が所有していたが，今ではシャトーの邸館だけがこの一家の手に残っている。1971年に，メストレザ社がここを買収した。同社は現在，コル

ディエ社と合併している。ここではセミヨンとソーヴィニヨンを別々に圧搾する。ソーヴィニヨンの一部を辛口ワインにも使うためである（辛口ワインにまわされるもののほとんどは、早めに摘んだ、完熟していないもの）。発酵は発酵槽でおこない、できたワインは樽に移して熟成させる。新樽の比率は50％。シャトーの運営がふたたび軌道に乗ってきたのは事実だが、初期の生産量はあまりにも多かったため、ワインはまともなのだが、どちらかといえば退屈で平凡のきらいがあった。正直なところ、コマーシャル・ワインだった。この時期のものとしては76年が最高だった。しかし、83年、85年と事態が改善されて来たし、86年、88年、89年、90年、96年、97年、98年と、その向上が維持され続けている。

Château Rieussec シャトー・リューセック （☆☆☆）

格付け：第1級．
所有者：Château Rieussec．
作付面積：78 ha. 年間生産量：8,500 ケース．
葡萄品種：セミヨン89％，ソーヴィニヨン・ブラン8％，
　　　　　ミュスカデル3％．
セカンド・ラベル：Clos Labère, Château Mayne des Carmes,
　　　　　　　　'R' de Rieussec（辛口）．

ソーテルヌではイケムに次ぐ小高い丘になっている恵まれた場所にある。畑はソーテルヌの村にあるが、建物のほうはファルグにある。ここの土壌はとくに砂利が多い。リューセックは昔からソーテルヌで最高のクリュのひとつといわれ、傑出したブーケとかなり密度の高い風味をもつ一方、きわだった優雅さを誇り、一部のワインほど甘ったるくない、偉大な個性をそなえたワインを造りつづけてきた。1971年にアルベール・ヴュイリエがここを買い取った。彼は最も伝統的な方法を取り入れる方針をとったため、彼が造ったワインは崇拝する者と嫌う者とに分かれてさまざまな評価を受けている。彼は、1984年にロートシルト家へこのシャトーを売却した。その少し後にシャルル・シュヴァリエが、ここを経営するためにラフィットから赴任して来た。

アルベール・ヴュイリエは71年に古典的なソーテルヌのリューセックを生みだしたのち、ほとんどの年に、貴腐菌がすごく付いたワインを造りつづけた。そうしたワインは色が深いが、貴腐菌が付きすぎると揮発性の酸が多くなって、後日における甘味を減らしてしまう関係で、香りと後味に辛さを感じさせることが多い。83年はアルベール・ヴュイリエの最後の、そして最高の作品だった。新しい所有者の下で成功が加速的に進んでいる。熟成味はありながら新鮮で愛すべき85年に、真の素性の良さと洗練さをそなえた密度の高い86年が続き、それから88年、89年、90年と3年連続の傑出した年に偉大なワインが生まれている。96年、97年、98年、99年も傑出している。辛口の'R'ド・リューセックは、瓶熟成が必要な、アルコール分の強い重いスタイルに仕上がった。しかし1992年以後は、若いうちに飲めるようなもっと軽くて新鮮なスタイルのワインが造られるようになった。

シャトー紹介

Château de Rolland　シャトー・ド・ロラン
格付け：クリュ・ブルジョワ．
所有者：Jean & Pierre Guignard.
作付面積：16 ha．年間生産量：3,600 ケース．
葡萄品種：セミヨン80％，ソーヴィニョン・ブラン15％，
　　　　　ミュスカデル5％．
バルサックにあるこのクリュは，しゃれたレストランとホテルも経営している。あなたがソーテルヌの葡萄畑の真っ只中に居続けたいなら，ここに泊まるしかない。所有者はグラーヴのすぐれたシャトー，ロックテーヤード＝ラ＝グランジュの持ち主でもある。ワインはクリュ・ブルジョワ級のなかでは評判がいい。発酵も熟成も，イケムから買った樽でおこなっている。

Château Romer-du-Hayot　シャトー・ロメール＝デュ＝アイヨ
格付け：第2級．
所有者：du Hayot.
作付面積：10.9 ha．年間生産量：3,300 ケース．
葡萄品種：セミヨン70％，ソーヴィニョン・ブラン25％，
　　　　　ミュスカデル5％．
このクリュはもっと有名になっていいはずだ。畑はファルグ村の端で，ド・マルと隣りあっている。発酵は発酵槽でおこない，樽に移して熟成させる。デュ・アイヨ家は，様々な限界があるなかで，このシャトーとバルサックのギテロンド（実際にはワインはここで造られている）の両方でそれぞれそれなりの秀逸なワインを造っている。ここでは果実味と新鮮さに重点が置かれている。76年のような年だけは甘味が強いが，あとの年はバランスがよくとれている。79年と80年はともに成功しているが，79年のほうがコクがあり，リッチだ。88年，89年，99年は本物の複雑さに欠けるかもしれないが，果実味があり，スタイルも良い。

Château St-Amand　シャトー・サン＝タマン　Ｖ
所有者：Louis Ricard and Mme Faccheti-Ricard.
作付面積：19 ha．年間生産量：4,500 ケース．
葡萄品種：セミヨン85％，ソーヴィニョン・ブラン14％，
　　　　　ミュスカデル1％．
セカンド・ラベル：Château La Chartreuse.
このプレニャック村にあるシャトーは，伝統的な方法で優美な上物のクリュ・ブルジョワ級ワインを造っている。ここのワインは普通はシャトー・ラ・シャルトリューズ La Chartruse のラベルで英国で売られている。ワインはすべてスタイルがよく，信頼できるものだが，80年，81年，83年，90年，96年はは，とりわけ良かった。

Château Sigalas-Rabaud
シャトー・シガラ＝ラボー　（☆☆）→
格付け：第1級．
所有者：Héritiers de la Marquise de Lambert des Granges.
管理者：Domaines Cordier.

作付面積：14 ha.
年間生産量：2,500 ケース．
葡萄品種：セミヨン 85％，ソーヴィニヨン・ブラン 15％．
このクリュは，ラボーという古いシャトーの一部だったが，1903年に分割された。1929 年から 1952 年までのあいだ，シャトーは再びひとつになった。ここの収穫量はすくなく，4 回ないし 5 回かけて，伝統的な trie〔訳注：一番よく熟した葡萄だけを選んで摘んでいく〕をおこなう。発酵には発酵槽を使い，熟成は樽（新樽の比率は 60％）でおこなう。私の印象では，どのワインも香りが高く，優雅で，しかも実に繊細で，そのうえ甘美さも充分にあり，真の素性の良さをそなえている。私にとって，ここで最上の，もっとも典型的なヴィンテージは，とくに洗練されていた 67 年，71 年，75 年，81 年。83 年と 86 年も同じ域を行っている。1995 年 1 月，ここの所有者はドメース・コルディエと管理契約を結んだから，隣のシャトー・ラフォーリー＝ペラゲを最近のヴィンテージでソーテルヌのトップレベルまで引き上げたコルディエの専門家としての経験を大いに利用することができるだろう。95 年，96 年，97 年，98 年，99 年，2001 年は新しい経営陣がますます磨きのかかった素晴らしいワインが造れることを示している。

Château Suau シャトー・スュオー
格付け：第 2 級．
所有者：Roger Biarnés.
作付面積：8 ha. 年間生産量：2,000 ケース．
葡萄品種：セミヨン 80％，ソーヴィニヨン・ブラン 10％，
　　　　　ミュスカデル 10％．
格付けされた銘柄のなかで，おそらく最も知名度の低いところだろう。畑はバルサックだが，ワイン造りは現在の所有者がイラ村（隣りのセロン地区にある）にもっている別のシャトーでおこなわれている。ワインの多くはフランス国内の顧客に直接販売されている。ワインは発酵槽での発酵ののち，中古の樽で熟成させているが，甘味のバランスが悪く，素性の良さを欠いていて，どちらかといえば平凡というのが定評。しかし 88 年はデリケートで洗練されていた。

Château Suduiraut シャトー・スデュイロー　（☆☆）
格付け：第 1 級．
所有者：AXA Millésimes.
管理者：Christian Seely.
作付面積：86 ha. 年間生産量：14,000 ケース．
葡萄品種：セミヨン 80％，ソーヴィニヨン・ブラン 20％．
セカンド・ラベル：Castelnau de Suduiraut.
この有名な古いクリュの畑はイケムと地続きで，ソーテルヌの村とプレニャックの村にまたがっている。1940 年に，フォンケルニ家がここを 14 世紀の愛すべきシャトーごと買いとって，ゆっくり手間をかけながら，往年の質と名声をとりもどした。1992 年，家族の一部が持ち株を手放したので，AXA にほとんどの所

有権が移ってしまった。通常はイケムに次ぐもっとも甘美で，強烈なまでにリッチなワインといわれていて，最高の年には正真正銘のソーテルヌを代表するワインのひとつともなる。畑で慎重な選果をおこなったのち，果汁を発酵槽で発酵させ，それから樽にうつして熟成させる。新樽の比率は35%。しかし，スデュイローでは，選果をほとんど，あるいはまったくおこなわず，樽での熟成をやめてしまったひどい時期があった。この影響が1971年から1975年にかけてのヴィンテージにあらわれている。

最上のスデュイローは淡い金色をしていて，ブーケは絶妙のかぐわしさをもち，心にしみ入るようだし，風味はじつに豊かで，生き生きしていて，個性があって，蜂蜜の香りが感じられ，偉大なフィネスと育ちのよさをそなえている。当たり年のワインは普通，発酵しきれないで残った糖分のボーメ度（糖度の比重）が5度かそれ以上になる（229頁Yquemの項）。70年は，この年における最上のソーテルヌのひとつになった。76年には，59年，62年，67年に匹敵する古典的なワインが生まれた。80年代を通じてここのワインは，1950年代と60年代の偉大な年のワインと比べると残糖分が少なく，そのため後味にアルコール味を感じるワインになった。83年，86年，88年，89年，90年は最上のものが生まれた年。96年，97年，98年，99年は1960年代の古典的なバランスに近いように思われる。

Château La Tour-Blanche
シャトー・ラ・トゥール゠ブランシュ （☆☆）

格付け：第1級.
所有者：Ministère de l'Agriculture.
管理者：Jean Pierre Jausserand.
作付面積：35 ha.
年間生産量：4,400ケース.
葡萄品種：セミヨン77%，ソーヴィニョン・ブラン20%，ミュスカデル3%.
セカンド・ラベル：Mademoiselle de St-Marc.

このクリュは1855年の格付けで1級のトップに位置し，1910年からは国の所有となって，現在は農業学校として経営されている。残念なことに，近年まで評判はその地位に見合うものではなく，2級のクリュや，さらには格付けされていないクリュのなかにさえ，もっと良いワインがたくさんある。

ワインは発酵槽で発酵させたのちに樽で熟成させ，新樽の比率は25%とされている。1988年には，樽発酵の方法が部分的に採用され，ちょうど88年，89年，90年と3年連続の偉大な年を十分に活かすワイン造りができた。実際，ここの90年はこの年にできた偉大なワインのひとつにあげられるし，もちろんこのシャトーが造った近年のワインの中では最高のものとなった。何年もの努力が花開いたといえよう。現在，この有名なシャトーはトップレベルのプルミエ・クリュの仲間入りを果たそうとしている。94年，95年，96年，97年，98年，99年にも素晴らしいワインができた。

Château d'Yquem シャトー・ディケム （☆☆☆）
格付け：プルミエ・グラン・クリュ・クラッセ 1855 年．
所有者：LVHM．
管理者：Aymeric de Montault
作付面積：106 ha．年間生産量：6,500 ケース．
葡萄品種：セミヨン 80％，ソーヴィニヨン・ブラン 20％．
セカンド・ラベル：'Y'（ボルドー・ブラン，2,000 ケース）．

1855 年にソーテルヌとバルサックのすぐれた甘口ワインの格付けがおこなわれたとき，イケムは 1 級のクリュとは別格扱いを受け，ただひとつの特別第 1 級（プルミエ・グラン・クリュ・クラッセ）という栄冠に輝いた。それ以来，イケムのその地位がおびやかされたためしはない。

これはもっとも偉大なソーテルヌであるばかりか，世界最高のデザート・ワインでもある。1593 年から今までこのシャトーを所有しているのはたった 2 家族である。2 家族だけで連綿と 400 年も続いたのは，1785 年リュル＝サリュス伯爵家の者がド・ソヴァージュ家の最後の跡取り娘と結婚したからである。1968 年以降，アレキサンドル・ド・リュル＝サリュスが叔父の後を継いでいる。1999 年，アレクサンドル・ド・リュス・サリュスは，独立を守りつづけるための長い闘いに敗れたが，この比類なきクリュを 21 世紀へ導くために，ここに残ることにした。経営責任者の座を正式に退いたのは 2003 年の末で，そのあとは，2002 年から醸造チームと共に仕事をしてきたエムリック・ド・モントーが引き継いでいる。シャトーは中世の立派な砦で，この地区の素晴らしい景色を見晴らすことができる。畑は輪植がおこなわれているので，葡萄を植えた畑が 102 ヘクタールもあるのに，グラン・ヴァンに使われるのは，そのうち 80 ヘクタールにすぎない。残りは若い葡萄である。

また，葡萄摘みも熟練した労働者だけを使って丹念におこなわれる。そのほとんどが常雇いの 57 人で，彼らが畑に何度も（4 回から 11 回）足を運び，完熟して貴腐菌の付いた粒だけを摘んでいく。その目的は天然の含有糖分がボーメ度，20 から 22 度になる葡萄を摘むことにある。こうすれば，発酵によってアルコール度が 13.5％ ないし 14％ になっても，ボーメ度 4 から 7 度までの糖分が発酵せずに残り，もっともバランスのとれたワインになるのだ。圧搾は昔ながらの方法でおこない，搾られた果汁は新しい樫樽で発酵させ，樽のなかで 3 年半熟成させたのちに瓶詰する。瓶詰するまでは，たとえ買い手でも，サンプルをとって味みすることは許されない。年によっては，辛口ワインの Y（イグレックと発音する）を造ることもある。これは蜂蜜のような香りをもち，フル・ボディで，じつにリッチなワインだ。

蜂蜜に似た強いブーケと，とろけるような甘美な味わいと，優雅な風味をそなえ，色が徐々に淡い金色に変わっていくイケムは，まさにソーテルヌの真髄といえよう。このワインを飲めることは，いかなるときであろうともひとつの特権なのだ。楽しんで飲めるようになるのは 6〜7 年たってからで，その後 10 年以上たっても，その比類なき新鮮な魅力が失せることはない。最高の年のものには永遠に近い生命が宿っているのだ。

シャトー紹介

現在, ピークを迎えているのは, 67年 (偉大な年), 70年 (とても洗練されている), 71年 (偉大なワイン), 75年, 76年 (偉大), 80年と81年 (やや落ちるが, とてもいい), 82年 (この年としては例外的な出来), 83年 (驚嘆すべき複雑さを持ち, バランスがとれている) や, そのあとの83年と86年 (さらに偉大で, 今のところ, 90年より優れているように思われる) によって, ソーテルヌの新たな時代が到来した。84年と87年はよい出来だがやや劣る。つぎに, 注目すべき91年, 93年, 94年, 95年が続いていて, いずれもプルミエ・クリュのレベルをはるかに超えている。96年 (偉大な風味の良さと育ちの良さ), 97年 (傑出したフィネスと育ちの良さ), 98年 (97年よりリッチで, 偉大な可能性を秘めている) と共に, 偉大なワインが戻ってきている。

サン゠テミリオン
St-Émilion

サン゠テミリオンという地区を、他の主要な生産地とくにメドックやグラーヴと比べた場合、まず気がつくのは、その狭さとシャトーの密集ぶりだ。サン゠テミリオンの町にしても、少し歩けば狭くるしい中世の通りからはずれてしまう。また、コート地区（丘陵地帯）のプルミエ・クリュ・クラッセは、ひとつを除けば、全部歩いて数分の距離にある。5,000 ヘクタールの地区に、1,000 ものクリュがひしめきあい、そのうち格付けされている畑はごくわずかだし、この地区の畑のうち 900 ヘクタールは生産者組合 Union des Producteurs と呼ばれる協同組合のメンバー（330 人）が所有している。もうひとつのきわだった特徴はシャトーそのものの規模が小さいことだ。13 のプルミエ・グラン・クリュ・クラッセが所有する畑の平均面積はわずか 20 ヘクタール、グラン・クリュ・クラッセにいたっては 10 ヘクタール以下だ。これをメドックの畑面積と比べてみるがいい。

サン゠テミリオンが持つもうひとつの重要な特色は、土壌の種類が複雑で変化に富んでいることだ。これをワイン造りの面から見ると、3 つのグループに分けられる。

1. 石灰岩系の台地 plateau calcaire と、丘の斜面や丘のすその部分 côtes et pieds de côtes。ここには粘土という重要な要素も混じっている。これはサン゠テミリオンの町をとりまく地区。プルミエ・グラン・クリュ・クラッセのうち、2 つを除くすべてがこの中に含まれている。
2. 砂利と古砂地帯 graves et sables anciens、すなわち、砂利と砂が混じっている地区だが、砂は大昔に風化によってできたもので、もっと時代が下ってから形成された堆積砂とは種類が違う。ポムロールとの境界に近い小さな地区。砂質の土壌が広がるなかに、砂利の混ざった斜面が約 60 ヘクタールにわたって続いている。ここに君臨しているのがシュヴァル゠ブランとフィジャックだが、この地帯にある他のクリュもほとんど全部が格付けを受けている。
3. 古砂地帯 sables anciens、つまり、2 で説明したのと同じタイプの砂におおわれた地区。ここにも格付けされた質のいい魅力的なクリュがたくさんある。基本的に、上記の 2 つの地帯の中間に位置している。

サン゠テミリオンは、アペラシオンと地理との両面から見ると、次のように分けられる。
1. **グラン・クリュ・クラッセ**
   〔訳注：グラン・クリュだが「クラッセ」がつく。この中でさらにプルミエがつくものとつかないものがある〕
   INAO の管理のもとに生まれた格付け制度で、10 年ごとに見直しをはかることになっている。実際には、最初の 1954

シャトー紹介

リブールヌ地区のアペラシオン

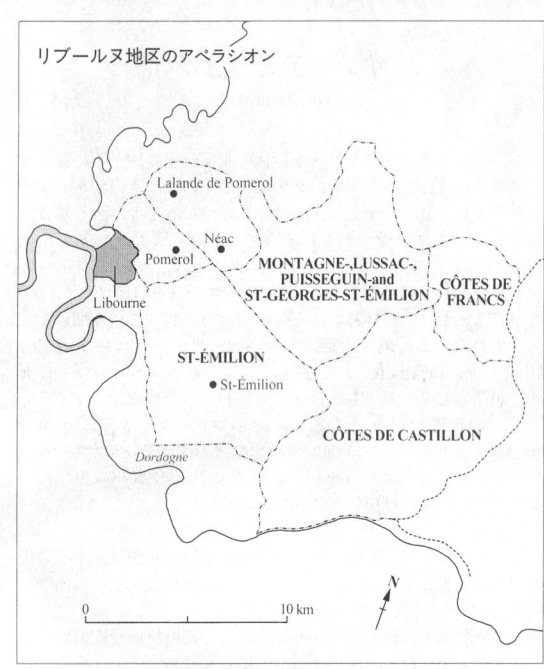

CÔTES DE CASTILLON
コート・ド・カスティヨン
CÔTES DE FRANCS
コート・ド・フランス
**MONTAGNE-, LUSSAC-
PUISSEGUIN-, ST-GEORGES-,
ST-ÉMILION**
モンターニュ=, リューサック=,
ピュイスガン=, サン=ジョルジュ=
サン=テミリオン

Lalande de Pomerol
ラランド・ド・ポムロール
Libourne リブールヌ
Néac ネアック
Pomerol ポムロール
St-Émilion
サン=テミリオン

Dordogne
ドルドーニュ河

年の格付けが改訂されたのは 1969 年だし、2 度目の改訂がおこなわれたのは 1985 年になってからだ。このときに、格付けワインの数がプルミエ・グラン・クリュ・クラッセは 12 から 11 に、グラン・クリュ・クラッセは 72 から 63 に減っている。1996 年に行われた 3 度目の改訂では、ボー=セジュール=ベコが元の地位に返り咲き、アンジェリュスが格上げされたためプルミエ・グラン・クリュ・クラッセの数は増えて 13 となった。グラン・クリュ・クラッセの方はさらにその数が減った。

2. **グラン・クリュ**
〔訳注：グラン・クリュと名乗っているが「クラッセ」がつかないから注意〕
およそ 200 のクリュが含まれていて、年に一度、テイスティ

ング用のサンプルを提出することが義務づけられている。
3. **単なるサン＝テミリオンのアペラシオンを使用するワイン**
〔訳注：この他に後述 277 頁以下のように，サン＝テミリオン衛星地区がある〕

地理的に見ると，最上のワインはほとんどサン＝テミリオンの村の内で造られる。ただ，ジュラード・ド・サン＝テミリオン Jurade de St-Émilion と呼ばれていた古い法律上の管轄区域に入る 8 つの村にも，サン＝テミリオンのアペラシオンを名乗る権利が与えられている。これらの村のうち，最上のワインを造っているのは，サン＝クリストフ＝デ＝バルド，サン＝ローラン＝デ＝コンブ，サン＝ティポリット，サン＝テチエンヌ＝ド＝リスである。あとの 4 つ（サン＝ペイ＝ダルマン，ヴィニョネ，サン＝シュルピス＝ド＝ファレイラン，リブールヌ）は，ほとんどが砂質の土壌からなる低地か，もっと時代の下がった時期に形成された砂利と砂のテラス状の地帯に位置している。

1990 年代，サン＝テミリオンは前衛的醸造やミクロ醸造，およびカルトワインの先駆者となった。突然，小規模なシャトーが有利になったのである。

Château Angélus シャトー・アンジェリュス　★★→
格付け：プルミエ・グラン・クリュ・クラッセ B.
所有者：de Boüard de Laforest family.
管理者：Hubert de Boüard de Laforest and
　　　　Jean Bernard Gressé.
作付面積：23.4 ha．年間生産量：8,000 ケース．
葡萄品種：メルロ 50％，カベルネ・フラン 45％，
　　　　　カベルネ・ソーヴィニヨン 5％．
セカンド・ラベル：Carillon de L'Angélus.

サン＝テミリオン・コート（丘陵地帯）でもっとも重要なシャトーのひとつ。ド・ブアール・ド・ラフォレスト家がアンジェリュスを購入したのは 1924 年だが，それ以前に同家はお隣のシャトー・マズラを所有していた。後に，これと他のシャトーいくつかを合わせてアンジェリュスとしたのである。1989 年以降は，ラベルからシャトー名の冠詞（L'）が除かれている。畑はサン＝テミリオンの町の西手の，コート地区の低い斜面にある。大きな最新式の醸造所があり，1980 年からは樽熟成をおこなうようになった。それまでは樽をまったく使用していなかった。新樽の比率は，50％ から 2/3．

ここのワインの特徴は，高い香りと，リッチで心地よい果実味だ。1960 年は，カベルネ・フランの口当たりが素晴らしく，成功した右岸のシャトーのひとつである。97 年は早いうちに飲むと美味しい。続く 98 年，99 年，2000 年は，いずれもこれらのヴィンテージを代表する優れたワインを産出した。アンジェリュスの評判が高いだけのことはある。83 年以前のものの多くは，密度に欠け，若いうちに飲まなければならなかった。しかし，その後，切れのいい果実味とリッチさを失わずに充実感もそなえるようになった。79 年と 82 年は飛躍的に向上し，85 年と 86 年がそ

れに続いた。89年と90年にはさらに官能的な感触も加わったが、95年も同じように官能的だった。

　私として気がつくのは、新樽の割合が高く、ワインにそれが出過ぎないかということである。1996年には、ワインの質を高めようとする努力が実ってプルミエ・グラン・クリュに格上げされた。値段もはね上がった。

Château L'Arrosée シャトー・ラロゼー ★
格付け：グラン・クリュ・クラッセ.
所有者：François Rodhain.
作付面積：10 ha. 年間生産量：4,000 ケース.
葡萄品種：メルロ 50%, カベルネ・ソーヴィニヨン 35%,
　　　　　カベルネ・フラン 15%.
セカンド・ラベル：Les Côteaux du Château L'Arrosée.

畑は、町からみて南西のコート地区の良い場所にあって、すぐ下には協同組合が、上にはテルトル＝ドゲがある。名前は"泉の水で潤う"という意味をもっている。ここのワインのバランスが良いのは、その畑の位置のおかげである。畑の中でも、オート・ド・コート haute de côte〔斜面の上の意味〕にある部分がボディと力強さをあたえ、ミリュー・ド・コート milieu de côte〔真中の意味〕の部分はコクを増し、ピエ・ド・コート pied de côte〔足つまり下の意味〕の部分がフィネスを授けてくれる。

　リッチで甘美な一方、偉大な深みと風味と個性をそなえた、古典的なサン＝テミリオンだ。手に入れるのは容易ではないかもしれないが、探す努力をする価値は充分にある。

Château Ausone シャトー・オーゾンヌ ★★★
格付け：プルミエ・グラン・クリュ・クラッセ A.
所有者：Héritiers Vauthier.
管理者：Alain Vauthier.
作付面積：7 ha. 年間生産量：2,250 ケース.
葡萄品種：メルロ 50%, カベルネ・フラン 50%.

ローマの詩人アウソニウスにちなんで18世紀にこの名が付けられたシャトーで、近くには古代ローマ邸宅の遺跡があり、もしかするとこの詩人の邸宅だったかもしれないといわれている。

　オーゾンヌがサン＝テミリオンのコート地区の頂点に立つワインとして認められたのは1890年代に入ってからで、それまでは、その地位は隣のもっと大きなシャトー、ベレールが占めていた。1950年代、60年代には、オーゾンヌの評判はプルミエ・クリュの地位にふさわしいとはいえなかった。ただし、1955年には、シュヴァル＝ブランとならんで新しい格付けの頂点に立っている。やがて1975年に、パスカル・デルベックが新しい支配人に迎えられ、1976年のワイン造りは彼がすべて管理した。それ以来、オーゾンヌの評判は高まる一方である。1995年には長い間続いていた、そして共有者でもあったマダム・デュボワ＝シャロンとヴォーティエ家との間の諍いに終止符が打たれ、ヴォーティエ家が経営の実権を握った。96年には同家がマダム・デュボワ＝シャロンの権利をすべて買い取ってしまった。

サン゠テミリオン

95年と96年にはスタイルの点で注目すべき変化がみられ、ワインは以前よりもしなやかで、感覚に訴えるものがある。樽によるマロラクティック発酵を行ったためである。98年は、現在、偉大なワインになる途上にある。99年はこの年にしては力強く、2000年はこのヴィンテージでは傑出したワインのひとつである。2001年は、それほどの重みはないが、非常に官能的で、このヴィンテージでは傑出している。オーゾンヌの真髄は、繊細さ、フィネス、力強さの組合せにある。だから、濃縮された複雑な香りは生き生きしていると同時にかぐわしく、一方、幾重にもかさなった風味が舌に広がっていくさまはうっとりするほどだ。ここのワインは他のサン゠テミリオンより熟成に時間がかかるし、ドルドーニュ河の右岸でこのワインに勝る熟成能力をもつものは他にない。

大柄な75年のあと、洗練された76年、偉大な78年、偉大な82年(豊潤で濃密)、柔らかいがエキゾチックな83年、最上の品質の85年、複雑で肌目の細かい86年などが生まれている。88年はカベルネ・フランの性質が良く出たため、新鮮で、均整がとれ、愛すべき果実味がある。このシャトーでは90年よりも89年の方がスター的存在。優れた構成と甘い果実味が結びついているが、その格付けにふさわしい真の格調が出てくるまでには、まだ時間が必要。一方、90年は肉付きがよくグリセリンが豊富で、見事な甘い果実味がある。今、完璧な状態で飲める。90年代の初めでは93年が一番良く、調和と優雅さがある。長持ちするはず。

たぐいまれなワインをわずかな量だけ生産するという点からいえば、オーゾンヌが新しいペトリュスになる条件はすべてそろっているようだ。コレクターはもちろん、ワイン愛好家たちもこのワインに目を向けてくれることを期待したい。

Château Balestard-la-Tonnelle
シャトー・バレスタール゠ラ・トネル ★★

格付け:グラン・クリュ・クラッセ.
所有者:GFA Capdemourlin.
管理者:Jacques Capdemourlin.
作付面積:10.6 ha. 年間生産量:5,000ケース.
葡萄品種:メルロ70%、カベルネ・フラン25%、
　　　　　カベルネ・ソーヴィニヨン5%.
セカンド・ラベル:Les Tournelles de Balestard.

このシャトーはサン゠テミリオンの町の北東に位置していて、石灰岩系台地の端にあたり、道路をはさんでスータールと向かいあっている。熟成は50%は新樽で行う。

ここのワインは安定していて、スケールが大きく、甘美で、フル・ボディで、飲みやすく、しかも期待以上に長持ちするという、魅力あふれるサン゠テミリオンの理想型である。45年はいまだに荘厳である。88年は今美味しく飲めるが、まだ向上の余地がある。89年は88年や90年よりも濃密で若々しい。今が完璧。94年はこの年のほとんどのワインよりも魅力がある。95年は見事な出来で、今楽しめるが、その構成により長持ちする。96年は良質で魅力的だが、他の年より複雑さに欠ける。97年はみず

シャトー紹介

みずしく, 今が完璧。98年は寝かせておくべき素晴らしいワインで完璧な調和を見せる。99年はそれほど深みがないが, 肌理が固く詰まって時間が必要。2000年は非常に複雑でリッチ, 将来飛び抜けて素晴らしいワインになる。

Château Barde-Haut シャトー・バルド゠オー →
所有者：Sylviane Garcin-Cathiard.
作付面積：17ha. 年間生産量：5,000ケース.
葡萄品種：メルロ80%, カベルネ・フラン20%.
畑は, サンクリストファー゠デ゠バルドの村の非常に立地条件のよいところにある。シルヴィアン・ガルサン゠カティヤールが2000年の収穫前に購入した。畑は南に面しているし, 平均33歳の古い葡萄樹があるため, 明らかに向上の可能性がある。ペサック゠レオニアンのオー゠ベルジェで, 続いてポムロールのクロ・レグリースで相当の成功を収めた新しいオーナーが, 夫と共に新たなチャレンジに意欲を燃やしている。醸造学の資格を持つ娘のエレーヌ・ガルサン゠レペックは, 敷地内に魅力的な家を構えている。ということは, このシャトー経営は彼女のプロジェクトであろう。2000年, 収穫の3分の2は新樽でマロラクティック発酵を行い, 本当に将来性のあるところを見せた。このシャトーはよく注意して見守ること！

Château Beau-Séjour-Bécot
シャトー・ボー゠セジュール゠ベコ ★★
格付け：プルミエ・グラン・クリュ・クラッセB.
所有者：Michel, Gérard and Dominique Bécot.
作付面積：16.5 ha.
年間生産量：8,000ケース.
葡萄品種：メルロ70%, カベルネ・ソーヴィニヨン15%,
　　　　　カベルネ・フラン15%.
セカンド・ラベル：Tournelles des Moines.
このクリュは1955年の格付けでプルミエ・グラン・クリュにランクされたが, 1985年には喧々囂々の論争のなかで格下げされた。格下げの原因はベコが1970年に購入したラ・カルトとトロワ・ムーランの畑を, 昔からの10ヘクタールのボー゠セジュールの畑に加えたことにあるようだ（実際に統合をおこなったのは1979年になってからだが）。畑は石灰岩系台地にあって, 発酵にはステンレス・タンクを使い, 新樽の比率は90%。瓶詰後のワインを寝かせる立派な地下のセラーもある。ここのワインのスタイルは, もうひとつのボーセジュールとはかなり違っていて, 肉厚でリッチだが, タンニンとスタイルは控えめだ。とても魅力的な飲みやすいワインではあるが, きわだった特質に欠けることがある。ジェラールとドミニクが管理するようになってから, ワインの質を向上させこのクリュを以前の地位に引き上げようと必死の努力をした。この努力は1996年の格付け改訂で実った。95年, 96年, 97年, 98年, および2000年に秀逸なワインが生まれている。

サン゠テミリオン

Château Beauséjour（Duffau-Lagarrosse）★★
シャトー・ボーセジュール（デュフォー゠ラガロス）

格付け：プルミエ・グラン・クリュ・クラッセ B.
所有者：Duffau-Lagarrosse. 管理者：Jean-Michel Fernandez.
作付面積：7 ha. 年間生産量：3,000 ケース.
葡萄品種：メルロ 60％, カベルネ・フラン 25％,
　　　　　カベルネ・ソーヴィニヨン 15％.
セカンド・ラベル：Le Croix de Mazerat.

プルミエ・グラン・クリュのなかで一番知名度が低い。ただでさえ生産量が少ないのに、その約半分が市場に出ないで、個人客に直接売られるからである。ボーセジュールはもともとひとつのシャトーだったのが、1869年に2人の娘によって分割された。その一人でサン゠テミリオンの医者に嫁いだ娘の方の子孫が現在このシャトーの所有者となっている。ここでは発酵槽での仕込み期間が長いため、ワインに育ちの良さとスタイリッシュな果実味がそなわっているが、ボディの軽いワインにしてはタンニンがやや多いような気もする。

　このシャトーがプルミエ・グラン・クリュ・クラッセに格付けされたのも、その畑の位置と、尊敬に値するワインを造ってきた長い伝統のおかげだけとしかいえない時期もあった。というのも、最近までワインの出来はいいのだが、どうも輝きに欠けていたのだ。真に「育ち」の良さを出したリッチな82年の後、85年はじつに密度が高かった。86年はリッチで濃縮されたような果実味とタンニンが、優美な果実味とうまく組合わさっていて85年以上に印象が深かった。88年、89年、傑出した90年、95年、96年、98年、2000年にも、同じような線を行く改良のあとが見られた。ここは今では卓越したワインになっている。

Château Belair シャトー・ベレール ★★

格付け：プルミエ・グラン・クリュ・クラッセ B.
所有者：Pascal Delbeck.
作付面積：13 ha. 年間生産量：5,000 ケース.
葡萄品種：メルロ 65％, カベルネ・フラン 35％.

ベレールはオーゾンヌのすぐ隣にあって、1996年まではオーゾンヌの共同所有者のひとりが所有していた。1976年に名人と言われたパスカル・デルベックが支配人となり、安定性と品質の上で大きく貢献した。2003年、マダム・デュボワ゠シャロンが死去し、シャトーはパスカル・デルベックに譲られた。長年の情熱的で忠実な貢献にふさわしい贈り物である。ベレールとオーゾンヌの大きな違いは、オーゾンヌの畑がすべて斜面にあるのに対して、ベレールの畑は斜面とその上の台地に分かれている点である。ベレールのワインは長年にわたってオーゾンヌで造られ、貯蔵されてきたが、1976年に自分のところのセラーでやるようになり、1980年の収穫以降、古い木の発酵槽はステンレス・タンクに変わっている。

　現在、ベレールは毎年のように、プルミエ・グラン・クリュ・Bグループのトップクラスに入っている。ワインはオーゾンヌほど濃密さがないが、オーゾンヌよりも幾分リッチで肉付きもよく、

シャトー紹介

真のフィネスと違大な活力を備えている。82年と83年，85年，86年のワインはたぐいまれな出来栄え。89年，90年，93年，94年，95年，96年，98年，2000年は濃厚さと，はかりしれない強さの点で互いに張り合っている。

Château Bellefont-Belcier シャトー・ベルフォン゠ベルシエ
格付け：グラン・クリュ．
所有者：SC BJL．管理者：Marc Dworkin．
作付面積：13 ha．年間生産量：5,900ケース．
葡萄品種：メルロ83%，カベルネ・フラン10%，
　　　　　カベルネ・ソーヴィニョン7%．
サン゠ローラン゠デ゠コンブにある良いクリュで，コートとその斜面の低い部分に畑をもっている。ワインは頑強だが，しなやかなことで定評がある。現在のオーナーは1994年にここの経営を引き継いだ。

Château Bellevue シャトー・ベルヴュー →
格付け：グラン・クリュ・クラッセ．
所有者：SC du Château (M. L. Horeau).
管理者：Nicolas Thienpoint．
作付面積：6.5 ha．年間生産量：3,500ケース．
葡萄品種：メルロ85%，カベルネ・フラン10%，
　　　　　カベルネ・ソーヴィニョン5%．
畑はボーセジュールのすぐ西の石灰台地と斜面にある。2000年に，ニコラ・ティアンポワンが管理者となるまでは（⇒ 265頁Pavi-Macqinの項），グラン・クリュ・クラッセの中でも最も知名度の低いシャトーのひとつだったと思われる。気の毒なことに，ボルドーで一番ありふれた名前だから。なにしろ，この名前を使っているシャトーが現在ボルドーに23もあり，しかもそのうち数個はサン゠テミリオン地区にあるのだ。だが，ここはとても古いシャトーで，17世紀以来ずっと，血のつながりをもついくつかの家族からなるグループが所有している。88年に初めて樽の一部に新樽を使うようになり，楽しいけれども個性に欠けていたワインに，このような位置にある畑なら当然期待されるような素性の良さとスタイルが出てきた。しかし，それも，ニコラ・ティアンポワンが初めて造った2000年ものに対する賞賛に比べれば，無にも等しい。1867年のパリ博覧会でサン゠テミリオンを代表する39のクリュのひとつに選ばれたこともある。

Château Belregard-Figeac
シャトー・ベルレガール゠フィジャック　V
格付け：グラン・クリュ．所有者：Pueyo family．
作付面積：5 ha．年間生産量：2,500ケース．
葡萄品種：メルロ68%，カベルネ・フラン25%，
　　　　　カベルネ・ソーヴィニョン7%．
セカンド・ラベル：Château la Feur Garderose．
プエヨ家がこの小さなシャトーを19世紀から所有している。畑はリブールヌ村の砂混じりの砂利の上と，フィジャックの台地の

深い砂の上にある。ここのワインは非常に几帳面につくられており、かすかにチェリーとスミレの香りがし、果実味が新鮮ですがすがしい。リッチで派手というよりも、優美で洗練されている。最初のグラン・クリュ・ヴィンテージは賞賛に値する89年。95年、96年、97年はすべて良くできている。

Château Bergat シャトー・ベルガ

格付け：グラン・クリュ・クラッセ．
所有者：Héritiers Castéja　管理者：Philippe Castéja.
作付面積：4.5 ha. 年間生産量：1,500 ケース．
葡萄品種：メルロ 50%，カベルネ・フラン 40%，
　　　　　カベルネ・ソーヴィニヨン 10%．

グラン・クリュ・クラッセのなかでもっとも小さく、知名度も低いクリュのひとつ。サン＝テミリオンの町の東で、畑は斜面と台地のヘリにある。シャトーでのワイン造りは、近くのトロットヴィエイユの持ち主、エミール・カステジャがおこない、販売には彼の会社、ボリー＝マヌー社があたっている。98年はリッチで新鮮、かつ、たっぷりとしたスタイルがある。ベルガのワインは、探すことができれば、飲んでみる価値がある。

Château Berliquet シャトー・ベルリケ　★→

格付け：グラン・クリュ・クラッセ．
所有者：Vicomte Patrick de Lesquen.
作付面積：9 ha. 年間生産量：3,300 ケース．
葡萄品種：メルロ 70%，カベルネ・フラン 25%，
　　　　　カベルネ・ソーヴィニヨン 5%．
セカンド・ラベル：Les Aîles de Berliquet.

サン＝テミリオンの石灰台地と斜面に畑をもつ、立地条件に恵まれたとても古いクリュで、マグドレーヌ、カノンに隣接している。78年、協同組合からここへ生産が移されたときのワインは、どちらかというと肌理が粗かった。その後、パトリック・ド・ルスカンがパトリック・ヴァレットに助けを求めた結果、97年と98年には著しい向上をとげた。99年は、霜のために事実上メルロ・ワインになってしまったが、2000年は偉大なワインになるはずである。このシャトーもやっと長い間眠っていた潜在力を開花しようとしている。

Château Cadet-Bon シャトー・カデ＝ボン　★→

格付け：グラン・クリュ・クラッセ．
所有者：Société Loriene.
管理者：Marceline and Bernard Gans.
作付面積：6.5 ha. 年間生産量：2,500 ケース．
葡萄品種：メルロ 70%，カベルネ・フラン 20%，
　　　　　カベルネ・ソーヴィニヨン 10%．

この小さなシャトーは町の北手の石灰台地と斜面にある。何年間かワインの出来が良くなかったため、1985年の改訂でクリュ・クラッセの地位を失ってしまった。しかし、1986年に現在の所有者がここを手に入れ、この畑にふさわしいワインを造ろうと決

シャトー紹介

心した。新しい魅力的なラベルが新体制の姿勢をしめしている。88年はスパイシーかつアロマチックで，ビッグで，濃密なワイン。89年は愛らしくリッチで，グリセリンとタンニンが多く，力強い古典的なサン＝テミリオンだが，90年はもっとしなやかで，華麗に濃縮した果実味がある。真面目な葡萄選定とワイン造りが，洗練された92年と愛らしい97年においてその成果を見せている。当然ながら，ワインの評判は急速に高まり，すでにフランスのベスト・ワイン・リストのいくつかに載るようになった。こうした努力が報われ，1996年にグラン・クリュ・グラッセに格上げされた。

Château Cadet-Piola シャトー・カデ＝ピオラ
格付け：グラン・クリュ・クラッセ．
所有者：Alain Jabiol.
作付面積：7 ha. 年間生産量：3,000 ケース．
葡萄品種：メルロ 51%，カベルネ・ソーヴィニョン 28%，
　　　　　カベルネ・フラン 18%，マルベック 3%．
セカンド・ラベル：Chevaliers de Malte.

カデ＝ピオラはサン＝テミリオンの町の北側にあたる石灰台地と斜面にあるが，ここは北でもっとも高い地点になる。現在の所有者はここを1952年に購入して，別に持っているグラン・クリュ・クラッセ，フォリー＝ド＝スシャールと一緒に経営している。仕込みにはグラス・コーティングのタンクを使い，慎重な温度調節をおこなっている。熟成は畑の地下に作ったセラーでおこない，50%の新樽が使われている。

　ワインにはまぎれもなく，葡萄品種の性格が出ている。他の多くのサン＝テミリオンに比べると早く飲まずに待っている必要があるワインで，最初のうちは，肌理が堅く詰まっている感じで渋みも強いが，すぐれたワインになる骨格とスタイルをそなえている。しかし，どちらかというと，少し魅力に欠けるきらいがある。

Château Canon シャトー・カノン　★★
格付け：プルミエ・グラン・クリュ・クラッセ B.
所有者：Chanel.
管理者：John Kolasa.
作付面積：21 ha. 年間生産量：7,500 ケース．
葡萄品種：メルロ 60%，カベルネ・フラン 40%．
セカンド・ラベル：Clos Canon.

美しい場所にあるシャトー。畑のうちの13ヘクタールはサン＝テミリオンの町のすぐ外側の台地にあって，石垣に囲まれ，その中にとても優雅で小さな18世紀のシャトーも建っている。残りの畑は斜面のほうにある。ワインは60%もの新樽を使って熟成させている。ここのワインはとても古典的で，素晴らしい香りと，余韻の非常に長い風味をもち，肌理はまるで絹のようだ。タンニンと豊かな果実味がたっぷり封じこめられていて，熟成とともにそれらがゆっくりと開いてくる。どの年のものも素晴らしい育ちのよさと，優雅さと，スタイルをそなえている。毎年のようにサン＝テミリオンのトップクラスに入っているが，これを飲もうと

思ったら待たなくてはならない。85年はよくまとまっていて果実味もある——実に愛すべきワイン——。86年は力と洗練さのバランスが見事で、前所有者、エリック・フルニエの偉業の見本のようなワイン。残念なことに、1996年フルニエ家は畑を手放さなければならなくなった。しかし買い手がシャネルだったのは運がよかった。ローザン＝セグラで素晴らしい成功をおさめているチームのダヴィド・オーとジョン・コラッサが引き継いだ今ここの未来は明るい。2000年には隣のキュレ＝ボンを購入し、この年のものは、この畑の最高のものとなった。またこの年、初めてキュレ＝ボンの畑で作られたワインも含めることにした。2001年も非常に将来性があり、99年よりも良くできている。

Château Canon-la-Gaffelière ★★→
シャトー・カノン＝ラ＝ガフリエール
格付け：グラン・クリュ・クラッセ．
所有者：Comte von Neipperg.
作付面積：20 ha．年間生産量：14,000 ケース．
葡萄品種：メルロ 55％，カベルネ・フラン 40％，
　　　　　カベルネ・ソーヴィニヨン 5％．
セカンド・ラベル：Côte Mignon la Gaffelière.
このシャトーはリブールヌからベルジュラックへ向かう街道からサン＝テミリオンの町へ入るため左折する道のとっつきにある。畑はコートと呼ばれる斜面の南麓の下の平坦になった砂質の土地である。現在の所有者になったのは1971年からである。しかし、本当の変化は、ステファン・フォン・ネイペルグが父親の後を継いだ1985年以降になる。87年に導入したステンレス・タンクから木桶への回帰（97年以降），樽でのマロラクティック発酵，エルヴァージュ・シュール・リー（発酵終了後，澱引きをせずに，長期間，澱とワインを接触させながら樽熟成させる方法），濾過なしの瓶詰めなど，その改革は絶え間ないと言えるほどだった。80年代後半と90年代前半のワインは樽香が付きすぎていることが多かった。しかし，現在は，以前よりもリッチで，濃厚，肌理が細やかで，もっと調和が取れている。ステファン・ネイペルグは自分の考えをしっかり持った人物で，実験と経験により自分の道を見つけたのである。

Château Cap-de-Mourlin シャトー・カプ＝ド＝ムールラン ★→
格付け：グラン・クリュ・クラッセ．
所有者：Capdemourlin family.
管理者：Jacques Capdemourlin.
作付面積：14 ha．年間生産量：6,000 ケース．
葡萄品種：メルロ 65％，カベルネ・フラン 25％，
　　　　　カベルネ・ソーヴィニヨン 10％．
1970年代から82年の収穫が終わるまで，この由緒あるシャトーは，カプドムールラン家のあいだで2つに分割されていた。

　私は，この時代は全般的にジャック・カプドムールランの造ったワインのほうが上だという印象を受けていた。現在は，彼がふたたび合併したシャトー全体の責任者となっている。熟成には新

樽を 50% 使っている。畑はサン＝テミリオンの町の北手の，コートの低い方にある。これは古典的なサン＝テミリオンで，香りが高く，その香りには果実味がよく出ていて，おおらかに，こってりとしていながら柔らかな風味をもち，しっかりした骨格に支えられている。ジャック・カプドムールランが造ったすぐれたワインは，82 年，83 年，85 年，86 年，88 年，89 年，90 年，95 年，96 年，97 年，98 年，99 年，2000 年。ここのワインとバレスタールのワインは好対照をなしている。こちらの方がアロマチックだがそれほど強烈ではなく，たいていは早く飲める。

Château Carteau Côtes Daugay
シャトー・カルトー・コート・ドゲイ　V

格付け：グラン・クリュ．
所有者：Jacques Bertrand．
作付面積：17ha．年間生産量：9,000 ケース．
葡萄品種：メルロ 70％，カベルネ・フラン 25％，
　　　　　カベルネ・ソーヴィニヨン 3％，マルベック 2％．

安定した品質の信頼できるクリュ。95 年は，3 年たったところで，非常に薫り高く，堅い肌理がふんわりと心地よく開いたように美味しく，舌を喜ばせるような果実味がある。95 年以前のヴィンテージものが証明しているように，まだ向上する潜在力がある。

Château Le Castelot シャトー・ル・カステロ　V

格付け：グラン・クリュ．
所有者：J. Janoueix．
作付面積：9.5 ha．年間生産量：4,000 ケース．
葡萄品種：メルロ 70％，カベルネ・フラン 20％，
　　　　　カベルネ・ソーヴィニヨン 10％．

ここの畑はサン＝シュルピス＝ド＝ファレイラン村の砂質の平地にある。砂・砂利・鉄分を含む畑の影響がワインの性格に産地特有の個性を帯びさせている。この性格はワインの初期にはっきりと出るが，年をとるにつれやわらいで行く。50％新樽を使うワイン造りは，ポール・カズナーヴの手で入念におこなわれている。この人は，ここの所有者であるジャヌエックス家の造るワインのすべての醸造長を勤めている。いったん熟成すると，ここのワインは常に変わることなく美味しい。間違いなく，信頼のおけるシャトー。

Château Chauvin シャトー・ショーヴァン　★

格付け：グラン・クリュ・クラッセ．
所有者：Marie-France Ferrier and Béatrice Ondet．
作付面積：15 ha．年間生産量：6,500 ケース．
葡萄品種：メルロ 80％，カベルネ・ソーヴィニヨン 5％，
　　　　　カベルネ・フラン 15％．

セカンド・ラベル：La Borderie de Chauvin．

このクリュはサン＝テミリオン・グラーヴ地区という，昔からの紛らわしい呼び方をされている地区にある。この地区に集まったクリュのなかでは一番南東に位置していて，リポーの東，コルバ

ンの南にある。土壌は砂質。熟成に使う樽は45%が新樽である。ワインはポムロールとの境界に近いこの地区の典型で、リッチで、肌目が細かく、円熟するのが早く、こってりとしながら柔らかい風味をもつ。最近では、96年と98年が秀逸だった。わたしは何度かここのワインに出会っているが、いつ飲んでもじつに魅力的なワインだ。

Château Cheval-Blanc シャトー・シュヴァル＝ブラン ★★★
格付け：プルミエ・グラン・クリュ・クラッセ A.
所有者：SC du Château Cheval-Blanc.
管理者：Pierre Lurton.
作付面積：36 ha. 年間生産量：12,000ケース.
葡萄品種：カベルネ・フラン60%，メルロ37%，
　　　　　マルベック2%，カベルネ・ソーヴィニヨン1%.
セカンド・ラベル：Petit Cheval.

サン＝テミリオンが誇る2つの偉大なワイン、オーゾンヌとシュヴァル＝ブランは、サン＝テミリオン地区のアペラシオンの中でも端と端にあって、土壌はまったく異なっている。サン＝テミリオンでもっとも名高いシュヴァル＝ブランは、この地区にしては大きなシャトーで、ポムロールとの境界のすぐ近くにある。ここの評判は、まさに1921年のヴィンテージまでさかのぼり、伝説的な47年のワインによってこれがさらに高められた。ここの土壌は砂利と砂が中心だが、粘土と砂岩、そしてごくわずかな鉄分も混じっている。メルロを減らしてカベルネ・フランの比率を高くしているのは珍しいケースだ。1956年、畑は2月の霜に徹底的にいためつけられ、回復にはかなり時間がかかった。

仕込みは冷却装置つきタンクでおこない、熟成には100%新樽を使っている。1972年以来、妻の家族のためにこのシャトーを経営し、成功をおさめて来たジャック・エブラールは、1989年に引退した。若干の空白期間の後、ここの家族はクロ・フールテで近年めざましい改善を成し遂げたピエール・リュルトンを経営責任者として迎えた。1998年、フールコー・リュサックの相続人は、1830年代にこのクリュが創設されて以来の所有権を手放すことにし、ベルギーの実業家、アルベルト・フレールと有名なLVMH（ルイ・ヴィトン＝ヘネシー社）のベルナード・アルノー（個人に）売却した。

シュヴァル＝ブランのワインは、リッチで、ときにはスパイシーな、飲む者を包みこんでしまうような力強いブーケと、こくがあって柔らかく、油のようだと形容してもいいほど滑らかな風味で有名である。よく熟した年のワインは非常に若いうちに飲めるのが、このクリュの特徴といわれている。有名な47年がそうで、6、7年目で素晴らしいワインになっていた。今のところ、ここのワインのもつ、まさに動物的ともいえる活力や輝くばかりの美しさと肩をならべられるのは、境界線を越えてポムロールに入ったところにあるペトリュスしかない。もちろん、それぞれの年の個性次第では、貯蔵によって見事に熟成するが、若いうちの輝きを見逃すわけにはいかないだろう。シュヴァル＝ブランはオーゾンヌやその他いくつかのコートのワインほどにはうまく熟成しな

くて、40年以上寝かせると、古びたレースのようにぼろぼろのワインになってしまう。

このシャトーの偉大な年代物としては、64年、66年、そして70年。その他の主要な年としては、75年、78年、79年、81年でいずれも今飲んで美味しい。最近のものでは82年はおそらく47年以来の最高品になるだろうし、83年も非常に洗練されている。85年は至上の当たり年の甘美さに近い豊潤さをそなえ、まさに目玉的存在。86年はきめが非常に細かく偉大なワインに成長するスタイルをそなえているし、89年、90年は傑出している。93年と94年は優雅でスタイルがよく、これらの年としては最高のワイン。

95年は古典的な素晴らしいシュヴァル＝プランとなっている。98年は偉大なワインになることが約束されている。99年も98年ほどではないが、大差はない。2000年は、カベルネ・フランがこの年の他のシャトーには見られないほどの力と調和を与えている。91年はすべてプティ・シュヴァルとして売られたので、シュヴァル＝ブランの91年ものはない。

Cheval Noir and "Le Fer de Cheval Noir" シュヴァル・ノワール・アンド・"ル・フェル・ド・シュヴァル・ノワール"

所有者：Mähler-Besse.
作付面積：5ha. 年間生産量：3,100ケース.
葡萄品種：メルロ60％、カベルネ・フラン20％、
　　　　　カベルネ・ソーヴィニヨン20％.

98年、ボルドーのネゴシアン、メーラー＝ベッセが、ミクロ醸造を行うために古いメルロの木が植わった小さな畑を持つこのシャトーを購入したときは、一大ニュースとなった。収穫は、ヘクタールあたりわずか27ヘクトリットルで、マロラクティック発酵を新樽で行った。98年は300ケースしか生産されなかったが、現在では、良い年なら500ケースの生産が見込まれている。

98年を飲んでみたが美味しかった。グラスから飛びだしてくるような果実味があり、リッチでグリセリンもたっぷりある。真の豊潤と魅力を兼ね備えたワインだ。ランチで飲んだ66年のシュヴァル・ノワールは、この畑の質の良さをはっきり示すものであった。

Château Clos des Jacobins シャトー・クロ・デ・ジャコバン ★

格付け：グラン・クリュ・クラッセ.
所有者：Gérald Frydman.
作付面積：8.4 ha. 年間生産量：4,800ケース.
葡萄品種：メルロ70％、カベルネ・フラン30％.

ここのワインは昔から安定していて、魅力的な品質だったが、最近になって一段と密度が高く印象的なものになっているようだ。

82年、83年、86年、88年、89年、90年は、いずれも偉大な豊潤さと華やかさをそなえた、すぐれたワインだ。一方、95年と96年はリッチで腰が強い。サン＝テミリオンの中でもこのシャトーの周辺では、まさに最上のクリュのひとつといえる。

サン=テミリオン

Château La Clotte　シャトー・ラ・クロット
格付け：グラン・クリュ・クラッセ．
所有者：Héritiers Chailleau.
管理者：Mme. Nelly Moulierac.
作付面積：4 ha．年間生産量：1,200 ケース．
葡萄品種：メルロ 80%，カベルネ・フラン 15%，
　　　　　カベルネ・ソーヴィニヨン 5%．

ここの小さな畑はサン=テミリオンの城壁から東に出てすぐの，石灰台地とコート地区の端に美しく広がっている。畑の世話は長年 J. P. ムエックス社が行っていたが，1989 年シャイヨー家の後継者が，再びシャトーの経営を取り戻した。現在，新樽の使用は 50%。また，サン=テミリオンの人気にあるレストラン，ロジ・ド・ラ・カデン Logis de la Cadéne も経営している。

　ワインには本物のフィネスと繊細さがあり，新鮮で，しなやかで，コート・ワインの特徴が最大限に発揮された愛らしいブーケをもっている。しかし，最近のワインは，タンニンとエキスが以前より多く出ているように思われる。

Château La Clusière　シャトー・ラ・クルジエール
格付け：グラン・クリュ・クラッセ．
所有者：M. and Mme. Gerald Perse.
作付面積：2.5 ha．年間生産量：300 ケース．
葡萄品種：メルロ 100%．

この小さなシャトーはコート・ド・パヴィの小高い場所にあり，シャトー・パヴィのグループに囲まれた狭い飛び地のようになっていて，シャトー・パヴィによって所有・経営されている。ここの畑はヴァレット家が所有していたが，97 年にペルス家に売却した。ワインは手堅くできているが，興奮させるものがない。98 年は，新しいオーナーがその腕前を見せている。プラムのような豪華な果実味を味わうことができる。

Château Corbin　シャトー・コルバン
格付け：グラン・クリュ・クラッセ．
所有者：Blanchard & Cruse Families.
管理者：Annabelle Cruse-Bardinet.
作付面積：12.7 ha．年間生産量：6,500 ケース．
葡萄品種：メルロ 80%，カベルネ・フラン 20%．

サン=テミリオンには似たような名前がいくつかあるため，ややこしい好例。サン=テミリオンでもポムロールとの境に近いこのあたりには，いずれも名前に"コルバン"のつく隣りあったシャトーが 5 つあり，しかもどれもがグラン・クリュ・クラッセである。そのうち 2 つがジロー家の所有となっている。モンターニュ=サン=テミリオンとグラーヴにある他のものについては，とりたてていうまでのことはない。

　熟成には新樽が 3 分の 1 の比率で使用され，ワインはリッチで，しなやかで，ポムロールに近くて砂質の土壌が広がるこの地区の特徴がよく出ているという評判をもっている。

シャトー紹介

Château Corbin-Michotte シャトー・コルバン゠ミショット ★
格付け：グラン・クリュ・クラッセ.
所有者：Jean-Noël Boidron.
作付面積：6.7 ha. 年間生産量：3,000 ケース.
葡萄品種：メルロ 65%, カベルネ・フラン 30%,
　　　　　カベルネ・ソーヴィニヨン 5%.
セカンド・ラベル：Les Abeilles.

この名前は二重の混乱を招く心配がある。名前に"コルバン"のつく隣接した5つのシャトー（すべてグラン・クリュ・クラッセ）のひとつだし、2つの隣りあったミショットのひとつなのだ。シャトーはクロック゠ミショットのすぐ南に、そして、ラ・ドミニクの東に位置している。畑は下層土に粘土がいくらか混じる砂質土壌で、鉄分をわずかに含み、表面には砂利がすこし見られる。ジャン゠ノエル・ボワドロンは、1959年にこのシャトーを手に入れて以来、多くの改良をおこない、1980年には醸造所を全面的に建てなおした。ワインの80%は新樽で熟成させるが、発酵槽（キュヴェ）の20%のワインとローテーションを組んで移しかえている。

　私はここのワインには、いつも感銘を受けてきた。リッチなプラムのような舌ざわりと肥えていてとてもコクのある口当たりの滑らかな味わいは、サン゠テミリオンのなかでもポムロールに近いこの地区の、最上のワインの典型である。

Château Cormeil-Figeac
シャトー・コルメーユ゠フィジャック
格付け：グラン・クリュ.
所有者：Héritiers R & L Moreaud.
作付面積：10 ha.
年間生産量：5,500 ケース.
葡萄品種：メルロ 70%, カベルネ・フラン 30%.
セカンド・ラベル：Château Haut-Cormey.

シャトー・フィジャックの南東にあたる砂質の土地に良い畑をもっている。熟成は樽でおこない、新樽の比率は100%になっている。ワインはとても香り高く、しなやかで、風味豊か。活気に満ちた果実味がいっぱいで早めに飲むととてもおいしい。

Château Côte de Baleau シャトー・コート・ド・バロー →
格付け：グラン・クリュ.
所有者：Reiffers family.
管理者：Sophie Fourcade.
作付面積：8 ha. 年間生産量：3,300 ケース.
葡萄品種：メルロ 70%, カベルネ・フラン 20%,
　　　　　カベルネ・ソーヴィニヨン 10%.

このクリュは1969年に格付けを受けたが、1985年にその地位を失っている。町の北側のコート地区でも低い部分にあって、土壌は石灰質、隣にはシャトー・ラニオットがある。96年、粘土と石灰の混ざり合った土壌からなる最高の畑と9ヘクタールの砂質の畑とが分離され、砂質の畑の方は、現在コート・ド・ロッシ

ュ・ブランシュの名で売られている。その後, 97 年にソフィー・フルカードが家族のために, レフェール家の 3 つのシャトーの管理を引き受けることになった (⇒ 255 頁 Grandes Murailles と 269 頁 Clos St-Martin の項)。ワインは確実に向上し, 98 年よりも 99 年の方が良くなっている。新樽の使用は 60%。

Château La Couronne シャトー・ラ・クーロンヌ
格付け: グラン・クリュ.
所有者: Mähler-Besse.
作付面積: 9ha.
年間生産量: 5,000 ケース.
葡萄品種: メルロ 65%, カベルネ・ソーヴィニヨン 20%,
　　　　　カベルネ・フラン 15%.
サン゠ティポリットにあるこのクリュは, ボルドーのネゴシアン, メーラー゠ベッセ (シャトー・パルメの株主でもある) が 1992 年に購入した。ワインを向上させた結果, グラン・クリュの格付けを獲得した。95 年は良く熟して美味しく, 飲みやすく, 舌を喜ばせる果実味がある。しかもボディと深みも兼ね備えている。

Château La Couspaude シャトー・ラ・クースポード ★→
格付け: グラン・クリュ・クラッセ.
所有者: Vignobles Aubert.
作付面積: 7 ha.　年間生産量: 3,000 ケース.
葡萄品種: メルロ 60%,
　　　　　カベルネ・フランとカベルネ・ソーヴィニヨン 40%.
町のすぐ東の石灰台地にあるシャトーで, ヴィルモリヌとトロットヴィエイユに挟まれている。1985 年の格付けで地位を失ったが, 1996 年には取り戻した。新樽の使用は 80%。90 年代は樽でのマロラクティック発酵が盛んに行われた。ここのワインは, 非常に楽しく, アロマたっぷりの果実味とみずみずしく甘美な肌理がある。

Château Couvent-des-Jacobins
シャトー・クーヴァン゠デ゠ジャコバン ★
格付け: グラン・クリュ・クラッセ.
所有者: Mme. Joineau-Borde.
作付面積: 10 ha.　年間生産量: 4,400 ケース.
葡萄品種: メルロ 65%, カベルネ・フラン 30%,
　　　　　カベルネ・ソーヴィニヨン 5%.
セカンド・ラベル: Beau-Mayne.
ここはとても古いシャトーで, もともとはドミニコ会の修道士のものだった。1969 年にグラン・クリュ・クラッセの格付けに加えられた。家と醸造所はサン゠テミリオンの古い町なかにあるが, 畑は街の東側の城壁を出てすぐのところにあり, 石灰台地の端にあたっていて, 土壌は砂質である。18 世紀に入って俗世の所有者たちがここを受け継ぎ, 現在の一家は 1902 年から所有者になっている。

　伝統的な醸造法を用いていて, 熟成に使う樽は 3 分の 1 が新樽

シャトー紹介

である。最近のヴィンテージを見てみると、どの年のワインも安定していて、出来がよく、見事な風味とひきしまった切れ味をもち、じつに装いがととのい、かつ骨格もしっかりしている。特色ある黒に近い紺色のラベルを使用。ワインの販売はドート・フレール社がおこなっている。

Château Croque-Michotte シャトー・クロック゠ミショット

格付け：グラン・クリュ．
所有者：Geoffrion family.
管理者：Robert Carle.
作付面積：14 ha．年間生産量：6,500 ケース．
葡萄品種：メルロ 70%，カベルネ・フラン 30%．

このクリュは、サン゠テミリオンでも北西のポムロールと境を接するあたりにある。1890年からずっと同じ一家が所有している。熟成には新樽を3分の1使っている。ここのワインは常に一貫して出来がいいようだ。スタイルがちょっと野暮ったいかもしれないが頑強である。ワインは品質と安定性から見て平均水準。1996年にその地位を失ったが、売り値がそう高くないこともその理由のひとつだった。

Château Curé-Bon シャトー・キュレ゠ボン
⇒ 240 頁 Ch. Canon の項。

Château Dassault シャトー・ダソール

格付け：グラン・クリュ・クラッセ．
所有者：Dassault family.
管理者：Laurence Burn-Vergriette.
作付面積：24 ha.
年間生産量：11,000 ケース．
葡萄品種：メルロ 65%，カベルネ・フラン 30%，
　　　　　カベルネ・ソーヴィニョン 5%．

1969年に格付けに加えられた8つのクリュのひとつである〔訳注：サン゠テミリオンの北東部〕。以前はシャトー・クープリ Ch. Couperie といっていたが、1955年に名前を変えた。発酵はステンレス・タンクでおこない、熟成には樽を使っている。新樽の比率は 90〜100%。

　ダソールのワインのスタイルは複雑なところがなく、樽香とタンニンのコンビネーションがワインにどちらかというと痩せて不快な感じ与える傾向がある。注意深い醸造と育成（エルヴァージュ）のおかげで非常に安定している。堅固で、中道を行くワイン。

Le Dôme ル・ドム　⇒ 272 頁 Ch. Teyssier の項。

Château La Dominique シャトー・ラ・ドミニク　★★

格付け：グラン・クリュ・クラッセ．
所有者：Clément Fayat.
作付面積：22.5 ha．年間生産量：10,000 ケース．
葡萄品種：メルロ 75%，カベルネ・フラン 15%，

カベルネ・ソーヴィニョン 5％，マルベック 5％．
セカンド・ラベル：St-Paul de la Dominique.
このクリュ〔訳注：北西部，シュヴァル＝ブランの東隣り〕は昔から非凡なワインを造る力をそなえていたのだが，1969 年に現在の所有者のものとなるまでは，年によってばらつきが出るきらいがあった。

　ここのワインは現在，果実味と完熟の味わいとタンニンが見事に溶けあい，それらが一体となって驚くばかりの豊潤さと力強い風味を生みだし，グラン・クリュ・クラッセの第一線に立つワインとなっている。82 年，83 年，85 年，86 年，89 年，90 年はいずれも異色の出来。93 年，94 年，95 年，96 年，97 年，98 年，2000 年は，このような年としては非常に成功している。

Château Faugères シャトー・フォージェール　Ⅴ→
格付け：グラン・クリュ・クラッセ．
所有者：Corinne Guissey.
作付面積：18 ha.　年間生産量：8,300 ケース．
葡萄品種：メルロ 85％，カベルネ・フラン 10％，
　　　　　カベルネ・ソーヴィニョン 5％．
セカンド・ラベル：Château Haut-Bardoulet.
特選ワイン：Peby-Faugères
1987 年に新しい世代がこの家を引き継ぐと，畑に新しい排水設備を設け，葡萄の木を再植し，ステンレスの発酵槽を設置し，区画毎の選果を行い，新樽を 50％ 使用し，ワインの瓶詰はすべてシャトーで行うなどをして面目を一新した。こうして生まれた新しいワインの素晴らしさと名声は急速に広まり，今では各国に輸出されている。ワインはリッチで力強く，しかも紛れもないスタイルと素性の良さを備えている。90 年に生まれた傑作はこのシャトーの潜在能力を示している。実際は，ここの畑はサンテミリオンのサン＝テチエンヌ＝ド＝リスの境界をこして，お隣のコート・ド・カスティヨン地区のサンテ＝コロンブ村まで拡がっている。

Château Faurie-de-Souchard
シャトー・フォリー＝ド＝スシャール
格付け：グラン・クリュ・クラッセ．
所有者：Jabiol-Sciard family.
作付面積：11 ha.　年間生産量：6,000 ケース．
葡萄品種：メルロ 65％，カベルネ・フラン 26％，
　　　　　カベルネ・ソーヴィニョン 9％．
名前の似ている隣のプティ＝フォリー＝ド＝スータールと混同しないでほしい。昔はこのシャトーも"プティ"を頭につけていたのだが，今は省略している。畑は町の北東の台地と斜面にある。発酵はコンクリート・タンクでおこない，熟成はタンクから樽（新樽の比率は 1/3）へと順ぐりにワインを移しておこなっている。カデ＝ピオラに比べるとメルロの比率がかなり高いのだが，スタイルにどこか似通ったところがある。肉付きが不足していて，風味に固さが見られる点などがとくにそうだ。ここのワインは，

シャトー紹介

魅力はもちろんだが,安定性も欠けているようだ。

Château de Ferrand シャトー・ド・フェラン

格付け:グラン・クリュ.
所有者:Baron Marcel Bich.
管理者:Jean-Pierre Palatin.
作付面積:30 ha. 年間生産量:17,800 ケース.
葡萄品種:メルロ 70%,カベルネ・フラン 15%,
　　　　　カベルネ・ソーヴィニヨン 15%.

石灰台地にあって,サン゠ティポリットで最も重要なシャトー。熟成には新樽を 50% 以上,時には 100% 使用する。その狙いは長期の熟成に適したリッチでタンニンの多いワインを造ることにある。85 年は,リッチで手堅いところが印象的なワイン。2003 年に飲んだ時は見事に和らいでいた。

Château Figeac シャトー・フィジャック　★★

格付け:プルミエ・グラン・クリュ・クラッセ B.
所有者:Thierry de Manoncourt.
作付面積:39 ha. 年間生産量:17,500 ケース.
葡萄品種:カベルネ・ソーヴィニヨン 35%,
　　　　　カベルネ・フラン 35%,メルロ 30%.
セカンド・ラベル:La Grange Neuve de Figeac.

この古い素晴らしいシャトーは,今よりはるかに大きかったシャトーの名残である。18 世紀にはシュヴァル゠ブランと他の数個のシャトーが含まれていたのだが,現在その数個の方がひとつにまとまってフィジャックの名前を名乗っている。シュヴァル゠ブランと同じく,畑の約 3 分の 2 は砂利層の土壌に,残りは砂質の土壌にある。地下に広いスペースをもった立派な新しい醸造所ができて,これが,このシャトーの最新設備となっている。

ティエリー・ド・マノンクールの指揮のもとに,ワイン造りは高い安定性と質が重要課題だった。彼は 1947 年から 90 年代初頭までワイン造りの責任者をつとめていた。フィジャックとシュヴァル゠ブランの類似点,相違点は,つねに人を魅惑する。畑の広さと土壌の成分は驚くほどよく似ているが,葡萄の品種構成は著しく違っている。ここではカベルネ・ソーヴィニヨンが重要な役割を負っているのに対して,シュヴァル゠ブランではカベルネ・フランが最高位を占めている。

その結果,類似点がいくつもあるにもかかわらず,絶対的な重みと風味の豊潤さの点で,フィジャックがシュヴァル゠ブランにかなうことはめったにない。ただし,その水準に近づくことは時々あるし,ときには(1953 年および 1955 年のように)それを超えることさえある。秀逸なワインが生まれたのは,82 年,83 年,85 年,86 年,88 年,89 年,90 年,95 年,98 年,2000 年。現在ティエリー・ド・マノンクールの義理の息子エリック・ダラモンが経営にあたっている。

Château La Fleur シャトー・ラ・フルール　V

格付け:グラン・クリュ.

サン゠テミリオン

所有者：Lily Lacoste.
作付面積：6.5 ha.　年間生産量：3,000 ケース．
葡萄品種：メルロ 92％，カベルネ・フラン 8％．
スータールの北東にある良い畑で，土壌は砂質．持ち主はペトリュスの共有者，かつラトゥール・ア・ポムロールの所有者といった方が通りがいい。ワインは肉付きがよく，リッチで，のびやかな果実味と魅力にあふれている。

Château Fleur-Cardinale
シャトー・フルール゠カルディナール
所有者：Claude and Alain Asséo.
作付面積：18 ha.　年間生産量：4,500 ケース．
葡萄品種：メルロ 70％，カベルネ・フラン 15％，
　　　　　カベルネ・ソーヴィニヨン 15％．
このシャトーは，サン゠テチエンヌ゠ド゠リス村の白亜・粘土質の丘陵にある。ここのワインは伝統的手法で仕込まれ，樽で熟される。ただ，ここのワインを最上の状態で飲むためには，時間をかけて柔らげてやる必要がある。

Château Fleur-Cravignac
シャトー・フルール゠クラヴィニャック　V
格付け：グラン・クリュ．
所有者：Lucienne Beaupertins.
作付面積：7.5ha.　年間生産量：3,000 ケース．
葡萄品種：メルロ 70％，カベルネ・フラン 20％，
　　　　　カベルネ・ソーヴィニヨン 10％．
何回か行った最近のテイスティングで，フルール゠クラヴィニャックが優れたグラン・クリュであることが証明された。95 年はリッチで手堅く，たっぷりとしたコクと深みと調和がある。これこそいいサン゠テミリオンに求めるものだ。〔訳注：ラニオットの西隣り〕。

Château La Fleur-Pourret　シャトー・ラ・フルール゠プーレ
格付け：グラン・クリュ．
所有者：Manoncourt family.
作付面積：4.5 ha.　年間生産量：2,500 ケース．
葡萄品種：メルロ 50％，カベルネ・ソーヴィニヨン 50％．
19 世紀に，ブルノ・プラッツ〔訳注：コス・デストゥルネルの旧持ち主〕の祖父がクロ・オー゠プーレとシャトー・ラ・フルールという 2 つのクリュをまとめてつくりあげたシャトー。2001 年に AXA がマノンクール家に売却した（前頁シャトー・フィジャックの項）。フルール゠プーレのワインは，他のところに比べてカベルネ・ソーヴィニヨンの比率が異常に高い。

Château Fombrauge　シャトー・フォンブロージュ　V →
格付け：グラン・クリュ．
所有者：Les Montagnes & Bernard Magrez.
作付面積：63 ha.　年間生産量：32,000 ケース．

シャトー紹介

葡萄品種：メルロ 70%, カベルネ・フラン 15%,
　　　　　カベルネ・ソーヴィニヨン 15%.
サン＝クリストフ＝デ＝バルドの重要なクリュで，畑の一部は石灰台地に，一部は北向きのコートとその低い方の斜面にある。1987年にデンマークの国際総合企業に，ついで99年に現在の所有者（⇒ 195頁 Pape-Clément の項）に買収された。

　ワインは樽で熟成させ，新樽の比率は100%となっている。イギリスでは昔から，リッチで肉付きのよい，安定した信頼の置けるワインとの定評がある。

Château Fonplégade シャトー・フォンプレガード

格付け：グラン・クリュ・クラッセ．
所有者：Armand Moueix.
作付面積：18 ha. 年間生産量：10,000ケース．
葡萄品種：メルロ 60%, カベルネ・フラン 35%,
　　　　　カベルネ・ソーヴィニヨン 5%.
セカンド・ラベル：Clos Goudichaud.
タンニンが多いというよりむしろ，腰の強いワインで，スタイルとフィネスを示すには時間が必要だ〔訳注：ここはガフリエールの西隣り〕。安定した信頼できるワインで，一部のワインのもつ豊潤さや魅力には欠けるが，貯蔵するのに値するし，ちょっと野暮ったい面があるとしても，堅固で頼りになるタイプだ。

Château Fonroque シャトー・フォンロック

格付け：グラン・クリュ・クラッセ．
所有者：GFA Château Fonroque.
管理者：Alain Moueix.
作付面積：17.6 ha. 年間生産量：8,000ケース．
葡萄品種：メルロ 87%, カベルネ・フラン 13%.
J. P. ムエックスを退職し，現在トロタノワに住んでいるジャン＝ジャックの息子であるアラン・ムエックスが，2001年 J. P. ムエックスチームからここの経営を引き継いだ。ワインは以前より熟し，豊潤で果実味のあるスタイルに変わった。ラベルも経営者が変わったこと示すために変わっている。前任チーム最後の年のワインも非常に良くできていて，その年の豊潤なところがよく出ている。

Clos Fourtet クロ・フールテ ★★

格付け：プルミエ・グラン・クリュ・クラッセ B.
所有者：Philippe Cuvelier.
作付面積：20 ha.
年間生産量：8,000ケース．
葡萄品種：メルロ 72%, カベルネ・フラン 22%,
　　　　　カベルネ・ソーヴィニヨン 6%.
セカンド・ラベル：Domaine de Martialis.
1973年に大々的な改良がおこなわれ，メルローの比率が高くなるまで，このシャトーの評判は芳しくなかった。クロ・フールテと隣のカノンのスタイルは，じつによく似ている。肌理が詰まっ

ていて、熟成が遅いが、昔に比べるとリッチでゆったりしたタイプになってきている。1980年代に、ピエール・リュルトンの経営のもとで、大改革が行われた。しかしリュルトン家は、2000年にここを売却している。85年、86年、88年、89年、90年、93年、95年、96年、97年、98年、2000年は良く出来た年。格別に濃密かつリッチで、愛らしい風味もそなえている。将来さらに伸びる可能性のあるシャトー。

Château Franc-Grâce-Dieu
シャトー・フラン=グラース=デュー
格付け：グラン・クリュ．
所有者：Germain Siloret.
管理者：Daniel Fournier.
作付面積：8 ha．年間生産量：3,500 ケース．
葡萄品種：メルロ 60%，カベルネ・フラン 40%．
プルミエ・グラン・クリュのシャトー・カノンのエリック・フルニエが1981年に葡萄栽培と経営に乗りだすまでは、このシャトーはグワデ=フラン=グラース=デューと呼ばれていた。発酵は現在ステンレス・タンクでおこない、熟成には樽を使っている。エリック・フルニエの初めてのヴィンテージ、81年を飲んでみたが、フィネスとスタイルがあり、若い果実味が強烈に息づいているのが感じられた——正直いって、一部のグラン・クリュ・クラッセを上まわっている。さらに80年代以降のワインの改良には感動させられた。

Château Franc-Mayne シャトー・フラン=メーヌ　★
格付け：グラン・クリュ・クラッセ．
所有者：Georgy Fourcroy and associates.
作付面積：7 ha．年間生産量：3,000 ケース．
葡萄品種：メルロ 90%，カベルネ・フラン 10%．
このクリュはサン=テミリオンの町の北西で、サン=テミリオンとポムロールを結ぶ道路から脇に入ってすぐの斜面にある。1987年にAXAがここを買収し、96年にベルギーのネゴシアン、ジョージ・フルクロワ率いるベルギーのグループに売却した。彼らは、ミッシェル・ロランを招き、貯蔵庫と畑に投資した。初めは新樽の香りが強すぎたが、2000年はバランスが良くなった。2001年も同様。

Château La Gaffelière シャトー・ラ・ガフリエール　★★
格付け：プルミエ・グラン・クリュ・クラッセ B．
所有者：Comte Léo de Malet-Roquefort.
作付面積：22 ha．年間生産量：10,500 ケース．
葡萄品種：メルロ 65%，カベルネ・フラン 30%，
　　　　　カベルネ・ソーヴィニョン 5%．
セカンド・ラベル：Clos La Gaffelière.
ラ・ガフリエールの評判はまちまちだ。驚くほど香りが高く、しなやかで、リッチで、肉付きのよいワインを造りだす力をもっている。ところが過去において、品質にムラが生じ、斜面とそれに

シャトー紹介

続く高台にある最高のクリュがもっていなければならないバックボーンや素性のよさに欠けたワインのできることがあった。1996年にミシェル・ロランが招かれた結果，安定性と質の点で非常に向上している。

82年は濃厚で，ジャムのようなと形容できるほど高い密度をもった47年を連想させる。83年はとりわけ成功していて，リッチで，複雑で，真の"育ちの良さ"をそなえている。85年と86年は，厳しくやりだした選果，夏の剪枝，長めの果皮浸漬などのおかげで，密度と構成が大きく改良された。この傾向は88年，89年，90年94年，95年，97年，98年，2000年と続いた。

あふれんばかりの魅力をもつワインで，最上のものになるためには，リッチさがいくらか必要かもしれない。見守っていきたいワインだ。

Château La Gomerie シャトー・ラ・ゴムリー　★
格付け：グラン・クリュ．
所有者：Gerard and Dominique Bécot.
作付面積：2.5ha．年間生産量：750ケース．
葡萄品種：メルロ100％．
これほど生産量の少ないシャトーは，通常リストに載せないが，ここはごく短期間に落つきワインになった上，評判も広まっている。私が初めてここのワインを飲んだのはスエーデンであった！このシャトーは，隣のシャトー・ボー＝セジュール＝ベコのベコ家が所有しているが，生産量があまりにも少ないため，価格はボー＝セジュール＝ベコよりも高めになっている。ここのワインは，大樽でのマロラクティック発酵と100％新樽使用という点で新しいタイプのワインだが，古い木がワインに自然な濃密な味わいを与えている。そのため95年は，リッチで，熟した果実味があり調和がとれていて美味しく，過剰な樽香もない。高い値段を払うだけの価値があるか否かを決めるのは，購入者と市場だけだ。

Château La Grâce-Dieu-Les-Menuts
シャトー・ラ・グラース＝デュー＝レ＝ムニュ
格付け：グラン・クリュ．
所有者：Audier and Pilotte families.
作付面積：13 ha．年間生産量：6,500ケース．
葡萄品種：メルロ65％，カベルネ・フラン30％，
　　　　　カベルネ・ソーヴィニヨン5％．
グラース＝デューという名前はシトー派修道会の農場に由来していて，この農場は17世紀に修道会を離れて俗人の手にわたり，その後，いくつかに分割された。熟成させる樽の一部に新樽も使うようになって，このクリュの評判も上がりはじめている。サン＝テミリオンの北西のリブールス街道沿いの，砂質の土壌地区にある〔訳注：グラース＝デューの西隣り〕。ワインはどちらかといえば軽いタイプで，若いうちに飲むのに適している。

Château Grand-Barrail-Lamarzelle-Figeac
シャトー・グラン＝バライユ＝ラマルゼル＝フィジャック

サン＝テミリオン

所有者：Parent family.
管理者：Louis Parent.
作付面積：19 ha. 年間生産量：8,400 ケース.
葡萄品種：メルロ 80%, カベルネ・フラン 20%.
カレール家がこのシャトーを購入したのは大霜害のあった1956年のことだった。そして97年に現在の所有者に売却している。熟成には新樽を3分の1使っており、ワインはしなやかで、果実味があって、早く熟成することで定評がある。畑の位置を考えれば、現在のところ、このシャトーのもつ能力が最大限に発揮されているかどうかはいささか疑問である。1996年にグラン・クリュ・クラッセの地位を失ってしまった。シャトーは今では高級ホテルに様変わりしたが〔訳注：リブールヌからサン＝テミリオンへ行く街道沿い〕、実際に葡萄作りをしている所に泊まれるという稀な経験を与えてくれる。

Château Grand Corbin シャトー・グラン・コルバン
格付け：グラン・クリュ.
所有者：Alain Giraud.
作付面積：15.5 ha. 年間生産量：7,500 ケース.
葡萄品種：メルロ 68%, カベルネ・フラン 27%,
　　　　　カベルネ・ソーヴィニョン 5%.
このシャトーはシャトー・コルバンと所有者は同じで、歴史の方も同じである。コルバンとグラン＝コルバン＝デスパーニュの間の砂質の土地にある。熟成は樽で行い、新樽の比率は3分の1となっている。ワインはコルバンよりおとなしいというのが定評。

Château Grand-Corbin-Despagne
シャトー・グラン＝コルバン＝デスパーニュ　V
格付け：グラン・クリュ. 所有者：Despagne family.
作付面積：26.5 ha. 年間生産量：12,500 ケース.
葡萄品種：メルロ 75%, カベルネ・フラン 24%,
　　　　　カベルネ・ソーヴィニョンとマルベック 1%.
ここのワインはリッチで肉付きが良いと言われているが、時々水で薄めたかのように軽すぎて、粗野な感じがすることがある。1996年にクリュ・クラッセの地位を失ってしまった。

Château Grandes Murailles
シャトー・グランド・ミュライユ　★→
格付け：グラン・クリュ・クラッセ.
所有者：Reiffers family.
管理者：Sophie Fourcade.
作付面積：2 ha. 年間生産量：600 ケース.
葡萄品種：メルロ 95%, カベルネ・フラン 5%.
ここの小さな畑はクロ・フールテと隣りあっていて、石灰台地が下り斜面になりだすところにある。ここの畑を見つけるのは簡単だ。というのは、窓がまだきちんとしている高い教会の壁だけが遺跡として残っていて、この畑とリブールヌへ行く街道との境界になっているからだ。このシャトーは、コート・ド・バローのセ

シャトー紹介

ラーでワインを造っていた頃の 1985 年にクリュ・クラッセの格付けを失った。しかし、1996 年には取り戻している。今では別個のセラーが畑の片隅の石切場があった洞窟に造られている。

ソフィー・フルカード（⇒ 246 頁 Côte de Baleau の項）が 1997 年に管理を引き継いで以来、ワインはますます印象的になってきた。愛らしく豪華な果実味があり、構成がいい。しかし、クロ・サン゠マルタンの方がもっと複雑な味わいをもつ傾向がある。新樽の使用は 100％。1999 年、2000 年、2001 年はともに非常に印象的なワインとなっている。

Château Grand-Mayne シャトー・グラン゠メーヌ ★★→

格付け：グラン・クリュ・クラッセ．
所有者：Nony family.
管理者：Marie-Francoise & Jean-Antoine Nony.
作付面積：19 ha．年間生産量：8,000 ケース．
葡萄品種：メルロ 72％，カベルネ・フラン 23％，
　　　　　カベルネ・ソーヴィニヨン 5％．
セカンド・ラベル：Les Plants du Mayne.

この古いドメーヌには 15 世紀にまでさかのぼることができる美しい館が一部残っていて、サン゠テミリオン周辺で最も素晴らしい建物のひとつである。畑は西側のコートとその下の斜面にある。1975 年に、伝統的な桶の発酵槽のかわりにステンレス・タンクが設置された。熟成は樽でおこない、新樽の比率は 80％ となっている。

ここのワインは年を追う毎にますます良くなって行くように思われる。85 年、88 年、89 年、90 年はとりわけリッチで洗練されていたが、さらに 92 年、93 年、94 年、95 年、96 年、97 年、98 年、99 年、2000 年とワインの質が際だって優れていたことから、ここのワインが向上してきたことを確認できる。一段格が上がったと思われるワインだ。残念なことに、ジャン゠ピエール・ノニが 2001 年に死去した。しかし、有能な息子のジャン゠アントワーヌがすでにワイン造りに携わっていて、現在は母親のマリー゠フランソワーズとともに、シャトーの経営にあたっている。ここは人が働き、生活している家庭のような趣がある。

Château Grand-Pontet シャトー・グラン゠ポンテ ★

格付け：グラン・クリュ・クラッセ．
所有者：Bécot and Pourquet families.
作付面積：14 ha．年間生産量：6,500 ケース．
葡萄品種：メルロ 75％，カベルネ・フラン 15％，
　　　　　カベルネ・ソーヴィニヨン 10％．

コートの裾にあたるこのシャトーは、サン゠テミリオンの町の西手の、リブールスへ向かう街道沿いにある。現在の共同所有者 2 人のうちの 1 人はすぐ近くのボー゠セジュール゠ベコも所有している。

新しい所有者に代わり、リッチで、生き生きとした、個性ある、心地よいワインが生まれている。非常に成功した年は、90 年、95 年、96 年、98 年、2000 年。

サン＝テミリオン

Château Guadet-St-Julien
シャトー・グワデ＝サン＝ジュリアン

格付け：グラン・クリュ・クラッセ．
所有者：Robert Lignac.
作付面積：6 ha．年間生産量：2,000 ケース．
葡萄品種：メルロ 75％，カベルネ・フラン 25％．

ここのワイン〔訳注：町のすぐ北手にある〕はいずれも魅力的で，しなやかで，見まがうことない品格をそなえていて，熟成が早い。しかし，芯に鉄のような強さが感じられることもある。

Château Haut-Corbin シャトー・オー＝コルバン　★

格付け：グラン・クリュ・クラッセ．
所有者：A M du Bâtiment et Travaux Publics.
管理者：Philippe Dambrine.
作付面積：6 ha．年間生産量：3,300 ケース．
葡萄品種：メルロ 65％，カベルネ・ソーヴィニヨン 25％，
　　　　　カベルネ・フラン 10％．

モンターニュ＝サン＝テミリオンとの境に近いこの小さなシャトーは，他のコルバンのシャトーの北東に位置していて，土壌は砂質である。1969年にグラン・クリュ・クラッセに格上げされたのは，サン＝テミリオンのアペラシオンの中でも，この区域ではオー＝コルバンだけだった。ワインの熟成は樽で行うが，新樽の割合は 30％。1986年から経営者が代わったため，劇的な改良が行われ，86年，88年，89年，90年は，肉付きのよいリッチなワインが生まれた。93年，94年，95年にもまっとうなワインができた。

Château Haut-Pontet シャトー・オー＝ポンテ　V

格付け：グラン・クリュ．
所有者：Limouzin Frères.
作付面積：5 ha．年間生産量：10,000 ケース．
葡萄品種：メルロ 75％，
　　　　　カベルネ・フランとカベルネ・ソーヴィニヨン 25％．

この小さなクリュはサン＝テミリオンの北のコートの，低い部分にある。常に上手に造られたワインで，個性的で，リッチで，風味豊かで，しっかりしたバックボーンをそなえている。

Château Haut-Sarpe シャトー・オー＝サルプ　★

格付け：グラン・クリュ・クラッセ．
所有者：J-F Janoueix.
作付面積：21 ha．年間生産量：5,600 ケース．
葡萄品種：メルロ 70％，カベルネ・フラン 30％．
セカンド・ラベル　Château Vieux Sarpe.

最近のヴィンテージをいくつか利き酒した結果，個性と素性の良さをそなえたワインであることが確認された。89年と90年は力強く，肌理がつまっている。96年，98年，99年，2000年は，これまでよりもスタイルがみずみずしくなっている。新樽の使用は 50％。

シャトー紹介

Château L'Hermitage シャトー・レルミタージュ　★
所有者：Veronique Gaboriaud-Bernard.
作付面積：4ha. 年間生産量：1,000 ケース.
葡萄品種：メルロ 60％, カベルネ・フラン 40％.
ここの小さな畑は、マトラに隣接している。ワインは醸造所と貯蔵庫を兼ねる古いチャペル〔訳注：畑と離れていてサン＝シュルピス村にある〕で造られ、熟成される。葡萄の木は古く――平均40年――マロラクティック発酵を 100％ 新樽で行っている。ワインは、カベルネ・フランがもたらす新鮮さと力に助けられた、とびきり素晴らしい複雑な果実味を特色としている。現在カルトワインになっているのも容易にうなずけるというものだ。

Château Jean-Faure シャトー・ジャン＝フォール
格付け：グラン・クリュ.
所有者：Michel Amart.
作付面積：18 ha. 年間生産量：9,000 ケース.
葡萄品種：カベルネ・フラン 60％, メルロ 30％,
マルベック 10％.
シュヴァル＝ブランとリポーのあいだの砂岩の土地にあるこのクリュは、長年のあいだリポーに付属していて、1976 年に現在の所有者の手にわたるまで、2 つのシャトーの経営は一括して行われていた。ワインの販売は、ドート・フレール社がやっている。1985 年の改訂でグラン・クリュ・クラッセの地位を失った。ここのワイン造りの目的はフル・ボディであると同時に優雅なワインを造ることだった。私の限られた経験で言えば、頑強で鉄のようにかたいか、さもなければ、やわらかで個性とスタイルを欠いている。

Château Laforge シャトー・ラフォルジュ
⇒ 272 頁 Château Teyssier の項.

Château Lamarzelle シャトー・ラマルゼル　→
格付け：グラン・クリュ・クラッセ.
所有者：Jackie Sioën.
作付面積：13 ha. 年間生産量：5,800 ケース.
葡萄品種：メルロ 80％, カベルネ・フラン 20％.
セカンド・ラベル：Prieuré Lamarzelle.
このシャトーは 1996 年の改訂の際、その地位を維持できたが、姉妹シャトーのグラン＝バライユ＝ラマルゼル＝フィジャックはその地位を失ってしまった。最近ではどちらのワインも目立って優れたものはないが、ドート社がここのワインを販売しているということは、ドート社の品質へのこだわりがこのシャトーの地位を維持させる決定的な要素になったのかも知れない。ここの畑は砂利が他よりも多い。熟成には 50％ の新樽が使われている。新しいオーナーが 1997 年ここを引き継いだ。

Château Laniote シャトー・ラニオット
格付け：グラン・クリュ・クラッセ.

所有者：de la Filolie family.
作付面積：5 ha. 年間生産量：2,600 ケース.
葡萄品種：メルロ 70%, カベルネ・ソーヴィニヨン 20%,
　　　　　カベルネ・フラン 10%.

肉付きのよい大物のサン＝テミリオンではないが、素晴らしいフィネスをもっている。とても香りが高くて個性が強く、長い余韻の残る洗練された美しい風味をもち、ほんとうの素姓の良さをうかがわせる。みずみずしくて絹のような、とても魅惑的な肌理をもち、飲む者の胸をわくわくさせるワインに仕上がっている。

Château Laplagnotte-Bellevue
シャトー・ラプラニョット＝ベルヴュー

格付け：グラン・クリュ.
所有者：Henri and Claude de Labarre.
作付面積：6 ha. 年間生産量：2,500 ケース.
葡萄品種：メルロ 65%, カベルネ・フラン 25%,
　　　　　カベルネ・ソーヴィニヨン 10%.

クロード・ド・ラバール、旧姓フールコー・ルーサックはシュヴァル＝ブランの筆頭株主の一人であった。彼女と夫が 1980 年代の終わり頃にサン＝クリストフ＝デ＝バルドにあるこの小さなシャトーを購入してから、この評judgeは高まってきた。90 年は果実をつぶしたような愛らしいアロマと、すっきりとしていてきびきびした新鮮な果実のような味わいがある。3 年ですでに美味しくなっているが、さらに何年か熟成する能力がある。

Château Larcis-Ducasse シャトー・ラルシ＝デュカッス ★

格付け：グラン・クリュ・クラッセ.
所有者：Jacques Olivier Gratiot.
管理者：Nicolas Thienpoint.
作付面積：11 ha.
年間生産量：5,500 ケース.
葡萄品種：メルロ 65%, カベルネ・フラン 25%,
　　　　　カベルネ・ソーヴィニヨン 10%.

ここのワインは昔から素性のよさと魅力で有名だが、ときどき、軽いタイプのものが出ている。最近のヴィンテージを見ると、安定性と品質が著しく向上しているのがわかる。89 年と 90 年には愛すべきリッチなワインができた。98 年と 2000 年は、89 年や 90 年と同じタイプだった。2002 年にジャック・オリヴィエ・グラティオがシャトー経営からリタイヤし、ここからさほど遠くないところにあるパヴィ＝マカンで大成功を納めていたニコラ・ティアンポワンにその経営を譲った。ニコラ・ティアンポワンは、ここのテロワールは格別だと信じているので、今後どのような成果を見せるか楽しみだ。〔訳注：このシャトーはサン＝ローラン＝デ＝コンブにある〕。

Château Larmande シャトー・ラルマンド ★

格付け：グラン・クリュ・クラッセ.
所有者：Le Groupe d'Assurances Mondiale.

シャトー紹介

管理者：Claire Chenard.
作付面積：25 ha.
年間生産量：10,000 ケース.
葡萄品種：メルロ 65％，カベルネ・フラン 30％，
　　　　　カベルネ・ソーヴィニヨン 5％.
セカンド・ラベル：Le Cadet de Larmande.

この素晴らしいシャトーはサン＝テミリオンの町の北にあり，サン＝ジョルジュ地区が見わたせる。コートはここまでで，その先は砂質の土壌になる境目になっている。この10年はここにとって発展の時期だった。畑を広げ，カベルネ・フランと，それ以上にカベルネ・ソーヴィニヨンも犠牲にして，メルロの比率を高くした。ステンレスの発酵タンクをそなえた新しい醸造所を1975年に建てなおした。新樽の比率は60％。

ここのワインは多くの賞をさらっていて，ブラインド・テイスティングではつねに好成績をおさめている。ブーケは，香り高く，充実感があり，活気にあふれているし，ワインはリッチで風味豊かな上に，じつにスパイシーで，深みと調和とスタイルをそなえている。ワインは最も甘美な年を除けば，どちらかというと樽の影響が強いようだ。

Château Laroque シャトー・ラロック　★

格付け：グラン・クリュ・クラッセ.
所有者：Beaumartin family.　管理者：Bruno Sainson.
作付面積：58 ha.　年間生産量：12,500 ケース.
葡萄品種：メルロ 87％，カベルネ・フラン 11％，
　　　　　カベルネ・ソーヴィニヨン 2％.
セカンド・ラベル：Les Tours de Laroque,
　　　　　　　　　Château Peymouton.

この大きなシャトーはサン＝クリストフ＝デ＝バルドの村にあって，石灰台地とコートの両方の抜群に良い場所を占めている。シャトーそのものはルイ14世時代に建てられたもので，サン＝テミリオンの近辺で最も壮大なもののひとつとなっている。そこには12世紀に建てられた封建時代の荘園の名残の塔もある。

1982年このシャトーを管理するためにブリュノ・センソンが迎えられてから様々な改良が加えられた。彼は58ヘクタールの畑から最上の質のワインを生む可能性のある27ヘクタールを特定した。建物やセラーを改築し，いくつかの区画には再植が行われた。生産量を厳しく管理し，葡萄は手でつみ，発酵を行う前により分けをした。熟成には新樽を40％使用した。さらにラロックのラベルで出すワインを厳しく選別し，残りをレ・トゥール・ド・ラロック Les Tours de Laroque のラベルで販売することにした。これらの努力が報われ，1996年，グラン・クリュ・クラッセに格上げされた。本来のサン＝テミリオンの村からはずれた所に畑を持っているシャトーがグラン・クリュ・クラッセの地位を与えられたのはこれが始めてである。最近では，94年，95年，96年，97年，98年，2000年などに愛らしくリッチで濃密なワインが造られている。

サン=テミリオン

Château Laroze シャトー・ラローズ ★V
格付け:クラン・クリュ・クラッセ.
所有者:Guy Meslin.
作付面積:27 ha. 年間生産量:11,000 ケース.
葡萄品種:メルロ 68%, カベルネ・フラン 26%,
　　　　　カベルネ・ソーヴィニヨン 6%.

ここのワインは新鮮で,すっきりして,優れた果実味がきわだっている。香りが高く,しなやかで,とても飲みやすい。熟すのもかなり早く(3年から5年),たいてい5年目から8年目で最高の時期を迎える。豊潤で,酔い心地のよい,フルーティなワインで,手ごろな値段で売られている。〔訳注:ここはクロ・デ・ジャコバンの北西隣り〕。

Château Magdelaine シャトー・マグドレーヌ ★★
格付け:プルミエ・グラン・クリュ・クラッセ B.
所有者:Éts J. P. Moueix.
作付面積:11 ha. 年間生産量:5,000 ケース.
葡萄品種:メルロ 90%, カベルネ・フラン 10%.

マグドレーヌの特徴は卓越した繊細さと,育ちのよさと,洗練された風味にある。洗練されたワインが生まれたのは,82年,83年,85年,86年,88年,89年,90年,94年,95年。97年,98年,2000年。

　このクリュはおもしろい個性をもっている。というのは,カノンのような,平らな台地で生まれるサン=テミリオンより魅力的である反面,ラ・ガフリエールのような低い斜面でできるワインより肉付きこそ劣るが優雅なのだ。私にいわせれば,サン=テミリオン・コートのなかでもっとも探して飲む価値のあるワインであることは確かだ。

Château Magnan La Gaffelière
シャトー・マニャン・ラ・ガフリエール V
格付:グラン・クリュ
所有:GFA du Clos de la Madeleine.
作付面積:10ha. 年間生産量:3,500 ケース.
葡萄品種:メルロ 65%, カベルネ・フラン 25%,
　　　　　カベルネ・ソーヴィニヨン 10%.

1995年,45年物のブラインド・テイスティングで,ここのワインは最も高名なプルミエ・グラン・クリュの幾つかをしのぐ成績を収めた。我々はみな,このクリュがまだ存在していたのかと思った。実際には,1992年に熱狂的なワイン愛好家のグループが,クロ・ド・ラ・マドレーヌとともにここを購入している。95年ものは,1999年に組合が私のために開催してくれた大規模なテイスティングで傑出したワインであることを証明した。

Château Matras シャトー・マトラ ★
格付け:グラン・クリュ・クラッセ.
所有者:Mme Véronique Gaboriaud-Bearnard.
作付面積:8 ha. 年間生産量:3,700 ケース.

シャトー紹介

葡萄品種：メルロ 60％，カベルネ・フラン 40％．
過去 10 年間，ここで重要な改革が行われた。野外に置いてあったタンクを取り払い，貯蔵庫や醸造所は現在ノートル・ダム・ド・マゼラの古いチャペルの中にある。現在もこのシャトーを経営しているオーナーのもと夫であるフランシス・ガボリオーが，冷却装置がないまま収穫期を迎えるのは自ら災害を招くようなものだと決意して，即座にその装置を設置したのは，つい 1989 年の夏のことである。

畑は，テルトル・ドゲとボーセジュールのふもとの盆地にありアンジェルスの方に向いている。そのため，日当たりが非常に良い。ここのメルロは熟したらすぐに収穫する必要があり，カベルネ・フランは新鮮さとスパイスという重要な要素を与えている。

ワインは豊潤で，リッチで，スパイシーなタンニンに支えられており，真に格調高いワインとなっている。2001 年 6 月にこのシャトーで行われたテイスティングでは，傑出したワインは 88 年，89 年，90 年，95 年，98 年。非常に良くできたワインは 99 年（雹にみまわれたにもかかわらず），97 年，96 年。マトラはあまり話題に上らないが，もっとよく知れ渡る価値がある。

Château Monbousquet シャトー・モンブスケ ★→

格付け：グラン・クリュ．
所有者：M et Mme Gérard Perse.
作付面積：32 ha. 年間生産量：17,000 ケース．
葡萄品種：メルロ 60％，カベルネ・フラン 30％，
　　　　　カベルネ・ソーヴィニョン 10％．

アラン・ケールがこのシャトーを取り仕切っていた頃は，ワインは魅力的で，リッチで，しなやかで，はっきりした個性を持っていた。最上のサン＝テミリオンが持つべき究極の素性の良さには欠けるが，それでも非常に楽しめるワインだった。現在，新しい所有者が醸造所もワインも一新した。発酵前に低温浸漬を行い，100％ 新樽を使用し，出来たワインは豊潤で，肌理が密で，プラムのようで，フルーティ。全く新しい味となった。若い時に飲むとおいしい。新しいワイン第 1 号は 93 年。醸造学者ミシェル・ロランが顧問となっている。〔訳注：サン＝シュルピス村の砂地にある〕。

La Mondotte ラ・モンドット ★★→

格付け：グラン・クリュ．
所有者：Comte Stephan von Neipperg.
作付面積：4.5ha. 年間生産量：800 ケース．
葡萄品種：メルロ 80％，カベルネ・フラン 20％．

ここの小さな畑はトロロン・モンドの真東にある。ステファン・ヴォン・ネイペルグが自分のグラン・クリュ・クラッセのシャトー，カノン＝ラ＝ガフリエールよりも素晴らしいワインをここで造れることを発見したのはつい最近のことである。現在，新樽の使用は 100％。98 年の収穫に備え，木製の仕込槽を備えた新しい醸造棟が建てられた。新しいモンドットとなってからの第 1 号は 96 年で，ヘクタール当たり 30 ヘクトリットルと生産量は少なか

サン=テミリオン

った。97年，98年，99年，2000年とすべて見事な仕上がりである。複雑さと非常にはっきりとした個性と共に，トリュフ，ブラック・チェリー，甘草が感じられ，非常にリッチなタンニンを伴う滑らかな果実味がある。ワインの質は疑いようもない。需要が多く，価格が高騰している。

Château Montlabert シャトー・モンラベール
格付け：グラン・クリュ．
所有者：Georgy Fourcroy.
作付面積：12.5 ha． 年間生産量：5,500ケース．
葡萄品種：メルロ70％，カベルネ・フラン25％，
　　　　　カベルネ・ソーヴィニオン5％．
このシャトーはサン=テミリオンの北西の，フィジャックに近い砂質の土地にある。ジョージ・フルクロワが1998年にここを購入したので，ワインの向上が期待される。

Château Moulin du Cadet
シャトー・ムーラン・デュ・カデ　V→
格付け：グラン・クリュ・クラッセ．
所有者：Éts J. P. Moueix.
作付面積：5 ha． 年間生産量：2,300ケース．
葡萄品種：メルロ90％，カベルネ・フラン10％．
サン=テミリオンの町の北手の石灰台地にあるとても小さなシャトーで，ムエックス家のシャトー，フォンロックに隣接している。J. P. ムエックス社では，所有または畑の管理をしているシャトーすべてに完璧な注意を払っているが，その特徴がここのワインにもよくあらわれている。最近，樽での熟成にさいして，新樽が25％使われるようになった。生産量が少ないため，ほとんど知られていないが，私はその香気，素性のよさ，優雅さに，以前から感銘を受けている。隣のフォンロックより洗練されているといってもいいぐらいだが，力強さやたくましさの点では負けている。

Château Moulin-St-Georges
シャトー・ムーラン=サン=ジョルジュ　★
格付け：グラン・クリュ．
所有者：Alain Vauthier.
作付面積：8 ha． 年間生産量：3,500ケース．
葡萄品種：メルロ70％，カベルネ・フラン20％，
　　　　　カベルネ・ソーヴィニオン10％．
非常にスタイルの良いワインをつくっているシャトー。過去のヴィンテージを見ると，よく熟成する能力をそなえていると同時に，若いうちに飲むと非常に快適なものを出している。所有者のアラン・ヴォーチェ家はオーゾンヌの共有者〔訳注：このシャトーはオーゾンヌの斜面の下，通りをはさんだ反対側にある〕。95年と2000年は，グラン・クリュの中で最高のワインに数えられる。

Château Monlot-Capet シャトー・モンロ=カペ
所有者：Bernard Rivals.

シャトー紹介

作付面積：8ha．年間生産量：4,000 ケース．
葡萄品種：メルロ 70%，カベルネ・フラン 25%，
　　　　　カベルネ・ソーヴィニヨン 5%．
ここの畑は，サン＝テミリオンのコートの南斜面の麓，サン＝ティポリット村にある．新樽の使用は 50%．96 年はサン＝テミリオンに期待するものがすべて入っている素晴らしいワインになっていると思う．しなやかな果実味が口いっぱいに広がり，非常に魅力的だ．現在のオーナーは 1990 年にここを引き継いだ．

Clos de L'Oratoire クロ・ド・ロラトワール　★→
格付け：グラン・クリュ・クラッセ．
所有者：Comte Stephan von Neipperg.
作付面積：10.3 ha．年間生産量：4,000 ケース．
葡萄品種：メルロ 90%，カベルネ・フラン 10%．
このシャトーは町の北東の，コートの低い斜面が砂質の土壌に変わるあたりにあって，サン＝クリストフ＝デ＝バルドとの境界に近い．ここよりもう少し大きな，グラン・クリュ（格付されていない）のシャトー・ペイローと一緒に経営されている．熟成には新樽を 70% 使っている．

　リッチで密度の高いワインで，深い風味をもつところにメルロの性格がよく出ている．いわゆる典型的なサン＝テミリオンだ．熟成はきわめて早い．1990 年ここを買った新所有者は，カノン・ラ・ガフリエールと同じような細心の注意をこのロラトワールでも払っている．今やワインは以前よりも安定し洗練されたものになっている．

Château Pavie シャトー・パヴィ　★★
格付け：プルミエ・グラン・クリュ・クラッセ B．
所有者：M et Mme Gérard Perse.
管理者：Jean-Paul Valette.
作付面積：32 ha．
年間生産量：10,000 ケース．
葡萄品種：メルロ 60%，カベルネ・フラン 30%，
　　　　　カベルネ・ソーヴィニヨン 10%．
ここの畑は，コートでも最大で，サン＝テミリオンの町の南東部の，南に面した長い斜面という素晴らしく恵まれた場所にある．ヴァレット家からすでにパヴィ＝デュセスを買い取っていた現在のオーナーは，1998 年ついにヴァレット家の最大にして最高の畑を手に入れた．1980 年代，ジャン＝ポール・ヴァレットが采配を振るっていたパヴィは，プルミエ・グラン・クリュの中で最も向上していたクリュだった．82 年，83 年，85 年，86 年，88 年，89 年，90 年には出色のワインを造った．この期間，多くの改善を成し遂げてきたが，ジャン＝ポール・ヴァレットの努力には常に会社の経営に関与していない親族株主の要求に答えなければならない重圧を受けていた．そうしたことから受け継いだ大きすぎるコンクリートのタンクも，換えることができなかった．今では素晴らしい醸造所や貯蔵庫が新しく建てられ，木の桶を設置したり，畑でも多くの改良が行われている．98 年以降のワイン

のスタイルと質については、大きく意見が分かれている。素晴らしいと思う者もいれば、逸脱でありボルドーに対する裏切りだと見る者もいる。これだけは、はっきりしているが、ワインは非常にがっしりとしていて、エキスと樽香が際だっている。樽の中では魅力的な果実味があると思われるが、次にタンニンが堂々と自己主張を始める。はっきりとした判断を下せるのは時間だけだろう。多くの顧客は、2000年のワインに対しプルミエ・クリュの値段を受け入れたが、2001年が出たときには購入しなかった。値段も、他と同様、総合判断の一要素なのである。評価はまだ出ていない。

Château Pavie-Decesse シャトー・パヴィ=デュセス　★→
格付け：グラン・クリュ・クラッセ．
所有者：M. et Mme. Gérard Perse.
作付面積：10 ha．年間生産量：2,000 ケース．
葡萄品種：メルロ 65%, カベルネ・フラン 20%,
　　　　　カベルネ・ソーヴィニヨン 15%.

洗練された古典的な"コート"ワインで、力と素性の良さをそなえている。パヴィほど豊潤ではないし、肉付きもよくないため、タンニンが強く感じられることがある。だが、ときには（82年のように）アルコール度がパヴィより高くなることもある。以上はすべてヴァレット時代に言えることであるが、その時代も97年に終った。

1997年このシャトーはモンブスケのペルスの手に渡った。この97年は、ボトリングの直前ではヴァレットによって造られたパヴィに勝っていた。この事実は、良い予兆のように思われたが、その後ワインはパヴィと同じ道をたどっていった。結論もパヴィ同様留保されている。

Château Pavie-Macquin シャトー・パヴィ=マカン　★★→
格付け：グラン・クリュ・クラッセ．
所有者：Corre family.　管理者：Nicolas Thienpoint.
作付面積：14.5 ha．年間生産量：6,400 ケース．
葡萄品種：メルロ 70%, カベルネ・フラン 25%,
　　　　　カベルネ・ソーヴィニヨン 5%.
セカンド・ラベル：Les Chênes de Macquin.

この名前は、フィロキセラと闘うために、アメリカ産の台木にヨーロッパ葡萄の接木をおこなったパイオニア、アルベール=マカンにちなんだものである。

コート・ド・パヴィの上の台地にあって、パヴィ、トロロン=モンド、そしてサン=テミリオンの町にはさまれている。ここのワインは、1995年にニコラ・ティアンポワンが来てから変貌を遂げてきた。樽の3分の2は新しく、ワインは偉大な深みと純粋な果実味、そして真の複雑さと力強さを兼ね備えている。95年、96年、98年、99年、2000年に偉大なワインが造られた。

Château Petit-Faurie-de-Soutard
シャトー・プティ=フォリー=ド=スータール

シャトー紹介

格付け：グラン・クリュ・クラッセ．
所有者：Mme Françoise Capdemourlin.
管理者：Jacques Capdemourlin.
作付面積：8 ha. 年間生産量：3,500 ケース．
葡萄品種：メルロ 65％，カベルネ・フラン 30％，
　　　　　カベルネ・ソーヴィニヨン 5％．

1850年まで，ここはスータールの一部だった。立地条件はよくて，石灰台地とコートにある。

　真の育ちのよさとフィネスをそなえた，スタイリッシュなワインだ。ここの土壌が石灰岩を多く含んでいる関係から，ワインは，それほど甘美とはいえ，多くの場合厳しくやせているようだ。しかし，ジャック・カプドムルラン（⇒ 235 頁 Balestard の項）が近年，貯蔵庫と醸造所を改良し，2000 年に愛らしいワインを造った。ここは目をつけておくとよい。

Château Pipeau シャトー・ピポー　★V

格付け：グラン・クリュ．
所有者：Pierre Mestreguilhem.
作付面積：39 ha. 年間生産量：19,000 ケース．
葡萄品種：メルロ 80％，カベルネ・フラン 10％，
　　　　　カベルネ・ソーヴィニヨン 10％．
セカンド・ラベル：Château Reynaud, Château Barbeyron.

持ち主のピエール・メストルギアム氏のピポーに対するねらいは，しなやかだがボディがあって，寝かせるとおいしく飲めるワインを造ることにある。その結果できあがったワインはクリュ・クラッセに格付けされている一部のワインよりもしばしば優れていることが多い。ワインはサン＝ローラン＝デ＝コンブ，サン＝ティポリット，サン＝テミリオンの3つに村にまたがっていて土質が様々に異なる畑から造られている。新樽の使用は50％。ここのワインに感銘を受けなかったことはない。〔訳注：シャトー自体はサン＝ローラン＝デ＝コンブ村にある〕。

Château Peyreau シャトー・ペイロー　→

所有者：Comte Stephan von Neipperg.
作付面積：12.8ha. 年間生産量：4,500 ケース．
葡萄品種：メルロ 70％，カベルネ・フラン 25％，
　　　　　カベルネ・ソーヴィニヨン 5％．

この可愛らしいシャトーは，サン＝テミリオンとサン＝クリストフ・デ・バルドの境界近くにある。畑はクロ・ド・ロラトワールと並んでいて，魅力的なシャトーと公園と立派な貯蔵庫があり，そこでこの2つの畑のワインの醸造と熟成を行っている。ステファン・フォン・ネイペルグはここのワインを向上させ始めている。1997年，3つの木製発酵槽を設置し，1999年にはさらに3つ追加した。ここの98年は最高の出来で，リッチで，熟した果実味があって美味しい――若いうちに飲むと非常に魅力的だ。

Château Plaisance シャトー・プレザンス　V→

所有者：Xavier Maréschal

サン＝テミリオン

作付面積：17ha. 年間生産量：7,000 ケース.
葡萄品種：メルロ 85%, カベルネ・ソーヴィニヨン 15%.
セカンド・ラベル：Château La Fleur Plaisance.
サン＝シュルピス＝ド＝ファレイランにあるこのシャトーは，パトリック・ヴァレットをコンサルタントにしている（239 頁 Ch. Berliquet の項）。80 から 100% 新樽を使ってマロラクティック発酵を行っている。98 年と 99 年は素晴らしく魅惑的で甘美なワイン。楽しい果実味がある。このシャトーは，低い収穫量 (40hl/ha) と良いワイン造りの技術がいかに畑の悪条件を克服できるかということを目の当たりに見せてくれる。

Château de Pressac シャトー・ド・プレサック →

格付け：グラン・クリュ.
所有者：Jean-François Quernin.
作付面積：28.5 ha. 年間生産量：10,000 ケース.
葡萄品種：メルロ 75%, カベルネ・フラン 20%,
　　　　　カベルネ・ソーヴィニヨン 4%, プレサック 1%.
サン＝テチエンヌ＝ド＝リス村の白亜系の台地にあるこのシャトーでは，中世の城館があたりを睥睨している。1730 年の後半，オーソロワ Auxerrois, 別名ノワール・ド・プレサック Noir de Pressac 種の葡萄がボルドーにもたらされたのは，じつはこのシャトーからなのだ。現在この葡萄はマルベックと呼ばれている。1997 年にここを引き継いだ新しいオーナーは，明らかにこのシャトーの潜在能力を開花させようと決意している。畑には再びプレサック（マルベック）を植えている。99 年は，ほとんどのシャトーの 99 年ものよりもリッチなワインに仕上がり，これから真面目で魅力的なワインがここで造られることを示唆している。新樽の使用は 100%。目を離さないこと。

Château Le Prieuré シャトー・ル・プリューレ

格付け：グラン・クリュ・クラッセ.
所有者：Baronne Guichard.
作付面積：6.3 ha. 年間生産量：2,800 ケース.
葡萄品種：メルロ 60%, カベルネ・ソーヴィニヨン 30%,
　　　　　カベルネ・フラン 10%.
セカンド・ラベル：Château l'Olivier.
石灰台地に建つこのシャトーはかなり高い場所にあり，トロットヴィエイユとトロロン＝モンドのあいだにぽつんと孤立している。この所有者はラランド＝ド＝ポムロールの重要なシャトーのシオラックと，ポムロールのシャトー・ヴレイ＝クロワ＝ド＝ゲも所有している。ここはかつて，サン＝テミリオンのフランシスコ派修道会，コルドリエのものだった。熟成には新樽を 25% 使っている。私の印象では，魅力があって，優雅で，軽いタイプで，素性も良いが，決して平均を上回るワインではない。

Château Quercy シャトー・ケルシー

格付け：グラン・クリュ.
所有者：Apelbaum-Pidoux.

シャトー紹介

作付面積：8ha. 年間生産量：3,500ケース.
葡萄品種：メルロ75%, カベルネ・フラン20%,
　　　　　カベルネ・ソーヴィニヨン5%.
現在のオーナーであるスイス人一家は、ヴィニョネ村にあるこのシャトーを1988年に購入した。古い葡萄樹、手摘み、新樽を30%使用、そして、あらゆる段階での細心の注意といった組み合わせが実って、肌理が心地よくほころんだ魅力的なワインが誕生している。

Château Quinault シャトー・キノー　★→
格付け：グラン・クリュ.
所有者：A and F Raynaud.
作付面積：15ha. 年間生産量：6,000ケース.
葡萄品種：メルロ80%, カベルネ・フラン10%,
　　　　　カベルネ・ソーヴィニヨン5%, マルベック5%.
セカンド・ラベル：Lafleur de Quinault.
現在は拡大化するリブールヌの町に取り囲まれてはいるが、この畑は、シャトー・ラ・クロワ＝ド＝ゲのアランおよびフランソワーズ・レイノー夫妻が1997年が購入したため、開発業者の手から救われた。ここは葡萄の木が古く、特別な微気候に恵まれているため、卓越したワインを造ることができると夫妻は信じている。97年、早速幸先のよいスタートを切り、98年、99年、2000年と向上を続けている。新樽の使用は100%。ワインのラベルは、キノー・ランクロ Quinault L'Enclos。

Château Ripeau シャトー・リポー　★
格付け：グラン・クリュ・クラッセ.
所有者：Françoise de Wilde.
作付面積：15.5 ha. 年間生産量：5,500ケース.
葡萄品種：メルロ62%, カベルネ・フラン30%,
　　　　　カベルネ・ソーヴィニヨン8%.
ポムロールとの境に近い砂質の土地にある重要なクリュで、シュヴァル＝ブランやラ・ドミニクの南東に位置している。1976年に現在の所有者の手にわたって以来、醸造所も貯蔵庫も大幅に拡張されている。私はリッチで力強い90年に感銘を受けた。

Château Rol Valentin シャトー・ロル・ヴァランタン
所有者：Eric and Virginie Presette.
作付面積：4ha. 年間生産量：1,400ケース.
葡萄品種：メルロ85%, カベルネ・フラン15%.
このクリュは、もともとは1.6ヘクタールのコート・ド・ロル・ヴァランタンであったが、現在のオーナーが1994年に現在のクリュに創り上げた。葡萄は樹齢が高く、醸造には小さな木の桶が使われている。土壌は白亜の粘土が混ざった砂質で、新樽の使用は100%。急速にカルトワインになり、価格も高騰している。95年と96年を飲んでみたが失望した。しかし、2000年がずっと良くなったとの報告がある。このクリュの真の価値は時間が決定してくれるだろう。〔訳注：畑の大部分はシュヴァル＝ブランの近

サン゠テミリオン

くにある〕。

Château Roylland シャトー・ロワラン　V→
所有者：Chantal Vuitton Oddo and Pascal Oddo.
管理者：Bernard Oddo.
作付面積：10ha．年間生産量：4,500 ケース．
葡萄品種：メルロ 90%，カベルネ・フラン 10%．
ここの畑は 2 カ所に分かれている。ひとつはアンジェリュスとボーセジュール（デュフォー゠ラガロス）の間にあるマズラの 5 ヘクタール。もうひとつはサン゠クリストフ・デ・バルドの台地にある 4.5 ヘクタール。収穫量を削減させるため 89 年にグリーン・ハーベスト（過剰な緑果の摘除）を始めた。新樽の使用は 30%。ワインは構成がよく，リッチで魅力的な果実味がある。95 年は非常に良くできており，98 年は傑出している。

Château Rozier シャトー・ロジエ
格付け：グラン・クリュ．
所有者：Jean-Bernard Saby.
作付面積：22 ha．年間生産量：12,000 ケース．
葡萄品種：メルロ 80%，カベルネ・フラン 15%，
　　　　カベルネ・ソーヴィニヨン 5%．
このサン゠ローラン゠デ゠コンブ村にあるシャトーは，魅力的な果実味をもつ個性にも富んだワインを造っている。それだけでなく優れた熟成能力も持っている。

Château St-Georges-Côte-Pavie
シャトー・サン゠ジョルジュ゠コート゠パヴィ
格付け：グラン・クリュ・クラッセ．
所有者：Jacques Masson.
作付面積：5.1 ha．年間生産量：2,500 ケース．
葡萄品種：メルロ 80%，カベルネ・フラン 20%．
コート・ド・パヴィの西端とその下の斜面にある，立地条件に恵まれた小さなクリュ。道路をはさんだ反対側にはラ・ガフリエールがあり，向かいにはオーゾンヌの姿が見える。発酵はステンレス・タンクで，熟成は樽でおこなう。ワインは豊潤でのびやかな果実味と，はっきりした個性と，素性の良さで知られている。上品で，風味に満ち，4 年から 7 年目あたりに飲むと美味しい。しかし，若いうちに飲むと美味しいけれども，熟成させるには必要な密度に欠けている。

Clos St-Martin クロ・サン゠マルタン　★→
格付け：グラン・クリュ・クラッセ．
所有者：Reiffers family.
管理者：Sophie Fourcade.
作付面積：1.4 ha．年間生産量：500 ケース．
葡萄品種：メルロ 70%，カベルネ・フラン 20%．
　　　　カベルネ・ソーヴィニヨン 10%．
1985 年までは，ここと，グランド・ミュライユと，コート・バ

ローの3つのクリュは一緒に経営されていて、ワインの醸造も貯蔵もコート・バローでおこなわれていた。しかし、1985年の格付けの見直しの際に、ここ以外の2つのクリュがグラン・クリュ・クラッセの地位を失ってしまった。そのため、以後持ち主は事態を改善する決意をして努力を重ねた。今では、クロ・サン゠マルタンは、他の2つと別の設備を持っている。その結果、86年は品質に大きな前進が見られた。生き生きとした芳しい果実の香りに満ちたブーケ、素性のよさ、優美、そしてバランスのとれたタンニンなどをそなえている。90年代には、世間をあっと言わせるようなワインが造られ、2000年にその頂点に達した。真に複雑な味わいが生じてくるワインでもある。

Château Sansonnet シャトー・サンソンネ →
格付け：グラン・クリュ．
所有者：François d'Aulan.
作付面積：7 ha． 年間生産量：3,300 ケース．
葡萄品種：メルロ 70%，カベルネ・フラン 20%，
　　　　　カベルネ・ソーヴィニョン 10%．
このクリュはサン゠テミリオンの町の東の石灰台地にある。東側ではここが最高地点で、トロットヴィエイユのすぐ北にあたる。岩だらけの下層土の上に粘土と石灰岩からなる地層がある。1996年にクリュ・クラッセの地位を失った。1999年、シャンパーニュ・ピペ・エドシックの前のオーナーであるフランソワ・ドランがこのシャトーを購入し、100%新樽でマロラクティック発酵を行った。2000年は非常に熟してリッチな果実味と厚い肌理をもった、真に濃密なワインである。ここがすぐに元の地位に復帰するのは疑いもない。

Château La Serre シャトー・ラ・セール ★
格付け：グラン・クリュ・クラッセ．
所有者：Bernard d'Arfeuille. 管理者：Luc d'Arfeuille.
作付面積：7 ha． 年間生産量：3,000 ケース．
葡萄品種：メルロ 80%，カベルネ・フラン 20%．
セカンド・ラベル：Menuts de La Serre.
骨格と、深い風味と、洗練された香り高いブーケをそなえたワイン。個性あるワインで、サン゠テミリオンの町をとりまく台地で造られるものの典型といえる。優れた品質の、堅固で信頼できるグラン・クリュ・クラッセ――ずば抜けた名ワインではないが、価値は充分にある。〔訳注：ここはサン゠テミリオンの町のすぐ東側にある〕。

Château Soutard シャトー・スータール ★
格付け：グラン・クリュ・クラッセ．
所有者：des Ligneris family.
作付面積：22 ha． 年間生産量：10,000 ケース．
葡萄品種：メルロ 70%，カベルネ・フラン 30%．
セカンド・ラベル：Clos de la Tonnelle.
スータールの目的は伝統的な長命ワインを造ることにあり、その

結果が，辛抱強く待たなくては飲めない頑固なワインとなってあらわれている。わたし自身の感想を述べると，果実味とサン＝テミリオン本来の魅力が不必要なほど犠牲にされているようだし，もっと早く瓶詰して軽い感じに仕上げたほうがいいと思うことも多い。もっとも，これはあくまでも好みの問題だが。スタイリッシュではあるが，痩せていて好ましくないものが多いような気がする。瓶詰する少し前にアサンブラージュを効果的に行っているので，樽のワインを利き酒で判定するのは難しい。

Château Tertre-Daugay シャトー・テルトル＝ドゲ ★

格付け：グラン・クリュ・クラッセ．
所有者：Comte Léo de Malet-Roquefort.
作付面積：16 ha． 年間生産量：6,500 ケース．
葡萄品種：メルロ 60%，カベルネ・フラン 40%．
セカンド・ラベル：Château de Roquefort.

レオ・ド・マレ＝ロックフォール伯爵が 1978 年にここを買いとったとき，シャトーは手入れもされないままで，ひどい有様だった。〔訳注：ラ・ガフリエールの西にあり，サン＝テミリオン台地の西南端の見晴しのよいところにある〕。1984 年に醸造所と貯蔵庫を再建するまで，ワインはラ・ガフリエールで造って寝かせておくしかなかった。現在，このシャトーはプルミエ・グラン・クリュに負けないくらいていねいな扱いを受けている。ただし，熟成に使う新樽の比率は 50% となっている。

このクリュはグラン・クリュ・クラッセのトップクラスに入る資質を秘めている。ワインには栄光を誇る香りとスパイシーな香りがあり，豊かに熟した果実味と見事に調和して，洗練された，力強い，複雑な風味をかもしだし，そのなかに，スタイリッシュな素性のよさがきらめいている。

Château Tertre Roteboeuf
シャトー・テルトル・ロットブフ ★★

所有者：François Mitjavile.
作付面積：5.7 ha． 年間生産量：2,800 ケース．
葡萄品種：メルロ 85%，カベルネ・フラン 15%．

「焼き牛」という変わった名前は，この急斜面の畑を耕すのに使われた牛が暑い太陽に照らされて焦げるようだったということから生まれている。1978 年以来，フランソワ・ミットジャヴィルがここの所有者になり，遅摘みと長期発酵の手段で良く熟成する生真面目なワインを造ろうとしている。彼のワインは偉大な個性があり，樽の効果がよく出ていて，果実味と構成を申し分なくそなえている。しかも，常に調和が取れ，偉大で複雑な香りと厚い肌理を備えている。82 年と 85 年はいまだに素晴らしく新鮮でうっとりするほど甘美。90 年はしなやかでエキゾチックで，切れ味が非常に長い。素晴らしい出来の 95 年の後，98 年は並はずれて筋肉質で風味が長く続く。97 年と 99 年はもっと優雅で，愛らしい果実の風味がある。収穫量の少なかった 2000 年はふくよかでリッチ。黒いフルーツの濃密な甘さは，極めて秀逸。現在では崇拝するファンがいるワインになっていて高値を呼んでいる。

シャトー紹介

〔訳注：コート・ド・パヴィの南東端，ラルシ゠デュカッスの上にあり，実際はサン゠ローラン゠デ゠コンブ村に入るのだが，サン゠テミリオンのクリュ扱いをされている〕。

Château Teyssier シャトー・テシエ V→
所有者：Jonathan Malthus.
作付面積：30ha. 年間生産量：12,000ケース.
葡萄品種：メルロ85％，カベルネ・フラン10％，
　　　　　カベルネ・ソーヴィニヨン5％.
シャトー・テシエでは次の2シャトーの醸造，熟成も行っている。

Château Laforge シャトー・ラフォルジュ
作付面積：3ha. 年間生産量：1,000ケース.
葡萄品種：メルロ92％，カベルネ・フラン8％.

Le Dôme ル・ドーム
作付面積：1.6ha. 年間生産量：550ケース.
葡萄品種：カベルネ・フラン72％，メルロ28％.

イギリス人エンジニアであるここのオーナーは，1994年にサン゠テミリオンに到着するとすぐにヴィニョネにあるテシエを買い取った。平坦で，砂利混じりの砂質の土壌は，サン゠テミリオンのテロワールに関する限り，序列の下位にある。もともとあった14ヘクタールの畑を拡張し，健全で，良く造られた，フルーティーなワインを生産している。整然とした新しい貯蔵庫には，新たに買い求めた2つのシャトーのワインも眠っている。この2つのシャトーの取得はかなり世間を騒がせた。98年にサン゠シュルピス゠ド゠ファレイランの鍛冶屋の娘から買い取ったラフォルジュには5つの畑があって散在している。ここのワインは，豊かなアロマと，ビッグでチョコレートのような豊潤さと，タンニンをたっぷり含む構造を持ちながら，愛らしい新鮮さも保っている。ル・ドームは，もとはヴィユー・マズラの一部で，アンジェリュスとグラン・マズルの間に位置しており，植わっている葡萄は圧倒的に古いカベルネ・フランである。98年や2000年のような年のワインは，カベルネ・フランのフィネスと力を備え，スパイシーで，複雑で，はっきりとした個性を持っている。どちらのシャトーのワインも完全に前衛的ワインとして造られている――100％新樽によるマロラクティック発酵を行い，ワインの清澄，濾過は行わない――従って，ある期間セラーで寝かせるなら，澱の沈殿に注意すること。

Château La Tour-Figeac
シャトー・ラ・トゥール゠フィジャック　★→
格付け：グラン・クリュ・クラッセ.
所有者：Otto Maximilian Rettenmaïer.
管理者：Otto M. Rettenmaïer.
作付面積：14.6ha. 年間生産量：6,000ケース.
葡萄品種：メルロ60％，カベルネ・フラン40％.

このシャトーはポムロールとの境にあり，1879年まではフィジャックの一部だった。この3年後に，ラ・トゥール゠デュ゠パン゠フィジャックも，後記のように2つに分離している。

サン゠テミリオン

ここのワインは力強く，しかも，スタイリッシュで，リッチで，高い香りをもち，風味はじつに余韻が長く，優雅な育ちの良さを特徴としている。ワインは新しい所有者の手でますます良くなっている。所有者一家の息子であるオットー・マクシミリアンが1994年から経営を任されるようになり，95年に美味しいワインを造った。96年，97年，98年，99年，2000年もひき続きこのすぐれたクリュの評判を高めている。

Château La Tour-du-Pin-Figeac
シャトー・ラ・トゥール゠デュ゠パン゠フィジャック　★
格付け：グラン・クリュ・クラッセ．
所有者：Vignobles Jean-Michel Moueix.
管理者：Jean-Michel Moueix.
作付面積：9 ha．年間生産量：4,000ケース．
葡萄品種：メルロ60％，カベルネ・フラン30％，
　　　　　マルベックとカベルネ・ソーヴィニヨン10％．
力強く，たくましく，風味豊かな，スタイリッシュなワインで，80年代ブラインド・テイスティングではつねに好評を博していた。90年代後半は，サン゠テミリオン全体としてはなかなか心躍る時期であったが，残念ながらこの立地条件の良いクリュは後退してしまった。現在は，高価ではあるが月並みなワインになっている。〔訳注：この所有者はポムロールでシャトー・タイユフェール Ch. Taillefer をもっている会社で，シャトー・ペトリュス Ch. Pétrus の所有者である J. P. Moueix とは別のもの〕。

Château La Tour-du-Pin-Figeac (Giraud-Bélivier)
シャトー・ラ・トゥール゠デュ゠パン゠フィジャック（ジロー゠ベリヴィエ）
格付け：グラン・クリュ・クラッセ．
所有者：GFA Giraud-Bélivier.
作付面積：11 ha．年間生産量：5,500ケース．
葡萄品種：メルロ75％，カベルネ・フラン25％．
隣り同志の同じ名前のシャトーでありながらムエックス家のワインに比べると，こちらは知名度の点でも，評判の点でもぐっと落ちる。1882年まではどちらも同じ歴史を歩んできた。1972年にジロー家がベリヴィエ家からこのシャトーを買いとったが，この恵まれた立地条件にふさわしいワインは，今のところまだ誕生していない。

Château Troplong-Mondot シャトー・トロロン゠モンド　★★
格付け：グラン・クリュ・クラッセ．
所有者：Valette family.　管理者：Christine Valette.
作付面積：30 ha．年間生産量：11,000ケース．
葡萄品種：メルロ80％，カベルネ・フラン10％，
　　　　　カベルネ・ソーヴィニヨン10％．
セカンド・ラベル：Mondot.
ここはサン゠テミリオンのコートと台地に属するシャトーでもっとも重要なもののひとつ。サン゠テミリオンの中でも最上のクリ

シャトー紹介

ュのひとつにちがいないし、立地条件が大切な役割をはたすなら、プルミエ・グラン・クリュの地位に挑戦してもおかしくない〔訳注：トロットヴィエイユとパヴィのほぼ中間にある〕。しかし、80年代までは安定性と質の面から見ると、ここの資質はまだ充分に生かされていなかった。しかし、86年は素晴らしいものになった。この年は新樽を50％使い、ワインを樽と発酵槽との間で移し変えるローテーションを行なわないで樽だけで寝かせた。現在、新樽の使用率は80％。86年がまさに分岐点で、88年、90年、94年、95年、96年、97年、98年、99年、2000年とプルミエ・グラン・クリュッセの水準にますます近づくワインを造った。これは持ち主の娘のクリスチーヌ・ヴァレットの献身的な働きによるものである。それ以前のものとしては、70年、78年、79年、82年、83年が最上の年。

Château Trottevieille シャトー・トロットヴィエイユ ★

格付け：プルミエ・グラン・クリュ・クラッセ B.
所有者：Castéja family. 管理者：Philippe Castéja.
作付面積：10 ha. 年間生産量：3,500 ケース.
葡萄品種：メルロ 50％、カベルネ・フラン 45％、
　　　　　カベルネ・ソーヴィニヨン 5％.

ボルドー市のネゴシアンが所有している唯一のプルミエ・グラン・クリュ。畑はほかのプルミエ・シャトーから離れて、サン＝テミリオンの東の台地にある。トロロン＝モンドの北に位置し、丘のすこし低い方になる。土壌は粘土と石灰岩の混ったもの。ここの土壌が非常に薄いということは、ワインは近隣のプルミエ・グラン・クリュよりも厳しい環境に置かれるため、格付けにふさわしい姿を見せるにはボトルで寝かす時間がほんとうに必要だということを意味する。

　1985年にフイリップ・カステジャ〔シャトー・バタイエのオーナー〕が新樽を80％使うようになり、従前よりはるかに密度の高いワインを造り始めた。2003年にこのシャトーで行われた年代順テイスティングでは、61年、75年、85年、89年、90年、95年、98年、2000年が卓越したワインであった。61年と75年は、収穫量の低い偉大な年に、ここのワインがいかに進化するかを示している。85年は魅力たっぷりで非常にリッチ。89年は90年よりもタンニンが多いが、素晴らしいカシスの風味と豊かな肌理がある。90年は89年よりも魅惑的、95年、98年、2000年もこの高水準を保っている。

Union des Producteur de St-Émilion
ユニオン・デ・プロデュクトゥール・サン＝テミリオン

組合員数：360 名.
理事長：Jacques Baugier.
作付面積：950 ha. 年間生産量：550,000 ケース.

ボルドーの協同組合のなかで、ここぐらい質の高いワインを多量に造っているところは他にない。場所はコートのちょうど南の裾で、サン＝テミリオンの町と、リブールヌ＝ベルジュラック街道の間にある。1985年には、330のメンバーのひとつであるシャト

ー・ベルリケがグラン・クリュ・クラッセに選ばれるという栄誉に輝いた。(⇒ 239 頁 Château Berliquet の項)。
ここでの重要なワインは4つで、いずれもグラン・クリュの資格をもっているが、以下の商標で売られている。

ロイヤル・サン＝テミリオン Royal St-Émilion　平地のいくつかのシャトーで造られている。ワインはフル・ボディで、たくましくゆったりしている。この産地につきものの粗野なところが気になるが、魅力的だ。

コート・ロシューズ Côtes Rocheuses　名前から想像できるように、コート地区のシャトーから生まれるワイン。他のに比べると、滋味を出すまでにけっこう長くかかり、力強さもまさっている。年間約 120,000 ケースを生産している。

オー＝ケルキュス Haut-Quercus　ケルキュスはラテン語で樫という意味。この商標銘柄の生産が始まったのは 1978 年で、ワインは新しい樫樽で熟成させている。現在のところ、生産量は年間 2,500 ケースで、毎年出すたびに、瓶にすべて番号をふっている。ワインは強烈な個性をもっていて、タンニンがかなり多く、古典的な風味が感じられる。熟成には時間がかかる。

キュヴェ・ガリュ Cuvée Galius　樽で熟成させたワインを精選したもの。初めてのヴィンテージは 1982 年で、1984 年のブラインド・テイスティングにおいて、年度名誉賞 (トロフィ・デ・オニュール) を受ける 12 のベスト・ワインのひとつに選ばれた。

これら銘柄ワインの質は、数多くの小さなシャトーで造っているワインよりすぐれていることがしばしばあり、売れ行きは、もちろんこのほうがずっといい。出来がよくて健全で典型的なサン＝テミリオンの貴重な供給源である。

もうひとつつけくわえておくと、この組合加盟の個々の組合員がそれぞれ自分のところで造っているシャトー名ワインが沢山あり、それぞれ御自慢のラベルで出している。こうしたラベルには mis à la propriété の文字が入っている。

Château Valandraud シャトー・ヴァランドロー　★★

所有者：Jean-Luc Thunevin.
作付面積：8.9 ha.　年間生産量：3,500 ケース.
葡萄品種：メルロ 66%, カベルネ・フラン 33%,
　　　　　マルベック 1%.
セカンド・ラベル：Virginie de Valandraud and
　　　　　　　　　Clos Badon Thunevin.

1990 年のコメント以来、このクリュには重要な進歩があった。畑は大きくなり生産も5倍増になった。しかし、この畑の一部から取れたものだけがヴァランドローとして売られていて、残りは上記の2つのラベルで出されている。畑は3つに分かれる。4分の1が石灰質土壌に粘土が重なり、4分の1が砂利で、残りの2分の1が砂利の上に砂が乗っている。

2000 年のヴァランドローは、3.5 ヘクタールの畑からとれた 1,000 ケースの精選品で、メルロ 70%, カベルネ・フラン 30% を使用している。ヴィルジニーは4ヘクタールの畑から取れた

1,500ケースで，メルロとカベルネ・フランの割合はヴァランドローと同じ。ワインは両方とも新樽でマロラクティック発酵させる。これが完了すると，澱引きする。その後3ヶ月毎に澱引きをするが，ボトリングの前に浄化や濾過は行わない。ワインはともに愛らしい果実味を特徴とする。ヴァランドローは豊かでがっちりとしたタンニンがあり，スミレの香りがして，しなやかなヴィルジニーより骨格がしっかりとしている。両者とも非常に魅惑的なワインで，名声が高まりつつある。特に98年以降は素晴らしい。2つのワインの成功と高値を理解するのは難しいことではない。

Château Villemaurine シャトー・ヴィルモリヌ

格付け：グラン・クリュ・クラッセ．
所有者：Robert Giraud.
作付面積：8 ha． 年間生産量：4,000ケース．
葡萄品種：メルロ70％，カベルネ・ソーヴィニヨン30％．

シャトーの名前はムーア人の町を意味するヴィル・モールからきている。8世紀にはサラセン人が陣を張った場所なので，この名前がついたという。ここの質を高めるために多大な努力がなされていて，たしかに希望は出てきている。もっとも，カベルネ・ソーヴィニヨンをこんなに使うのが正しいかどうかについては，疑問をはさむ必要があるけれど。1980年代に葡萄から果汁を搾り取りすぎる時期があったが，その後ワインは軽くなった。新樽の使用は45％だが，いまだに粗っぽくなることが多い。薄いワインになってしまうこともある。

Château Yon-Figeac シャトー・ヨン=フィジャック　★→

格付け：グラン・クリュ・クラッセ．
所有者：Vignobles Germain.
作付面積：25 ha． 年間生産量：13,000ケース．
葡萄品種：メルロ80％，カベルネ・フラン20％．

この大きなシャトーはサン=テミリオン北西の，ポムロールへ向かう道路沿いにあり，ラローズとグラン=バライユ=ラマルゼル=フィジャックの中間にあって，土壌は砂質である。リュシエ家はここを自分達の販売元に売り渡すまで，4代にわたって所有していた。

　新樽の使用率は3分の1。ここのワインは昔から，安定性と，サン=テミリオンの典型ともいうべき魅力的な個性で知られている。じつに香り高く，柔らかく，リッチで，風味豊かで，その奥に素晴らしい腰の強さを秘めている。98年以降の著しい向上に注目のこと。

サン＝テミリオン衛星地区 The St-Émilion Satellites

本来のサン＝テミリオン，つまりサン＝テミリオンのアペラシオンをもつ地区の外に，北から北東にかけて，いわゆるサン＝テミリオン衛星地区が広がっている。この地区はサン＝テミリオンACをそのまま名乗ることはできないが，それぞれの村名のあとにハイフンでサン＝テミリオンをつける権利をもっている。これらのワインのなかには，率直にいって，本来のサン＝テミリオンの中のドルドーニュ河沿いの平地で造られるワインより優れたものがいくつかあるし，大きなドメーヌ〔訳注：自家畑，自家栽培，自家瓶詰の醸造家〕の比率はサン＝テミリオンやポムロールよりはるかに高い。零細シャトーの所有者の多くはモンターニュ，リュサックおよびピュイスガンの協同組合に加盟している。

衛星地区の村は次のとおり。

- **モンターニュ＝サン＝テミリオン** 1972年に，小さな村のサン＝ジョルジュとパルサックがモンターニュと合併したが，サン＝ジョルジュのシャトー所有者のなかには，いまだにサン＝ジョルジュ＝サン＝テミリオンのアペラシオンを使う権利を行使している者もいる。AC畑の面積は現在およそ1,500ヘクタール。土壌は石灰岩系台地だが，粘土の割合はサン＝テミリオンより高い。
- **リュサック＝サン＝テミリオン** ここには約1,400ヘクタールの畑がある。サン＝テミリオンとサン＝クリストフ＝デ＝バルドに見受けられるのと同じタイプの石灰岩系台地がある。しかし，この村でも北部の低い部分で"ペリゴールから続く砂質"丘陵地帯は，葡萄栽培にはあまり適していない。衛星地区のなかではもっとも北寄りのアペラシオン。
- **ピュイスガン＝サン＝テミリオン** サン＝テミリオンの北東にあり，畑の面積は約700ヘクタール。広大な石灰台地と，コート（丘陵）があって，葡萄栽培に適した土地となっている。

Château Beauséjour and Beauséjour "Clos L'Eglise"
シャトー・ボーセジュール・アンド・ボーセジュール・"クロ・レグリーズ"　Ｖ→

所有者：Vignobles Germain.
作付面積：14ha．年間生産量：6,000ケース．
葡萄品種：メルロ85％，カベルネ・フラン15％．

モンターニュにあるこのすぐれたシャトーは，平均53年の古い葡萄樹と，ベルナール・ジェルマン・チームのダイナミックな経営の恩恵を受けている。クロ・レグリーズは，最も古い葡萄から造られるスペシャル・リザーヴで，なかには1903年に遡るものもある。

私は，ここのワインは非常にリッチで濃密で，真の深みと，熟成させるためには寝かす必要のある構造を持っていると思う。モンターニュでもこんな素晴らしいワインを造れることを示す印象的ワイン。

シャトー紹介

Château Belair-Montaiguillon and Belair St-Georges
シャトー・ベレール＝モンテギヨン・アンド・
ベレール・サン＝ジョルジュ　V

所有者：Nadine Pocci and Yannick Le Menn.
作付面積：10 ha.　年間生産量：5,500 ケース．
葡萄品種：メルロ 80％,
　　　　　カベルネ・フランとカベルネ・ソーヴィニヨン 20％．

この優れたクリュは，サン＝ジョルジュ村の最高地点のひとつにあって南のサン＝テミリオンと向かいあっている。土壌は石灰岩と粘土。最近は豊潤なワインが造られている。リッチでしなやかな果実味にあふれ，はっきりした個性をもっている。サン＝テミリオンのグラン・クリュの最上物に匹敵する。88年のヴィンテージ以来，ここでは2つのワインが別々に造られている。ベレール・サン＝ジョルジュの方は古い木からとれたワインで，熟成には樫樽を使うが若干新樽も含まれている。出来たワインはゆっくり成長するたちだから，ベレール＝モンテギヨンより長く寝かせておく必要がある。モンテギヨンの方は樽熟成をしないが，果実味は豊かである。

Château Bel-Air シャトー・ベ＝レール

所有者：Robert Adove.
作付面積：16 ha.　年間生産量：10,000 ケース．
葡萄品種：メルロ 80％, カベルネ・フラン 15％,
　　　　　カベルネ・ソーヴィニヨン 5％．

ピュイスガン村にあり，良い果実味と中身の充実した魅力的なワインを造っている。〔訳注：もうひとつの同名の Bel-Air がリュサックの最北端にある〕。

Château Bellevue シャトー・ベルヴュー　V

所有者：Chatenoud family.
作付面積：12ha．年間生産量 7,000 ケース．
葡萄品種：メルロ 95％, カベルネ・フラン 5％．

アンドレ・シャトノーは，リュサックにあるこのシャトーで真面目なワインを造っている。気取ったところは一切なく，細心の注意が払われている。新樽の使用は 30％。2000 年の 9 月にテイスティングがあったが，素晴らしい出来の 90 年と 98 年は，ここのワインが新鮮さと力強い風味を保ちながら，いかに見事に熟成するかを示していた。98 年と 99 年も素晴らしい熟成を大いに期待することができる。

Château Calon シャトー・カロン　V

所有者：Jean-Noël Boidron.
モンターニュ葡萄園
　作付面積：36 ha.　年間生産量：16,500 ケース．
　葡萄品種：メルロ 70％, カベルネ・フラン 15％,
　　　　　　カベルネ・ソーヴィニヨン 13％, マルベック 2％．
サン＝ジョルジュ葡萄園
　作付面積：7.5 ha.　年間生産量 3,500 ケース．

サン゠テミリオン衛星地区

葡萄品種：メルロ 80％，カベルネ・フラン 10％，
　　　　　カベルネ・ソーヴィニョン 10％．

ここにも混乱のタネがある！　基本的にはひとつのシャトーなのに，畑がモンターニュとサン゠ジョルジュの2つの村にまたがっている。ラベルは同じだが，アペラシオンは両方が使われている。サン・ジョルジュの部分はわずか7.5ヘクタールしかないが，そこでとれるワインははるかに風味が深く構成もしっかりしている。信頼のおける魅力的なワインだ。ここの所有者はシャトー・コルバン゠ミショットも所有している。

Château Faizeau　シャトー・フェゾー　V
所有者：SC du Château.
管理者：Chantal Lebreton and M. Alain Raynaud.
作付面積：10 ha．年間生産量：5,000 ケース．
葡萄品種：メルロ 100％．

畑はモンターニュ・アペラシオンの最高地点にあるカロンの丘の1区画である。この旧家のシャトーは，1983年からポムロールのラ・クロワ゠ド゠ゲの所有者が管理人として手がけて来た。

　93年は古い葡萄の木を取捨選択した結果，リッチで，しなやかで，心地よい果実味をもった模範的な品質となった。モンターニュの最上品は，平地でとれたサン゠テミリオンよりも優れていることが多いことを示している。

Château de la Grenière　シャトー・ド・ラ・グルニエール
所有者：Jean-Paul Dubreuil.
作付面積：21 ha．年間生産量：12,500 ケース．
葡萄品種：メルロ 55％，カベルネ・ソーヴィニョン 30％，
　　　　　カベルネ・フラン 15％．
セカンド・ラベル：Château les Noves.

リュサック゠サン゠テミリオンにあるこのシャトーは，リッチな果実味がたっぷり含まれている，構成の良い，しっかりしたワインを造る。1995年の後半に試飲した時の素晴らしい89年から判断すると，このワインもうまく熟成するようだ。

Château Guibeau　シャトー・ギボー　V
所有者：Bourlon family．管理者：Henri Bourlon.
作付面積：34 ha．年間生産量：22,000 ケース．
葡萄品種：メルロ 70％，カベルネ・フラン 15％，
　　　　　カベルネ・ソーヴィニョン 15％．
セカンド・ラベル：la Fourvieille, Les Barrails.

ギボー゠ラ゠フルヴィエイユのラベルで売られているワインは，10ヘクタールの畑からとれた精選品である。ピュイスガンの近くの石灰岩台地にある，この大きなクリュのワインは良質である。サン゠テミリオンのグラン・クリュものに匹敵する。ブルロン家はここを再興し，近代化するために多くの投資をした。ワインは細かいところまで注意を払う同家のワイン造りを反映している。この地区で最高のワイン。

シャトー紹介

Château Laroze-Bayard シャトー・ラローズ゠バヤール
所有者：Laporte family.
作付面積：21 ha．年間生産量：13,000 ケース．
葡萄品種：メルロ 70%，カベルネ・フラン 15%，
　　　　　カベルネ・ソーヴィニヨン 15%．
セカンド・ラベル：Château Le Tuileries-de-Bayard.
バヤールの集落にある古いシャトーで，ラポール家が 1700 年以来所有している．発酵槽で熟成させ，色が濃くて果実味のあるワインを造っている．良いボディをそなえていて，構成も上手に造られている〔訳注：バヤールはモンターニュ゠サン゠テミリオン村の東部にある〕．

Château des Laurets シャトー・デ・ローレ →
所有者：SA Château des Laurets.
管理者：Henri Bourlon.
作付面積：79.5 ha．年間生産量：52,000 ケース．
葡萄品種：メルロ 70%，カベルネ・フラン 22%，
　　　　　カベルネ・ソーヴィニヨン 8%．
セカンド・ラベル：Châteaux La Rochette and Maison-Rose.
ピュイスガンでもっとも重要なシャトーで，サン゠テミリオン衛星地区では最大の部類に入る．畑はピュイスガンの集落の南の石灰岩系台地とコートおよび，隣接するモンターニュ゠サン゠テミリオンにあるので，両方のアペラシオンを使っている．評判のいい，たくましい，魅力的なワイン．1995 年からシャトー・ギボー゠ラ゠フルヴィエイユのアンリ・ブルロンが管理するようになったので，向上が期待できる．

Château du Lyonnat シャトー・デュ・リヨナ V→
所有者：GFA des Vignobles Jean Milhade.
作付面積：48 ha．年間生産量：27,000 ケース．
葡萄品種：メルロ 50%，カベルネ・フラン 50%．
セカンド・ラベル：Château La Rose-Perruchon.
サン゠テミリオン衛星地区でもっとも大きくて有名なドメーヌのひとつ．リュサックの中でも東部の石灰台地にある．信頼できる，かなり軽めのスタイリッシュなワインであるにもかかわらず，かなり長持ちする．その水準はサン゠テミリオンのグラン・クリュの上物に匹敵する．最近のヴィンテージは以前よりもリッチで特徴がはっきりしている．

Château Macquin St-Georges
シャトー・マカン・サン゠ジョルジュ
所有者：Coree-Macquin.
管理者：Coree-Macquin.
作付面積：13 ha．
年間生産量：7,500 ケース．
葡萄品種：メルロ 70%，カベルネ・フラン 15%，
　　　　　カベルネ・ソーヴィニヨン 15%．
セカンド・ラベル：Château Bellonne St-Georges.

サン＝テミリオン衛星地区

この有名なクリュは、サン＝ジョルジュの集落に近い丘の斜面にある。ワインの瓶詰と販売は、J. P. ムエックス社がおこなっている（⇒ 265 頁 Pavie-Maquin の項）。ここではつねに、洗練された魅力的な、風味にうるおいのあるワインが造られている。サン＝テミリオンのすぐれたグラン・クリュの水準に匹敵する。

Château Maison-Blanche シャトー・メゾン＝ブランシュ　V
所有者：Gérard and Nicolas Despagne.
作付面積：32 ha。年間生産量：18,500 ケース。
葡萄品種：メルロ 80％、カベルネ・フラン 20％。
別名ラベル：Louis Rapin.
セカンド・ラベル：Les Piliars de Maison-Blanche.
この重要なドメースは、モンターニュ村の西のコートにある。ワインは豊かな香りをもち、早めに飲むタイプとして魅力的。新樽の使用は 20％。

Château Mayne-Blanc シャトー・メーヌ＝ブラン　V
所有者：Jean Boucheau.
作付面積：17 ha。年間生産量：11,000 ケース。
葡萄品種：メルロ 60％、カベルネ・ソーヴィニヨン 30％、
　　　　　カベルネ・フラン 10％。
別名ラベル：Cuvée St-Vincent.
リュサック＝サン＝テミリオンで最高のクリュのひとつ。何世代にわたって同じ家族が所有していた。樹齢 8 年以上の木からとれたワインだけがシャトーのラベルを付けて瓶詰にされ、20 年以上の木だと 3 分の 1 ほど新樽で寝かせ、キュヴェ・サン＝ヴァンサンの名で出荷する。89 年のメーヌ＝ブランはたくましく美味しいワイン。リッチで、幾重にも重なったフルーティな肌理を持っている。

Château Montaiguillon シャトー・モンテギヨン　V
所有者：Amart fimily.
作付面積：26ha。年間生産量 16,500 ケース。
葡萄品種：メルロ 40％、カベルネ・ソーヴィニヨン 30％、
　　　　　カベルネ・フラン 30％。
モンターニュ・サン＝テミリオンの中で最も信頼できる魅力的なワインのひとつ。ワインリストの中にここのワインを見つけたときは、ぜったい当たりはずれはなかった。常に、ボディと素晴らしい果実味をそなえた、堅固で肉付きのよい魅力的なワインを造っている。

Château de Musset シャトー・ド・ミュセ　V
所有者：Patrick Valette.
作付面積：7.5 ha。年間生産量：4,500 ケース。
葡萄品種：メルロ 70％、カベルネ・ソーヴィニヨン 20％、
　　　　　カベルネ・フラン 10％。
この古いシャトーは現在はモンターニュ村に併合されているパルサックの村にある。シャトー・パヴィのジャン＝ポール・ヴァレ

シャトー紹介

ットの息子のパトリック・ヴァレットがシャトーの経営に乗り出してから，相応の注目を浴びるようになった。もし彼が92年に造り上げた，魅力に密接に関連しているリッチさと密度を出すことが出来れば，もっと良い年には，どんなに素晴らしいワインを造ることができるだろうか。見守っていくべきシャトーだ。

Château la Papeterie シャトー・ラ・パプトリー V
所有者：Jean-Pierre Estager.
作付面積：10 ha. 年間生産量：5,000ケース．
葡萄品種：メルロ70％，カベルネ・フラン30％．
この素晴らしいシャトーは，4つのアペラシオン，ポムロール，ラランド・ド・ポムロール，サン＝テミリオン，モンターニュ＝サン＝テミリオンが交差するところに位置している。畑はモンターニュにある。ここの所有者はポムロールの評判の良いシャトー，ラ・カバンヌの所有者でもある。

　90年は1997年に飲んだ時とても魅力的だった。しなやかな果実味をそなえ，構成が素晴らしく，この年の幾つかのワインに見られるような水っぽくなる徴候もなかった。

Les Productions Réunies de Puisseguin et Lussac-St-Émilion
レ・プロデュクシオン・レユニ・ド・ピュイスガン・エ・リュサック＝サン＝テミリオン
作付面積：642 ha． 年間生産量：428,000ケース．
葡萄品種：メルロ70％，
　　　　　カベルネ・フランとカベルネ・ソーヴィニヨン30％．
組合員150名のこの協同組合で造られるワインの多くは，それぞれ2つの村に対応した別のラベルで出されている。リュサックの方がその75％で，ピュイスガンの方は25％。

　なお，そのほか21名ほどの組合員が独自に栽培しているクリュのワインが別々に造られ，それぞれのシャトー名で出されている。ピュイスガンのキュヴェ・ルネッサンスは特に素晴らしい。リュサックの方は軽めである。

Château Roc de Calon シャトー・ロック・ド・カロン V
所有者：Bernard Laydis.
作付面積：20ha。年間生産量 12,000ケース．
葡萄品種：メルロ75％，カベルネ・フラン20％，
　　　　　カベルネ・ソーヴィニヨン5％．
モンターニュにあるこの素晴らしいシャトーは，畑がテルトル・ド・カロンにあり，熟成に発酵槽（80％）と樽を組み合わせて使っている。新樽も使っている。

　2000年9月に飲んでみたところ，89年（特に）と90年は，良い年であればいかにうまく熟成するかを示していた。98年はこれからの熟成が大いに期待できるものだった。素晴らしい，良くできたワイン。

Château Rocher Corbin シャトー・ロシェル・コルバン V
所有者：Durand family.

サン=テミリオン衛星地区

作付面積：9.5 ha. 年間生産量：5,000 ケース.
葡萄品種：メルロ 80%, カベルネ・フラン 15%,
　　　　　カベルネ・ソーヴィニョン 5%.
セカンド・ラベル：Vieux Château Rocher Corbin.
畑はモンターニュのカロンの小丘, "tertre de Calon" の西側にある。90年は真の深みをそなえ, スパイシーな果実味が凝縮している。非常に印象的なワインだ。

Château de Roques シャトー・ド・ロック　V
所有者：Michel Sublett.
作付面積：20 ha. 年間生産量：13,000 ケース.
葡萄品種：メルロ 66%, カベルネ・フラン 34%.
セカンド・ラベル：Châteaux Vieux-Moulin, des Aubarèdes,
　　　　　　　　　Roc du Creuzelat.
このシャトー名はかつての所有者だったジャン・ド・ロックにちなんだものだが, ド・ロックはアンリ4世とごく親しい人物だった。おいしいワインを造っている。サン=テミリオンのグラン・クリュの上物と肩を並べるほどだ。〔訳注：ピュイスガン村の北端にある〕。

Château Roudier シャトー・ルーディエ　V
所有者：Jacques Capdemourlin.
作付面積：30 ha. 年間生産量：15,000 ケース.
葡萄品種：メルロ 60%, カベルネ・フラン 25%,
　　　　　カベルネ・ソーヴィニョン 15%.
この優れた重要なシャトーはモンターニュのコートにあって（土壌は石灰岩と粘土）, 南のサン=テミリオンと向かいあっている。所有者はカプ=ド=ムールランの経営もおこない, バレスタール=ラ=トネルも所有している。ワインは高い水準を保っている。驚く程リッチで, 野鳥獣の風味をもっている。サン=テミリオンのグラン・クリュの最上物に楽に匹敵する。

Château St-André-Corbin
シャトー・サン=タンドレ=コルバン　V
所有者：Robert Carré.
管理者：Alain Moueix.
作付面積：19 ha. 年間生産量：11,000 ケース.
葡萄品種：メルロ 77%, カベルネ・フラン 23%.
サン=テミリオンのグラン・クリュと肩をならべる品質を持つクリュ。スパイシーで, 果実味もあり, バランスのとれた構成を持つ魅力的なワインを造っている。現在, 畑の管理は J. P. ムエックス社からアラン・ムエックスの手に残っている。

Château St-Georges シャトー・サン=ジョルジュ　V
所有者：M Desbois-Pétrus.
作付面積：50 ha. 年間生産量：25,000 ケース.
葡萄品種：メルロ 60%, カベルネ・フラン 20%,
　　　　　カベルネ・ソーヴィニョン 20%.

シャトー紹介

セカンド・ラベル：Puy-St-Georges.
衛星地区全体でもっとも華麗なシャトーのひとつで，ヴィクトル・ルイ〔純粋な古典様式を守って，ボルドー市内の大劇場グラン・テアートルを建造した建築家〕が1774年に建てた，まさに宮殿のような建物がある。畑は南に面したコートにあって，サン=テミリオンのほうを向いている。優雅だが，骨格のしっかりしたワインで，寿命はかなり長い。熟成用の樽は毎年半分を新樽にする。このシャトーはサン=テミリオンにあるなら，グラン・クリュ・クラッセから外されることはまずあるまい。そのため，ワインの評判は非常に高く，とくに，ここのワインの多くがオーダー・メイルによって消費者に直販されているフランスでは大人気だ。

Château Teyssier シャトー・テシエ
所有者：Family Durand-Teyssier.
管理者：Dourthe-Kressmann.
作付面積：25ha．年間生産量 13,000 ケース．
葡萄品種：メルロ 75%，
　　　　　カベルネ・フランとカベルネ・ソーヴィニヨン 25%.
ちょっと紛らわしいが，このシャトーはモンターニュとピュイスガン・サン=テミリオンの2つのアペラシオンにまたがっている。1995年からは，ドート・クレスマンが経営とワインの商業化の責任者となっている。非常にフルーティでリッチなワインを造っている。しかし，葡萄から果汁を搾出しすぎるきらいがある。

Château Tour-du-Pas-St-Georges
シャトー・トゥール=デュ=パ=サン=ジョルジュ　V
所有者：Pascal Delbeck.
作付面積：15 ha．年間生産量：8,000 ケース．
葡萄品種：メルロ 50%，カベルネ・フラン 35%，
　　　　　カベルネ・ソーヴィニヨン 15%.
このシャトーはサン=ジョルジュ村の，粘土と石灰岩からなる南向きの斜面にある。2003年にマダム・デュボワ=シャロンが死去すると，シャトーはパスカル・デルベックの手に渡った。彼は長年畑の管理で大成功をおさめてきた。その結果優れたワインが誕生している。

La Tour Mont d'Or ラ・トゥール・モン・ドール
作付面積：92 ha．年間生産量：72,000 ケース．
葡萄品種：メルロ 75%，カベルネ・ソーヴィニヨン 15%，
　　　　　カベルネ・フラン 10%.
モンターニュ=サン=テミリオンの協同組合で，組合員数は60名。サン=テミリオン衛星地区の古典的スタイルのワインを造っているが，評判はよい。ここでは3つのラベルのワインが造られている。シャトー・パロン・グラン・セニュール Châteaux Palon Grand Seigneur, ラ・トゥール・モン・ドール La Tour Mont d'Or, ボードロン Baudron である。

サン=テミリオン衛星地区

Château Vieux Bonneau シャトー・ヴィユー・ボノー

所有者：Alain Despagne.
作付面積：13ha. 年間生産量 7,000 ケース.
葡萄品種：メルロ 80％，カベルネ・フラン 10％，
　　　　　カベルネ・ソーヴィニヨン 10％.

モンターニュのいいシャトーのひとつ。新樽を 25％ 使っている。素晴らしく魅惑的でみずみずしい 99 年のグラスからは，輝かしい果実味が飛びだし，ずらりと並んだサン=テミリオン衛星地区のワインの中で飛び抜けて素晴らしかった。探し求める価値のあるワイン。

Château des Tours シャトー・デ・トゥール

所有者：Marne et Champagne.
作付面積：52 ha. 年間生産量：34,000 ケース.
葡萄品種：メルロ 34％，マルベック 33％，
　　　　　カベルネ・フランとカベルネ・ソーヴィニヨン 33％.
セカンド・ラベル：Château La Croix-Blanche.

モンターニュ最大のドメーヌで，シャトーの建物も，モンターニュで一番豪壮な 14 世紀のものである。畑はモンターニュの町の東のコートにあって，サン=テミリオンのほうを向いている。貯蔵庫は最新式で，膨大な生産量を扱えるだけの設備が整っている。貯蔵能力は 80,000 ケース以上に及ぶ。シャンパンのメーカーである現在のオーナーがここを買収したのが 1983 年で，この会社のボルドー・グループのシャトーの旗艦的存在になっている。この会社の事務所もここにある。不幸にも，停滞の時期があったが，98 年に新たなスタートを切った。非常に良いワインを造れる可能性がある。願わくば，今，その意志をもって欲しい。

シャトー紹介

ポムロール
Pomerol

偉大な赤ワインの産地なのだが、ボルドーで一番小さな地区だ。東西4キロ、南北3キロほどで、面積はわずか760ヘクタール。年平均32,000ヘクトリットル生産しているが、メドックのサン=ジュリアンとほぼ同じ。ただ、土壌の複雑さが、ここのワインに他と異なる個性や特徴を与え、ボルドーで特に注目すべきワインのいくつかを生みだしている。

ポムロールの最上物は、大部分のサン=テミリオンより飲み手に与える印象が強く、リッチで、濃密で、タンニンも多い。メルロの比率がサン=テミリオンよりも高いが、土壌が粘土質で総体的に温度が低くなる関係で、多くのワインは熟成の初期の段階で、メドックに驚くほど似通うことがある。この点などは、土壌が葡萄品種の性格をいかに変えるかを示す好例といえよう。ワインの大多数は4年から7年目でおいしく飲めるようになるが、数少ない極上物はもう少し時間がかかる。最上の年のワインは長持ちする。55年、64年、70年は、いまだに見事だ。

ポムロールでは、ワインの格付けをしていないし、これからもすることはないだろう。格付けを望む声が地元からまったく出ないからだ。ペトリュスに続くものとしては、一般に、次のワインが最上とされている。アルファベット順にあげておこう。セルタン=ド=メイ、ラ・コンセイヤント、レグリーズ=クリネ、レヴァンジル、ラ・フルール=ペトリュス、ガザン、ラフルール、ラトゥール・ア・ポムロール、プティ=ヴィラージュ、トロタノワ、ヴィユー・シャトー・セルタン。

Château Beauregard シャトー・ボールガール ★→
所有者：Crédit Foncier de France.
作付面積：17.5 ha. 年間生産量：9,000ケース.
葡萄品種：メルロ70％、カベルネ・フラン30％、
セカンド・ラベル：Benjamin de Beauregard.
ポムロールの標準からいえば大きなクリュで、17世紀から18世紀にさかのぼる優美なシャトーがある。1991年にクローズル家はシャトーをクレディ・フォンシエ・ド・フランスに売却した。
(⇒ 214頁 Bastor-Lamontagne の項)

畑はポムロールの高い台地にあり、土壌は砂利に砂が混じっている。経営はうまいし、評判もいいクリュだ。熟成にさいしては約60％の新樽が使われる。ポムロールを代表する10あまりのクリュには入っていないが、それに次ぐグループの中ではいいワインで、リッチで風味にあふれている。かなり早く熟成し、本物の素性のよさと魅力を見せるようになる。

Château Le Bon Pasteur
シャトー・ル・ボン・パストゥール ★
所有者：Dupuy-Rolland. 管理者：Michel Rolland.

作付面積：7 ha. 年間生産量：2,500 ケース．
葡萄品種：メルロ 80%，カベルネ・フラン 20%．
このクリュはポムロールの北東部の，サン＝テミリオンとの境にあって，ガザンとクロック＝ミショットにはさまれている。現在の所有者がこのシャトーを引き継いで以来，アメリカでかなり高い評判を得ている。しかし，ワインはその前からリッチで心をそそるものだった——私の記憶には，今も優れた 70 年ものが刻みつけられている。樽を使っての熟成には，現在 35% の新樽を使用。ワインは極めて魅力的で，しなやかで，リッチ。

Château Bonalgue シャトー・ボナルグ

所有者：Pierre Bourotte.
作付面積：6.5 ha. 年間生産量：2,500 ケース．
葡萄品種：メルロ 90%，カベルネ・フラン 10%．
セカンド・ラベル：Château Burgrave.

このシャトーは，1815 年にアントワース・ラビオンによって建てられた。ポムロールの AC 地区内では南部にあたる砂利まじりの砂質の台地にある。1926 年以来ブーロット家がここを所有し，魅力的なワインを造っている。発酵は現代的なステンレス・タンクで行われ，熟成に使われる新樽の比率は 50%。ワインは豊かな果実味と，樽の風味とバランスがとれた重みを持っている。しかし最上の飲み頃になるには 5 年から 7 年かかる。

Château Bourgneuf-Vayron
シャトー・ブールヌフ＝ヴァイロン ★V

所有者：Xavier Vayron.
作付面積：9 ha. 年間生産量：3,500 ケース．
葡萄品種：メルロ 90%，カベルネ・フラン 10%．

ポムロールの高台が西側に向かってゆるやかに傾斜している途中にある。ここでは砂利質の土壌に砂が混じっている。ワインは魅力的で，スタイリッシュで，中くらいの重みのポムロールに仕上がっている。ごく若いうちからしなやかで，楽しめるタイプ。一流のワインのもつ密度には欠けるが，育ちのよさははっきり出ている。

Château La Cabanne シャトー・ラ・カバンヌ

所有者：Jean-Pierre Estager.
作付面積：10 ha. 年間生産量：5,000 ケース．
葡萄品種：メルロ 92%，カベルネ・フラン 8%．
セカンド・ラベル：Domaine de Compostelle.

ラ・カバンヌはポムロールでも台地の高い部分に位置していて畑の土質は砂利と粘土だが，それが鉄分を含んだ硬い基盤 crasse de fer の上をおおっている。1966 年にジャン＝ピエール・エスタジェはここを買い求めると醸造所と貯蔵庫を近代化し，ステンレス製とガラスでコーティングされたコンクリート製の発酵槽をすえつけた。ワイン造りは注意深く行われ，葡萄は完熟させた上，可能なかぎりのタンニンを抽出させるようにしているが，ここで使われている高い比率の新樽とバランスを取らせるため。こうし

シャトー紹介

たやり方の結果は，密度の高い果実味を特徴とする，頼りがいのあるワインになっている。あまり知られていないが，評判は上昇中。

Château Certan-de-May シャトー・セルタン゠ド゠メイ ★★
所有者：Mme Odette Barreau-Bader.
作付面積：5 ha. 年間生産量：2,000 ケース．
葡萄品種：メルロ 70％，カベルネ・フラン 25％，
　　　　　カベルネ・ソーヴィニヨン 5％.

この小さなシャトーはポムロールの高台の心臓ともいうべきところに集まった数多くのシャトーの典型である。その小さな規模に所有者の熱意が組みあわさって，個性あふれる独特のワインを造りだしている。もともとはヴィユー゠シャトー゠セルタンの一部で，土壌はほとんど砂利で，それに粘土が混じっている。最上のポムロールのほとんど全部が集まっている地区の中ではシュヴァル゠ブランに近い。ここ何年かのヴィンテージで，このクリュは陽の当たらぬ場所からふたたび返り咲き，急速に，ポムロールの一流ワインの仲間入りをしつつある。熟成には 50％ の新樽が使われる。

ワインには豊潤さ，リッチさ，力があって，きれいにまとまったお隣りのヴィユー゠シャトー゠セルタンよりも，むしろトロタノワを連想させる。素晴らしいワインが造られたのは，82年，83年，85年，86年，88年，89年，90年，95年，98年，2000年。もちろん，機会があればぜったい手に入れてほしいワインだ。

Château Certan-Giraud シャトー・セルタン゠ジロー
〔訳注：このシャトーは 1998 年に J. P. ムエックス社とドロン家（レオヴィル゠ラス゠カーズのオーナー）に買収された。各項参照〕

Château Clinet シャトー・クリネ ★
所有者：Jean-Louis Laborde.
作付面積：9 ha. 年間生産量：4,400 ケース．
葡萄品種：メルロ 75％，カベルネ・ソーヴィニヨン 15％，
　　　　　カベルネ・フラン 10％.

このクリュはリブールヌのネゴシアン，オーディ社のもので，ポムロールの高台の聖堂に近く，土壌は砂利質で砂が混じっている。何年かにわたって，ここの畑にはカベルネ・ソーヴィニヨンがあまりにも多く植えられ，ワインは頑強で魅力に欠けていた。1970年代の半ばから，ジャン゠ミシェル・アルコートがオーディ社の畑のすべてを管理するようになった。1998年，オーディは現在のオーナーに売却し，ジャン゠ミシェルが管理を担当した。（ジャン゠ミシェルは 2001 年交通事故で亡くなった）。

彼はまずメルロを増やし，カベルネを減らした。その後，シャトー・ル・ボン・パストゥールのミシェル・ロランと相談して85 年から仕事のやり方を変え，まず葡萄の遅摘み――ぎりぎりの完熟――，仕込む前の選果，長期間発酵槽仕込み，新樽の多量使用などを行った。革新は劇的な効果をあげた。86 年は私が今

まで味わった中でも最上のクリネだったし、その後は、88年と89年、90年が古典的ワインになった。ここの樽ワインを判定するのは、かなり難しいこともあり、再びボトルのテイスティングする必要がある。1998年、2000年、2001年は印象的。今ではポムロールの輝き始めた星のひとつ。

Clos du Clocher クロ・デュ・クロシェ
所有者：Éts J-B Audy.
作付面積：6 ha. 年間生産量：2,600ケース.
葡萄品種：メルロ80％、カベルネ・フラン20％.
セカンド・ラベル：Esprit de Clocher.

1931年にジャン＝バプチスト・オーディによって創られ、今ではよく名前の通って信頼できるクリュになっている。ワインは丹念に造られ、細部にも目が届いている。最後の選酒混合（アッサンブラージュ）はミシェル・ロランがおこなっている。

Château La Conseillante シャトー・ラ・コンセイヤント ★★★
所有者：Héritiers Louis Nicolas.
管理者：Arnaud de Lamy.
作付面積：12 ha. 年間生産量：5,000ケース.
葡萄品種：メルロ65％、カベルネ・フラン30％、
　　　　　マルベック5％.

ここは毎年、ペトリュスの次にランクされる2つか3つの銘柄のワインのひとつになっている。安定性に加えて、ワインの強い個性が感じられる。密度が高くて育ちのよい香りに、独特の個性をもつすぐれた風味が溶けあい、油のようになめらかな反面しっかりまとまっていて、かなり余韻の長い風味をもっている。隣のレヴァンジルも明らかに同じ系列のワインだが、ラ・コンセイヤントのワインは熟成するにつれて、プティ＝ヴィラージュとよく似てくる。傑出した年は、79年、82年、83年、85年、86年、88年、89年、90年。最近では、93年、94年、95年、97年、98年、99年、2000年、2001年が、それぞれの年のポムロール・ベスト・ワインの中に入っている。

Château La Croix シャトー・ラ・クロワ ★
所有者：SC J Janoueix.
作付面積：10 ha. 年間生産量：5,000ケース.
葡萄品種：メルロ60％、カベルネ・フラン20％、
　　　　　カベルネ・ソーヴィニヨン20％.
セカンド・ラベル：Château Le Gabachot.

ここのワインは4、5年目あたりで楽しめ、バランスがよく、魅力的でありながら、とても長持ちして、繊細さとスパイシーな複雑さを増やしていく。71年はとても長命で、14年目で澄みきった姿を見せ、円熟してはいるがしっかりしたバックボーンももち、心地よい風味のものになっていた。ポムロールにある「クロワ」の名前がつくシャトーの中から選ぶとしたら、これは探し求める価値がある。〔訳注：カッソーの町の裏手にある〕

シャトー紹介

Château La Croix-de-Gay シャトー・ラ・クロワ゠ド゠ゲ ★
所有者：Alain Raynaud.
作付面積：13 ha． 年間生産量：6,500 ケース．
葡萄品種：メルロ 80％，カベルネ・ソーヴィニヨン 10％，
　　　　　カベルネ・フラン 10％．
キュヴェ・プレスティージ：Château La Fleur de Gay.
このシャトーはポムロールの高台の北端にあり，土壌は砂利を中心として，砂がいくらか混じっている。熟成には 50％ の新樽を使っている。ここのワインはスタイリッシュで，フルーティな魅力があり，アロマチック。95 年や 98 年のような最高の年では，リッチでしっかりとしたワインになる。畑は 3 ヘクタールほどフルール・ド・ゲのためにとってあり，それには 100％ 新樽を使用している。

Château La Croix-du-Casse
シャトー・ラ・クロワ゠デュ゠カース ★
所有者：GAM Audy.
作付面積：9 ha． 年間生産量：5,300 ケース．
葡萄品種：メルロ 70％，カベルネ・フラン 30％．
セカンド・ラベル：Domaine du Casse.
ここは長年シャトー・クリネと同一経営下にあったが，生まれるワインは全くちがったスタイルのものになっている。鉄分を含む硬い基盤を砂利の多い土壌が覆っているおかげで，ワインは魅力的な高い香りをもち，風味にあふれ，おいしい果実味をそなえている。〔訳注：ポムロールとしては，南端で少し西よりにある〕。

Château La Croix-St-Georges
シャトー・ラ・クロワ゠サン゠ジョルジュ ★→
所有者：SC J Janoueix.
作付面積：5 ha． 年間生産量：2,000 ケース．
葡萄品種：メルロ 95％，カベルネ・フラン 5％．
セカンド・ラベル：Le Prieuré.
これはラ・クロワと一緒に経営されているが，2 つのワインの主な違いは，それぞれの畑の位置の差によるものである。ラ・クロワ゠サン゠ジョルジュの方は高台の平坦地部分にあり，そのため土質はほとんどが砂利である。ワインはしなやかさとフィネスを兼ねそなえている。新樽の使用は 100％。

Domaine de l'Église ドメーヌ・ド・レグリーズ ★
所有者：Philippe Castéja and Mme Peter Preben Hansen.
作付面積：7 ha． 年間生産量：3,500 ケース．
葡萄品種：メルロ 90％，カベルネ・フラン 10％．
このクリュは，もとは 19 世紀に取り壊されたずっと古い聖堂の隣にあった。シャトーは高台にあり，土壌は深い砂利層にところどころ鉄分が混じっていて，ワインに一定の輝きと深い色を与えてくれる。長年にわたってここのワインの販売にあたっていたカステジャ家が，1972 年にシャトーを買いとった。ワインは軽いタイプだが，洗練されていて，香り高く，優雅。しかし，86 年

にはフィリップ・カステジャがもっと密度の高いワインをつくるために，熟成に新樽を使い出した。毎年3分の1ずつを新樽にしている。出来のよいセカンドクラスのポムロールだ。

Clos L'Église クロ・レグリーズ　★→
所有者：M and Mme Garcin-Cathiard.
作付面積：6 ha.　年間生産量：2,000ケース．
葡萄品種：メルロ57％，カベルネ・フラン43％．
セカンド・ラベル：Esprit de L'Église.
この小さなシャトーは高台の砂利を中心とする土壌に砂が混じった場所にある。経営の順調なシャトーで，1997年に現在の所有者の手に渡った。オ＝ベルジェのガルサン＝カティヤールが買い取って以来，シャトーは変貌を遂げてきた。1983年に投入されたステンレス・タンクは，小さな60ヘクトリットルの木製の桶にとってかわられた。その結果，1997年に極上質の素晴らしいワイン（ヘクタール当たり23ヘクトリットル）が誕生した。ここがポムロールのトップに躍り出るのは，まず間違いない。

Château L'Église-Clinet
シャトー・レグリーズ＝クリネ　★★→
所有者：Denis Durantou.
作付面積：6 ha.　年間生産量：3,000ケース．
葡萄品種：メルロ80％，カベルネ・フラン20％．
ここの小さな畑は長年にわたって，クロ・ルネのラセール家が耕作している。高台の古い聖堂（現在は取りこわされている）の墓地の近くにあり，土壌は砂利が主体で，そこに砂が混じっている。このシャトーの大きな特徴というと，葡萄の木がポムロールのシャトーの大部分のものより古いことだ。56年の霜害のあとも引き抜かれることなく，畑に残されて回復を待ったために，その結果，ほとんどの木が見事に回復した。ワインは細心の注意を払って造られていて，熟成のさいには50％の新樽が使われている。ここの愛好者のあいだでワインの評判は，昔から高い。リッチで，しなやかで，フルーティな，古典的ポムロールだ。この10年間は，ポムロールで最も需要の高いクリュのひとつとなっている。90年，98年，99年，2000年は，それぞれの年でポムロール最高のワインの仲間入りをしている。残念だが，このワインの入手は難しい。ラ・プティ・エグリーズは賃貸している畑の葡萄から造ったワインなので，ここのセカンド・ワインではない。

Château L'Enclos シャトー・ランクロ
所有者：SC du Château L'Enclos.
管理者：Hugues Weydert.
作付面積：9.5 ha.　年間生産量：5,000ケース．
葡萄品種：メルロ82％，カベルネ・フラン17％，
　　　　　マルベック1％．
この素晴らしいクリュはポムロールの高台に集まった主なシャトーから離れて，リブールヌとペリグーを結ぶ国道89号線の西に入ったところにある。土壌は主として砂質だが，大切な砂利層の

露出も見られる。隣のクロ・ルネや、もうすこし離れたムーリネにも同じ砂利の層が見られる。今日のワインのスタイルは、どちらかといえばクロ・ルネに似ている——濃厚な肌理を持っているが、クロ・ルネよりも粗っぽく、フルーティなところが少ない。

Château L'Évangile シャトー・レヴァンジル ★★★→
所有者：Domaines Rothschild.
作付面積：14.8 ha. 年間生産量：4,500 ケース.
葡萄品種：メルロ 78%、カベルネ・フラン 22%.
ポムロールを代表するクリュのひとつで、高台の端にあり、ラ・コンセイヤント、ヴィユー・シャトー・セルタンに隣接している。砂利を主体とする土壌に、ここでは粘土と砂が混じっている。ペトリュスの独特の個性を生み出しているのもこのような地勢である（ペトリュスの畑はほとんどが粘土と砂利）。ワインのスタイルはラ・コンセイヤントに一番よく似ているが、メルロの比率が高いのと、土壌に粘土が混じっているのと、熟成のときに使われる新樽の比率が 98 年までは 20% しかないのとで、ラ・コンセイヤントとはまた違った個性を示している。発酵は果帽を沈める方法がとられ、その結果、ワインの色づきがよくなる。ラ・コンセイヤントに比べると、ワインは重量感があり、噛めるような感じさえする肌理の厚さをもっているが、腰の強さに欠けることが時々ある。

1990 年に、マダム・デュカッスを除く他の株主達は、その持株をドメーヌ・ロートシルトに売った。現在ロートシルトはワインの販売に当っているが、マダム・デュカッスはミシェル・ロランを顧問醸造技師として使い、1999 年まで経営に当っていた。過去には、いささかワインにばらつきが出ることもあったが、最近の記録は印象的である。82 年は甘美でよく熟成していた。83 年はスケールが大きく、しっかりしていた。85 年は、おおらかで洗練されていた。88 年も秀逸だった。89 年と 90 年は例外的な出来栄え。93 年は、この年としては傑出したワインのひとつで、94 年も 93 年と同様にすばらしい。95 年、96 年、97 年、98 年、99 年、2000 年はいずれも出色の出来で、レヴァンジルはポムロールのトップ・クリュのひとつとなった。ここのワインは現在一級の値がついている。

Château Feytit-Clinet シャトー・フェイティ゠クリネ ★
所有者：Ind Chasseuil. 管理者：Éts J. P. Moueix.
作付面積：6.3 ha. 年間生産量：3,000 ケース.
葡萄品種：メルロ 85%、カベルネ・フラン 15%.
高台の西手の端の、砂利を中心とする土壌に砂が混じった場所にあるシャトー。〔ラトゥール・ア・ポムロールの隣〕運営は敏腕で鳴らすムエックス社がすべてひきうけ、クリスチャン・ムエックスと彼お気に入りの醸造技師、ジャン゠クロード・ベルーエが陣頭指揮をとっている。ワインはプラムの香りが強烈だが、風味のほうは想像以上に優雅で、かなり長い余韻と、きりっとした切れ味をもっていて、2 番手のポムロールとしてはなかなか優秀だ。このような経営陣から生まれるワインなので、当然ながら非

常に安定している。

Château La Fleur-de-Gay シャトー・ラ・フルール=ド=ゲ ★
所有者：Raynaud family.
作付面積：1.75 ha. 年間生産量：1,000 ケース．
葡萄品種：メルロ 100％．

レイノー家はここの畑を特にメルロ用として別扱いしている。畑の砂利層が厚いため，メルロは風味に満ち密度の高い果実味をそなえたワインを生み出している。醸造はミシェル・ロランとパスカル・リベロー＝ガイヨン教授が見守る中，かなりの高温で行われる。この特殊なワインは非常に優れた品質を持っている。

Château La Fleur-Pétrus
シャトー・ラ・フルール=ペトリュス ★★→
所有者：SC du Château.
管理者：Éts J. P. Moueix.
作付面積：13.8 ha. 年間生産量：4,500 ケース．
葡萄品種：メルロ 80％, カベルネ・フラン 20％．

ポムロールを代表するクリュのひとつで，道路をはさんでペトリュスと向かいあっているが，土壌はまったく違う。ここの土壌は大きな砂利が多くて，石ころだらけという感じだが，粘土や砂はない。この何年間か，ワインの評判は着実に向上していて，今ではムエックス帝国の旗艦的存在のひとつとなり，砂利だけの土壌でできる最上のポムロールと称されるまでになった。ムエックス社のシャトーはラトゥール・ア・ポムロールは別として，あとはすべて土壌に粘土を含んでいるのだ。熟成にさいしては，3分の1の新樽が使われている。

ワインは豪奢なまでにかぐわしく，力強く，優雅な香りをもち，偉大な複雑さ，リッチさ，強い風味をそなえている点は，明らかに最高の品質をあらわしている。ここのワインは恒常的に良質である。82 年，83 年，85 年（並みはずれて優秀な出来），86 年，88 年，89 年，90 年，95 年，97 年，98 年，99 年，2000 年は愛すべき例。ほかの代表的なクリュほど重量感はないが，このワインが育ちの良さと美しさを備えていることは疑いない。1994 年，隣のル・ゲから 4 ヘクタールの畑を購入，ワインは更なる広がりを持つようになった。

Château Le Gay シャトー・ル・ゲ ★
所有者：Catherine Pére-Vergé.
作付面積：6 ha. 年間生産量：1,200 ケース．
葡萄品種：メルロ 65％, カベルネ・フラン 35％．

このクリュは高台の北端の砂利質の土地にあって，所有者のもうひとつのクリュ，ラフルールにも近い。長年にわたり，ワインの販売は，J. P. ムエックス社が独占してきたが，シャトーの運営はロバン姉妹が自分たちの手でおこなっていた。しかしながら，テレーズ・ロバンが亡くなってからは，ムエックス社が経営をひきついだ。2003 年にマリー・ロバレが亡くなると，相続人たちは，シャトーをカトリーヌ・ペレ＝ヴェルジェに売却した。

シャトー紹介

ル・ゲで造られるワインは、つねにスケールが大きく、濃厚で、身がしまっていて、64年や66年の瓶がいまだに実証しているように、見事な熟成ぶりを示してくれる。今後もますます良い方向へ向かうだろうし、ワインがもう少し洗練されて安定したものになるのは間違いない。1994年、畑の一部を隣のラ・フルール＝ペトリュスに売却。

Château Gazin シャトー・ガザン　★★→
所有者：Nicolas and Christophe de Bailliencourt.
作付面積：24 ha.　年間生産量：8,000 ケース.
葡萄品種：メルロ 90％，カベルネ・フラン 7％，
　　　　　カベルネ・ソーヴィニヨン 3％.

トップクラスのポムロールのなかでは最大で、高台の北東の、砂利質の土地にある。60年代の終わりに、ペトリュスの畑と隣接した部分で、土壌に同じ粘土を含むところをペトリュスに売却した。樽熟成には、50％の新樽を使っている。

　長年にわたり資金不足もあって、ワインは平均以下の出来だった。しかし85年からは、偉大な密度とスタイルの良いワインを造り出せるようになった。85年は密度が高く、リッチで腰がしっかりしていた。88年は非常にスタイルが良く、愛すべきリッチな後味を持っていた。89年と90年は実に印象的だった。93年はこの年に成功したワインのひとつ。その後、94年、95年、96年、97年、98年、99年、2000年とすぐれたワインが続いた。この傑出したクリュが、その本来の姿を取り戻していくのを見るのは嬉しい。

Château La Grave シャトー・ラ・グラーヴ　★
所有者：Christian Moueix.
作付面積：8.7 ha.　年間生産量：4,000 ケース.
葡萄品種：メルロ 85％，カベルネ・フラン 15％.

この小さなシャトーは1971年以来、J. P. ムエックス社のクリスチャン・ムエックス個人の所有となっている。ムエックス社は多くのシャトーや畑を所有し、多数のシャトーの栽培と経営にもかかわっていて、クリスチャン・ムエックスがチームの陣頭指揮にあたっている。ここはポムロール北部やや西寄りの、高台中腹の砂利質の土地にあって、リブールヌとペリグーを結ぶ国道89号線からすこし東に入ったところにある〔ラトゥール＝ア・ポムロールの北隣り〕。ここの名前は長ったらしくて損をしていた。ラベルには"シャトー・ラ・グラーヴ"の文字が大きく描かれ、"トリガン＝ド＝ボワゼ"がその下に小さな字で入っていた。今ではこれが簡素化されている。

　樽熟成には、25％の新樽が使われている。ワインはかなりリッチで、タンニンが多く、洗練されているが、トップクラスのクリュに比べると華やかさに欠ける。出来の良いセカンドクラスのポムロールといったところだ。82年、83年、85年、86年、88年、89年、90年、94年、95年、98年、99年、2000年は、すべてここの成功例だ。きれいに造られていて、一貫性のあるワイン。

ポムロール

Château Hosanna シャトー・オザンナ ★★→
所有者：Éts J. P. Moueix.
作付面積：7.2 ha. 年間生産量：1,500 ケース.
葡萄品種：メルロ 70％, カベルネ・フラン 30％.
セカンド・ラベル：Certan-Marzelle.
1999 年, クリスチャン・ムエックスはセルタン・ジローを買い取り, セルタンの台地から外れた部分はヌナンのジャン＝ユベール＝ドロンに売却し, シャトーの名をオザンナに変えた. 命名に当たって, ポムロールの伝統を尊重して, 教会にまつわる名前を用いた. 樹齢が平均 35 年の古い木が植わっている畑は, ペトリュスとラフルールに隣接している. 最初のヴィンテージは 99 年と 2000 年. ここがトラトノワやラ・フルール＝ペトリュスに匹敵する, ムエックス系列の輝く星のひとつになった. 約 3.5 ヘクタールの若い木からとれたワインは, セルタン＝マルゼルのラベルで販売されている. 比較的若いうちに飲むべき美味しいワイン.

Château Lafleur シャトー・ラフルール ★★★
所有者：Sylvie and Jacques Guinaudeau.
作付面積：4.6 ha. 年間生産量：2,400 ケース.
葡萄品種：メルロ 50％, カベルネ・フラン 50％.
セカンド・ラベル：Les Pensées de Lafleur.
小さいながら秀逸なこのクリュは, 砂利の多い高台にあり, 土壌にはトップクラスのクリュにつきものの貴重な粘土を含んでいる. 隣はラ・フルール＝ペトリュスだが, 隣でも土壌の性格が違っていて, ラ・フルール＝ペトリュスには粘土が見受けられない.

1985 年から, ギノードーがこのシャトーの経営に責任を持つようになり, すでに立派な評価を受けていた評判をさらに高めた. 82 年, 90 年, 98 年は, ペトリュスに匹敵するほどの出来栄えだった. 残念なことに生産量がきわめて少ないため, 品薄だけでなく値が高い. ワインのスタイルは豊潤な魅力にあふれていて, 偉大なフィネスと愛らしいブーケをもっている. 最近のものは, 以前よりも熟成がゆっくりしている. カベルネ・フランを極めて高い比率で使用していることが, ここのワインに個性と長寿を与える上で決定的な役割を果たしていることに注目されたい.

Château Lafleur-Gazin シャトー・ラフルール＝ガザン ★
所有者：Mme Delfour.
管理者：Éts J. P. Moueix.
作付面積：8.5 ha. 年間生産量：3,500 ケース.
葡萄品種：メルロ 80％, カベルネ・フラン 20％.
高台の北東の端にあって, ガザンと隣りあっているシャトー. この土壌は砂利を主体として, 砂が混じっている.

1976 年に J. P. ムエックス社が "栽培請負人" となって以来, このクリュは一躍有名になった. クリスチャン・ムエックスと醸造技師ジャン＝クロード・ベルーエの指揮のもとに, ムエックス・チームといえば必ず連想される, すみずみまで神経の行き届いた経営がなされている. ワインはリッチで, きわめて力強く, 芯に腰の強さが感じられる. 見守る価値がある本物のワイン.

シャトー紹介

Château Lagrange シャトー・ラグランジュ ★V
所有者：Éts J. P. Moueix.
作付面積：4.7 ha. 年間生産量：2,000 ケース.
葡萄品種：メルロ 95%, カベルネ・フラン 5%.

砂利質の高台にあるシャトーで〔聖堂のすぐ東〕，ここもムエックスが所有している。熟成には一部新樽が使われる。ワインは，一種独特の風味をもち，育ちのよさが魅力や骨格と溶けあって，洗練されたワインになっている。80年代，90年代のワインは，いずれも印象的。出来のよいセカンドクラスのポムロール。

Château Latour à Pomerol
シャトー・ラトゥール・ア・ポムロール ★★V
所有者：Mme Lily Lacoste.
管理者：Éts J. P. Moueix.
作付面積：8 ha. 年間生産量：3,900 ケース.
葡萄品種：メルロ 90%, カベルネ・フラン 10%.

この素晴らしいシャトーは砂利の多い高台の，聖堂の北西にある。所有者はペトリュスの共同所有者でもあり，経営と販売はJ. P. ムエックス社がおこなっている。樽熟成には25%の新樽を用いる。過去には品質にムラがあり，すぐれた瓶があるかと思えば失望させるものもあった。しかし，1970年代にめざましい向上をとげた。現在のワインは，驚くほどの高い香り，そして風味と力とフィネスのかもしだす華麗な美を特徴としている。今ではラ・フルール＝ペトリュスとスタイルがよく似ている。83年など，私はラトゥールのほうが上だとすら思った。85年以降のワインは素晴らしい密度があり印象的。特に，90年，95年，98年，99年，2000年を探すと良い。今やポムロールを代表するクリュのなかに入ることは明らかだ。一番のお買得のひとつでもある。

Château Mazeyres シャトー・マゼイル ★→
所有者：Caisse de Retraite de la Soc Générale.
管理者：Alain Moueix.
作付面積：22 ha. 年間生産量：11,000 ケース.
葡萄品種：メルロ 80%, カベルネ・フラン 20%.

このシャトーはリブールヌの北，アペラシオンとしては西端になる。砂利と砂の低い台地にある。1998年にソシエテ・ジェネラルの年金基金部門がここを買い取り，アラン・ムエックスが管理をするようになってから，著しい進歩を遂げた。ワインはより濃厚になったにもかかわらず，以前の魅力的なスタイルと見事にまとまった果実味を失わない。新樽の使用は40%。

Château Moulinet シャトー・ムーリネ ★
所有者：SC du Château. 管理者：Marie-Jossée Moueix.
作付面積：18 ha. 年間生産量：10,000 ケース.
葡萄品種：メルロ 60%, カベルネ・ソーヴィニョン 30%,
　　　　　カベルネ・フラン 10%.

この比較的大きなシャトーはリブールヌとペリグーを結ぶ道路〔訳注：国道89号線〕の西側の，砂利と砂が混じった高台の中ほ

ポムロール

どにある〔訳注:ド・サルの東〕。現在は J. P. ムエックス社が経営するようになったシャトーのひとつ。新樽の比率は3分の1。ワインは香りが高くて魅力的。心地よい,広く販売されているワインだ。

Château Nenin シャトー・ヌナン　★→
所有者:J. H. Delon.
作付面積:25 ha.　年間生産量:9,000 ケース。
葡萄品種:メルロ 75%,カベルネ・フラン 25%,
セカンド・ラベル:Fugue de Nenin.
ポムロールのシャトーでもっとも大きく,有名なもののひとつ。高台の西部のやや低い場所にあって,土壌は砂に砂利が混じっている。1997年にレオヴィル=ラス=カーズのジャン=ユベール・ドロンが買い取るまで,かつては有名だったこの重要なシャトーは,いつも期待はずれのワインを造っていた。1992年から93年にかけて幾分の改良が行われたが,ワインは依然として失望させるものだった。ところが,97年が96年よりはるかに良い出来だったという事実は,このシャトーがどんな可能性を秘めているかを示している。98年は本当に印象的なワインになった。まもなくポムロールの代表的なクリュの地位を再確立するだろう。

Château Petit-Village シャトー・プティ=ヴィラージュ　★★
所有者:AXA Millésimes.　管理者:Chnstian Seely.
作付面積:11 ha.　年間生産量:4,000 ケース。
葡萄品種:メルロ 82%,カベルネ・フラン 9%,
　　　　　カベルネ・ソーヴィニヨン 9%.
砂利と粘土混じりの土壌をもつ高台にある立地条件のいいシャトーで,ラ・コンセイヤントの隣,サン=テミリオンにも近い。1989年に従前からの所有者であったプラッツ家(⇒ 127頁 Cos d'Estournel の項)が,ここを AXA に売った。ここの悩みは,56年の霜害の後で畑の大規模な植え替えをおこない,そのときにカベルネ・ソーヴィニヨンの数を増やしすぎるというミスをおかしたことだ。これは現在軌道が修正されて,ワインもとても良くなっている。最低50%の新樽を使用し,その年の状況によってはさらに増やすこともある。

　スタイルはラ・コンセイヤントに一番よく似ていて,78年以降特にその傾向が強い。愛らしいアロマをもち,リッチで深みがあって,しっかりとまとまり,偉大な育ちの良さと愛らしい風味をそなえている。82年は新鮮さと活力を維持し,85年はみずみずしく調和が取れている。90年は強烈な果実味を特徴としている。95年は洗練されており,98年は力強くはっきりとした個性を持っている。99年は愛らしいカシスの味と厚い肌理をそなえ,2000年は甘い果実味とグリセリンがたっぷり含まれている。この成功は格段に素晴らしい。プティ=ヴィラージュは再びポムロールを代表するクリュの正当な一員となった。

Château Pétrus シャトー・ペトリュス　★★★
所有者:Mme L. P. Lacoste and J. P. Moueix.

シャトー紹介

管理者：Christian Moueix.
作付面積：11.4 ha. 年間生産量：4,500 ケース.
葡萄品種：メルロ 95%, カベルネ・フラン 5%.

50年前，ボルドーの一部のワイン愛好家グループ以外には，ペトリュスは無名の存在だった。それが今日ではこの地区でもっとも偉大な名前をもつシャトーのひとつに数えられるまでになっている。残念なことに，値段と珍しさのため，実際に飲まれるよりも話題にのぼるほうが多い。

メルロを使った世界最高の偉大なワインで，諸条件が正しく揃ったときに，この品種がどれほどの偉業をなしとげられるかを示している。油のようになめらかでありながら，噛めるような感じさえするリッチさと力をもっている。その点ではシュヴァル＝ブランとどこか似ているが，ペトリュスのほうが密度が高く，腰が強く，ゆっくり熟していく。

歳月とともに増していく風味の複雑さと微妙なニュアンスは，まさに驚異だ。67年や71年のようなヴィンテージは，わずか7年から10年目で早くも楽しむことができたのが，そのあともさらに熟成を続けて人を驚かせているし，最近では75年と78年がうまく熟成している。82年が早くも伝説的な地位を獲得し，値段もそれに見合ったものになっている。85年は愛らしく，円熟したしなやかな性格で，現在完璧な状態になっている。88年，89年，90年は，いずれも重量感があり，ゆっくり熟成するタイプ。偉大な95年と洗練された96年の後，98年は再び偉大なワインの仲間入りをしている。99年も98年にそれほど負けてはいない。1997年は軽いタイプで楽しく，すでに喜びを与えてくれるワインになっている。2000年は98年に似ていて，2001年は将来うまく熟成する可能性が非常に高い。ペトリュスは，ワインを愛する者なら何をおいても味わう機会を見つけるべきワインだ。

Le Pin ル・パン ★

所有者：Thienpont family.
作付面積：2 ha. 年間生産量：700 ケース.
葡萄品種：メルロ 92%, カベルネ・フラン 8%.

このちっぽけなシャトーのワインは，1979年にティアンポン家〔訳注：ヴィユー・シャトー・セルタンの持ち主〕がここを買収して以来，偉大な名声を呼ぶようになって来た。魅力的なワインで，スタイルはまるでカリフォルニア・ワインのようである。高い値段で売られていて，時には，ペトリュスより高いこともある。おいしいワインだけれども，トップクラスのクリュがもつ複雑さと深みがない。

Château Plince シャトー・プランス ★V

所有者：Moreau family.
作付面積：8.7 ha. 年間生産量：4,300 ケース.
葡萄品種：メルロ 68%, カベルネ・フラン 24%,
　　　　　カベルネ・ソーヴィニヨン 8%.

ポムロール南西の，ヌナンの裏手〔訳注：南西側〕にあたる砂質の土地にある，2番手の中でもすぐれたクリュ。樽熟成には少量

の新樽が用いられる。このシャトーは昔から、とてもおいしいフルーティでしなやかなワインを造ることで定評がある。驚異ともいうべき47年は、30年以上にわたって新鮮さと豊潤さを保ちつづけた。現在造られている良いワインは、砂質土壌のクリュから生まれたワインとして素晴らしい価値を持っている。資質を十分に発揮しているシャトーだ。

Château La Pointe シャトー・ラ・ポワント ★V
所有者：Bernard d'Arfeuille.
作付面積：23 ha. 年間生産量：11,500 ケース．
葡萄品種：メルロ75％，カベルネ・フラン25％．
セカンド・ラベル：La Pointe Riffat.
この大きなよく知られたシャトーは、高台中腹の、砂と砂利混じりの土壌にあり、ヌナンと街道をはさんで向かいあっているが、ヌナンよりこちらの方がわずかに低い。熟成は35％の新樽使用。1983年に古いヴィンテージに遡る利き酒がおこなわれた際、昔に比べて質が落ちているのでないかという私の懸念が立証された。ほとんどが魅力的ではあっても、平凡で軽いタイプのワインにしか見えない。

　どちらかというと軽いタイプで、そこにフィネスとスタイルが加わる――それが昔からラ・ポワントの特徴とされている。何年間か失望させられたが、89年になって、バランスとセンスの良さを伴う最高の状態に戻ったように思われる。その後も、95年、98年、99年、2001年と非常に良いワインが続いている。

Château Prieurs de la Commanderie
シャトー・プリュール・ド・ラ・コマンドリー
所有者：Clément Fayat.
作付面積：3.5 ha. 年間生産量：1,700 ケース．
葡萄品種：メルロ80％，
　　　　　カベルネ・フランとカベルネ・ソーヴィニヨン20％．
ポムロールの台地中頃の高さに位置しているこのシャトーは、〔ポムロール最西端、ド・サルの南〕クレマン・ファイヤが1984年にいくつかの小区画を結合してつくった。自動冷却装置つきの発酵槽も含む最新の酒造設備をそなえた醸造所と貯蔵庫も新築された。年によっては、少し搾りすぎの傾向が見受けられる。99年は秀逸。〔プリュールのつかないコマンダリーが別にあるから注意〕

Clos René クロ・ルネ ★V
所有者：Jean-Mari Garde.
作付面積：12 ha. 年間生産量：6,000 ケース．
葡萄品種：メルロ70％，カベルネ・フラン20％，
　　　　　マルベック10％．
別名ラベル：Château Moulinet-Lasserre.
素晴らしく香り高く、濃厚で、リッチな、プラムのようなポムロールで、飲む者を失望させることはめったにない。86年は例外的な出来栄えで、強烈な果実味と愛すべきダムソン（西洋すも

も）の香りを持っているが、タンニンも強い。89年, 90年, 95年, 2000年も素晴らしいヴィンテージ。セカンドクラスのポムロールのなかでは、良いワインだ。財政と家庭の事情から、ここで生まれたワインの一部はムーリネ＝ラセールというラベルで売られている。中身のワインはまったく同じ——セカンド・ラベルというよりむしろ、別名ラベルである。

Château La Rose Figeac
シャトー・ラ・ローズ・フィジャック
所有者：Despagne-Rapin family.
作付面積：5 ha. 年間生産量：2,000ケース.
葡萄品種：メルロ90%, カベルネ・フラン10%.
この小さな畑はサン＝テミリオンとポムロールの境界に近い。ワインは、所有者の主要なシャトー、メゾン・ブランシュで醸造・貯蔵されている。90年のような最良の年は新樽を100%使用。ワインには濃密で噛めるほどの果実味と、素晴らしい深みと力がぎっしりと詰まっている。一方、93年は新樽の比率が80%にすぎなかったが、ワインはこの年としてはリッチで堅固なものとなった。洗練されていて、魅力的で、出来の良いワイン。

Château Rouget シャトー・ルージェ →
所有者：Labruyère family.
作付面積：18 ha. 年間生産量：6,500ケース.
葡萄品種：メルロ85%, カベルネ・フラン15%.
セカンド・ラベル：Vieux Château des Templiers.
高台の北端の、砂と砂利混じりの（それに粘土も少し）土地にある興味をひくシャトー。ワインはきわめて伝統的な製法で造られ、熟成には70%の新樽が使われる。現在の所有者のものとなったのは、1992年で、醸造所と畑の大幅な改良が行われた。

古いワインはゆっくり熟成し、わずかに粗野なところがある。新時代は快適な95年とともに始まり、あまりパッとしなかったが、98年, 99年, 2000年, 2001年は、まさに良い選果をすればどんなに見事な結果を得られるかを示している。素晴らしく甘い果実味とリッチさと複雑なアロマを持ったワインが誕生した。

Château de Sales シャトー・ド・サル V
所有者：GFA du Château de Sales—Héritiers de laage.
管理者：Bruno de Lambert.
作付面積：47.5 ha. 年間生産量：22,500ケース.
葡萄品種：メルロ70%, カベルネ・フラン15%,
　　　　　カベルネ・ソーヴィニョン15%.
セカンド・ラベル：Château Chantalouette.
ここは規模の点では他の追随を許さぬポムロール最大のシャトーで、アペラシオンの北西の隅にあり、リブールヌとペリゴールを結ぶ道路に近い。土壌は砂質で砂利が混じっている。400年のあいだ所有者は変わっていない。アンリ・ド・ランベールの妻はド・ラージュ家の出。息子のブリュノは醸造学者である。

庭園には17世紀から18世紀に建てられた印象的なシャトーが

ある。ワインを熟成させるには発酵槽と中古の樽を交互に使う。1970年以降，品質が目に見えて上がっている。現在のワインは，香り高く，リッチで，プラムのようで，力強く，心地よいスタイリッシュなものになっている。きわめて早く熟成する。手ごろな値段で手に入る，信頼できる優れたポムロールだ。

Château du Tailhas シャトー・デュ・テラ
所有者：GFA du Tailhas.
管理者：Luc Nébout.
作付面積：11 ha. 年間生産量：5,500ケース.
葡萄品種：メルロ70%，カベルネ・フラン15%，
　　　　　　カベルネ・ソーヴィニョン15%.

このシャトーはアペラシオンの南東端ぎりぎりの，砂質土壌のところにあって，フィジャックに近い。フィジャックの方はこのシャトーと同じくテラと呼ばれる小川のちょっと川上の対岸（東）にある。樽熟成には50%の新樽が用いられる。丁寧に造られていて，評判のよいセカンドクラスのポムロール。豊かな色合いと，とても魅力的なきわだったブーケを持っている。そして下層土に鉄分がある場合のポムロールの一部に生じる，土の風味がかすかに混じった若い果実味が豊かにそなわっている。現在，ワインの質は心地よく安定している。

Château Taillefer シャトー・タイユフェール
所有者：Heritiers Bernard Moueix.
管理者：Catherine Moueix.
作付面積：11.5 ha. 年間生産量：5,800ケース.
葡萄品種：メルロ50%，カベルネ・フラン30%，
　　　　　　カベルネ・ソーヴィニョン15%，マルベック5%.

ここでは19世紀代の魅力的なシャトーと庭が目立つが，これはポムロールでも大きなもののひとつ。現代的な醸造所で軽いボディのフルーティなワインを造っている。ワインは優美で，かなり洗練されている。〔訳注：上記のテラの西隣り〕。

Château Trotanoy シャトー・トロタノワ ★★★
所有者：Éts J. P. Moueix.
作付面積：7.2 ha. 年間生産量：3,600ケース.
葡萄品種：メルロ90%，カベルネ・フラン10%.

このトップクラスのクリュは，高台の西端の砂利と粘土の混じった土地にある。ムエックス帝国が誇るもっとも華麗な宝石のひとつ。また，伝説的なジャン＝ピエール・ムエックスの甥にあたるジャン＝ジャック・ムエックスの住まいにもなっている。いうまでもなく，クリスチャン・ムエックスと彼の醸造技師ジャン＝クロード・ベルーエが大切にしている数々のシャトーのなかでも，このクリュにそそがれる手入れは，並々ならぬものがある。樽熟成には33%の新樽が用いられる。

　オークションのときに，ワイン収集家がここの熟したヴィンテージものに喜んで払う値段を見ればわかるように，トロタノワの評判はかつてないほど高まっている。濃い色，豊かでスパイシー

で飲む者を包みこむようなブーケ、めったにないほど余韻の長い魅力的な風味をかもし出す豊潤で肉付きのよいボディ——私はこうした特徴から、他のいかなるポムロールよりもペトリュスを連想する。偉大で、しばしば傑出したものになる年としては、75年、78年、79年、81年、82年、83年、85年、86年、89年、90年、95年、98年、99年そして2000年。

Vieux Château Certan ヴィユー・シャトー・セルタン ★★★

所有者：Héritiers Georges Thienpont.
作付面積：13.6 ha. 年間生産量：5,000 ケース.
葡萄品種：メルロ 60%、カベルネ・フラン 30%、
　　　　　カベルネ・ソーヴィニョン 10%.
セカンド・ラベル：Gravette de Certan.

ペトリュスが台頭してくるまでは、長い間この素晴らしいクリュがポムロールのトップとみなされていた。砂を含んだ粘土が砂利と混じりあった、高台の恵まれた場所にある。ペトリュス、ラ・コンセイヤントやレヴァンジルと隣り合わせで、シュヴァル＝ブランもそう遠くない。ポムロールを代表するこれらのクリュのなかで、目を留める値打のある建物といえば、小さいけれど貴族的な 17 世紀のここのシャトーぐらいなものだ。18 世紀の終わりまでは、もっと規模が大きかった。1924 年からベルギー人のティアンポン家のものとなり、レオン・ティアンポンが 1943 年から 1985 年に亡くなるまでシャトーの経営にあたっていた。彼の死後、息子のアレクサンドルが引き継いだが、彼は 1982 年からこの年までラ・ガフリエールで働いていて、有益な経験を身につけていた。70 年代の初めに貯蔵庫と醸造所の増築と近代化が進められたが、木製の発酵槽はそのまま守られた。熟成は樽でおこない、新樽の比率は 3 分の 1 となっている。

　はっきりした個性をもつワインである。とても香りが高く、他のトップクラスのポムロールほど濃い色はしていないが、口に含むとよくまとまって、ひきしまった感じがあり、複雑さとフィネスと風味がワインの魅力をひきたてている。トロタノワの豊潤さには及ばず、さりとて、ラ・コンセイヤントの骨格に似たものをもちながらも、その油のようななめらかさにも欠けている。調和と、"育ちの良さ"と、フィネスが、ここのワインの大きな特徴だ。偉大なリッチさをそなえた 82 年と、非凡な力をもつ 83 年とは、2 つ並んでずば抜けたヴィンテージである。85 年はこの年このクリュに望み得るあらゆる魅力をそなえていて、誰もがこのクリュからは 85 年を選びたがるだろう。86 年は偉大な力と密度を持っている点で、この年のワインもまた例外的出来栄え。88 年は古典的で、89 年は熟しすぎの感があるが驚くほど豊潤である。90 年は美しい絹のような切れ上がり。93 年と 94 年は成功。95 年と 98 年はとびぬけて素晴らしい。熟成による成長は遅い方だ。71 年はいまだ最上の飲みごろだし、96 年は、カベルネ・フランのおかげで、ほとんどのポムロールよりうまく熟成した。99 年はフルーティで美味しく、2000 年は偉大なワイン。熟成はゆっくり進む傾向があり、71 年はいまだに最高の状態にある。個性の点から見れば、今でも全ポムロール中最高のワインのひとつ。

Château Vray-Croix-de-Gay
シャトー・ヴレイ゠クロワ゠ド゠ゲ
所有者：Olivier Guichard.
作付面積：3.7 ha. 年間生産量：1,800 ケース.
葡萄品種：メルロ 55％, カベルネ・フラン 40％,
　　　　　カベルネ・ソーヴィニヨン 5％.
この小さなクリュは，高台の北東の端の砂利質の土地にあって，ル・ゲやドメーヌ・ド・レグリーズに近い。所有者はラランド・ド・ポムロールにも素晴らしいシャトー・シオラックをもっている。ワインのスタイルは，ル・ゲに一番よく似ていて，非常に力強く，肌理が細かい。その価値を発揮させるには時間を必要とする。過去のワインにはばらつきが見られたが，95年以降改良のあとが見られる。

ラランド・ド・ポムロール Lalande de Pomerol

ここは最近とみに脚光を浴びているアペラシオンで，葡萄栽培面積はおよそ 1,100 ヘクタール，そのうち大体 60％ がラランドの村に，40％ がネアックの村にある。ラランドの畑は新しい時代の砂利が砂と段丘を形成するところに広がり，比較的低い位置にある。ネアックの方は高台にあり，上質の砂利の土壌に，南のポムロールの方を向いたクリュがいくつもある。最上のワインは，ポムロールのセカンドクラスに近い品質だが，たいていは，力強さとタンニンの点で劣っているため，ポムロールに比べて熟成するのが早いようだ。しかし，フィネスとスタイルを備えていて魅力的。

Château des Annereaux シャトー・デ・ザンヌロー
所有者：Vignobles Jean Milhade.
作付面積：22 ha. 年間生産量：12,000 ケース.
葡萄品種：メルロ 70％, カベルネ・フラン 30％.
高台の低い方にあって，土壌が砂利と砂の良いクリュ。とても優雅で魅力的なワインを造っている。時々，水っぽくなりがちだが，良い年だとスパイシーで美味しい。現在 50％ の新樽が使用されている。〔訳注：ラランド・ド・ポムロールの最西端〕。

Château de Bel-Air シャトー・ド・ベ゠レール
所有者：Jean-Pierre Musset.
作付面積：16 ha.
年間生産量：8,000 ケース.
葡萄品種：メルロ 75％, カベルネ・フラン 15％,
　　　　　マルベック 5％, カベルネ・ソーヴィニヨン 5％.
このよく名の通っているクリュは，高台中腹の，砂利と砂の土地にあり，ムーリネ（ポムロール）と向かいあっている〔訳注：ラランド・ド・ポムロールの南西部〕。昔からこのアペラシオンを代表するクリュとされている。美味しいフルーティなワインで，若いうちに飲むのに適している。

シャトー紹介

Château La Croix-St-André
シャトー・ラ・クロワ゠サン゠タンドレ
所有者：Carayon family.
作付面積：16.5 ha. 年間生産量：8,500 ケース.
葡萄品種：メルロ 80%, カベルネ・ソーヴィニヨン 10%,
　　　　　カベルネ・フラン 10%.
セカンド・ラベル：Château La Croix-St-Louis.
ネアックの最高のクリュのひとつで，土壌はポムロールの台地に酷似している。〔ネアック地区のほぼ中心部〕。畑の手入れも仕込みも入念に行われている。このシャトーを十分に説明しようと思えば，古い葡萄の木，注意深い選果，25% の新樽の使用について語ればよい。私の見たところでは，90 年はバックグラウンドに樽香とスパイシーなところがあったが，それが愛らしい熟した果実味を消してしまうことはなかった。

Château La Croix de la Chenevelle
シャトー・ラ・クロワ・ド・ラ・シュヌヴェル　V
所有者：Bermard Lavrault.
作付面積：12.3 ha. 年間生産量：6,500 ケース.
葡萄品種：メルロ 90%, カベルネ・フラン 10%.
ここの 90 年には非常に感銘を受けた。焼いたダムソン（西洋スモモ）の愛らしいブーケと，チョコレートに浸したダムソンのようなこってりとした風味があった——10 年熟成させてこれほど見事になる！　ラベルの名前は，たくさんあるシャトー・ラ・クロワのように見える。名前の残りの部分が下に小さい字で書かれているからだ。このシャトーの建物はララルンド・ド・ポムロールの村落の中にある。古い葡萄の木があり，桶と共に 15% の新樽も使っている。

Château La Croix des Moines
シャトー・ラ・クロワ・デ・モワンヌ
所有者：Jean-Louis Trocard.
作付面積：8 ha. 年間生産量：4,400 ケース.
葡萄品種：メルロ 80%, カベルネ・ソーヴィニヨン 10%,
　　　　　カベルネ・フラン 10%.
ラランドの砂利質の台地に畑があるこのシャトーでは，40% の新樽を使用。90 年は豊潤で率直な果実の香りが高く，構成に少々難があるが，若いうちに飲むには実に楽しい。〔訳注：他の文献ではシャトーはポムロールにある〕。

La Fleur de Boüard　ラ・フルール・ド・ブアール　V
所有者：de Boüard de Laforest family.
作付面積：17 ha. 年間生産量：8,000 ケース.
葡萄品種：メルロ 70%, カベルネ・フラン 30%.
セカンド・ワイン：Château La Fleur St-Goerges.
98 年にランジュリュスのユベールとコリンス・ド・ブアール・ド・フラファレ夫妻がネアックにあるこの立地条件のよいシャトーを AFG から手に入れた。2 人はここのワインに自分たちの名

ラランド・ド・ポムロール

前を付ける決心をし，シャトー名前はセカンド・ワイン用にとっておいた。94 年以来 AFG のもとでは，ありきたりのワインが造られていたが，98 年は，本当に向上したことを証明している。

Château Grand Ormeau シャトー・グラン・オルモー
所有者：Jean-Claude Beton.
作付面積：11.5 ha．年間生産量：6,300 ケース。
葡萄品種：メルロ 64%，カベルネ・フラン 18%，
　　　　　カベルネ・ソーヴィニョン 18%.
セカンド・ラベル：Chevalier d'Haurange.
ここのアペラシオンを代表するクリュのひとつで，ラランドの一番の高地にある。1996 年 11 月に行われた 90 年代のブラインド・テイスティングで，ここのワインは飛び抜けて素晴らしかった。心地よく楽しめる美味しい果実味があって，熟し方が素晴らしく，豊潤でありながら，深みと調和を見せる，メルロを基調とする秀逸なワインの典型だった。新樽の使用は 50%。

Château Haut-Chaigneau
シャトー・オー゠シャイニョー　V→
所有者：André Chatonnet.
作付面積：21 ha．年間生産量：10,000 ケース。
葡萄品種：メルロ 70%，カベルネ・フラン 15%，
　　　　　カベルネ・ソーヴィニョン 15%.
セカンド・ラベル：Château La Croix Chaigneau.
ネアックの村〔村の東部〕にある良いクリュ。リッチでプラムの香りをもつ魅力的なワインを造っている。アンドレ・シャトネがこの古い格式あるシャトーを手に入れて以来，ここでは常に良いワインが造られるようになった。今ではキュヴェ・プレスティージがある。パスカル・シャトネが加わってからは，98 年，99 年，2000 年と毎年向上し続けている。(306 頁 Château Le Sergue の項)。

Château Haut-Chatain シャトー・オー・シャタン
所有者：Héritiers Rivière.
管理者：Martine Rivière-Junquas.
作付面積：10.8 ha．年間生産量：6,000 ケース。
葡萄品種：メルロ 80%，カベルネ・ソーヴィニョン 10%，
　　　　　カベルネ・フラン 10%.
ネアックにあるこのクリュは，1912 年以降リヴィエール家の娘から娘へと引き継がれてきた。現在リヴィエール家の管理責任者は醸造学者でもある。
　90 年は香りの高い熟した果実味，しなやかで豊かな風味，豊潤で絹のような肌理（きめ）をそなえている。これこそワインへ見事な変身をとげた熟した果実。

Châteaux Les Hauts-Conseillants and Les Hauts-Tuileries
シャトー・レ・ゾー゠コンセイヤン　アンド・
レ・ゾー゠テュイルリー　V

シャトー紹介

所有者：Pierre and Monique Baurotte.
作付面積：10 ha. 年間生産量：5,500 ケース.
葡萄品種：メルロ 70％, カベルネ・フラン 20％,
　　　　　カベルネ・ソーヴィニヨン 10％.
この良いクリュはネアックにある。レ・ゾー＝コンセイヤンの名前はフランス国内での直販用に, オー＝テュイルリーは輸出用に使われている。熟成は樽でおこない, 新樽の比率は3分の1となっている。ワインは上手に造られ, 驚くほど豊かで, かぐわしいブーケと, 人を誘惑するような, 絹にも似た肌理をもち, ポムロールにふさわしい密度をそなえている。現在の所有者はポムロールのシャトー・ボナルグも所有している。

Château Moncets シャトー・モンセ
所有者：Louis-Gabriel de Jerphanion.
作付面積：18.6 ha. 年間生産量：8,900 ケース.
葡萄品種：メルロ 60％, カベルネ・フラン 30％,
　　　　　カベルネ・ソーヴィニヨン 10％.
セカンド・ラベル：Château Gardour.
ネアックではもっとも立地条件のいい南側の高台の端にあって, 砂利と砂の土壌をもつ, 秀逸なクリュ。瓶詰は J. P. ムエックス社がリブールヌでおこなっている。ワインはリッチで, ビロードのような肌理（きめ）と, スタイルと, 育ちの良さをそなえていて, ポムロールのセカンドクラスの中の良いものに匹敵する。

Château Sergant シャトー・セルガン　V
所有者：Vignobles de Jean Milhade.
作付面積：18 ha. 年間生産量：8,500 ケース.
葡萄品種：メルロ 80％, カベルネ・ソーヴィニヨン 10％,
　　　　　カベルネ・フラン 10％.
この優れたクリュは現在の所有者が設立した, ラランドの砂利の多い台地にある。おどろくほど豊潤で逸楽的ワイン。みずみずしく美味しい果実味があり, 早飲み向き。

Château Le Sergue シャトー・ル・セルグ　V
所有者：Pascal Chatonnet.
作付面積：5 ha. 年間生産量：1,250 ケース.
葡萄品種：メルロ 85％, カベルネ・フラン 10％
　　　　　カベルネ・ソーヴィニヨン 5％.
パスカル・シャトネは醸造学者で, シャトー・オー＝シャイニョーのアンドレとジャニーヌ・シャトネ夫妻の息子である。このクリュは, オー＝シャイニョーの畑の中から異なった区画を幾つか選んで作ったもの。94年と95年に試作した後, 96年に初めて市場に出た。新樽は80％。96年は良く熟したフルーティな特色と, 非常に魅惑的でしなやかな肌理を持ちバニラの香を備え, 愛らしい果実味があり, タンニンが豊富でよく調和している。非常に洗練されていて, サン＝テミリオンのクリュ・クラッセ, またはポムロールの優れたクリュに相当する出来栄え。オー＝シャイニョーよりはるかに優れている。98年は96年より肌理が軽いが, 99

年は強烈で密度が濃い。2000 年はさらに向上している。

Château Siaurac シャトー・シオラック

所有者：Baronne Guichard.
作付面積：33 ha. 年間生産量：18,000 ケース．
葡萄品種：メルロ 60%，カベルネ・フラン 35%，
　　　　　カベルネ・ソーヴィニヨン 5%．

この重要なクリュは、ネアックの村落の東手にあり、高台としては端の方に位置している。畑の土質は砂利と砂である。このアペラシオンでもっとも有名なクリュのひとつで、いつも腰が強くてフルーティな、とても魅力のあるワインを造りつづけている。

Château Tournefeuille シャトー・トゥルヌフュイユ

所有者：Sautarel family.
作付面積：15.5 ha. 年間生産量：8,900 ケース．
葡萄品種：メルロ 75%，カベルネ・フラン 15%，
　　　　　カベルネ・ソーヴィニヨン 10%．

ネアックを代表するクリュのひとつ。バルバンス川の土手になっている砂利と粘土層の斜面の高いところにあって、そこからはポムロールを見渡すことができる。1765 年のド・ベレイムの地図によれば、その当時ここにはすでに葡萄の木が植えられていた。ちなみにポムロールでもほとんどがまだ穀物畑であった。30%の新樽が使われている。90 年は素晴らしいタンニンがみずみずしく熟した魅力的な果実味を引き立てている。

Château de Viaud シャトー・ド・ヴィオー

所有者：Soc CEH.
作付面積：19 ha. 年間生産量：8,500 ケース．
葡萄品種：メルロ 85%，カベルネ・フラン 10%，
　　　　　カベルネ・ソーヴィニヨン 5%．

1785 年のド・ベロルムの地図に載っていたラランドの村で最も古い畑のひとつ。偉大な魅力を持つ洗練されたワイン。90 年はリッチで濃密で，構成はこの地区の多くのワインよりもタンニンが多い。

シャトー紹介

フロンサック
Fronsac

18世紀初頭から19世紀にかけて，フロンサックはリブールヌ・ワインのなかで一番評判がよく，サン＝テミリオンよりも高い値段がつくほどだった．その後長いあいだ忘れられていたが，現在，すぐれた品質のワインを出す地区として，ゆっくりとよみがえりつつある．葡萄栽培面積は全体で約1,100ヘクタール，それがカノン＝フロンサック（全体の27％）とフロンサック（73％）の2つのアペラシオンに分かれている．ここの畑は，サン＝テミリオン・コートと同じように，石灰台地と斜面部分（コート）に広がっていて，畑の眺めはサン＝テミリオンよりも見事だ．カノン＝フロンサックの畑が，石灰台地と，砂岩の露頭およびコートに広がっているのに対して，フロンサックの畑は大部分が赤土におおわれた石灰台地にあって，サン＝クリストフ＝デ＝バルドの畑とよく似ている．

　フロンサックの個々の生産者がもつ畑は平均すると狭い方だが，ラ・リヴィエールやラ・ドーフィーヌのような壮麗なシャトーの建物もいくつか見受けられる．現在はメルロが主流だが，トップクラスのシャトーのいくつかでは，カベルネ・ソーヴィニヨンも重要な役割をはたしている．J. P. ムエッククスとミッシェル・ロランの影響で，ワインの質は，粗くぎすぎすしていたのが，フルーティで構成のしっかりしたものになった．

Château de Carles シャトー・ド・カール
所有者：Antoine Chastenet de Castaing.
作付面積：20 ha. 年間生産量：11,000ケース.
葡萄品種：メルロ65％，カベルネ・フラン30％，
　　　　　マルベック5％.
セカンド・ラベル：Château Couperat.
プレスティジュ・キュヴェ：Haut Carles.
シャルルマーニュ大帝がスペイン征服の際，ここで野営したという伝説があり，シャトーの名前もそれに由来している．〔訳注：シャルルマーニュのドイツ語はカール〕．ここの15世紀時代のシャトーは殊に魅力的．何年間か，ここではどちらかというと粗野なワインが造られていたが，畑と貯蔵庫を改良し，真剣な選果に取り組んだ結果，90年代に劇的な向上を遂げた．

Château Dalem シャトー・ダレム　V
所有者：Michel Rullier.
作付面積：14.5 ha. 年間生産量：7,000ケース.
葡萄品種：メルロ85％，カベルネ・フラン10％，
　　　　　カベルネ・ソーヴィニヨン5％.
コートにある重要なクリュで，セイヤンの村の中でも村落から南東へ少しはずれた所に位置している．本物の魅力をもった，とても香り高いワインを造っている．若いときは柔らかく熟したフル

ーティな風味を見せるが，長命なワインでもある。78年は4年目ですでにとても心地よいワインになっていたし，64年，67年，70年もまだ果実味をいっぱい含んでいて，老化していなかった。80年代に印象的なワインが造られた。90年代は80年代よりも肉付きがよく若々しい魅力がある。

Château de la Dauphine シャトー・ド・ラ・ドーフィーヌ　V
所有者：Domaines Jean Halley.
作付面積：8.9 ha．年間生産量：5,000ケース．
葡萄品種：メルロ85％，カベルネ・フラン15％．
フロンサックで一番有名なクリュのひとつで，フロンサックの町の西にあたる，斜面の低い部分にある。ワインの出来はとてもいい。20％の新樽をつかい，最適の時期に瓶詰をおこなっている。こうした努力が実を結び，個性をそなえた豊潤でフルーティな，若いうちに飲めるワインが生まれている。ムエックスは2000年にここを売却したが，まだシャトーの経営に関わっている。

Château Fontenil シャトー・フォントニル
所有者：Michel Rolland.
作付面積：8 ha．年間生産量：3,500ケース．
葡萄品種：メルロ90％，カベルネ・ソーヴィニヨン10％．
ここはセイヤン村にあり，数名の異なる所有者が持ついくつかの畑を1986年にミシェル・ロランが統合して，ひとつのクリュを創りあげた。優れた酒造り家として名声を持つミシェル・ロランは，このシャトーで，全く新しいタイプの強烈で樽香の強いワインを造っている。

Château Gagnard シャトー・ガニャール
所有者：Mme Bouyge-Barthe.
作付面積：10 ha．年間生産量：5,000ケース．
葡萄品種：メルロ50％，カベルネ・ソーヴィニヨン25％，
　　　　　カベルネ・フラン25％．
このシャトーはフロンサックの町の北手の砂岩の台地に位置している。ワインはフロンサックの古典的スタイルで魅力的な高い果実香，健全な骨格，そして育ちの良さをもっている。ラ・クロワ＝ベルトラン La Croix-Bertrand ラベルも使っている。

Château Jeandeman シャトー・ジャンドマン
所有者：M. Roy-Trocard.
作付面積：26 ha．年間生産量：13,000ケース．
葡萄品種：メルロ80％，カベルネ・ソーヴィニヨン20％．
フロンサックで最大の畑をもち，サン＝テニャンの村の，赤土をかぶった石灰台地にある。ワインはきわだった高い香りをもち，口に含むとおいしい果実味が広がる。そうした特徴のおかげで，3年から4年あたりでとても飲みやすいワインになる。

Château Mayne-Vieil シャトー・メーヌ＝ヴィエル　V
所有者：Sèze family.

作付面積：30 ha. 年間生産量：16,500 ケース.
葡萄品種：メルロ 90%, カベルネ・フラン 10%.
かなりの販売実績をもつ重要なクリュ。畑の土壌は砂と粘土で、豊かな中ぐらいの風味と、しっかりした骨格と個性をそなえた魅力的なワインを造っている。だいたい、3年から4年でおいしく飲めるようになる。〔訳注：ここは最北端のガルゴン村にある〕。

Château Moulin Haut-Laroque
シャトー・ムーラン・オー゠ラロック　V
所有者：Jean-Noël Hervé.
作付面積：13 ha. 年間生産量：5,000 ケース.
葡萄品種：メルロ 65%, カベルネ・フラン 20%,
　　　　　カベルネ・ソーヴィニョン 10%, マルベック 5%.
このフロンサックの重要なクリュは、セイヤンの南西の石灰台地とコートにある。ワインは香りが高く、他のフロンサックより力が強くて、骨格がしっかりしていて、一部のワインに比べると熟成が遅い（4年から5年かかる）。タンニンと果実味がほどよくマッチしている。

Château Plain-Point シャトー・プラン゠ポアン
所有者：Michel Aroldi.
作付面積：17 ha. 年間生産量：11,000 ケース.
葡萄品種：メルロ 75%, カベルネ・ソーヴィニョン 15%,
　　　　　カベルネ・フラン 10%.
往時は中世の重要な城砦でもあったこの古いシャトーは、フロンサックの田園地帯にある畑を見渡すように小高い丘の上にそびえている。畑は石灰岩台地の白亜質の土壌にある。ここのワインが良くなる可能性を秘めているのは確かだ。

Château Puyguilhem シャトー・ピュギァン
所有者：Janine Mothes.
作付面積：11 ha. 年間生産量：7,000 ケース.
葡萄品種：メルロ 60%,
　　　　　カベルネ・ソーヴィニョンとカベルネ・フラン 30%,
　　　　　マルベック 10%.
このシャトーはセイヤンにあって、畑は斜面と石灰系の台地にある。ここで造られるワインは、タンニンが多くなる傾向があるが、メルロの比率が高いため、良い年にはその荒さがやわらげられている。

Château La Rivière シャトー・ラ・リヴィエール　V→
所有者：M. Peneau.
作付面積：59 ha. 年間生産量：33,000 ケース.
葡萄品種：メルロ 78%, カベルネ・ソーヴィニョン 12%,
　　　　　カベルネ・フラン 8%, マルベック 2%.
壮麗なシャトーがあり、立地条件が素晴らしく、地下に広い貯蔵庫のある醸造所をもっている。畑は石灰台地とコートにある。30%から40%の新樽が使われ、ワインは力強くてタンニンが多く、

たいへんうまく熟成する。80年代は82年，83年，87年が最高のヴィンテージとなった。1995年から M. ルプランスがワインにさらなる深みと豊潤さをもたらした。2002年，残念なことに M. ルプランスは死去し，M. ペノーが引き継いだ。

Château La Valade シャトー・ラ・ヴァラド
所有者：Bernard Roux.
作付面積：15.6 ha. 年間生産量：10,000ケース．
葡萄品種：メルロ70％，
　　　　　カベルネ・フランとカベルネ・ソーヴィニョン30％．
このクリュはフロンサックの村の石灰台地とコートにある。ワインは香りが高く，活力があり，バランスがよくて，個性豊か，そして，とても洗練されている。

Château La Vieille Cure
シャトー・ラ・ヴィエイユ・キュール　V ★→
所有者：The Old Parsonage (C. Ferenbach, P. Sachs, B. Soulan).
作付面積：20 ha. 年間生産量：8,000ケース．
葡萄品種：メルロ80％，カベルネ・フラン15％，
　　　　　カベルネ・ソーヴィニョン5％．
セカンド・ラベル：Château Coutreau.
輝かしい将来が目前にあるシャトー。非常によい立地条件にある。石灰台地とコートにある畑は〔セイヤン村〕，メルロ・ベースの豊潤で，この品種の特徴をよく出したワインを生んでいる。

1986年に，アメリカのシンジケートがここを買収し，以後醸造所は完全に近代化された。ワイン造りは，現在ミシェル・ロランが管理に当たっているし，熟成には新樽が使われている。1990年代には，真の育ちの良さと濃密な果実味を備えた優れたワインが造られている。

Château Villars シャトー・ヴィラール
所有者：Jean-Claude Gaudrie.
作付面積：28 ha. 年間生産量：13,500ケース．
葡萄品種：メルロ73％，カベルネ・フラン18％，
　　　　　カベルネ・ソーヴィニョン9％．
このクリュはセイヤン村の石灰台地とコートにある。熟成にさいして3分の1は新樽が使われる。ワインは果実味にあふれているが，どちらかというと柔らかなタイプで，熟すのも早い（3年を少し越えるぐらい）。

カノン゠フロンサック　Canon-Fronsac

カノン゠フロンサック，もしくはコート・ド・カノン゠フロンサックのアペラシオンを名乗る地区は，フロンサックのアペラシオンの真ん中にある300ヘクタールばかりの狭い独立地区で，フロンサックとサン゠ミシェル゠ド゠フロンサックの村の一部から成り立っている。傑出したクリュが多いのはフロンサックよりもカ

シャトー紹介

ノン=フロンサックのほうなのだが，2つの地域は事実上ひとつのアペラシオンとして扱われている。

Château Barrabaque シャトー・バラバック V→
所有者：Noël Pére & Fils.
作付面積：9 ha. 年間生産量：4,500 ケース．
葡萄品種：メルロ 70%，カベルネ・フラン 25%，
　　　　　カベルネ・ソーヴィニヨン 5%．
このシャトーはフロンサック村のコートの中ほどにあり，最近のヴィンテージをみると劇的な改良が行われたことを示している。90 年代，シャトー・バラバックのワインは洗練された果実味としっかりした骨格をもつようになった。一応のオリジナリティを持つ改良されたワイン。

Câteau Canon シャトー・カノン
所有者：Jean Galland. 管理者：Éts J. P. Moueix.
作付面積：1.4 ha. 年間生産量：700 ケース．
葡萄品種：メルロ 100%．
95 年と 98 年は，いずれもこのシャトーとしては驚くほど素晴らしい出来のワイン。フロンサックにおける最上の立地条件のひとつにあるこのシャトーとして本来期待されていたところが，きちんと出たスタイルで，育ちの良さが十分現れていた。クリスチャン・ムエックスは，2000 年にフロンサックにある彼のシャトーを全部売却したときに，ここも手放した。しかし，販売はまだ手がけている。

Château Canon シャトー・カノン
所有者：Mlle Henriette Horeau.
作付面積：10 ha. 年間生産量：6,000 ケース．
葡萄品種：メルロ 90%，カベルネ・フラン 5%，
　　　　　カベルネ・ソーヴィニヨン 5%．
シャトー・カノンはこのアペラシオンを代表するシャトーのひとつである。1700 年代の初頭にまで遡れる長い歴史を持っているし，一時はフォンテモワン家が所有していた。ここのワインはすべてリブールスのネゴシアン，オロー=バイロ社の手で市場に出されている。

Château Canon-de-Brem シャトー・カノン=ド=ブルム
所有者：Domaines Jean Halley.
作付面積：4.7 ha. 年間生産量：2,400 ケース．
葡萄品種：メルロ 65%，カベルネ・フラン 35%．
フロンサックのシャトーすべてのなかで，もっとも有名で評判の高いもののひとつ。ワインは驚くほど密度の高い果実味と風味をもっていて，リッチでしなやかで，見事なスタイルと個性を見せている。このアペラシオンにどれだけの底力があるかをよく示している。ワインが最高の飲みごろに達するには 4 年から 5 年必要で，そのあとも長持ちする。1985 年に J. P. ムエックス社がここを買いとり，2000 年に現在の所有者に売却した。

カノン゠フロンサック

Château Canon-Moueix (formerly Pichelèbre)
シャトー・カノン゠ムエックス（以前のピシュレーブル）
所有者：Domaines Jean Halley.
作付面積：4.1 ha．年間生産量：2,000 ケース．
葡萄品種：メルロ 90％，カベルネ・フラン 10％．
ここは，名声を誇るカノン゠ド゠ブルムの所有者であるブルム家のものだったが，1985 年に J. P. ムエックス社が買い取った。ブルム家の時代のワインは個性に富み，力強く，長命だった。ムエックスの最初のワインである 85 年ものは，リッチで，風味が深く，カノン゠ド゠ブルムに比べて早くから柔らかで，豊かな口当たりになったが，ブルム家のスタイルは引き継いでいた。J. P. ムエックスは 2000 年にこのシャトーをドメーヌ・ジャン・アレイに売ったが，ムエックスの名前は売らなかった。この本が出版される時には，ここのワインが将来どのように利用されるかはまだはっきりしていない。ともかく，この名前で出される最後のヴィンテージは 2000 年である。

Château Cassagne-Haut-Canon
シャトー・カッサーニュ゠オー゠カノン
所有者：Jean-Jacques Dubois.
作付面積：15 ha．年間生産量：7,000 ケース．
葡萄品種：メルロ 70％，カベルネ・フラン 25％，
　　　　　カベルネ・ソーヴィニヨン 5％．
セカンド・ラベル：Haut-Canon La Truffière.
ここのワインは，La Truffière のラベルでも出されているが，それというのも，このシャトーを取りまいてトリュフを生む樫が茂っているからだ。1980 年代の終わり頃に官能的で魅力的なワインが造られたが，最近のヴィンテージは以前と比べると濃厚すぎてあまり魅力的ではなくなっている。

Château Coustolle シャトー・クーストル
所有者：Alain Roux.
作付面積：20 ha．年間生産量：11,000 ケース．
葡萄品種：メルロ 60％，カベルネ・フラン 35％，
　　　　　マルベック 5％．
セカンド・ラベル：Château Grand Cafour.
フロンサックの北のコートにあるすぐれたクリュ。熟成には 20％の新樽が使われている。その結果，とても長持ちして，熟すにつれて個性と特徴の出てくる，濃度が高くてリッチなワインが誕生する。

Château la Croix Canon シャトー・ラ・クロワ・カノン　V★
所有者：Domaines Jean Halley.
作付面積：12.9 ha．年間生産量：7,000 ケース．
葡萄品種：メルロ 80％，カベルネ・フラン 20％．
1993 年まではここはボデ Bodet と言われていた。このアペラシオンで最高の立地条件を持つ畑のひとつで，ラ・ドーフィーヌの上の急斜面にある。ムエックス社がここを買い取った時，シャル

ルマーニュという名前に変え、94年と95年はこの名前で売りに出された。しかしブルゴーニュから抗議されたため、再び名前が変わっている。ワインは構成の良さに豊かな果実味が結びついている。クリスチャン・ムエックスはカノン＝フロンサックの中では一番いい場所だと信じている。2000年に、現在の所有者が買い取った。

Château La Fleur-Cailleau
シャトー・ラ・フルール＝カイヨー
所有者：Paul Barre.
作付面積：4.4 ha. 年間生産量：2,200ケース.
葡萄品種：メルロ 88％，カベルネ・フラン 10％，
　　　　　マルベック 2％.
この小さいシャトーからは、非常に個性があって、実に楽しいワインが造られている。野生の桜んぼの感じがする特徴的なブーケとリッチなタンニンをそなえ、良い年のものは優美な果実の風味が顕著である。まぎれもなく探し求めるワイン。

Château La Fleur-Canon シャトー・ラ・フルール＝カノン
所有者：A de Coninck.
作付面積：7 ha. 年間生産量：4,000ケース.
葡萄品種：メルロ 70％，カベルネ・ソーヴィニヨン 30％.
この小さなシャトーは、サン＝ミシェル村にあり、楽しい果実味をもったワインを造っている。近隣のものに比べて非常に早く熟成し、早いうちから飲める点で異色。

Château Gaby シャトー・ガビ
所有者：Khayat family.
作付面積：9.5 ha. 年間生産量：5,000ケース.
葡萄品種：メルロ 85％，カベルネ・ソーヴィニヨン 10％，
　　　　　カベルネ・フラン 5％.
セカンド・ラベル：Château La Roche Gaby.
フロンサックの北西に位置するコートと石灰台地にある優れたクリュ。ワインは、リッチで力強く、エキスが詰まっていて熟成に時間がかかり、長持ちする。62年は20年後にまだ美味しかった。1990年に所有者が変わって、名前もラ・ロッシュ＝ガビに変わったが、1999年に新しい所有者は名前を再び元に戻した。

Château du Gazin シャトー・デュ・ガザン　V
所有者：Henri Robert.
作付面積：25 ha. 年間生産量：18,000ケース.
葡萄品種：メルロ 70％，古い樹 17％，
　　　　　カベルネ・ソーヴィニヨン 6％，
　　　　　マルベック 5％，カベルネ・フラン 2％.
このシャトーは、このアペラシオンの中で最も広大な規模でサン＝ミシェルの石灰台地に位置している。ワインは将来性を期待できる。香りが高くしっかりとした骨格を持つだけでなく、育ちの良さをたっぷりと見せるし、スタイルも少なからず優美である。

カノン゠フロンサック

Château Grand-Renouil シャトー・グラン゠ルヌイユ
所有者：J-F and M Ponty.
作付面積：6 ha. 年間生産量：2,400 ケース.
葡萄品種：メルロ 85%, カベルネ・フラン 15%.
サン゠ミシェルのもうひとつのクリュ。ここはコートに位置していて，魅力的なワインを造っている。これも間違いなく探し求める価値のあるワイン。

Château Haut-Mazeris シャトー・オー゠マズリ
所有者：Mme Ubald-Bocquet.
作付面積：6 ha. 年間生産量：3,600 ケース.
葡萄品種：メルロ 60%, カベルネ・フラン 20%,
　　　　　カベルネ・ソーヴィニョン 20%.
このシャトーも，サン゠ミシェル村の石灰台地にある。ワインはバランスがとれていて，品質も良いが，自己主張が目立つたち。

Cnâteau Junayme シャトー・ジュネイム
所有者：Héritiers de Coninck. 管理者：René de Coninck.
作付面積：16 ha. 年間生産量：10,000 ケース.
葡萄品種：メルロ 80%, カベルネ・フラン 15%,
　　　　　カベルネ・ソーヴィニョン 5%.
この有名なクリュはカノンのコートにある〔訳注：フロンサックの町の西のやや北より〕。ワインは今日のカノン゠フロンサックを代表するクリュに比べると力強さに欠けるが，幅広いファンをもっている。

Château Lamarche-Canon シャトー・ラマルシュ゠カノン　V
所有者：Vignobles Germain.
作付面積：5 ha. 年間生産量：3,000 ケース.
葡萄品種：メルロ 90%, カベルネ・ソーヴィニョン 10%.
ここの標準的ラベルは La Marche-Canon と書いてある。新樽を 1/3 使用しているプレスティジュ・カンドゥレールは Lamarche-Canon を名乗っている。好みによりどちらでも。ここには古い樹があり，ベルナール・ジェルマンの他のシャトーと同じように，伝統的な 225 リットル・サイズの樽と 400 リットルの樽の両方が使われている。カンドゥレールには非常にアロマチックな果実味と豊かなタンニンがある。質が標準的なワインの方は，スパイシーなハーブの香りがし，これもうまく熟成する。

Château Mausse シャトー・モース
所有者：Guy Janoueix.
作付面積：8 ha. 年間生産量：4,400 ケース.
葡萄品種：メルロ 70%, カベルネ・ソーヴィニョン 15%,
　　　　　カベルネ・フラン 15%.
サン゠ミシェルの町の北東の石灰台地にある良いクリュ。リッチで密度の高い，香り高いワインを造っていて，熟成すると，4 年か 5 年で心地よいしなやかさを見せるようになる。

シャトー紹介

Château Mazeris シャトー・マズリ　V→
所有者：Christian de Cournuaud.
作付面積：17.5 ha.　年間生産量：8,500 ケース.
葡萄品種：メルロ 85%, カベルネ・フラン 15%.
このアペラシオンの中で最上のもののひとつ。ワインは個性に富んでいて、そのためネゴシアンの J. P. ムエックス社に認められるところとなり、1985 年の収穫は全部同社が買い取ったほどである。現在、所有者は畑を 20 ヘクタールにまで拡大する可能性がある。ここで造られているワインは偉大なリッチさと密度の高い風味をそなえている。この地区の輝ける昇り星のひとつ。

Château Mazeris-Bellevue シャトー・マズリ＝ベルヴュー
所有者：Jacques Bussier.
作付面積：11 ha.　年間生産量：5,000 ケース.
葡萄品種：メルロ 45%, カベルネ・ソーヴィニヨン 40%,
　　　　　カベルネ・フラン 15%.
石灰台地とコートにある優れたクリュ。ここでは例外的にカベルネ・ソーヴィニヨンが多く、その結果、個性とスタイルを豊かにそなえた、きわだって洗練された風味が生まれている。

Château Toumalin シャトー・トゥマラン
所有者：Bernard d'Arfeuille.
作付面積：8 ha.　年間生産量：4,000 ケース.
葡萄品種：メルロ 75%, カベルネ・フラン 25%.
このクリュは、フロンサックの町の北手に当たり、イズル河の谷の上のコートにある。ラ・ポワント（ポムロール）とラ・セール（サン＝テミリオン）を所有するリブールヌの有名ネゴシアンのものとなっている。生き生きしていて、フルーティで、若いうちに楽しむのに必要なバランスをそなえたワインを造っている。

Château Vincent シャトー・ヴァンサン
所有者：Mme François Roux.
作付面積：10.5 ha.
年間生産量：AC カノン・フロンサック 5,600 ケース,
　　　　　　AC フロンサック 3,000 ケース (Château Tertre de Canon の名前で).
葡萄品種：メルロ 85%, カベルネ・フラン 15%.
少々ややこしいが、AC フロンサックは、カノン＝フロンサック村の畑と、カノン＝フロンサックの一部と言ってよいテルトル・ド・カノンという名前の畑を含む。

　ここでは樽熟成をしないで上手にワインを造る。私はヴァンサン銘柄のワインよりも生き生きとしたテルトル・ド・カノンものの方が好きだと思うことがある。91 年のテルトルは霜害を免れた葡萄の木から造り、大成功をおさめた。92 年よりずっと良い。

Château Vray-Canon-Boyer
シャトー・ヴレイ＝カノン＝ボワイエール
所有者：Coninck family.

作付面積：8.5 ha. 年間生産量：5,000 ケース.
葡萄品種：メルロ 90%, カベルネ・ソーヴィニョン 5%,
　　　　　カベルネ・フラン 5%.

ずばぬけて立地条件のよい場所に位置しているこのシャトーは、優美さと洗練さを兼ねそなえ、熟成によって実に良くなるワインを造っている。96年は、とりわけ良かった。

Château Vrai-Canon-Bouché
シャトー・ヴレイ゠カノン゠ブシェ
所有者：Françoise Roux.
作付面積：15 ha. 年間生産量：6,500 ケース.
葡萄品種：メルロ 90%, カベルネ・フラン 10%.
セカンド・ラベル：Château Les Terrasses de Vrai-Canon-
　　　　　　　　Bouché.
商標：Roc de Canon; Château Comte.

カノン・フロンサックのシャトーにしては大きいこの有名なクリュは、カノンの台地に位置し、非常に古い木を持っている。ここのキュヴェ・プレスティジュを探すと良い。愛らしく香り豊かな果実味としっかりした骨格と調和がある。真面目なワインでとっておく価値がある。

シャトー紹介

小さなアペラシオン
Minor Appellations

この章では，ボルドーの主要な地区グループには属していないが，探し求めてみる価値のあるワインを数多く含むアペラシオンをいくつかとりあげることにする。こうしたワインは有名アペラシオンのグラン・クリュより熟すのが早いから，商業的にはとても重宝な存在である。そのなかには素晴らしい魅力と個性をそなえたワインがいくつもあるから，ここを素通りしてはワインに申し訳ない。

コート・ド・ブール Côte de Bourg

丘陵が続き，あちこちに森も見受けられるコート・ド・ブールの魅力的な田園地帯は，10年ほど前からけっこう人気を呼んでいる。葡萄栽培面積は現在3,800ヘクタールで，1985年以降26%増えている。

この土地は，川に沿ってほぼ平行に連なる3つの丘から成っている。2つの丘の土壌は，ほとんどが石灰岩と粘土で，石灰岩の下層土で覆っている所もある。もう1つの丘は，粘土層の上を砂が覆っている。伝統的な葡萄品種の比率は，カベルネ・ソーヴィニョン，メルロ，マルベックが3分の1ずつだが，最近はほとんどのシャトーでマルベックの出番が少なくなり，メルロが好まれるようになってきた。ここ10年間で，ますます多くのワインの造り手が，この土地がフロンサックに続くたぐい稀な素晴らしいワインを生み出すポテンシャルがあることを証明している。ロック・ド・コンブがそのお手本。

Château de Barbe シャトー・ド・バルベ
所有者：Richard family.
作付面積：70 ha． 年間生産量：44,000ケース．
葡萄品種：メルロ60%，カベルネ・ソーヴィニョン30%，
カベルネ・フラン10%．
この地区でもっとも大きく，立派で，名前の通っているシャトーのひとつ。ワインは，20%が木樽で，80%はタンクで熟成させる。フルーティで，魅力的で，いくらか"洗練さ"をそなえている。2年から4年目あたりに飲むワイン。〔訳注：この右岸には，Barbeが2つあり，ここはdeがつくから注意。deのつかない方はブライにある〕．

Château Bégot シャトー・ベゴ V
所有者：Martine and Alain Gracia.
作付面積：16 ha． 年間生産量：9,000ケース．
葡萄品種：メルロ70%，カベルネ・ソーヴィニョン10%，
カベルネ・フラン10%，マルベック10%．
3つの異なった品質のワインが造られている。キュヴェ・プレス

ティジュは樽で，キュヴェ・トラディショネルはタンクで，熟成され，オーナーが直接販売する。シャトー・ノワラックはネゴシアンに売られる。南向きで，土壌は粘土分を多く含んだ石灰質。ローサック村の2列目の丘に位置する大変環境の良いシャトー。ワインは，ほのかな甘草のような香りに，しっかりとした質の良いフルーツの味わいが調和し，よく熟成されている。2000年9月にここを訪れたとき，93，96，97，98，そして99年産のどれもが印象的なものだった。今のブールの中心的存在。

Château Brulesécaille シャトー・ブリュルセカイユ
所有者：Jacques Rodet and Martine Recapet.
作付面積：28 ha. 年間生産量：17,000 ケース．
葡萄品種：メルロ 60%，カベルネ・ソーヴィニヨン 30%，
　　　　　カベルネ・フラン 10%．
トーリアックの村にあるこの良いクリュは，果実味と個性にあふれ，土地の影響がよく出ている元気なワインを造っているが，うまく熟成する。88年は素晴らしい出来で，5年たっても依然として向上しつつあった。

Château Falfas シャトー・ファルファス　Ｖ
所有者：John and Véronique Cochran.
作付面積：22 ha. 年間生産量：9,500 ケース．
葡萄品種：メルロ 55%，カベルネ・ソーヴィニヨン 30%，
　　　　　マルベック 10%，カベルネ・フラン 5%．
ボルドーでは比較的数少ないビオディナミック農法でワインを造るシャトー。フランス人女性と結婚したアメリカ人のジョン・コクランが，1988年，歴史の古いこのシャトーを買い取った。南向きの粘土分を含んだ石灰質の土地にある。翌年，ビオディナミックワインを造り始める。ブールのベスト・クリュにいつもランキングされるここの素敵なワインは，リッチでとても力強く，充実した酒躯をもつ。頂点に達するには，3〜4年，ボトルの中で寝かせておく必要がある。今のブールの第一線をいくシャトー。

Château Fougas シャトー・フーガ
所有者：Jean-Yves Béchet.
作付面積：11 ha. 年間生産量：6,500 ケース．
葡萄品種：メルロ 50%，カベルネ・フラン 25%，
　　　　　カベルネ・ソーヴィニヨン 25%．
ここの土壌は，コート・ド・ブールに多い石灰岩系ではなく，粘土に砂が混ざったもの。1993年，マルドロール名の仕込みが500ケース誕生した。99年産まで，同じものが2,500ケース造られた。ワインは全て新樽でマロラクティック発酵をし，バトナージュといわれる澱を撹拌する作業も行われる。澱引きはしない。このことから，ここはリブールネ風のアヴァンギャルドなやり方をしているといえる。ワインはうまく熟成されていて，93，94，95年産は2000年までが飲み頃になるように造られている。98年と99年産は口の中でほんのりと甘草の風味が広がるフルーティなワイン。全ての製品をこの基準までもっていくことを目標にしている。

シャトー紹介　小さなアペラシオン

Château de la Grave　シャトー・ド・ラ・グラーヴ　V
所有者：Philippe Bassereau.
作付面積：43 ha.　年間生産量：25,000 ケース．
葡萄品種：メルロ 78％，カベルネ・ソーヴィニヨン 20％，
　　　　　マルベック 2％．

フィリップ・バスローは，1900 年以来続く，この重要なシャトーを経営する一家の 4 代目。ブールの街の奥手にあり，粘土分を含んだ石灰質の丘の立地条件が良い場所の広い畑から，基本的に 3 種のワインを造っている。中でも，モダンでエレガントなラベルのネクターが最高品質で，90％がメルロ，10％がカベルネ・ソーヴィニヨンから造り，新樽熟成を行っている。年間 1000 ケース生産。ワインは，非常に新鮮な赤系のフルーツのアロマと，グリーンできびきびしたフルーツの味と豊潤さが非常にうまく調和している。斬新だけど，やりすぎではないワイン。キャラクテールは，メルロを減らしてカベルネを多く使うトラディショナルなワイン。セカンドワインは，シャトー・ラ・クロワ・ド・ペレール・トラディションで，ごく少量のマルベックが加えられ造られている。これらは，この地区のリーダーになるシャトーの中でも本格的なワイン。

Château Guerry　シャトー・ゲリー
所有者：Heritiers Bertrand de Rivoyre.
作付面積：22 ha.　年間生産量：14,000 ケース．
葡萄品種：メルロ 50％，カベルネ・ソーヴィニヨン 15％，
　　　　　マルベック 20％，カベルネ・フラン 15％．

ブールのもつ底力を示してくれるクリュ。ここには特徴が 2 つある。マルベックが主要品種としての地位を今も失っていないことと，ワインのすべてを樽で熟成させることを続けているブール最後のクリュのひとつであることだ。その結果，リッチで，しなやかな上に，力とフィネスの加わったワインが誕生する。販売は GVG グループが独占している。

Château Guionne　シャトー・ギオンヌ
所有者：Isabel and Alain Fabre.
作付面積：20 ha.　年間生産量：13,000 ケース．
葡萄品種：メルロ 50％，
　　　　　カベルネ・フランとカベルネ・ソーヴィニヨン 45％，
　　　　　マルベック 5％．

このクリュではシャトー元詰を原則にし，フルーティで，魅力的で，かなり優雅なワインを造っている。10％が樽で，90％がタンクで熟成されている。

Château Haut-Macô　シャトー・オー=マコ
所有者：Jean and Bernard Mallet.
作付面積：37 ha.　年間生産量：22,000 ケース．
葡萄品種：メルロ 50％，カベルネ・ソーヴィニヨン 40％，
　　　　　カベルネ・フラン 10％．
商標ワイン：Cuvée Jean-Bernard.

コート・ド・ブール

一世紀にもわたって，マレ家が所有するトーリアック村の大きなシャトー。非常にスパイシーで，水気たっぷりな果実を感じさせる，タンニンが豊富なワイン。2000 年に飲んだ 98 年産は大変魅力的だったが，あと 2～3 年は寝かせておきたい。95 年産は，そろそろ飲み頃。

Château Macay シャトー・マッケイ
所有者：Bernard and Eric Latouche.
作付面積：30 ha. 年間生産量：14,500 ケース.
葡萄品種：メルロ 65％，カベルネ・フラン 15％，
　　　　　　カベルネ・ソーヴィニヨン 10％，マルベック 10％.
セカンド・ラベル：Les Forges de Macay.
商標ワイン：Original Château Macay.
まさに，スコットランド人のためのワイン。というのは，初代のマッカイ MacKay はこの土地に惚れこんだスコットランドの将校で，ギュイエンヌ（ボルドーを中心とするフランスの旧州名）産のタバコにも夢中になっていたと言われている。

　今日，葡萄畑は，エコロジーに配慮して耕作されている。スペシャル・キュヴェのオリジナル・シャトー・マッケイは，樹齢 15 年以上のカベルネ・フラン 80％，メルロ 20％ から造り，新樽熟成が行われている。これは酒肉の豊かさと，熟成による中庸のリッチさが強調されている。生産は 1,000 ケースのみ。通常のシャトー・マッケイは，樹齢 15 年以上の品種を混ぜ合わせ，全体の 25％ は新樽熟成を行い，約 6,000 ケース生産。非常にフルーティなワインで，若いうちに飲んだほうが良い。セカンドワインには樹齢 15 年以下の葡萄の木を使っている。サモナック村をリードするシャトーのひとつ。訪ねてみる価値あり。

Château de Mendoce シャトー・ド・マンドス
所有者：Philippe Darricarrère.
作付面積：14 ha. 年間生産量：6,000 ケース.
葡萄品種：メルロ 70％，カベルネ・ソーヴィニヨン 20％，
　　　　　　カベルネ・フラン 5％，プティ・ヴェルド 5％.
この地区でもっとも有名で評判のいいワインのひとつ。素敵な邸館があり，その一部は 15 世紀に建てられたものだ。ワインはわりにリッチで，しなやかで，熟すのが早い。

Château Nodez シャトー・ノデ
所有者：Jean-Louis Magdelaine.
作付面積：40 ha. 年間生産量：21,000 ケース.
葡萄品種：メルロ 60％，カベルネ・ソーヴィニヨン 35％，
　　　　　　カベルネ・フラン 5％.
今日，トーリアック村の筆頭的な重要なシャトーのひとつ。99 年産は，甘草をほのかに感じさせるフルーツのフレーバーと，熟した良いタンニンが感じられた。将来を期待できる印象的ワイン。

Château Peychaud シャトー・ペイショー　V
所有者：Bernard Germain.

シャトー紹介　小さなアペラシオン

作付面積：29 ha. 年間生産量：17,000 ケース.
葡萄品種：メルロ 75%, カベルネ・ソーヴィニョン 25%.
大きくて有名なこのシャトーが, 現在の所有者の手に渡ったのは1971 年のことである. ジェルマン所有の他のシャトーと同じように, ここのヴィエイユ・ヴィーニュも, 印象的な重い瓶に詰められていて, この地区のベストワインに入る.

Château Roc de Cambes　シャトー・ロック・ド・カンブ　★
所有者：François Mitjaville.
作付面積：10 ha. 年間生産量：5,000 ケース.
葡萄品種：メルロ 60%, カベルネ・ソーヴィニョン 25%,
　　　　　カベルネ・フラン 10%, マルベック 5%.
ここの所有者は, ここよりもっと有名なサン＝テミリオンのシャトー, テルトル＝ロットブフを所有している. ここのシャトーにも, そこと同じ原則を適用して, 収穫量を少なくし, 樹齢の古い木を用い, 摘果は遅くし, 入念なワイン造りを行っている. 畑は, 川に面した素晴らしい斜面に位置している. ワインはリッチで, みずみずしく, 素晴らしく魅力的. しかし, コート・ド・ブールの値段で買えると思ってはいけない. サン＝テミリオンのグラン・クリュ・クラッセほどもするのだ——それだけの価値はある.

Château Rousset　シャトー・ルーセ
所有者：M et Mme Teisseire. 管理者：Gérard Teisseire.
作付面積：23 ha. 年間生産量：13,000 ケース.
葡萄品種：メルロ 47%, カベルネ・ソーヴィニョン 38%,
　　　　　マルベック 10%, カベルネ・フラン 5%.
サモナックの村にあり, 良質なブールである. ワインはリッチで余韻の長い風味をそなえていて, この地区のワインの一般水準を上回る出来となっている.

Château Tayac　シャトー・タヤック
所有者：Saturny family.
作付面積：30 ha. 年間生産量：17,000 ケース.
葡萄品種：メルロ 51%, カベルネ・ソーヴィニョン 43%,
　　　　　カベルネ・フラン 5%, マルベック 1%.
コート・ド・ブールでも最も景色の良いところのひとつ. フランボワイヤン・ルネッサンス様式のシャトーは, 1890 年時代のもので, ドルドーニュ川とガロンヌ川の合流を見下ろすところに, 葡萄畑に囲まれて建っている. 1959 年に現在のオーナーがやってきたとき, 葡萄畑とシャトーは 1940 年から放置されていたため, 修復が必要だった.

ここでは, 3 種のワインが造られている. メルロ主体のル・ルビ・デュ・プランス・ノワールは木製の仕込槽で熟成. 若いうちに飲むのに向いている. カベルネとメルロ 50：50 で造るキュヴェ・リザーヴは樫樽で熟成. 80% カベルネ・ソーヴィニョンのル・プレスティジェは古い葡萄の木から造り, 新樽で熟成. キュヴェ・リザーヴとル・プレスティジェは力強く, タンニンの強いワイン. その 2 つの中でも, タンニンが強いプレスティジェより

甘いフルーツ感を好む人はリザーヴを好むかもしれない。

プルミエール・コート・ド・ブライ
Premières Côtes de Blaye

この地区はコート・ド・ブールから北へ延びた一帯である。地区の面積はブールより大きいが，葡萄栽培に適した土地がブールに比べて少ない。現在の栽培面積は 5,500 ヘクタール，20 年前と比べると 2 倍以上にふえている。生産されるワインは赤がほとんどで，あとはとるに足りない白が少しあるだけだ。土壌は石灰岩と粘土。メルロの比率はブールよりもさらに高い。

ここのワインの値段はボルドー・シュペリュールとほとんど変わらない。そのためワイン造り屋のなかには，自分たちのワインをプルミエール・コート・ド・ブライではなく，ボルドー・シュペリュールのラベルで出している者もいる。ベルナール・ジェルマンが所有するシャトーは，ここで何が出来るか，つまり卓越した白ワインすら造ることが可能であることを示している。フルーティで飲みやすいボルドーの赤の良い出所でもある。

Château Bourdieu シャトー・ブールディユー
格付け：クリュ・ブルジョワ
所有者：Domaines Scheitzer & Fils.
作付面積：40 ha.
年間生産量と葡萄品種：
　赤；26,500 ケース．
　　　メルロ 60%，カベルネ・ソーヴィニヨン 40%．
　白；5,000 ケース．
　　　セミヨン 80%，
　　　ソーヴィニヨン・ブランとコロンバール 20%．
評判のいい有名なクリュで，カベルネ・ソーヴィニヨンの比率が高い点と，熟成に樽を 25% 用いる点が他と違っている。その結果，個性でも質でも平均を上回るワインが生まれている。

Château Charron シャトー・シャロン　V
所有者：Vignobles Germain.
作付面積と年間生産量と葡萄品種：
　赤；22 ha.　13,000 ケース．
　　　メルロ 90%，カベルネ・ソーヴィニヨン 10%．
　白；4 ha.　2,500 ケース．
　　　セミヨン 75%，ソーヴィニヨン・ブラン 25%．
ここもジェルマンのシャトーで，400 リットル入りの樽を使っている。古い葡萄の木から造るレ・グラップは，タンニンのしっかりしたとてもフルーティなワイン。また，とくに香りの良いアカシアの白は，際立つ存在で，ペサック=レオニヤンのものと間違えるかもしれない。

Château L'Escadre シャトー・レスカドル　V
所有者：GFA L'Escadre.

シャトー紹介　小さなアペラシオン

管理者：Jean-Marie Carreau.
作付面積：32 ha. 年間生産量：20,000 ケース.
葡萄品種：メルロ 70%, カベルネ・ソーヴィニヨン 20%,
マルベック 10%.
セカンド・ラベル：Château la Croix St-Pierre.
カルの村にあるこのすぐれたクリュは過去 20 年にわたって，ワインが安定しているとの高い評判を得ている。一部は樽で熟成する。ワインはフルーティかつスタイリッシュで魅力的だ。

Château Lacaussade St Martin
シャトー・ラコサード・サン・マルタン　V
所有者：Jacques Chardat.
作付面積：赤 18 ha, 白 4 ha.
年間生産量：赤 11,000 ケース, 白 2,400 ケース.
葡萄品種：赤　メルロ 90%, カベルネ・ソーヴィニヨン 10%.
　　　　　白　セミヨン 90%, ソーヴィニヨン・ブラン 10%.
この良質のシャトーは，ヴィニョーブル・ジェルマンに経営と流通をまかせていて，その特徴のあるラベルは洒落ている。熟成には，400 リットル入りの樽を使っている。赤は実においしくて魅惑的。特に代表的なトロワ・ムーランは素晴らしい。一方，おいしい白は果実味がとてもよく出ていて，驚くほど素晴らしい品質になっている。ボルドーが造り出す最高の辛口ワインと十分太刀打ち出来る。

Château Maine-Gazin　シャトー・メイヌ゠ガザン　V
所有者：Vignobles Germain.
作付面積：7.5 ha. 年間生産量：3,000 ケース.
葡萄品種：メルロ 95%, カベルネ・ソーヴィニヨン 5%.
プラサックのこの小さなクリュは，1980 年からジェルマン家が持っていて，平均樹齢 40 年の葡萄の木からワイン造りをしている。古木から造ったルヴェンスは，焙ったチェリーの香りと可愛らしいフルーツの風味が凝縮し，その奥には豊かなタンニンが感じられる。98 年産は，あと 2 年は置いておきたい。ブライの平均レベルよりもかなり上のワイン。

Château Peyredoulle　シャトー・ペイルドゥル　V
所有者：Vignobles Germain.
作付面積：19 ha. 年間生産量：12,000 ケース.
葡萄品種：メルロ 95%, プティ・ヴェルド 5%.
ジェルマン帝国の中心となるシャトーで，事務所や研究室がある。ワインが印象的なのは，驚くに値することではなく，特に古い葡萄の木から造ったメイヌ・クリコーが素晴らしい。98 年産は，香り高く，タンニンがしっかりしていて，フルーツの風味が顕著である。ここでも 400 リットル樽で熟成が行われている。

Château Segonzac　シャトー・スゴンザック
所有者：Thomas Herter and Charlotte Herter-Marmet.
作付面積：30 ha. 年間生産量：20,000 ケース.

葡萄品種：メルロ 60%，カベルネ・ソーヴィニヨン 25%，
　　　　　カベルネ・フラン 10%，マルベック 5%．
サン＝ジュネ＝ド＝ブライの村にあるこのクリュは，フルーティ
で軽くてしなやかな，早めに飲めるワインを造っている。ワイン
の 1/3 は樽で熟成を行い，そのうち 25% は新樽を使っている。

アントル＝ドゥ＝メール Entre-Deux-Mers

この広大な地区は，今日ボルドーの良質辛口白ワインの最大の産
地となっている。このアペラシオン〔現在このアントル＝ドゥ＝
メールの AC の中の東南部分には小さいオー＝ブノージュ Haut-
Benauge の AC が含まれている〕を名乗れる畑は，現在のとこ
ろ 1,500 ヘクタールで，15 年前に比べると随分減っている。機械
による収穫を広くとりいれ，低温発酵を原則とする大きな自己栽
培醸造業者の多い地区である。良質の赤ワインもたくさん造って
いるが，これはボルドーか，ボルドー・シュペリュールのアペラ
シオンしか名乗れない。

Château Bonnet シャトー・ボネ　V
所有者：André Lurton．
作付面積と年間生産量と葡萄品種：
　赤；100 ha．50,000 ケース．
　　　カベルネ・ソーヴィニヨン 50%
　　　メルロ 44%，カベルネ・フラン 6%．
　白；105 ha．65,000 ケース．
　　　セミヨン 45%，ソーヴィニヨン・ブラン 45%，
　　　ミュスカデル 10%．
セカンド・ラベル：Le Colombey．
　白：Prestige Cuvé；Ch Bonnet Blanc Classique．
18 世紀の優美なシャトーと広大な畑をもつ，アントル＝ドゥ＝
メールでもっとも印象的なシャトーのひとつ。サン＝テミリオン
とは河をはさんだ南にあたるグレジャックにある。貯蔵庫も醸造
所もアンドレ・リュルトンがグラーヴにもっている一流シャトー
に劣らない，見事な設備をそろえている。白ワインは 16～18℃
で低温発酵させ，赤ワインの一部は樽で熟成させて，特別のナン
バーをつけた瓶に詰めて販売する。白ワインは葡萄品種の構成が
ユニークで，とても香りが高く，優雅でフルーティな風味にあふ
れている。フレンチレストランのワインリストに名を連ねる，ま
さに真価があって，最も信頼できる辛口白ワインのひとつ。赤ワ
イン用の葡萄は機械で収穫され，個性を豊かにそなえ，とても魅
力的なワインに生まれ変わる。

Château Fondarzac シャトー・フォンダルザック
所有者：J. C. Barthe．
作付面積と葡萄品種：
　白；40 ha．ソーヴィニヨン・ブラン 40%，セミヨン 40%，
　　　ミュスカデル 20%．
　赤；20 ha．メルロ 50%，カベルネ・ソーヴィニヨン 25%，

シャトー紹介　小さなアペラシオン

　　　カベルネ・フラン 25%．
ここは 17 世紀からバルテ家が持っている。同家の酒造りの腕前は，最近同家が頭角を現したことでわかるし，ことにジャン＝クロード・バルテは有能な醸造技師であることを示している。ワインはおいしそうな香りと，果実味にあふれたもの。〔訳注：ここはサン＝テミリオンの南端からドルドーニュ河を渡ったところにあるブランヌの町の南のノージャン＝エ＝ポスティアックの村にある〕。

Château Fongrave シャトー・フォングラーヴ

所有者：Pierre Perromat.
作付面積と年間生産量と葡萄品種：
　赤；45 ha. 27,500 ケース．
　　　カベルネ・ソーヴィニヨン 60%，メルロ 40%．
　白；9 ha. 5,000 ケース．
　　　セミヨン 60%，ソーヴィニヨン・ブラン 40%．
セカンド・ラベル：Château de La Sablière-Fongrave（赤）。
このゴルナック村〔訳注：オー＝ブノージュ地区にある〕にあるシャトーはピエール・ペロマが経営している。同氏はソーテルヌでシャトー・ダルシュを所有しているだけでなく，長年にわたって INAO の会長だった。このシャトーは同氏の家族が 1600 年代から所有していて，魅力的な高い香りを持つ赤と白ワインを造っている。

Château Jonqueyres シャトー・ジョンキルス　V

所有者：Éts GAM Audy.
作付面積と年間生産量と葡萄品種：
　赤；38 ha. 23,000 ケース．
　　　メルロ 80%，カベルネ・ソーヴィニヨン 20%，
　白；3 ha. 2,000 ケース．
このシャトーはアントル＝ドゥ＝メールの北部のサン＝ジェルマン＝デュ＝ピュシにある。シャトー・クリネ（⇒ 288 頁）で見事な成果をあげたジャン・ミシェル・アルコートのワイン造りの腕に大いに助けられている。特にヴィエイユ・ヴィーニュのセレクションを探すとよい。

Château Launay シャトー・ローネィ

所有者：Rémy Grèffier.
作付面積と年間生産量と葡萄品種：
　赤；25 ha. 14,000 ケース．
　　　メルロ 63%，カベルネ・ソーヴィニヨン 20%，
　　　カベルネ・フラン 17%．
　白；40 ha. 26,500 ケース．
　　　セミヨン 40%，ミュスカデル 33%，
　　　ソーヴィニヨン・ブラン 27%．
セカンド・ラベル：
　白；Châteaux Dubory, Braidoire, La Vaillante.
　赤；Châteaux Haut-Castenet, Haut-Courgeaux.

アントル=ドゥ=メール

このとても大きなシャトーはアントル=ドゥ=メール東部のスーサック村にあり、ペルグリュとソーヴテールを結ぶ道路に面している。ワインはすべてシャトー元詰。評判はとてもいい。

Château Moulin-de-Launay
シャトー・ムーラン=ド=ローネィ　V
所有者：Claude and Bernard Greffier.
作付面積と年間生産量と葡萄品種：
　白；75 ha. 46,000 ケース．
　　セミヨン 45%, ソーヴィニヨン・ブラン 35%,
　　ミュスカデル 20%.
　赤；1 ha. 400 ケース．
　　カベルネ・フラン 50%, メルロ 50%.
セカンド・ラベル：Châteaux Tertre-de-Launay, Plessis,
　　　　　　　　La Vigerie, de Tuilerie.
この大きなシャトーは、アントル=ドゥ=メールの東部の、ペルグリュとソーヴテールのあいだのスーサック村にあって、白ワイン造りに専念している。ワインはとてもフルーティで、優雅さと余韻の長さをそなえている。ただし、1992 年に 1 ヘクタールほど赤の栽培を始めた。

Château de la Rose シャトー・ド・ラ・ローズ
所有者：Jean Faure.
作付面積と年間生産量：
　白；8.4 ha. 6,000 ケース．
　赤；10.5 ha. 7,000 ケース．
この地区の北部にあるこのシャトーは、アントル=ドゥ=メールの中でも小さい方だ。ワインはチャーミングなブーケを持ち、口にふくむと花と果物のように芳わしく、きわめて魅力的である。〔訳注：ここはギーヤック村にあるが、シャトー・ボネのあるグレジャックの東隣り〕。

Château de Sours シャトー・ド・スール　V
所有者：Esmé Johnstone.
作付面積と年間生産量と葡萄品種：
　赤；24 ha. 20,000 ケース．
　　メルロ 85%, カベルネ・フラン 10%,
　　カベルネ・ソーヴィニヨン 5%.
　白；5 ha. 3,500 ケース．
　　セミヨン 75%, ミュスカデルとソーヴィニヨン・ブランとメルロ・ブラン 25%.
セカンド・ラベル：Domaine de Sours（赤）.
ここの所有者はイギリス人で、香港で銀行業、イギリスとカリフォルニアでワインの小売業などを渡り歩いた後、ボルドーにやってきた。シャトーはブランスとクレオンに挟まれたサン=カンタン・ド・バロンにあるが、ここはアントル=ドゥ=メール北部の中心地になる。土壌は石灰岩を砂利と粘土が覆っている。シャトーの地下には石灰岩でできたワイン貯蔵庫があって、現在、樽熟

シャトー紹介　小さなアペラシオン

成用に使われている。

赤ワインはミシェル・ロラン（⇒ 286 頁 Le Bon Pasteur の項）の手を借りて造られているが，新樽または 2 年目の樽で 15 カ月間寝かせている。そこから誕生するワインは 3 年目くらいで飲むと魅力的だが，まだまだ生き続けて良くなるだろう。

白ワイン（アントル＝ドゥ＝メールではなく，ボルドー AC で市場に出ている）の方は，デヴィッド・ロウ（以前オーストラリアのハンター・ヴァレーのロスブリーで働いていた）の助けを得ている。ワインは中位の心地よいリッチさが果実味と優雅さにうまく結びついている。また，発酵槽で 12 時間から 18 時間果皮浸漬した後，プレスしない果汁から造るセニエ saignée 法によって造られるロゼが美味しい。ここのワインが急速に有名になったのも驚くに当たらない。

Château Thieuley　シャトー・ティユレ　V
所有者：Francis Courselle.
作付面積と年間生産量と葡萄品種：
　赤；24 ha.　8,300 ケース．
　　　メルロ 70%，カベルネ・フラン 20%，
　　　カベルネ・ソーヴィニヨン 10%．
　白；30 ha.　22,000 ケース．
　　　ソーヴィニヨン・ブラン 60%，セミヨン 40%．

ここの所有者は栽培学の教授である。シャトーはアントル＝ドゥ＝メールとしては中央西部の，クレオンに近いラ・ソーヴ村にある。白ワインは酸味が強すぎることもなく，じつに魅力的な果実味をもっていて，軽くて新鮮だ。ここの特選品に注目。傑作品は，赤のリザーヴ・クルセル Reserve Courselle とエリタージュ・ド・ティウレイ Héritage de Thieuley，白のキュヴェ・クルセル Cuvée Courselle。

Château Tour de Mirambeau
シャトー・トゥール・ド・ミランボー　V
所有者：Francis Courselle.
作付面積と年間生産量と葡萄品種：
　赤；29 ha.　19,500 ケース．
　　　メルロ 80%，カベルネ・ソーヴィニヨン 20%．
　白；59 ha.　35,000 ケース．
　　　ソーヴィニヨン・ブラン 50%，セミヨン 30%，
　　　ミュスカデル 20%．

ブランスの近くの広大なシャトーで，常に信頼できるワインを多量に生産している。白が特に成功しているが，赤は新鮮でフルーティで若いうちに飲むワインである。ボルドー・ブラン・キュヴェ・パシィオンは最も樹齢の高い木の葡萄を手で摘み取り，新樽で熟成させたワインを取りそろえた特醸物である。他のワインは機械で収穫している。

Château de Toutigeac　シャトー・ド・トゥーティジャック
所有者：Philippe Mazeau.

作付面積と年間生産量と葡萄品種：
　赤；44 ha. 30,000 ケース.
　　　カベルネ・フラン 60％, メルロ 25％,
　　　カベルネ・ソーヴィニヨン 15％.
　白；6.8 ha. 4,800 ケース.
　　　セミヨン 50％, ソーヴィニヨン・ブラン 25％,
　　　ミュスカデル 25％.

アントル＝ドゥ＝メール＝オー＝ブノージュというサブ＝アペラシオン〔訳注：アントル＝ドゥ＝メールの中でも、東南部で、プルミエール・コートに隣接する9つの村に認められている〕を名乗るシャトーのなかで、もっとも有名なもののひとつ。このアペラシオンは白ワインにしか使えない。ここの赤ワインも白ワインも評判がよく、すべてシャトーで瓶詰される。

プルミエール・コート・ド・ボルドー
Premières Côte de Bordeaux

この魅力的な地区は、ボルドー郊外から南に延びて、ガロンヌ河の右岸沿いに、ルーピアック、サント＝クロワ＝デュ＝モンといった甘口ワインの地区まで続いている。適度の甘味をもつ白ワインと、早めに飲めるフルーティで快活な赤ワインを造っている。15年前は、白ワイン用の葡萄を栽培する畑の方が赤よりわずかに多かったのだが、現在は、赤ワイン用の畑が50％も増えて、過去10年間に3,100ヘクタールになったのに対して、白ワイン用は減って600ヘクタールになってしまった。地区の南で造られる最高の白は、カディヤックという1級格が上がる。ACを名乗れるが、世間にはあまり認められていない。この地区の本当の未来は、感じのいい赤ワインのほうにかかっているようだ。

Château Birot シャトー・ビロ
所有者：Fournier-Casteja family.
作付面積と年間生産量と葡萄品種：
　赤；17 ha. 8,000 ケース.
　　　メルロ 69％, カベルネ・ソーヴィニヨン 20％,
　　　カベルネ・フラン 11％.
　白；5.8 ha. 2,000 ケース.
　　　セミヨン 58％, ソーヴィニヨン・ブラン 35％,
　　　ミュスカデル 7％.

ベゲイの村〔カディヤックの西隣り〕にあるこのクリュは、新鮮で、フルーティで、酸味と甘味のバランスがよくとれた、優雅な白ワインで有名。現在は、シャトー・カノンのオーナーだったエリック・フルニエが経営している。

Château Brethous シャトー・ブルトゥス
所有者：Denise Verdier.
作付面積：13 ha. 年間生産量：7,500 ケース.
葡萄品種：メルロ 67％, カベルネ・フラン 23％,
　　　　　カベルネ・ソーヴィニヨン 5％, マルベック 5％.

シャトー紹介　小さなアペラシオン

このカンブラン〔訳注：この地区としてはボルドー市に近い〕にある良いクリュは、良い香りとおいしい果実味をもったワインを造っている。2～3年目に飲むとおいしく飲めるが、8年たった後でも新鮮さとおいしさを失わない。

Château Carsin　シャトー・カルサン　V
所有者：Juha Berglund.
作付面積と年間生産量と葡萄品種：
　赤；21 ha. 11,000ケース.
　　　カベルネ・ソーヴィニョン37%,
　　　カベルネ・フラン36%, メルロ27%.
　白；31 ha. 15,500ケース.
　　　セミヨン56%, ソーヴィニョン・ブランと
　　　ソーヴィニョン・グリ44%.

リオンにあるなかなか興味深いシャトーで国際的な風味ともいうべきものを持っている。所有者はフィンランド人。酒造りの方は、以前、シャトー・ランディラス（⇒206頁）のペーター・ヴィンディング＝ディエールのもとで働いていたオーストラリアの醸造家のマンディ・ジョーンズがあたっている。自家畑の他にも、セミヨンばかりの畑を20ヘクタールほど借りている。

白は、このシャトーの所有者ユハ・ベルグルンドの母国であるフィンランドばかりでなく、イギリスにおいてもこの数年大成功をおさめている。キュヴェ・プレスティジュは樽で発酵させてバトナージュ（最初の澱引きの前に澱を撹拌する）を行う。通常の質のものはステンレス・タンクで発酵を行い、その後それぞれ違ったタイプの樽におよそ3カ月間寝かせる。管理は細部にわたり注意深い。通常の白はレモンで風味をつけたような果実味とすばらしい酸味がある。キュヴェ・プレスティジュの方は樽の香が高く、もっとおおらかで、リッチな風味にはっきりとした樽の影響と新世界の感覚が加わっている。96年産は傑出。また、レチケット・グリーズは、珍しいソーヴィニョン・グリから造ったワインで、ラベルにアペラシオンもヴィンテージも明記されていないが驚くようなワイン。赤はすっきりしていてフルーティ。飲むのには1～2年置く必要がある。

Château Cayla　シャトー・カイラ
所有者：Patrick Doche.
作付面積と年間生産量と葡萄品種：
　赤；10.5 ha. 6,500ケース.
　　　カベルネ・ソーヴィニョン34%,
　　　カベルネ・フラン33%, メルロ33%.
　白；6.7 ha. 1,500ケース.
　　　セミヨン75%,
　　　ソーヴィニョン・ブラン25%.（カディヤック）

このリオンにあるシャトーは、1985年以来現在の所有者の手で見違える程変わってきた。赤ワインは、3年位寝かせると変化に富んだ果実味が出ておいしいものになる。白ワインは、発酵前に果汁の果皮浸漬をおこなった後、冷温で発酵させ、その後10%

プルミエール・コート・ド・ボルドー

新樽を使った樽熟成をローテーションを組んでおこなっている。

Château Fayau シャトー・ファイオ
所有者：Jean Médeville & Fils.
作付面積と年間生産量と葡萄品種：
 赤；32 ha. 15,000 ケース.
  カベルネ・ソーヴィニヨン 40％,
  メルロ 35％, カベルネ・フラン 25％.
 白；26 ha. 9,000 ケース.
  セミヨン 50％, ソーヴィニヨン・ブラン 40％,
  ミュスカデル 10％.
カディヤック村にあるこの素晴らしいクリュは, メドヴィル家〔訳注：ソーテルヌのシャトー・ジレットの所有者〕が細心の注意を払って経営していて, 良質, 果実味とスタイルをそなえた, うまく熟成するタイプの, 格段にすぐれた甘口の白のカディヤックを造っている。

Château Le Gardera, Château Laurétan, Château Tanesse
シャトー・ル・ガルドラ, シャトー・ローレタン, シャトー・タネッス
所有者：Domaines Cordier.
コルディエ社では, 長年にわたって, プルミエール・コート地区でも隣接し合ったシャトーをひとつのワイン生産センターとして経営し, さまざまなアペラシオンをもつワインをつくってきた。1983 年から, シャトー・ローレタンの生産を中止し,「ボルドー」のアペラシオンだけを表示するローレタン・ルージュと, ローレタン・ブランに切り換えた。あと 2 つのシャトーに関するデータは次のとおり。

Château Le Gardera シャトー・ル・ガルドラ
 赤（AC ボルドー・シュペリュール）
  作付面積：25 ha. 年間生産量：11,500 ケース.
  葡萄品種：メルロ 60％, カベルネ・ソーヴィニヨン 40％.
ル・ガルドラでは現在, メルロを主体とする魅力的で軽いボディの赤ワインを生産している。

Château Tanesse シャトー・タネッス
 赤（AC プルミエール・コート・ド・ボルドー）
  作付面積：35 ha. 年間生産量：12,000 ケース.
  葡萄品種：カベルネ・ソーヴィニヨン 55％, メルロ 35％,
   カベルネ・フラン 10％.
 白（AC ボルドー・ブラン）
  作付面積：20 ha. 年間生産量：12,000 ケース.
  葡萄品種：ソーヴィニヨン・ブラン 85％, セミヨン 15％.
タネッスは, カベルネの比率のもう少し高い赤ワインと, 花のように新鮮な, ソーヴィニヨンのスタイルがよく出た白ワインを造っている。

Château du Grand Mouëys
シャトー・デュ・グラン・ムェイ　V

シャトー紹介 小さなアペラシオン

所有者：SCA Les Trois Colines.
(Reidermeister & Ulrichs)
管理者：Carstin Bömers.
作付面積と年間生産量と葡萄品種：
  赤；59 ha. 33,000 ケース.
    メルロ 50％，カベルネ・ソーヴィニヨン 25％，
    カベルネ・フラン 25％.
  白；21 ha. 10,100 ケース.
    ソーヴィニヨン・ブラン 55％，セミヨン 38％，
    ミュスカデル 7％.

1989 年にレーデルマイスター・アンド・ウルリッヒの重要なブレーメン・ハウスが，カピアン村〔この地区の最西北端〕にあるこのシャトーを購入して以来，畑や酒蔵庫やシャトーの建物に相当の投資が行われてきた。

赤の畑のうち 10 ヘクタールはボルドー・クレーレ用に使われている。この赤は，年によって異なるが，5 カ月から 10 カ月樽で熟成する。白の方は一部を新樽，残りはステンレス・タンク発酵させる。すでに魅力的な白ワインが造られているが，赤はもう少し時間がかかりそうだ。90 年はこの年としては厳しい感じがする。92 年と 93 年は両方とも圧搾が強すぎたようだ。しかし 94 年は幾分の将来性と調和が見られる。確かに見守っていくべきシャトーだ。

Château de Haux シャトー・ド・オー V
所有者：Jorgensen brothers.
作付面積と年間生産量と葡萄品種：
  赤；22 ha. 13,000 ケース.
    メルロ 42％，カベルネ・ソーヴィニヨン 40％，
    カベルネ・フラン 18％.
  白；7 ha.
    セミヨン 64％，ソーヴィニヨン・ブラン 30％，
    ミュスカデル 6％.

1985 年に，デンマーク出身の兄弟の酒商が，オー村〔訳注：この地区の中央部西よりで，河から少し離れる〕にあるこのシャトーを買い取り，たちまちすべてを一新した。赤は魅力的な果実味とはっきりした個性をそなえ，リッチで，しっかりしている。白はきりっとした果実味と長く続く風味をそなえ，きわだって魅力的。

Château lagarosse シャトー・ラガロッス
所有者：M. Ottari.
作付面積：32 ha.
年間生産量と葡萄品種：
  赤；26.7 ha. 16,000 ケース.
    メルロ 80％，
    カベルネ・ソーヴィニヨンとカベルネ・フラン 20％.
  白；5.9 ha. 2,200 ケース.
    セミヨン 80％，ソーヴィニヨン・ブラン 20％.

タバナック〔この地区の中央部北よりで，グラーヴのポルテの対岸にあたる〕にあるこのシャトーは，1987年に日本の農業機械の輸入商〔訳注：大谷商店。ワイン醸造関係の機械を日本に輸入している会社〕に買い取られた。赤は，強烈な果実味と，リッチで，しっかりした風味を持ち，甘草を連想させるところがある。白は，果実味と個性にあふれ，スケールが大きく，おおらかな風味を持っている。96年と97年，素晴らしいカディヤックが造られた。

Château Laroche-Bel-Air シャトー・ラロッシュ＝ベ＝レール

所有者：Martine Palau.
作付面積：25 ha.
葡萄品種：
　赤；メルロ60%，
　　　カベルネ・ソーヴィニヨンとカベルネ・フラン40%．
　白；セミヨン60%，ソーヴィニヨン・ブラン40%．
このボーレック〔この地区の中部，ガロンヌ河岸〕にあるクリュは，スタイルが良く果実味もあるが，非常にタンニンが多く，飲み頃になるのに，4～5年は寝かせる必要があるワインを造っている。樽で熟成されるワインのほかに，発酵槽で熟成されるワインもある。この方は，柔らかでありながらたくましく，早めに飲むことが出来てラベルはChâteau Laroche。ラベルのこの違いは，白の方にも用いられて，樽仕込みのワインと発酵槽仕込みのワインを区別している。

Château Lezongars シャトー・ルゾンガール　V

所有者：Philip Iles.
作付面積と年間生産量と葡萄品種：
　赤：39 ha. 21,000ケース．
　　　メルロ60%，カベルネ・ソーヴィニヨン38%，
　　　カベルネ・フラン2%．
　白：6 ha. 3,500ケース．
　　　セミヨン90%，ソーヴィニヨン・ブラン10%．
イル家のフィリップ，夫人のサラ，息子のラッセルは，このシャトーを1998年に買ったばかりだが，エネルギッシュで有能なマネージャーにサポートされて，すでに自分たちのブランドを造り上げた。赤ワイン3種，白ワイン2種が造られている。赤のランクロ・ド・シャトー・ルゾンガール L'Enclo de Château Lezongarsは，最上の区画のメルロとカベルネで造り，20%は新樽熟成で，アメリカのオーク樽も使っている。99年産は，しなやかで，エレガント。タンニンが豊かで，フィニッシュは素晴らしい。2000年物は，よりリッチで，美味しく仕上がっている。通常のルゾンガールはメルロを少し多く使っている。99年産は，そのキャラクターと余韻の長さで98年物よりすでに良くなっている。

　最後にシャトー・ド・ロック Château de Roquesは，メルロが60%の通常の仕込みのもので，若いうちに飲んだほうが良い。99年産は，感じのいい果実味と楽しくなるような滑らかを見せている。白はソーヴィニヨンのスタイルが強く出ていて，香り豊

シャトー紹介 小さなアペラシオン

かで風味にあふれている。このシャトーは成功すること間違いなし。〔この地区最北部ウイルナーヴ・ド・リオン村にある〕。

Château de Pic シャトー・ド・ピック V
所有者：François Masson Regnault.
作付面積と年間生産量と葡萄品種：
　赤；31 ha. 18,500 ケース.
　　　カベルネ・ソーヴィニヨン 50%, メルロ 45%,
　　　カベルネ・フラン 5%.
　白；2 ha. 1,100 ケース.
　　　セミヨン 75%, ソーヴィニヨン・ブラン 20%,
　　　ミュスカデル 5%.

このシャトーはランゴアランの隣り村のトゥルスにある。1975年に現在の所有者がここを買い取ってから、大幅な改良が行われてきた。発酵槽で熟成させる通常のワインは瓶詰後すぐに飲むのが美味しい。樽で熟成するキュヴェ・トラディシオンは、もっとしっかりした構成と深みのある果実味をそなえている。

Chateau Plaisance シャトー・プレザンス V
所有者：Partrick Bayle.
作付面積と年間生産量と葡萄品種：
　赤；23 ha. 12,000 ケース.
　　　メルロ 50%, カベルネ・ソーヴィニヨン 35%,
　　　カベルネ・フラン 15%.
　白；1.5 ha. 600 ケース.
　　　セミヨン 100%.

パトリック・バイルは、その本業をやめると、1985年からカピアン〔訳注：この地区の最北端、かなり内陸より〕にあるこのシャトーの経営を始めた。彼のワインは、リッチで、奨果のような果実味をもっていて、最上の良さを発揮するまで熟成するのに3～4年はかかる。ここでは白ワインにも樽熟成をおこなっている。

Château de Plassan シャトー・ド・プラサン V
所有者：Jean Brianceau.
作付面積と年間生産量と葡萄品種：
　赤；17 ha. 9,000 ケース.
　　　メルロ 50%,
　　　カベルネ・ソーヴィニヨンとカベルネ・フラン 45%,
　　　マルベック 5%.
　白；12 ha. 5,000 ケース.
　　　セミヨン 50%, ソーヴィニヨン・ブラン 40%,
　　　ミュスカデル 10%.
セカンド・ラベル：Château Lamothe.

このタナバックにあるシャトー〔訳注：上述のピックの少し西〕は、この地域でも珍しいパラスの神殿風の建物で、シャトーと貯蔵庫も含め、全体が実に調和がとれたたたずまいである。赤ワインは、濃密で固いが、良い果実味を持っている。美味しい87年を除いては、時間がかかる生真面目なワイン。一方、発酵槽で仕

込み，春に瓶詰を行う魅力的な白もある。キュヴェ・スペシアルの方は樽で熟成させるが，特別な年だけに造られる。

Château Puy Bardens シャトー・ピュイ・バルダン　V
所有者：Yves Lamiable.
作付面積：17 ha．年間生産量：11,000 ケース．
葡萄品種：メルロ 50％，カベルネ・ソーヴィニヨン 45％，
　　　　　カベルネ・フラン 5％．
河沿いのカンブ村にある良いクリュで，その小高い丘からガロンヌ河とグラーヴの葡萄畑一帯の美しい景色を見渡すことが出来る。2種類のワインが造られている。発酵槽で熟成させるワインは，香りが高く，しっかりした構成と個性を持っている。樽で熟成させるキュヴェ・プレスティジュの方は，たっぷりとした果実味をそなえ，こくがある。際だって優れたワイン。

Château Reynon シャトー・レイノン　★V
所有者：Denis and Florence Dubourdieu.
作付面積と年間生産量と葡萄品種：
　赤；18 ha．9,500 ケース．
　　　メルロ 65％，カベルネ・ソーヴィニヨン 30％，
　　　カベルネ・フラン 5％．
　白；23.5 ha．11,000 ケース．
　　　ソーヴィニヨン・ブラン 70％，セミヨン 30％．
セカンド・ラベル：Le Second de Reynon（赤と白），
　　　　　　　　Le Clos de Reynon.
高い販売実績をもつこの有名クリュは，ベゲイの村でもっとも重要な存在で，カディヤックの北隣りにある。土壌は石灰質の粘土が混じった砂利が主体。この地区の特徴というべき驚くほどの果実味をそなえた，素晴らしい赤ワインが造られている。これは長期果皮浸漬のあと樽で熟成させる。白ワインは花のように美味しくフルーティで，当然ながらかなりの評判をとるようになった。こちらは発酵槽で仕込み，かつ，熟成させている。1996 年，初めてカディヤックが造られた。バルサックと間違えた人もいるほどの美味しさだった。

サント゠クロワ゠デュ゠モン　Ste-Croix-du-Mont

サント゠クロワ゠デュ゠モンとルーピアックの2つのアペラシオンは眺めのよい丘の斜面と高台に位置していて，ガロンヌ河をへだてて，ソーテルヌ，バルサックと向かいあい，グラーヴ〜ソーテルヌ地区全域の見事なパノラマを見せてくれる。ここはソーテルヌ以外で，最上の甘口白ワインを出すところである。はっきりいって，ここのトップクラスのシャトーでは，貴腐菌のつきぐあいさえよければ，二流のソーテルヌよりすぐれたワインを造ることができる。ソーテルヌに比べると軽くて，あまりリッチとはいえないが，とてもフルーティで長命だ。サント゠クロワ゠デュ゠モンの協同組合は水準の高いワインを造っている。葡萄栽培面積は 460 ヘクタール。

シャトー紹介 小さなアペラシオン

Château Coulac シャトー・クーラック

所有者：Gérard Despujols.
作付面積：6.4 ha. 年間生産量：3,000 ケース.
葡萄品種：セミヨン 80％, ソーヴィニヨン・ブラン 10％,
　　　　　ミュスカデル 10％.
デプジョルが造る, 信頼できる良く熟成されたコクのあるワイン。

Château Loubens シャトー・ルーバン

所有者：Arnaud de Sèze.
作付面積と年間生産量と葡萄品種：
　赤；7 ha. 3,000 ケース.
　　　メルロ 45％, カベルネ・ソーヴィニヨン 40％,
　　　カベルネ・フラン 15％.
　白；15 ha. 4,400 ケース.
　　　セミヨン 95％, ソーヴィニヨン・ブラン 5％.
セカンド・ラベル：Château Terfort,
　　　　　　　　　Fleuron Blanc de Château Loubens.
ここは昔からアペラシオンのトップに位置するクリュのひとつである。甘口ワインには優雅な果実味と新鮮さがあり, ほどよくバランスのとれた甘味が出るよううまく造られている。畑はコート(斜面)の頂上という恵まれた場所にある。魅力的な辛口ワインもあって, フルーロン・ブラン Fleuron Blanc という名前で販売されている。もうひとつの甘口ワイン, シャトー・テルフォール Château Terfort も高い水準を保っている。

Château du Pavillon シャトー・デュ・パヴィヨン

所有者：Viviane and Alain Fertal.
作付面積：4.5 ha. 年間生産量：1,700 ケース.
葡萄品種：セミヨン 85％, ソーヴィニヨン・ブラン 15％.
本物クラスの大変エレガントな貴腐ワインが, ここと, 同じオーナー所有のルーピアックのレ・ロックでも造られている。

Château La Rame シャトー・ラ・ラム　V

所有者：Yves Amand.
作付面積：20 ha. 年間生産量：6,500 ケース.
葡萄品種：セミヨン 75％, ソーヴィニヨン・ブラン 25％.
90 年代にサント＝クロワ＝デュ＝モンで造られた最も魅力的で, 首尾一貫したワインのひとつ。エレガントなフルーツの風味とバルサックのような育ちの良さが感じられる。

ルーピアック Loupiac

違う村にあるという事実以外には, ルーピアックのアペラシオンと, 隣りのサント＝クロワ＝デュ＝モンのアペラシオンを区別する決め手は何もない。葡萄栽培面積は 400 ヘクタール。

Château du Cros シャトー・デュ・クロ

所有者：Michel Boyer.

作付面積：38.5 ha．年間生産量：20,000 ケース．
葡萄品種：セミヨン 70%，ソーヴィニヨン・ブラン 20%，
　　　　　ミュスカデル 10%．
1196年，「ライオンハート」と呼ばれていたリチャードⅠ世と歴史的に関係があったシャトーで，素晴らしい場所にある。ワインは，レモンのような酸味のあるフルーツが豊富に感じられ，エレガントで魅力的。

Château Loupiac-Gaudiet
シャトー・ルーピアック゠ゴーディエ　Ⅴ
所有者：Marc Ducau．
作付面積：白 25 ha．年間生産量：8,900 ケース．
葡萄品種：セミヨン 80%，ソーヴィニヨン・ブラン 20%．
長年にわたって，ルーピアックでもっとも質が高く安定したワインのひとつとされてきた。ワインの大部分は発酵槽で熟成させる。繊細さとフィネスがそなわり，フルーティな甘味が加わって，見事に熟していく。

Château Les Roques　シャトー・レ・ロック
所有者：Viviane and Alain Fertal．
作付面積：4.5 ha．年間生産量：20,000 ケース．
⇒前頁シャトー・デュ・パヴィヨンの項。

Château de Ricaud　シャトー・ド・リコー
所有者：SC Garreau-Ricard．　管理者：Alain Thienot．
作付面積と年間生産量と葡萄品種：
　赤；55 ha．12,000 ケース．
　　　カベルネ・ソーヴィニヨン 50%，メルロ 50%．
　白；20 ha．10,000 ケース．
　　　セミヨン 80%，ソーヴィニヨン・ブラン 15%，
　　　ミュスカデル 5%．
ルーピアックでもっとも有名なクリュで，歴史的なヴィンテージ・ワイン（29年，47年など）の多くは，今も秀逸な味わいを示してくれる。残念なことに，前の所有者の時代に，最後の何年かにわたっておなざりにされ，荒れ果ててしまった。シャンパーニュからきた新しい所有者が1980年にここをひきついで以来，ワインの質は着実によくなっている。ルーピアックは素晴らしい香りをもち，フィネスと，真の優雅さをそなえた，リッチなワインだ。熟成には現在，ある程度の新樽が使われている。

素晴らしいワインが生まれたのは，81年，82年，83年。しかし，大躍進を遂げたのは上物のバルサックとしても通る86年の見事な貴腐ワインだった。セミヨンを主体とした伝統的タイプの辛口の白があって，これはボルドー AC を名乗っている。一方，フルーティで魅力的な赤ワインもあって，こちらは最高の年（81年，82年）にはプルミエール・コート AC を，その他の年にはボルドー・シュペリュール AC を名乗っている。これらのワインもやはり，樽で熟成させる。シャトーが昔の評判をとりもどす日も近いようだ。

シャトー紹介　小さなアペラシオン

コート・ド・カスティヨン Côtes de Castillon

この地区はジロンド県とドルドーニュ県との境界線と、サン＝テミリオンにはさまれた地帯で、このアペラシオンが認められる以前はサン＝テミリオンのなかに含まれていた。ボディと個性をそなえたトップクラスのボルドー・シュペリュールをいくつか生産していて、その多くが優れた協同組合で造られている。葡萄栽培面積は2,988ヘクタールで、2000年には1974年に比べれば、その面積は約2倍にふえている。

以下のシャトーに注目したい。
ドメーヌ・ド・ラ Domaine de L'A（ステファン・ドゥルノンクールのビオディナミック葡萄園）、ドメーヌ・ド・ド・レギュイユ Domaine de l'Aiguilhe（カノン＝ラ＝ガフリエールのステファン・フォン・ネイペルクが1998年買収）、ジョアナン・ベコ Joanin Bécot（ボー＝セジュール＝ベコ家が新しく指揮をとる。ファーストヴィンテージは2001年）、ド・ベルシェ de Belcier、カプ・ド・フォージェール Cap de Faugères、フォンガバン Fongaban、ラ・クラリエール＝レワイト La Clariere-Laithwaite、カステジャン Castegens（フォントネの名前でも販売）、シャント＝グリヴ Chant-Grive、ド・クロット de Clotte、クロ・レグリーズ Clos L'Eglise とサント・コロンブ Ste Colombe（1999年、パヴィのジェラール・ペルスが買収）、レスタン L'Estng、オー＝テュケ Haut-Tuquet、ラルディ Lardit、ド・ローサック de Laussac（シャトー・キノーのアラン・レイノーが買収、ファーストヴィンテージは2001年）、ムーラン＝ルージュ Moulin-Rouge、ピトレ Pitray、ピュイカルパン Puycarpin、クロ・ピュイ・アルノー Clos Puy Arnaud、ロシェ＝ベルヴュ Rocher-Bellevue、ロックヴィエイユ Roquevieille、ティボー＝ベルヴュ Thibaud-Bellevue、ラ・トレイユ＝デ＝ジロンディエ La Treille-des-Girondiers、ヴェイリィ Veyry（とても小さいが、大変美しいシャトー）。

コート・ド・フラン Côtes de Francs

カスティヨンの北にあたるこの小さなアペラシオンは、シャトー・ピュイゲロー Puygueraud のティアンポン一家がパイオニアとして努力してきたおかげで、今ではその小さな規模（わずか450 ha）にもかかわらず評判は高い。シャトー・ピュイゲロー Puyguraud では秀逸な赤ワインが造られている。他に探すべきワインは、シャトー・ド・フラン de Francs と、ラクラヴリー Laclaverie、マルサゥ Marsau、ラ・プラド La Prade。

シャトー名追録

このアルファベット順のリストは、シャトー紹介の章で触れなかった150余りのシャトーの集録である。紙数の許す範囲内で出来るだけ多くを集録して、読者の役に立つようにしてある。

データーとしては、次のような順で可能なものを記してある。すなわち、シャトー名、原産地規制呼称（AC）、格付け、所有者（企業のタイプは4頁参照）、畑の面積（ha：ヘクタール）、ワインの色、平均年生産量（ケース）。名前の後に＊印を付したのは、水準以上のものと、買っておく価値のあるものである。

Balac バラック　オー＝メドック、クリュ・ブルジョワ、
L & C Touchais, 17 ha, 赤 10,000 ケース.
Barbé バルベ＊　ブライ、Carreau, 30 ha, 赤 15,000 ケース、
白 3,500 ケース.
Bel-Air ベ＝レール　サント＝クロワ＝デュ＝モン、M Méric,
12 ha, 白 4,000 ケース.
Belle-Rose ベル＝ローズ　ポイヤック、クリュ・ブルジョワ、
Bernard Jugla, 7 ha, 赤 4,000 ケース.
Bellevue ベルヴュー＊　メドック、クリュ・ブルジョワ、Lassalle et Fils, 23 ha, 赤 14,500 ケース.
Bibian ビビアン　リストラック、Alain Mevne, 24ha, 赤 14,000 ケース.
Le Boscq ル・ボスク＊　メドック、クリュ・ブルジョワ、
Domaine Lapalu, 27 ha, 赤 16,500 ケース.
du Bouih デュ・ブイユ　ボルドー・シュペリュール、
Heirs of Comte P de Feuilhade de Chauvin, 48 ha,
赤 22,000 ケース、白 1,000 ケース.
du Bousquet デュ・ブスケ　ブール、Castel Frères, 62 ha,
赤 36,000 ケース.
Bouteilley, Dom de ドメーヌ・ド・ブテイエ　プルミエール・コート・ド・ボルドー、J Guillot, 38 ha, 赤 39,000 ケース.
des Brousteras デ・ブルストラス　メドック、SCF du Château,
25 ha, 赤 15,000 ケース.
de Caillavet ド・カイヤヴェ＊　プルミエール・コート・ド・ボルドー、SC, 62 ha, 赤 32,000 ケース、白 5,500 ケース.
le Caillou ル・カイユ　ポムロール、A Giraud, 7 ha,
赤 3,500 ケース.
de Camarsac ド・カマルサック＊　アントル＝ドゥ＝メール、
Bérénice Lurton, 60 ha, 赤 40,000 ケース.
Canet カネ＊　アントル＝ドゥ＝メール、B Large, 46 ha,
赤 14,000 ケース、白 11,000 ケース.
Carcanieux カルカニュー＊　メドック、クリュ・ブルジョワ、
SC, 38 ha, 赤 22,000 ケース.
du Cartillon デュ・カルティヨン＊　オー＝メドック、

シャトー名追録

クリュ・ブルジョワ, Vignobles R Giraud, 46 ha,
赤 23,000 ケース.

de Cérons ド・セロン* セロン, J Perromat, 12 ha,
白 3,000 ケース.

Le Châtelet ル・シャトレ サン＝テミリオン, H & P Berjal,
3.7 ha, 赤 1,700 ケース.

Civrac シヴラック* ブール, Vignobles Jaubert, 20 ha,
赤 10,000 ケース.

La Commanderie ラ・コマンドリー ポムロール,
Madame M H Dé, 5.6 ha, 赤 3,200 ケース.

de la Commanderie ド・ラ・コマンドリー ラランド・ド・ポ
ムロール, Lafon, 26 ha, 赤 14,000 ケース.

de Courteillac ド・クルトゥイヤック アントル＝ドゥ＝メール,
Dominique Menezet, 25 ha, 赤 5,500 ケース,
白 1,000 ケース.

Crabitey クラビテ* グラーヴ, SC, 25.5 ha, 赤 13,000 ケース,
白 2,000 ケース.

de la Croix Millorit ド・ラ・クロワ・ミヨリ ブール,
GAEC Jaubert, 21 ha, 赤 13,000 ケース.

de Cugat ド・キュガ アントル＝ドゥ＝メール, B Meyer,
53 ha, 赤 30,000 ケース, 白 3,300 ケース.

Doms ドム* グラーヴ, Vignobles Parage, 17 ha,
赤 6,500 ケース, 白 3,500 ケース.

Faubernet フォーベルネ* プルミエール・コート・ド・ボルド
ー, Adrien Dufis, 37 ha, 赤 24,500 ケース.

Ferrand フェラン* ポムロール, Gasparoux & Fils, 12 ha,
赤 6,500 ケース.

Florimond-la Brede フロリモン＝ラ・ブレド ブライ,
L Marinier, 20 ha, 赤 10,000 ケース.

Fonchereau フォンシュロー アントル＝ドゥ＝メール,
Mme Georges Vinot-Postry, 32 ha, 赤 15,000 ケース,
白 2,000 ケース.

Fonrazade フォンラザード サン＝テミリオン, グラン・クリュ,
G Balotte, 13 ha, 赤 6,000 ケース.

Fort-de-Vauban フォー＝ド＝ヴォバン オー＝メドック,
J-N Noleau, 12 ha, 赤 4,500 ケース.

La France ラ・フランス アントル＝ドゥ＝メール, La France
Assurances, 72 ha, 赤 42,000 ケース, 白 3,500 ケース.

Franquet-Grand-Poujeaux フランケ＝グラン＝プジョー*
ムーリス, クリュ・ブルジョワ, P Lambert, 8.5 ha,
赤 3,000 ケース.

de Fronsac ド・フロンサック フロンサック, Seurin, 8 ha,
赤 4,000 ケース.

Gaillard ガイヤール サン＝テミリオン, グラン・クリュ,
J-J Nouvel, 20 ha, 赤 8,500 ケース.

Le Gay ル・ゲイ アントル＝ドゥ＝メール, R Maison, 20 ha,
赤 12,000 ケース, 白 2,000 ケース.

Gazin-Rocquencourt ガザン＝ロカンクール グラーヴ,

Famille Michotte, 14 ha, 赤 7,500 ケース.

de Goëlane ド・ゴエラン アントル=ドゥ=メール, SC, 73 ha, 赤 49,000 ケース.

Gombaude-Guillot ゴンボード=ギヨ* ポムロール, GFA, 7 ha, 赤 3,500 ケース.

La Grâce-Dieu ラ・グラス=デュー* サン=テミリオン, グラン・クリュ, M Pauty, 13 ha, 赤 6,500 ケース.

Grand-Duroc-Milon グラン=デュロック=ミロン ポイヤック, クリュ・ブルジョワ, Bernard Jugla, 6 ha, 赤 2,200 ケース.

Le Grand-Enclos du Ch Cérons ル・グラン=アンクロ・デュ・シャトー・セロン セロン, Lataste, 6 ha, 白 1,000 ケース.

Grand-Jour グラン=ジュール ブール, SCEA, 40 ha, 赤 25,000 ケース.

Grand-Monteil グラン=モンティユ ボルドー・シュペリュール, Jean Techenet, 113 ha, 赤 65,000 ケース, 白 8,500 ケース.

Grand Moulin グラン・ムーラン オー=メドック, R Gonzalvez, SC, 18 ha, 赤 11,000 ケース.

de Grand-Puch ド・グラン=ピュシュ アントル=ドゥ=メール, Société Viticole, 90 ha, 赤 50,000 ケース.

Grate-Cap グラト=カプ ポムロール, G & M Janoueix, 10 ha, 赤 5,000 ケース.

du Grava デュ・グラヴァ* プルミエール・コート・ド・ボルドー, SCI de la Rive Droite, 45 ha, 赤 30,000 ケース.

Gravelines グラヴリーヌ プルミエール・コート・ド・ボルドー, Dubourg, 10 ha, 白 25,000 ケース, 赤 8,500 ケース.

Graville-Lacoste グラヴィユ=ラコスト* グラーヴ, Hervé Doubourdieu, 8 ha, 白 3,500 ケース.

Grimonac グリモナック プルミエール・コート・ド・ボルドー, P Yung, 25 ha, 赤 13,000 ケース.

Grolet グロレ ブライ, Bömes family, 28 ha, 赤 15,000 ケース.

Gros-Moulin グロ=ムーラン ブール, J Arzeller, 28 ha, 赤 16,000 ケース.

Gueyrot ゲロ サン=テミリオン, de la Tour du Fayet, 8 ha, 赤 4,000 ケース.

Guibon ギボン アントル=ドゥ=メール, A Lurton, 35 ha, 白 11,000 ケース, 赤 5,000 ケース.

Haut Breton Larigaudière オー・ブルトン・ラリゴディエール マルゴー, クリュ・ブルジョワ, SCEA, 13 ha, 赤 7,000 ケース.

Haut-Brignon オー=ブリニヨン プルミエール・コート・ド・ボルドー, 54 ha, 赤 31,000 ケース.

Haut-Lavallade オー=ラヴァラド* サン=テミリオン, J. P. Chagneau, 12 ha, 赤 6,000 ケース.

Haut-Lignan オー=リニヤン* メドック, Castet family, 11 ha, 赤 7,000 ケース.

Haut-Maillat オー=マイア ポムロール, J. P. Estager, 5 ha,

シャトー名追録

赤 2,520 ケース.

Haut Ségottes オー・セゴット　サン＝テミリオン,
グラン・クリュ, D André, 9 ha, 赤 5,000 ケース.

Houbanon ウーバノン　メドック, クリュ・ブルジョワ, SC,
13 ha, 赤 6,500 ケース.

Hourtin-Ducasse ウルタン＝デュカス＊　オー＝メドック,
クリュ・ブルジョワ, M Marengo, 25 ha, 赤 13,000 ケース.

Jacques-Blanc ジャック＝ブラン　サン＝テミリオン, GFA,
18.8 ha, 赤 10,000 ケース.

des Jaubertes デ・ジョベルト＊　グラーヴ, Marquis de
Pontac, 31 ha, 赤 8,500 ケース, 白 2,000 ケース.

Jean-Gervais ジャン＝ジェルヴェ　グラーヴ, Counilh & Fils,
39 ha, 赤 12,000 ケース, 白 7,500 ケース.

Jean-Voisin ジャン＝ヴォワザン　サン＝テミリオン, グラン・
クリュ, SC Chassagnoux, 14 ha, 赤 7,500 ケース.

du Juge デュ・ジュジュ＊　ボルドー・シュペリュール（カディ
ヤック）, P Dupleich, 28 ha, 白 10,000 ケース,
赤 6,000 ケース.

du Juge デュ・ジュジュ　プルミエール・コート・ド・ボルドー
（オー）, J Mèdeville, 28 ha, 赤 9,000 ケース,
白 3,000 ケース.

Le Jurat ル・ジュラ　サン＝テミリオン, グラン・クリュ,
SCA Haut Corbin, 6 ha, 赤 3,500 ケース.

Justa ジュスタ＊　プルミエール・コート・ド・ボルドー,
M Mas, 19 ha, 赤 10,000 ケース, 白 2,400 ケース.

Laborde ラボルド　ラランド・ド・ポムロール,
J-M Trocard, 20 ha, 赤 8,500 ケース.

Lachesnaye ラシュナイエ＊　オー＝メドック,
クリュ・ブルジョワ・シュペリエール, Dom Bouteiller,
20 ha, 赤 11,000 ケース.

Lafite ラフィット　プルミエール・コート・ド・ボルドー,
R-F Laguens, 38 ha, 赤 20,000 ケース.

Lagüe ラグェ＊　フロンサック, F Roux, 7.6 ha,
赤 3,500 ケース.

Lalande ラランド＊　リストラック, クリュ・ブルジョワ,
Mme Darriet, 10.5 ha, 赤 6,000 ケース.

Lalande ラランド　サン＝ジュリアン, クリュ・ブルジョワ,
G Meffre, 32 ha, 赤 15,000 ケース.

Lalibarde ラリバルド　ブール, R Dumas, 35 ha,
赤 22,000 ケース.

Lamothe ラモット　ブール, M Pessonier, 23 ha,
赤 11,000 ケース.

Lapelletrie ラペルトリー　サン＝テミリオン, グラン・クリュ,
GFA, 12 ha, 赤 6,500 ケース.

Larrivaux ラリヴォー　オー＝メドック, クリュ・ブルジョワ,
Vicomtesse de Carheil, 23 ha, 赤 10,500 ケース.

Lassègue ラセギュ　サン＝テミリオン, グラン・クリュ,
J P Freylon, 22.5 ha, 赤 13,000 ケース.

Laurensanne ローランサンヌ　ブール，D Levraud，30 ha，
　赤 15,000 ケース．
Laurette ロレット　サント゠クロワ゠デュ゠モン，F Pons，
　42 ha，白 11,000 ケース，赤 8,000 ケース．
Ligondras リゴンドラス　マルゴー，P Augeau，10 ha，
　赤 5,500 ケース．
Malagar マラガル　プルミエール・コート・ド・ボルドー，
　Dom Cordier，14 ha，赤 4,000 ケース，白 4,000 ケース．
Martinon マルティノン　アントル゠ドゥ゠メール，Trollier，
　44 ha，白 15,500 ケース，赤 10,000 ケース．
de Martouret ド・マルトゥレ　アントル゠ドゥ゠メール，
　D Lurton，40 ha，赤 21,000 ケース，白 3,000 ケース．
Clos Mazeyres クロ・マゼール　ポムロール，Laymarie & Fils，
　9.7 ha，赤 5,000 ケース．
Méaume メオム *　ボルドー・シュペリュール，(ギトル・エ・
　クトラ)，A Johnson-Hill，28 ha，赤 15,500 ケース．
Clos des Menuts クロ・デ・ムニュ *　サン゠テミリオン，
　グラン・クリュ，P Rivière，25 ha，赤 11,500 ケース．
Mille-Sescousses ミル゠セクース *　ボルドー・シュペリュール，
　P Darricarrère，62 ha，赤 26,000 ケース．
des Moines デ・モワーヌ　ラランド・ド・ポムロール，
　H Darnazou，17 ha，赤 7,000 ケース．
Monconseil-Gazin モンコンセイユ゠ガザン　ブライ，M Baudet，
　16 ha，赤 7,500 ケース，白 600 ケース．
Moulin-Pey-Labrie ムーラン゠ペイ゠ラブリ　カノン゠フロンサ
　ック，B & G Hubau，6.7 ha，赤 2,500 ケース．
Moulin de la Rose ムーラン・ド・ラ・ローズ
　サン゠ジュリアン，クリュ・ブルジョワ・シュペリュール，
　Guy Delon，4 ha，赤 2,000 ケース．
Moulin-à-Vent ムーラン゠ナ゠ヴァン *　ラランド・ド・ポムロ
　ール，F-M Marret，12 ha，赤 6,550 ケース．
Panigon パニヨン *　メドック，クリュ・ブルジョワ，
　J-K & J-R Leveilley，50 ha，赤 25,500 ケース．
Pardaillan パルダィヤン　ブライ，Bayle-Carreau，15 ha，
　赤 8,000 ケース．
Péconnet ペコネ *　プルミエール・コート・ド・ボルドー，
　Amiel family，17 ha，赤 10,000 ケース．
Perenne ペレヌ　ブライ，SCA，59 ha，赤 38,000 ケース，
　白 500 ケース．
Pernaud ペルノー *　ソーテルヌ，クリュ・ブルジョワ，
　Regelsperger，15 ha，白 3,300 ケース．
Perron ペロン　ラランド・ド・ポムロール，Massonié，15 ha，
　赤 7,000 ケース．
Pey-Martin ペイ゠マルタン　メドック，クリュ・ブルジョワ，
　Jean Signoret，10 ha，赤 6,500 ケース．
du Peyrat デュ・ペイラ *　プルミエール・コート・ド・ボルド
　ー，SC Lambert Frères (Capian)，98 ha，赤 44,000 ケース，
　白 17,000 ケース．

シャトー名追録

Piada ピアダ　ソーテルヌ，クリュ・ブルジョワ，
J & E Lalande, 9.5 ha, 白 1,500 ケース.

Pichon ピション　オー=メドック，C Fayat, 23 ha, 赤 8,000
ケース.

Pierredon ピエルドン*　アントル=ドゥ=メール，
ボルドー・シュペリュール（ゴルナック），P Perromat,
18 ha, 赤 10,000 ケース.

Piron ピロン*　グラーヴ，P Boyreau, 20 ha, 白 6,000 ケース,
赤 2,000 ケース.

Plantey プランテ　ポイヤック，クリュ・ブルジョワ，G Meffre,
26 ha, 赤 15,000 ケース.

Pontet-Chappaz ポンテ=シャパズ　マルゴー，
Vignobles Rocher-Cap de Rive, 7.7 ha, 赤 4,500 ケース.

de Portets ド・ポルテ*　グラーヴ，J-P Théron, 39 ha,
赤 12,500 ケース, 白 2,000 ケース.

La Providence ラ・プロヴィダンス　ボルドー・シュペリュール
（メドック），Bouteiller, 7 ha, 赤 3,500 ケース.

Puy-Blanquet ピュイ=ブランケ*　サン=テミリオン，
グラン・クリュ，R Jacquet, 23 ha, 赤 10,000 ケース.

Puyblanquet-Carille ピュイブランケ=カリユ　サン=テミリオ
ン，グラン・クリュ，J-F Carille, 12 ha, 赤 7,000 ケース.

Quentin カンタン　サン=テミリオン，グラン・クリュ，SC,
30 ha, 赤 18,000 ケース.

de Ramondon ド・ラモンドン　プルミエール・コート・ド・ボ
ルドー，Mme van Pé, 25 ha, 赤 14,000 ケース,
白 9,000 ケース.

du Raux デュ・ロー　オー=メドック，クリュ・ブルジョワ，
SCI, 15 ha, 赤 8,500 ケース.

Raymond レモン　アントル=ドゥ=メール，
Baron R de Montesquieu, 27 ha, 赤 28,000 ケース.

de Respide ド・レスピッド　グラーヴ，Vignobles Bonnet,
40 ha, 赤 18,000 ケース, 白 8,000 ケース.

Reynier レニエ*　アントル=ドゥ=メール，D Lurton, 75 ha,
赤 35,000 ケース, 白 9,000 ケース.

Richelieu リシュリュー　フロンサック，Y Viaud, 12.9 ha,
赤 7,500 ケース.

La Rivalerie ラ・リヴァルリー　ブライ，Gillibert Chauvin,
34 ha, 赤 17,500 ケース, 白 1,000 ケース.

La Roche ラ・ロッシュ　プルミエール・コート・ド・ボルドー，
P Dumas, 15 ha, 赤 10,000 ケース.

du Rocher デュ・ロシェ　サン=テミリオン，グラン・クリュ，
Baron de Montfort, 15 ha, 赤 7,000 ケース.

La-Rose-Côte-de-Rol ラ=ローズ=コート=ド=ロル
サン=テミリオン，グラン・クリュ，Y Mirande, 9 ha,
赤 4,000 ケース.

La Rose Pourret ラ・ローズ・プレ*　サン=テミリオン，
グラン・クリュ，B Warion, 8 ha, 赤 4,000 ケース.

Roumieu ルミュー*　バルサック，Mme Craveia-Goyaud,

16 ha, 白 3,500 ケース.

Roumieu ルミュー ソーテルヌ, クリュ・ブルジョワ,
R Bernadet, 20 ha, 白 2,000 ケース.

Roumieu-Lacoste ルミュー＝ラコスト＊ ソーテルヌ,
Hervé Dubourdieu, 12 ha, 白 3,000 ケース.

St-Christoly サン＝クリストリー メドック, クリュ・ブルジョ
ワ, Hervé Héraud, 24 ha, 赤 16,500 ケース.

Ségur セギュール オー＝メドック, クリュ・ブルジョワ・シュ
ペリュール, M Grazioli, 36.8 ha, 赤 24,500 ケース.

Sémeillan Mazeau セメヤン・マゾー リストラック, クリュ・
ブルジョワ, SC, 17 ha, 赤 8,000 ケース.

Senailhac スナヤック＊ アントル＝ドゥ＝メール, Magnat,
55 ha, 赤 29,000 ケース, 白 1,500 ケース.

Senilhac スニヤック＊ オー＝メドック, クリュ・ブルジョワ,
L & J-L Grassin, 20.5 ha, 赤 11,500 ケース.

Simon シモン バルサック, クリュ・ブルジョワ, J Dufour,
17 ha, 白 4,500 ケース.

Suau スュオー プルミエール・コート・ド・ボルドー,
Monique Bonnet, 59 ha, 赤 35,000 ケース, 白 4,000.

du Tasta デュ・タスタ＊ プルミエール・コート・ド・ボルド
ー, P Perret, 13 ha, 赤 6,500 ケース.

Templiers, Clos des クロ・デ・タンプリエ ラランド・ド・ポ
ムロール, Vignobles Meyer, 11 ha, 赤 6,000 ケース.

de Terrefort-Quancard ド・テルフォール・カンカール
ボルドー・シュペリュール, Quancard family, 65.7 ha,
赤 37,000 ケース。白 1,000 ケース.

de Thau ド・タウ ブール, Vignobles Schweitzer, 27 ha,
赤 17,000 ケース.

Timberlay タンベルレ＊ ボルドー・シュペリュール,
R Giraud, 130 ha, 赤 55,000 ケース, 白 11,000 ケース.

Tour Blanche トゥール・ブランシュ メドック,
クリュ・ブルジョワ, Vignobles d'Aquitaine, 38 ha,
赤 24,000 ケース.

Tour-Prignac トゥール＝プリニャック メドック,
クリュ・ブルジョワ, SC, 140 ha, 赤 88,000 ケース.

Tour-du-Roc トゥール＝デュ＝ロック オー＝メドック,
クリュ・ブルジョワ, Philippe Robert, 12 ha,
赤 6,000 ケース.

Tour-St-Pierre トゥール＝サン＝ピエール サン＝テミリオン,
グラン・クリュ, J Goudineau, 12 ha, 赤 7,000 ケース.

Tour-Seran トゥール＝セラン メドック, クリュ・ブルジョワ,
Jean Guyon, 18 ha, 赤 12,000 ケース.

des Trois Chardons デ・トロワ・シャルドン マルゴー,
C & Y Chardon, 2.7 ha, 赤 1,500 ケース.

Le Tuquet ル・テュケ＊ グラーヴ, P Ragon, 54 ha,
赤 25,000 ケース, 白 9,500 ケース.

de Tustal ド・テュスタル アントル＝ドゥ＝メール,
H & B d'Amaillé, 34 ha, 白 8,500 ケース, 赤 8,500 ケース.

シャトー名追録

La Vieille France ラ・ヴィエイユ・フランス　グラーヴ,
　M Dugoua, 23.5 ha, 赤 10,500 ケース, 白 2,500 ケース.
du Vieux-Moulin デュ・ヴィユー＝ムーラン　ルーピアック,
　Mme Perromat-Dauné, 13 ha, 白 3,500 ケース.
La Violette ラ・ヴィオレット　ポムロール,
　Vignobles S Dumas, 4.5 ha, 赤 2,000 ケース.
Virou ヴィルー　ブライ, SCEA, 68 ha, 赤 45,000 ケース.

シャトー索引

この索引では, au, de, des, du, la, le, les のような冠詞は無視して, アルファベット順になっている。シャトー Chateau は Ch, ドメーヌ Domaine は Dom に略して, それぞれの固有名詞の後につけてある。

A

Agassac, Ch. de d' 138
Andron-Blanquet, Ch. 124
Aney, Ch. 138
Angélus, Ch. 233
Angludet, Ch. d' 73
Annereaux, Ch. des 303
Anthonic, Ch. 88
Archambeau, Ch. d' 201
Arche, Ch. d' 214
Arcins, Ch. d' 138
Ardennes, Ch. 201
Armailhac, Ch. d' 111
Arnauld, Ch. 139
Arricaud, Ch. d' 202
Arrosée, Ch. L' 234
Arsac, Ch. d' 73
Aurilhac, Ch. d' 139
Ausone, Ch. 234

B

Balestard-la-Tonnelle, Ch. 235
Barbe, Ch. de 318
Barde-Haut, Ch. 236
Baret, Ch. 182
Barrabaque, Ch. 312
Barreyres, Ch. 139
Bastor-Lamontagne, Ch. 214
Batailley, Ch. 112
Beau-Séjour-Bécot, Ch. 236
Beau-Site, Ch. 125
Beau-Site-Haut-Vignoble, Ch. 125
Beaumont, Ch. 140
Beauregard, Ch. 286
Beauséjour (Duffau-Lagarrosse), Ch. 237
Beausejour (Montagne St-Émilion), Ch. 277
"Clos L'Eglise", Ch. 277
Bégot, Ch. 318
Bel Air, Ch. (Haut-Médoc) 140
Bel-Air, Ch. de (Lalande de Pomerol) 303
Bel-Air, Ch. (Puisseguin) 278
Bel-Air-Lagrave, Ch. 88
Bel-Air-Marquis-d'Aligre, Ch. 74
Bel-Orme-Tronquoy-de-Lalande, Ch. 141
Belair, Ch. (St-Émilion) 237
Belair-Montaiguillon, Ch. 278
Belair St-Georges, Ch. 278
Belgrave, Ch. 140
Bellefont-Belcier, Ch. 238
Bellevue, Ch. (Lussac) 278
Bellevue, Ch. (St-Éemilion) 238
Belregard-Figeac, Ch. 238
Bergat, Ch. 239
Berliquet, Ch. 239
Bernadotte, Ch. 141
Beychevelle, Ch. 101
Birot, Ch. 329
Biston-Brillette, Ch. 89
Blaignan, Ch. 163
Blancherie, Ch. La 202
Blancherie-Peyret, Ch. La 202
Bon Pasteur, Ch. 286

シャトー索引

Bonalgue, Ch. 287
Bonnet, Ch. 325
Boscq, Ch. Le 125
Bouqueyran, Ch. 89
Bourdieu, Ch. 323
Bourdieu-Vertheuil, Ch. Le 141
Bourgneuf-Vayron, Ch. 287
Bournac, Ch. 163
Bouscaut, Ch. 183
Boyd-Cantenac, Ch. 74
Branaire-Ducru, Ch. 101
Branas-Grand-Poujeaux, Ch. 89
Brane-Cantenac, Ch. 74
Brethous, Ch. 329
Breuil, Ch. du 142
Bridane, Ch. La 102
Brillette, Ch. 90
Brondelle, Ch. 202
Broustet, Ch. 214
Brown, Ch. 183
Brulesécaille, Ch. 319

C
Cabanne, Ch. La 287
Cabannieux, Ch. 203
Cadet-Bon, Ch. 239
Cadet-Piola, Ch. 240
Caillou, Ch. 215
Calon, Ch. 278
Calon-Ségur, Ch. 126
Cambon-la-Pelouse, Ch. 142
Camensac, Ch. de 142
Canon, Ch. (Canon-Fronsac : Horeau) 312
Canon, Ch. (Canon-Fronsac : Moueix) 312
Canon, Ch. (St-Émilion) 240
Canon-de-Brem, Ch. 312
Canon-la-Gaffeliére, Ch. 241
Canon-Moueix (formerly Pichelébre), Ch. 313
Cantelys, Ch. 184

Cantemerle, Ch. 143
Cantenac-Brown, Ch. 75
Canterayne, 143
Cap-Léon-Veyrin, Ch. 95
Cap-de-Mourlin, Ch. 241
Capbern-Gasqueton, Ch. 127
Carbonnieux, Ch. 184
Cardaillan, Ch.de (Southern Graves) 203
Cardonne, Ch. La 164
Carles, Ch.de 308
Carmes-Haut-Brion, Ch. les 185
Carronne-Ste-Gemme, Ch. 144
Carsin, Ch. 330
Carteau Côtes Daugay, Ch. 242
Cassagne-Haut-Canon, Ch. 313
Castelot, Ch. Le 242
Castéra, Ch. 164
Cayla, Ch. 330
Cazebonne, Ch. 204
Certan-de-May, Ch. 288
Chambert-Marbuzet, Ch. 127
Chantegrive, Ch. de 204
Chantelys, Ch. 164
Charmail, Ch. 144
Charron, Ch. 323
Chasse-Spleen, Ch. 90
Châtelleine 145
Chauvin, Ch. 242
Cheval Blanc, Ch. 243
Cheval Noir 244
Chevalier, Dom.de 185
Chicane, Ch. 204
Cissac, Ch. 145
Citran, Ch. 145
Clare, Ch. La 165
Clarke, Ch. 95
Clément-Pichon, Ch. 146
Clerc-Milon, Ch. 112
Climens, Ch. 215
Clinet, 288
Clocher, Clos du 289

Clos des Jacobins, Ch. 244
Closerie-Grand-Poujeaux, Ch. la 91
Clotte, Ch. La 245
Clusière, Ch. La 245
Colombier-Monpelou, Ch. 113
Commanderie, Ch. La 127
Conseillante, Ch. La 289
Corbin, Ch. 245
Corbin-Michotte, Ch. 246
Cormeil-Figeac, Ch. 246
Cos-d'Estournel, Ch. 127
Cos-Labory, Ch. 128
Côte de Baleau, Ch. 246
Côtes Rocheuses 275
Coucheroy, Ch. 186
Coufran, Ch. 146
Couhins, Ch. 186
Couhins-Lurton, Ch. 187
Coulac, Ch. 336
Couronne, Ch. 247
Couspaude, Ch. 247
Coustolle, Ch. 313
Coutelin-Merville, Ch. 129
Coutet, Ch. 205, 216
Couvent-des-Jacobins, Ch. 247
Crock, Ch. Le 129
Croix, Ch. de la (Médoc AC) 165
Croix, Ch. La (Pomerol) 289
Croix Canon, Ch. la 313
Croix-du-Casse, Ch. 290
Croix de la Chenevelle, Ch. La 304
Croix-de-Gay, Ch. La 290
Croix des Moines, Ch. La 304
Croix-St-Andre, Ch. La 304
Croix-St-Georges, Ch. La 290
Croizet-Bages, Ch. 113
Croque-Michotte, Ch. 248
Cros, Ch. du, 336
Cruzeau, Ch. du 187

Curé-Bon, Ch.→ Canon, Ch.
Cuvée Galius 275

D

Dalem, Ch. 308
Dassault, Ch. 248
Dauphine, Ch. de la 309
Dauzac, Ch. 75
Desmirail, Ch. 76
Deyrem-Valentin, Ch. 76
Dillon, Ch. 146
Doisy-Daëne, Ch. 216
Doisy-Dubroca, Ch. 217
Doisy-Védrines, Ch. 217
Dome, Le ⇒ Teyssier, Ch.
Dominique, Ch. La 248
Ducluzeau, Ch. 96
Ducru-Beaucaillou, Ch. 102
Duhart-Milon-Rothschild Ch. 114
Duplessis (Hauchecorne), Ch. 91
Durfort-Vivens, Ch. 76
Dutruch-Grand-Poujeaux, Ch. 91

E

Église, Clos L' (Pomerol) 291
Église, Dom. de l' 290
Église-Clinet, Ch. L' 291
Elite St-Roch, L' 173
Enclos, Ch. L' 291
Escadre, Ch. L' 323
Escurac, Ch. d' 165
Évangile, Ch. L' 292

F

Faizeau, Ch. 279
Falfas, Ch. 319
Fargues, Ch. de 218
Faugères, Ch. 249
Faurie-de-Souchard, Ch. 249
Fayau, Ch. 331
"Fer de Cheval Noir, Le"

シャトー索引

244
Ferran, Ch. 188
Ferrand, Ch.de 250
Ferrande, Ch. 205
Ferrière, Ch. 77
Feytit-Clinet, Ch. 292
Fieuzal, Ch. 188
Figeac, Ch. 250
Filhot, Ch. 218
Fleur, Ch. La 250
Fleur de Boüard, La 304
Fleur-Cailleau, Ch. La 314
Fleur-Canon, Ch. La 314
Fleur-Cardinale, Ch. La 251
Fleur-Cravignac, Ch. La 251
Fleur-de-Gay, Ch. 293
Fleur-Milon, Ch. La 114
Fleur-Pétrus, Ch. La 293
Fleur-Pourret, Ch. 251
Floridène, Clos 205
Fombrauge, Ch. 251
Fonbadet, Ch. 114
Fondarzac, Ch. 325
Fongrave, Ch. 326
Fonplégade, Ch. 252
Fonréaud, Ch. 96
Fonroque, Ch. 252
Fontenil, Ch. 309
Fontesteau, Ch. 147
Fontis, Ch. 166
Fougas, Ch. 319
Fourcas-Dupré, Ch. 96
Fourcas-Hosten, Ch. 97
Fourcas-Loubaney, Ch. 97
Fourtet, Clos 252
Franc-Grâce-Dieu, Ch. 253
Franc-Mayne, Ch. 253
France, Ch. de 189

G
Gaby, Ch. 314
Gaffelière, Ch. La 253
Gagnard, Ch. 309
Gaillat, Ch. de 206
Garde, Ch. La 189

Gardera, Ch. Le 331
Gay, Ch. Le 293
Gazin, Ch. du (Canon-Fronsac) 314
Gazin, Ch. (Pomerol) 294
Gilette, Ch. 218
Giscours, Ch. 77
Glana, Ch.du 103
Gloria, Ch. 104
Gomerie, Ch. La 254
Grâce-Dieu-Les-Menuts, Ch. La 254
Grand Abord Ch.du 206
Grand-Barrail-Lamarzelle-Figeac, Ch. 254
Grand Corbin, Ch. 255
Grand-Corbin-Despagne, Ch. 255
Grand Listrac, Cave Coopérative 98
Grand Mayne, Ch. 256
Grand Mouëys, Ch. du 331
Grand Ormeau, Ch. 305
Grand-Pontet, Ch. 256
Grand-Puy-Ducasse, Ch. 115
Grand-Puy-Lacoste, Ch. 115
Grand-Renouil, Ch. 315
Grandes Murailles, Ch. 255
Grandis Ch. 147
Grands Chênes, Ch. Les 166
Grave, Ch. de la (Côtes de Bourg) 320
Grave, Ch. La (Pomerol) 294
Grenière, Ch. de la 279
Gressier-Grand-Poujeaux, Ch. 92
Greysac, Ch. 166
Gruaud-Larose, Ch. 104
Guadet-St-Julien, Ch. 257
Guerry, Ch. 320
Guibeau, Ch 279
Guionne, Ch. 320
Guiraud, Ch. 219

Guiteronde, Ch. 220
Gurgue, Ch. La 78

H

Hanteillan, Ch. 147
Haut-Bages-Libéral, Ch. 116
Haut-Bailly, Ch. 190
Haut-Batailley, Ch. 116
Haut-Beauséjour, Ch. 129
Haut-Bergey, Ch. 190
Haut-Brion, Ch. 190
Haut-Canteloup, Ch. 167
Haut-Chaigneau, Ch. 305
Haut-Chatain, Ch. 305
Haut-Corbin, Ch. 257
Haut-Lagrange, Ch. 191
Haut-Logat, Ch. 148
Haut-Macô, Ch. 320
Haut-Madrac, Ch. 148
Haut-Marbuzet, Ch. 129
Haut-Mazeris, Ch. 315
Haut-Peyraguey, Ch. 220
Haut-Pontet, Ch. 257
Haut-Quercus, Ch. 275
Haut-Sarpe, Ch. 257
Hauts-Conseillants, Ch. 305
Hauts-Tuileries, Ch. Les 305
Haux, Ch. de 332
Hermitage, Ch. L' 258
Hosanna, Ch. 295

I

Issan, Ch. d' 78

J

Jean-Faure, Ch. 258
Jeandeman, Ch. 309
Jonqueyres, Ch. 326
Junayme, Ch. 315
Justices, Ch. Les 220

K

Kirwan, Ch. 78

L

Labégorce, Ch. 79
Labégorce Zédé, Ch. 79
Lacaussade St Martin Ch. 324
Lacombe-Noillac, Ch. 167
Lafaurie-Peyraguey, Ch. 221
Laffitte-Carcasset, Ch. 130
Lafite-Rothschild, Ch. 117
Lafleur, Ch. 295
Lafleur-Gazin, Ch. 295
Lafon, Ch. 98
Lafon-Rochet, Ch. 130
Laforge, Ch. ⇒ Tessier, Ch.
Lagarosse, Ch. 332
Lagrange, Ch. 105, 296
Lagune, Ch. La 148
Laland-Borie, Ch. 106
Lamarche-Canon, Ch. 315
Lamarque, Ch. de 149
Lamarzelle, Ch. 258
Lamothe, Ch. (Sauternes) 221
Lamothe-Bergeron, Ch. 149
Lamothe-Cissac, Ch. 150
Lamothe-Guignard, Ch. 221
Landat, Ch. 150
Landiras, Ch. 206
Lanessan, Ch. 150
Langoa-Barton, Ch. 106
Laniote, Ch. 258
Laplagnotte-Bellevue, Ch. 259
Larcis-Ducasse, Ch. 259
Larmande, Ch. 259
Laroche-Bel-Air, Ch. 333
Laroque, Ch. 260
Larose-Trintaudon, Ch. 151
Laroze, Ch. 261
Laroze-Bayard, Ch. 280
Larrivet-Haut-Brion, Ch. 192
Lascombes, Ch. 80

Latour, Ch. 118
Latour à Pomerol, Ch. 296
Laujac, Ch. 167
Launay, Ch. 326
Laurêtan, Ch. 331
Laurets, Ch. des 280
Lauzette-Declercq, Ch. La 98
Laville-Haut-Brion, Ch. 192
Lavillotte, Ch. 131
Léoville-Barton, Ch. 107
Léoville-Las-Cases, Ch. 107
Léoville-Poyferré, Ch. 108
Lestage, Ch. 98
Lestage-Simon, Ch. 152
Lezongars, Ch. 333
Lilian Ladouys, Ch. 131
Liot, Ch. 222
Liouner, Ch. 99
Liversan, Ch. 152
Livran, Ch. 168
Loubens, Ch. 336
Loudenne, Ch. 168
Loupiac-Gaudiet, Ch. 337
Lousteauneuf, Ch. 168
Louvière, Ch. La 193
Lynch-Bages, Ch. 119
Lynch-Moussas, Ch. 120
Lyonnat, Ch. du 280

M

Macay, Ch. 321
Macquin St-Georges, Ch. 280
Magdelaine, Ch. 261
Magence, Ch. 207
Magnan La Gaffelière, Ch. 261
Magneau, Ch. 207
Magnol, Ch. 152
Maine-Gazin, Ch. 324
Maison-Blanche, Ch. 281
Malartic-Langravière, Ch. 193
Malescasse, Ch. 153
Malescot-St-Exupéry, Ch. 80
Malle, Ch. de 222
Malleret, Ch. de 153
Malmaison Baronne Nadine de Rothschild, Ch. 92
Marbuzet, Ch. de 132
Margaux, Ch. 81
Marquis-d'Alesme-Becker, Ch. 81
Marquis de St-Estèphe, Cave Cooperative 132
Marquis-de-Terme, Ch. 82
Marsac-Séguineau, Ch. 82
Martinens, Ch. 82
Matras, Ch. 261
Maucaillou, Ch. 92
Maucamps, Ch. 153
Mausse, Ch. 315
Mauvesin, Ch. 93
Mayne-Blanc, Ch. 281
Mayne-Lalande, Ch. 99
Mayne-Vieil, Ch. 309
Mazeris, Ch. 316
Mazeris-Bellevue, Ch. 316
Mendoce, Ch. de 321
Meyney, Ch. 132
Meynieu, Ch. Le 154
Meyre, Ch. 154
Millet, Ch. 207
Mission-Haut-Brion, Ch. La 194
Moines, Ch. Les 167
Monbousquet, Ch. 262
Monbrison, Ch. 83
Moncets, Ch. 306
Mondotte, La 262
Monlot-Capet, Ch. 263
Montaiguillon, Ch. 281
Monteil d'Arsac, Ch. 154
Monthil, Ch. de 169
Montlabert, Ch. 263
Montrose, Ch. 133
Morin, Ch. 134
Moulin-à-Vent, Ch. 93
Moulin du Cadet Ch. 263

Moulin-Haut-Laroque, Ch. 310
Moulin-de-Launey, Ch. 327
Moulin-Rouge, Ch. du 154
Moulin-St-Georges, Ch. 263
Moulinet, Ch. 296
Moulis, Ch. 93
Mouton-Barronne-Philippe, 120 ⇨ Armailhac
Mouton - Rothschild, Ch. 120
Muret, Ch. 154
Musset, Ch. de 281
Myrat, Ch. 222

N

Nairac, Ch. 223
Nenin, Ch. 297
Noaillac, Ch. 169
Nodez, Ch. 321

O

Olivier, Ch. 195
Oratoire, Clos de L' 264
Ormes - de - Pez, Ch. Les 134
Ormes Sorbet, Ch. Les 170

P

Palmer, Ch. 83
Paloumey, Ch. 155
Pape, Ch. Le 195
Pape-Clément, Ch. 195
Papeterie, Ch. la 282
Paroisse, Cave Coopérative La 155
Patache-d'Aux, Ch. 170
Paveil-de-Luze, Ch. 84
Pavie, Ch. 264
Pavie-Decesse, Ch. 265
Pavie-Macquin, Ch. 265
Pavillon, Ch. du 336
Pavillon Bellevue, Cave 163
Pavillon-de-Boyrein, Ch. Le 208
Pédesclaux, Ch. 121
Petit-Faurie-de-Soutard, Ch. 265
Petit-Village, Ch. 297
Pétrus, Ch. 297
Peychaud, Ch. 321
Peyrabon, Ch. 155
Peyreau, Ch. 266
Peyredon Lagravette. Ch. 99
Peyredoulle, Ch. 324
Pez, Ch. de 134
Phélan-Ségur, Ch. 135
Pibran, Ch. 121
Pic, Ch. de 334
Picard, Ch. 136
Pichon-Longueville Baron, Ch. 122
Pichon-Longueville Comtesse-de-Lalande, Ch. 122
Picque-Caillou, Ch. 196
Pin, Ch. Le 298
Pipeau, Ch. 266
Plagnac, Ch. 171
Plain-Point, Ch. 310
Plaisance, Ch. (Premières Côtes de Bordeaux) 334
Plaisance, Ch. (St-Émilion) 266
Plantey, Ch. 123
Plassan, Ch. de 334
Plince, Ch. 298
Pointe, Ch. La 299
Pomys, Ch. 136
Pontac-Lynch, Ch. 84
Pontac-Monplaisir, Ch. 196
Pontet-Canet, Ch. 123
Pontey, Ch. 171
Pontoise - Cabarrus, Ch. 156
Potensac, Ch. 171
Pouget, Ch. 85
Poujeaux, Ch. 94
Pressac, Ch. de 267
Prieuré, Ch. Le 267

Preuillac, Ch. 172
Prieuré-Lichine, Ch. 85
Prieurs de la Commanderie, Ch. 299
Productions Réunies de Puisseguin et Lussac-St-Émilion, Les 282
Puy Bardens, Ch. 335
Puy-Castéra, Ch. 156
Puyguilhem, Ch. 310

Q

Quantin, Ch. de 197
Quercy, Ch. 267
Quinault, Ch. 268

R

Rabauld-Promis, Ch. 223
Rahoul, Ch. 208
Ramafort, Ch. 172
Ramage-La-Bâtisse, Ch. 156
Rame, Ch. La 336
Rauzan-Gassies, Ch. 86
Rauzan-Ségla, Ch. 85
Raymond-Lafon, Ch. 224
Rayne-Vigneau, Ch. 224
René, Clos 299
Respide-Médeville, Ch. 209
Retout, Ch.du 157
Reverdi, Ch. 99
Reynon, Ch. 335
Reysson, Ch. 157
Ricaud, Ch.de 337
Rieussec, Ch. 225
Ripeau, Ch. 268
Rivière, Ch. 310
Roc de Calon, Ch. 282
Roc de Cambes, Ch. 322
Rochemorin, Ch.de 197
Rocher Corbin, Ch. 282
Rol Valentin, Ch. 268
Rollan de By, Ch. 172
Rolland, Ch. de 226
Romer-du-Hayot, Ch. 226
Roquegrave, Ch. 173
Roques, Ch. Les (Loupiac) 337
Roques, Ch. de (St-Émilion Satellites) 283
Roquetaillade-La-Grange, Ch. de 209
Rose, Ch.de la 327
Rose Figeac, Ch. La 300
Rose Pauillac, Cave Cooperative 124
Rose-St-Croix, Ch. 100
Roudier, Ch. 283
Rouget, Ch. 300
Rouilliac, Ch. 198
Rousset, Ch. 322
Roux, Ch. du 158
Roy, Fort du 157
Royal St-Émilion 275
Roylland, Ch. 269
Rozier, Ch. 269
Ruat, Ch. 94

S

St-Agrèves, Ch. 210
St-Amand, Ch. 226
St-André-Corbin, Ch. 283
St-Georges, Ch. 383
St-Georges-Côte-Pavie, Ch. 269
St-Jean, Cave Coopérative 173
St-Jean des Graves, Ch. 210
St-Martin, Clos 269
St-Paul, Ch. 158
St-Pierre, Ch. 109
St-Robert, Ch. 210
St-Yzans-de-Médoc, Cave Coopérative 174
Sales, Ch. de 300
Sansonnet, Ch. 270
Saransot-Dupré, Ch. 100
Sartre, Ch. Le 198
Segonzac, Ch. 324
Segur de Cabanac, Ch. 136
Sénéjac, Ch. 158
Sergant, Ch. 306
Sergue, Ch. Le 306
Serre, Ch. La 270

Sestignan, Ch. 174
Siaurac, Ch. 307
Sigalas-Rabaud, Ch. 226
Sigognac, Ch. 174
Siran, Ch. 86
Smith-Haut-Lafitte, Ch. 198
Sociando-Mallet, Ch. 159
Soudars, Ch. 159
Sours, Ch. de 327
Soutard, Ch. 270
Suau, Ch. 227
Suduiraut, Ch. 227

T
Tailhas, Ch. du 301
Taillan, Ch. du 160
Taillefer, Ch. 301
Talbot, Ch. 109
Tanesee, Ch. 331
Tayac, Ch. (Cotes de Bourg) 322
Tayac, Ch. (Soussans) 87
Temple, Ch. Le 175
Terrey-Gros-Caillou, Ch. 110
Tertre, Ch. du 87
Tertre-Daugay, Ch. 271
Tertre-Rôteboef, Ch. 271
Teyssier, Ch. (St-Émilion) 272
Teyssier, Ch. (St-Émilion Satellites) 284
Thieuley, Ch. 328
Thil Comte Clary, Ch. Le 199
Toumalin, Ch. 316
Tour-de-Bessan, Ch. La 87
Tour-Blanche, Ch. La 228
Tour de By, Ch. La 175
Tour-Carnet, Ch. La 160
Tour-Figeac, Ch. La 272
Tour-Haut-Brion, Ch. La 200
Tour-Haut-Caussan, Ch. La 176
Tour-du-Haut-Moulin, Ch. 160
Tour-Martillac, Ch. La 200
Tour-du-Mirail, Ch. 161
Tour de Mirambeau, Ch. 328
Tour-de-Mons, Ch. La 88
Tour Mont d'Or, Ch. La 284
Tour-du-Pas-St-Georges, Ch. 284
Tour de Pez, Ch. 136
Tour-du-Pin-Figeac, Ch. La (Giraud-Bélivier) 273
Tour-du-Pin-Figeac, Ch. La (Moueix) 273
Tour-St-Bonnet, Ch. La 176
Tour-St-Joseph, Ch. 161
Tour-des-Termes, Ch. 137
Tournefeuille, Ch. 307
Tours, Ch. des 285
Tourteau-Chollet, Ch. 211
Tourteran, Ch. 161
Toutigeac, Ch. de 328
Tronquoy-Lalande, Ch. 137
Troplong-Mondot, Ch. 273
Trotanoy, Ch. 301
Trottevieille, Ch. 274

U
Union des Producteur de St-Émilion 274

V
Valade, Ch. La 331
Valandraud, Ch. 275
Verdignan, Ch. 162
Vernous, Ch. 176
Viaud, Ch. de 307
Vieille Cure, Ch. La 311
Vieux Bonneau, Ch. 285
Vieux Château Certan, 302

シャトー索引

Vieux-Château-Gaubert, Ch. 211
Vieux Château Landon 177
Vieux Colombiers, Caves Les 177
Vieux Robin, Ch. 177
Villars, Ch. 311
Villegeorge, Ch. de 162
Villemaurine, Ch. 276
Vincent, Ch. 316

Vivier, Ch. Le 178
Vrai-Canon-Bouché, Ch. 317
Vray-Canon-Boyer, Ch. 317
Vray-Croix-de-Gay, Ch. 303

Y

Yon-Figeac, Ch. 274
Yquem, Ch.d' 229

監訳者紹介
山本　博（やまもと・ひろし）弁護士。横浜市生まれ。早稲田大学大学院法律科修了。ワイン関係のおもな著書に，『ワインの女王』（早川書房），『シャンパン物語』（柴田書店）など。おもな訳書に，アンドレ・シモン『世界のワイン』，アレクシス・リシーヌ『新フランスワイン』（以上柴田書店），ハリー・ヨクスオール『ワインの王様』，セレナ・サトクリフ『ハヤカワ・ワインブック　ブルゴーニュ・ワイン』（以上早川書房），『ボルドー・格付シャトー60』（共訳：ワイン王国）などがある。

訳者紹介
山本　やよい（やまもと・やよい）翻訳家。岐阜県生まれ。同志社大学文学部英文学科卒。ミステリを中心に翻訳書多数。おもな訳書に『サマータイム・ブルース』，『ブラック・リスト』などのサラ・パレツキーの一連の作品，ワインを扱った作品にレス・ホウィットン『ワインが消える日』，ピーター・ラヴゼイ『暗い迷宮』，『漂う殺人鬼』（以上早川書房），『ボルドー・格付シャトー60』（共訳：ワイン王国）などがある。
大野　尚江（おおの・ひさえ）川崎市生まれ。上智大学外国語学部英語学科卒。英語教室の講師を勤めるかたわら，主としてビジネス翻訳をおこなう。おもな訳書に，マイケル・ブロードベントの『ワイン・ヴィンテージ案内』（柴田書店），セレナ・サトクリフ『ハヤカワ・ワインブック　ブルゴーニュ・ワイン』，ディヴィッド・ペッパーコーン『ボルドーワイン』（早川書房），ヒュー・ジョンソン『世界のワイン』（共訳：産調出版），シルヴァン・ピティオ『ブルゴーニュ・ワイン』（河出書房新社）などがある。
藤沢邦子（ふじさわ・くにこ）通訳・翻訳家。ハノイ生まれ。上智大学英文学科卒。おもな訳書に『最終弁論』（朝日新聞社），『トイレおもしろ百科』（文春文庫），ヒュー・ジョンソン『世界のワイン』（共訳：産調出版）など。
波多野正人（はたの・まさと）神戸市生まれ。近畿大学法学部卒。ヒュー・ジョンソン『世界のワイン』（共訳：産調出版）。

ハヤカワ・ワインブック
ボルドー・ワイン　第2版

2006年3月20日　第1刷印刷
2006年3月31日　第1刷発行

著　者　　デイヴィッド・ペッパーコーン
監訳者　　山本　博
訳　者　　山本やよい／大野尚江
　　　　　藤沢邦子／波多野正人
発行者　　早川　浩
発行所　　株式会社　早川書房
　　　　　東京都千代田区神田多町2-2
　　　　　電話　03-3252-3111（大代表）
　　　　　振替　00160-3-47799
印刷所　　株式会社精興社
製本所　　中央精版印刷株式会社

乱丁・落丁本は小社制作部宛お送り下さい。送料小社負担にてお取りかえいたします。
ISBN 4-15-208714-5　C 0077　　　　　　　　Printed and bound in Japan

ハヤカワ・ワインブック

ポケット・ワイン・ブック[第6版]

ヒュー・ジョンソン
辻静雄料理教育研究所訳

世界で最も読まれているワイン愛好家必携の書、最新版。旬のワイナリー、飲み頃、収穫年など入門者にもプロにも役立つ最新情報をわかりやすく紹介。イタリア、オーストラリアなどの情報を大幅増補。

ブルゴーニュ・ワイン

セレナ・サトクリフ
山本 博・監訳

ボージョレ・ヌーヴォからロマネ・コンティまで、数多くの名酒で知られ、「ワインの王様」と呼ばれるブルゴーニュ・ワイン。その畑、造り手、ヴィンテージに関する最新情報を六〇〇生産者別に紹介。

イタリア・ワイン

バートン・アンダースン
塩田正志・監訳

バローロ、キアンティ、バルバレスコ……〝世界一複雑〟とされる奥深いイタリア・ワインを、トスカーナ在住の著者が実際に試飲し、生産者、地域ごとにわかりやすく解説した、初の本格ガイドブック

早川書房

ハヤカワ・ワインブック

ワインの女王 ボルドー
——クラシック・ワインの神髄を探る

山本 博

ボルドーを知らずにワインを語ることはできない。深みのある艶やかな色調、馥郁とただよう芳香、快い味わいの余韻……。フランス・ワイン研究の第一人者が、数ある著名シャトーの銘柄を舌と足で描く

ワインの王様
——バーガンディ・ワインのすべて

H・W・ヨクスオール
山本 博訳

ボルドーがワインの女王であれば、バーガンディ(ブルゴーニュ)は王様。その歴史、種類から流通にいたるまで、ロマネ・コンティに代表されるバーガンディ・ワインのすべてを深い知識と愛情で描く

日本のワイン
——本格的ワイン造りに挑んだ全国のワイナリー

山本 博

日本で本格的ワイン造りに挑む! ——指導者も仲間もいない環境で、この難問に挑んだワイナリーの苦闘の歴史とその成果を、著名ワイン愛好家の著者が紹介するワイン好き、専門家必読のガイドブック。

早川書房